河北省“十四五”职业教育规划教材

高等职业教育“十四五”药品类专业系列教材

化学制药技术

马丽锋　潘　莹　主编

刘桐辉　王　聪　副主编

化学工业出版社

·北京·

内容简介

本教材以化学原料药生产过程为主线，注重职业技能的训练，按照化学制药一线生产岗位所需知识、能力和素质要求，分别从化学原料药生产所必需的实验室技术、中试放大技术、设备操作技术、生产技术、“三废”治理技术、前沿技术等七个方面设计教学内容，通过七个章节的理论学习、自测习题、实操练习，使理论认知与实践技能互相渗透、转化，实现“教学做”同步一体。

本教材适用于高职高专院校药品生产技术类各专业学生，也适用于制药企业专业技术人员的自主学习或培训，同时也可作为化学合成制药工职业技能鉴定培训的参考教材。

图书在版编目（CIP）数据

化学制药技术/马丽锋，潘莹主编．—北京：化学工业出版社，2024.2（2025.2重印）
高等职业教育“十四五”药品类专业系列教材
ISBN 978-7-122-44601-5

Ⅰ.①化… Ⅱ.①马…②潘… Ⅲ.①药物-生产工艺-高等职业教育-教材 Ⅳ.①TQ460.6

中国国家版本馆 CIP 数据核字（2023）第 246395 号

责任编辑：蔡洪伟 李 瑾　　装帧设计：关 飞
责任校对：边 涛

出版发行：化学工业出版社
（北京市东城区青年湖南街 13 号 邮政编码 100011）
印 装：三河市双峰印刷装订有限公司
787mm×1092mm 1/16 印张 18¼ 字数 531 千字
2025 年 2 月北京第 1 版第 2 次印刷

购书咨询：010-64518888
售后服务：010-64518899
网 址：http://www.cip.com.cn
凡购买本书，如有缺损质量问题，本社销售中心负责调换。

定 价：48.00 元

编写人员名单

主　　编　马丽锋　潘　莹

副 主 编　刘桐辉　王　聪

编写人员　马丽锋　潘　莹　刘桐辉　王　聪
　　　　　郑利刚　王　伟　李丽娟　杜会茹

主　　审　于文国

出版说明

为了更好地贯彻《国家职业教育改革实施方案》，落实教育部《“十四五”职业教育规划教材建设实施方案》（教职成厅〔2021〕3号），做好职业教育药品类、药学类专业教材建设，化学工业出版社组织召开了职业教育药品类、药学类专业“十四五”教材建设工作会议，共有来自全国各地120所高职院校的380余名一线专业教师参加，围绕职业教育的教学改革需求、加强药品和药学类专业“三教”改革、建设高质量精品教材开展深入研讨，形成系列教材建设工作方案。在此基础上，成立了由全国药品行业职业教育教学指导委员会副主任委员姚文兵教授担任专家顾问，全国石油和化工职业教育教学指导委员会副主任委员张炳烛教授担任主任的教材建设委员会。教材建设委员会的成员由来自河北化工医药职业技术学院、江苏食品药品职业技术学院、广东食品药品职业学院、山东药品食品职业学院、常州工程职业技术学院、湖南化工职业技术学院、江苏卫生健康职业学院、苏州卫生职业技术学院等全国30多所职业院校的专家教授组成。教材建设委员会对药品与药学类系列教材的组织建设、编者遴选、内容审核和质量评价等全过程进行指导和管理。

本系列教材立足全面贯彻党的教育方针，落实立德树人根本任务，主动适应职业教育药品类、药学类专业对技术技能型人才的培养需求，建立起学校骨干教师、行业专家、企业专家共同参与的教材开发模式，形成深度对接企业标准、行业标准、专业标准、课程标准的教材编写机制。为了培育精品，出版符合新时期职业教育改革发展要求、反映专业建设和教学创新成果的优质教材，教材建设委员会对本系列教材的编写提出了以下指导原则。

（1）校企合作开发。本系列教材需以真实的生产项目和典型的工作任务为载体组织教学单元，吸收企业工作人员深度参与教材开发，保障教材内容与企业生产实践相结合，实现教学与工作岗位无缝衔接。

（2）配套丰富的信息化资源。以化学工业出版社自有版权的数字资源为基础，结合编者自己开发的数字化资源，在书中以二维码链接的形式或与在线课程、在线题库等教学平台关联建设，配套微课、视频、动画、PPT、习题等信息化资源，形成可听、可视、可练、可互动、线上线下一体化的纸数融合新形态教材。

（3）创新教材的呈现形式。内容组成丰富多彩，包括基本理论、实验实训、来自生产实践和服务一线的案例素材、延伸阅读材料等；表现形式活泼多样，图文并茂，适应学生的接受心理，激发学习兴趣。实践性强的教材开发成活页式、工作手册式教材，把工作任务单、学习评价表、实践练习等以活页的形式加以呈现，方便师生互动。

（4）发挥课程思政育人功能。教材需结合专业领域、结合教材具体内容有机融入课程思政元素，深入推进习近平新时代中国特色社会主义思想进教材、进课堂、进学生头脑。在学生学习专业知识的同时，润物无声，涵养道德情操，培养爱国精神。

（5）落实教材“凡编必审”工作要求。每本教材均聘请高水平专家对图书内容的思想性、科学性、先进性进行审核把关，保证教材的内容导向和质量。

本系列教材在体系设计上，涉及职业教育药品与药学类的药品生产技术、生物制药技术、药物制剂技术、化学制药技术、药品质量与安全、制药设备应用技术、药品经营与管理、食品药品监督管理、药学、制药工程技术、药品质量管理、药事服务与管理专业；在课程类型上，包括专业基础课程、专业核心课程和专业拓展课程；在教育层次上，覆盖高等职业教育专科和高等职业教育本科。

本系列教材由化学工业出版社组织出版。化学工业出版社从 2003 年起就开始进行职业教育药品类、药学类专业教材的体系化建设工作，出版的多部教材入选国家级规划教材，在药品类、药学类等专业教材出版领域积累了丰富的经验，具有良好的工作基础。本系列教材的建设和出版，不仅是对化工社已有的药品和药学类教材在体系结构上的完善和品种数量上的补充，在体现新时代职业教育发展理念、“三教”改革成效及教育数字化建设成果方面，更是一次全面的升级，将更好地适应不同类型、不同层次的药品与药学类专业职业教育的多元化需求。

本系列教材在编写、审核和使用过程中，希望得到更多专业院校、更多一线教师、更多行业企业专家的关注和支持，在大家的共同努力下，反复锤炼，持续改进，培育出一批高质量的优秀教材，为职业教育的发展做出贡献。

本系列教材建设委员会

前言

本教材是为了贯彻落实《国家职业教育改革实施方案》，依据相关的职业教育国家教学标准体系，结合目前高职学生化学制药岗位的技术需求进行编写。

本教材以化学原料药生产过程为主线，按照化学制药一线生产岗位实际需求编排教学内容，分别从化学原料药生产所必需的实验室技术、中试放大技术、设备操作技术、生产技术、“三废”治理技术、前沿技术等方面进行介绍，同时每个章节安排自测习题与实训项目引导学生结合课程内容，积极开展自主学习，通过课外查阅资料、讨论辨析、动手实训完成相应的实训项目，进一步巩固课堂教学效果，促进理论认知向实践能力转化，实现“教学做”同步一体，互促共长。教材主要特点如下：

① 校企“双元开发”，涵盖化学原料药岗位技能。从制药岗位（群）调研、工作任务分析出发，本教材全面覆盖化学制药技术所涉及的“小试、中试放大、生产”三阶段所需技能，同时拓展化学制药前沿技术，如绿色化学、流动化学、微通道反应器等。扩大学生视野，培养学生化学原料药岗位综合技能素养。

② 以化学制药技能培训为核心，专创结合，“教学做”一体化。以化学制药技术岗位任务为依据确定实训项目，每个项目融专业知识、技能训练和设计创新为一体，专创结合，“教学做”一体化，理论联系实践，紧密对接企业实践，提升学生创新能力和解决问题的能力。同时教材中设置课堂互动、思政小课堂、知识拓展等，既融入课程思政元素又充实教材内容，促进德技并修，增强课堂教学效果。

③ 创新教材形式，丰富共享型数字资源。本书以二维码的形式配套了微课、2D动画、3D动画和实训视频资源，使课程内容更加简单、形象、易学。既适用于高职院校专业课程教学，也适用于企业专业技术人员的培训或自主学习，同时也可作为化学合成制药工职业技能鉴定的培训教材。

本教材是理论与实践一体化的教材，共七章。河北化工医药职业技术学院马丽锋编写第一章，第二章第二节、第三节，第三章、附录一至附录三；滨州职业学院潘莹编写第二章第一节，第五章；吉林工业职业技术学院刘桐辉编写第二章第四节，第四章；杭州职业技术学院王聪编写第六章；河北化工医药职业技术学院郑利刚编写第七章；石药集团欧意药业有限公司王伟编写附录四。河北化工医药职业技术学院马丽锋、潘莹、李丽娟、杜会茹提供教材中的数字资源。全书由马丽锋统稿，由于文国主审。

书稿在编写过程中得到了化学工业出版社、编者所在学院以及相关企业的大力支持，并提出了许多宝贵的修改意见，在此表示衷心的感谢。

由于编者水平所限，书中疏漏之处在所难免，欢迎广大读者批评指正，以便今后进一步充实和修改。

编　者

2023年9月

目录

第一章 绪论 / 001

第二章 化学制药小试技术 / 005

第三章　化学制药中试放大技术　/　078

第四章　化学制药设备的操作技术　/　112

第五章 化学制药生产技术 / 145

第六章 “三废”治理技术 / 204

第七章 化学制药前沿技术 / 240

附录 / 266

自测习题答案 / 279

参考文献 / 281

二维码资源目录

第一章　绪论

❖ 知识目标

1. 熟悉原料药及化学制药技术的含义。
2. 熟悉化学制药技术的特点与内容。
3. 熟悉化学制药的工作岗位。
4. 了解化学制药工业的发展。

❖ 能力目标

1. 能熟知原料药及化学制药技术的含义
2. 能掌握化学制药技术的特点与内容。
3. 能熟知小试合成岗位、中试生产操作岗位、大生产操作岗位的岗位职责。

一、化学制药技术

课堂互动

什么是化学制药技术？“化学制药技术”中的“药”和我们平时吃的药一样吗？

提示：药品、原料药、制剂技术含义各不相同。

药品生产（制药）是指将原料加工制成能够供医疗使用的药品的过程。药品生产过程通常可分为原料药生产阶段和将原料药制成一定剂型的制剂生产阶段。

1. 原料药的概念

原料药是指通过化学合成、半合成以及微生物发酵或天然产物分离获得的，经过一个或多个化学单元反应及其操作制成，用于制造药物制剂的活性成分，这种物质用来促进药理学活动并在疾病的诊断、治愈、缓解、治疗或疾病的预防方面有直接的作用，或影响人体的功能结构，简称API（active pharmaceutical ingredient），也称药物活性成分。

2. 原料药的分类

原料药按照来源不同，可分为天然原料药和合成原料药两大类。天然原料药是指从动植物、矿物中提取的有效成分或经微生物发酵产生的物质；合成原料药是指采用化学合成手段，按全合成、半合成或者消旋体拆分等方法研制和生产的物质。实际应用中合成原料药所占比例较大，应用较广。

合成原料药的方法主要有两种：全合成法和半合成法。全合成法是指由结构简单的化工原料经一系列单元反应制得原料药的方法。该法的起始原料结构一般较简单，合成路线较长，是基础且传统的化学制药方法，在药物发展史上发挥了重大的作用。半合成法是指对已具有一定基本结构的产物（天然提取物、生物合成物等）经化学改造或结构修饰，合成制得原料药的方法。该法起始原料结构一般较复杂，合成难度较大，在药物研发与生产中广泛应用。如各种抗生素、维生素等的深加工，紫杉醇的半合成等。

3. 化学制药技术的含义

化学制药技术是用化学合成的方法制备原料药的技术，主要研究原料药生产所必需的实验室技术、中试放大技术、生产技术。

化学制药技术中所说的“药”实质为原料药。原料药与辅料按相应的制剂处方可制备得到能够供医疗使用的各种各样的剂型药品，如阿司匹林缓释片、布洛芬颗粒、氨酚烷胺胶囊等。

知识拓展

药物制剂技术

药物制剂技术主要研究药物剂型及制剂生产工艺、生产技术以及产品质量控制等方面的基本知识和技能。原料药和药用辅料为药物制剂技术的原料，经不同的制剂工艺可制备得到不同剂型的药物，如片剂、散剂、胶囊剂、颗粒剂、口服液、水针剂、粉针剂、软膏剂、栓剂等。

二、化学制药技术的特点与内容

1. 化学制药技术的特点

化学制药技术的特点主要体现在以下几个方面：①品种多，更新快，生产工艺复杂；②产量大、效率高；③原辅材料种类繁多，且部分原辅材料易燃、易爆、有一定毒性；④原料、中间体及产品质量要求严格；⑤传统间歇生产方式逐步向连续生产方式转型；⑥“三废”（废渣、废气、废水）问题亟待解决，“零排放”“绿色制药”难度大。

2. 化学制药技术的内容

化学制药技术以化学原料药生产过程为主线，按照化学制药一线生产岗位实际需求编排教学内容，包括化学原料药生产所必需的实验室技术、中试放大技术、设备操作技术、生产技术、“三废”治理技术、前沿技术等。

实验室技术主要包括药物合成反应常见类型；合成路线的常见设计方法；药物合成反应的影响因素，如配料比、加料方式、温度、时间、加料次序、溶剂、催化剂、反应终点控制、pH值、搅拌状况等；常见药物及药物中间体分离纯化方法；实验室小试操作技能等。

中试放大技术主要包括中试放大的方法、内容；中试放大优化工艺条件；工艺流程设计中涉及的技术问题；工艺流程框图与工艺流程示意图的绘制；设备、管道的标注方法；釜式反应器与换热器的自控流程设计方法等。

设备操作技术主要包括常用化学制药设备的结构特点、工作原理；常用化学制药设备的分类及选用依据；反应器、搅拌器、离心泵、离心机、换热器和干燥器等设备的操作规程及维护保养规程。

生产技术主要包括典型药物生产的工艺原理、工艺流程分析；典型药物生产过程中的反应条件控制、岗位操作技术；物料领取、开工前检查、称量配料、清场等各生产环节技术。

“三废”治理技术主要包括化学制药企业废水特点及常见废水处理方法；化学制药企业废气特点及常见废气处理方法；化学制药企业废渣特点及常见废渣处理方法；化学制药行业“三废”减排的方法、措施等。

化学制药前沿技术主要包括绿色化学技术、磷酸西格列汀的绿色制药技术、盐酸度洛西汀的手性制备技术、奥司他韦药物流动化学技术及微通道反应器的使用等。

三、化学制药的工作岗位

化学制药的工作岗位主要有小试合成岗位、中试生产操作岗位、大生产操作岗位，每个岗位的职责如下。

1. 小试合成岗位职责

小试合成岗位职责主要有：①依据文献完成化合物合成路线设计，路线筛选、提取纯化、条件优化及技术攻关；②熟练完成合成实验，并对实验结果作出较全面的分析判断，完成实验记录、实验报告书；③能按照实验装置的标准进行操作，安全使用试剂、设备等，谨遵实验安全管理制度。

2. 中试生产操作岗位职责

中试生产操作岗位职责主要有：①按照要求进行工艺优化放大；②能编制设备操作规程、定期维护生产设备、保持生产环境的卫生；③能识读工艺流程图并绘制工艺流程方框图；④能完成中试车间的试产、工艺验证等工作。

3. 大生产操作岗位职责

大生产操作岗位职责主要有：①按操作规程进行反应器、离心机、压滤器等设备开、停车操作；②控制化学反应和单元操作的工艺参数；③维护设备并处理常见设备故障；④熟悉产品工艺规程及设备操作规程；⑤进行安全生产并注意安全防护。

思政小课堂

明确岗位职责，确保药品质量

药品的质量不是检验出来的，不是监督出来的，是通过良好的设计生产出来的。药物的质量优劣直接关系到人民的身体健康和生命安全。因此，必须高度重视，严把质量关。药品生产要严格落实《药品生产质量管理规范》（GMP）、药品生产工艺规程和岗位标准操作规程等，利用科学合理的生产工艺、工艺条件、控制手段，保证药品质量稳定、安全。

四、化学制药工业的发展

1. 化学制药工业发展历程

药品生产是从传统医药开始的，后来演变到从天然物质中分离提取天然药物，进而逐步开发和建立了化学药物的工业生产体系。化学制药工业发源于西欧。19 世纪初至 60 年代，科学家先后从传统的药用植物中分离得到纯的化学成分，如那可丁（1803 年）、吗啡（1805 年）、奎宁（1820 年）、烟碱（1828 年）、阿托品（1831 年）、可卡因（1855 年）等。这些有效成分的分离为化学药品的发展奠定了基础。19 世纪还先后出现了一批化学合成药，如乙醚（1842 年）、索佛那（1888 年）、阿司匹林（1899 年）等。与此同时，制剂学也逐步发展为一门独立的学科。到 19 世纪末，化学制药工业初步形成。

化学原料药自 20 世纪 30 年代磺胺药物问世以来，发展迅速，各种类型的化学原料药不断涌现；40 年代抗生素出现；50 年代发现了治疗神经疾病的氯丙嗪，甾体类药物、激素类药物开始应用，维生素类药物实现工业化生产；60 年代新型半合成抗生素工业崛起；70 年代钙离子通道拮抗剂、血管紧张素转化酶抑制剂和羟甲基戊二酰辅酶 A 还原酶抑制剂的出现，为临床治疗心血管疾病提供了许多有效药物；80 年代初诺氟沙星应用于临床，迅速掀起喹诺酮类药物的研究热潮。同时，生物技术兴起，使创新药物向疗效高、毒副作用小、剂量小等方向发展。

2. 化学制药工业发展前景

中国的化学制药工业未来还有极为广阔的成长空间，具体到整个化学制药行业的发展将具有以下特点：①优势化学原料药将继续做大。中国作为世界第二大原料药出口国，在原材料价格、劳动力成本上有着其他国家无可比拟的优势。面对加入世界贸易组织（WTO）直接受惠的大好机会，有望进一步扩大国际市场，继续做大做强。②协调成本优势与环保难题。目前世界原料药的生产中心已转向亚洲，世界原料药向发展中国家全面转移的产业格局正在形成。发展化学原料药将是我国医药产业的重大发展战略之一。尽管化学原料药生产是技术密集型产业，但是传统的化学原料药生产过程对环境污染非常严重，如何协调成本优势与环保难题日益成为一个必须正视的问题。需要尽快将绿色化学的原理和技术运用于制药工业，以达到绿色工艺的要求。③化学制剂药物仍有相当发展空间。加入 WTO 后由于知识产权的保护，这将使中国化学制剂药物企业在国外优势企业竞争中处于极端不利的地位，但实际上中国制剂企业只要采用仿创结合战术，仍有相当发展空间。国外公司的成功证明这是一条捷径。④重组兼并将进一步掀起热潮。截至 2020 年底，全国规模以上化学原料药和制剂生产企业 2393 家，其中，化学药品原料药生产企业 1270 家，化学药品制剂生产企业 1123 家。在过去的几十年里，全球药品市场稳步增长，截至目前，我国已超越日本，成为全球第二大药品市场，但我国距离“制药强国”还有很大的距离。国家通过一系列政策的出台，及监管措施的升级，提升药物供应保障能力，淘汰落后产能，加速产能整合，优化产业架构，促进化学制药行业健康发展。

化学原料药作为医药行业的基础之一，近年来呈现良好的发展态势。为了化学原料药进一步高质量、高要求发展，国家高度重视，政府出台一系列政策，以及颁布《药品注册管理办法》，对化学原料药的生产、加工、保存、销售等步骤提出规范化要求，保障药物质量和安全性，防范不良药物事件的发生。同时，我国提出健全政府监管、机构自治、行业参与、社会监督的医疗质量安全管理多元共治机制，提高医疗行业安全管理效率，提升我国医疗卫生水平。

思政小课堂

根植爱国情怀，为祖国制药行业贡献一份力量

制药行业的发展和每个制药人都密切相关。我们要立足本职工作，爱岗敬业，从自身做起，提升专业知识、树立药品质量意识，保证药品质量，为祖国制药行业贡献自己的一份力量。

自测习题

一、单选题

1. 关于原料药的描述不正确的是（　　）。

A. 原料药可通过化学合成、半合成以及微生物发酵或天然产物分离获得

B. 原料药是制造药物制剂的活性成分

C. 原料药简称 API

D. 原料药没有药理活性

2. 化学制药技术主要介绍的药物是（　　）。

A. 原料药　　B. 剂型药　　C. 口服药　　D. 以上均包括

3. 关于化学制药工业发展描述不正确的是（　　）。

A. 优势化学原料药将继续做大

B. 19 世纪末，化学制药工业初步形成

C. 生物制药将全面取代化学制药工业

D. 目前化学制药工业发展急需协调成本优势与环保难题

4. 化学制药技术包括（　　）。

A. 实验室技术　　B. 中试放大技术　　C. 工业化生产技术　　D. 以上均包括

二、简答题

1. 简述化学制药技术的特点。

2. 化学制药技术的主要内容有哪些？

3. 化学制药的工作岗位有哪些？岗位的主要职责是什么？

第二章　化学制药小试技术

❖ 知识目标

1. 熟悉药物合成反应常见类型。

2. 掌握合成路线的常见设计方法。

3. 掌握药物合成反应的影响因素，如配料比、加料方式、温度、时间、加料次序、反应温度、溶剂、催化剂、反应终点控制、pH值、搅拌状况等。

4. 熟悉常见药物分离纯化方法

5. 掌握实验室小试操作技能。

❖ 能力目标

1. 会查阅文献，能搜集、整理、总结资料。

2. 能合理设计并选择药物合成路线。

3. 能改进、优化实验室小试反应条件，如能选择合适的配料比、加料方式；会判定反应终点；会控制温度、时间；能选择合适的溶剂与催化剂等。

4. 能分离纯化化学原料药及中间体。

5. 能熟练进行常见化学制药实验室小试。

第一节　药物合成技术

课堂互动

化学药品原料药制造人员和化学合成制药工是从事什么职业的人员？

化学药品原料药制造人员是从事制造化学药品制剂所需原料药的生产人员。

化学合成制药工是操作反应器、离心机、压滤器等设备，控制化学反应和单元操作，生产化学原料药及中间体产品的人员，包括药物合成反应工、药物分离纯化工、原料药精制干燥工。

药物合成技术是化学原料药生产的核心技术，其生产的一般流程如图2-1所示。在《中华人民共和国职业分类大典》中对应化学合成制药工职业资格，包含合成药酰化工、合成药还原工、合成药氧化工、合成药卤化工、合成药硝化工、合成药缩合工、合成药环合工等40多个工种。下面以化学原料药生产中常见的8种合成技术为例，说明其基本理论知识及其在化学原料药生产

图2-1　化学原料药生产的一般流程

中的应用。

一、酰化反应

酰化反应概述

1. 酰化反应相关概念及类型

酰化反应是在有机物分子的碳、氮、氧、硫等原子上引入酰基的化学反应。酰基是指从含氧的有机酸、无机酸或磺酸等分子中脱去羟基后所剩余的基团。酰化剂是指在酰化反应中提供酰基的试剂。酰化反应可用下列通式表示：

$$R-\overset{O}{\overset{\|}{C}}-Z+SH \longrightarrow R-\overset{O}{\overset{\|}{C}}-S+HZ$$

式中，RCOZ 为酰化剂；SH 为被酰化物，包括醇、酚、胺类、芳烃等。通过酰化反应可得到羧酸酯、酰胺、酮或醛等类化合物。常用酰化剂有羧酸、酸酐、酰氯、羧酸酯等。常用酰化剂的酰化能力强弱顺序一般为：酰氯＞酸酐＞羧酸酯＞羧酸＞酰胺。根据接受酰基的原子（Z）不同可分为氧酰化、氮酰化、碳酰化。

2. 酰化反应在化学制药中的应用实例

酰化反应主要用于制备药物中间体和对药物进行结构修饰。如阿司匹林的合成。

水杨酸 + 醋酐 $\xrightarrow{H_2SO_4}$ 阿司匹林 + 醋酸

（水杨酸：邻羟基苯甲酸；醋酐：$CH_3\overset{O}{\overset{\|}{C}}-O-\overset{O}{\overset{\|}{C}}CH_3$；阿司匹林：邻乙酰氧基苯甲酸，$OCCH_3$（C=O）；醋酸：$CH_3COOH$）

非甾体抗炎药布洛芬中间体的合成。

$$(CH_3)_2CHCH_2-C_6H_5 \xrightarrow{CH_3COCl/AlCl_3} (CH_3)_2CHCH_2-C_6H_4-COCH_3$$

另外，含羟基、羧基、氨基等官能团的药物，通过成酯或成酰胺的修饰作用，可提高疗效、降低毒副作用。通过结构修饰，可改变药物的理化性质（如克服刺激性、异臭、苦味、增大水溶性、增大稳定性等）及药物在体内的吸收代谢。如降低副作用的贝诺酯、消除苦味的氯霉素棕榈酸酯、延长药物作用时间的氟奋乃静庚酸酯、增大水溶性的氢化可的松丁二酸单酯等。

酯化反应

（贝诺酯：OCOCH₃、COO、NHCOCH₃）

贝诺酯

氯霉素棕榈酸酯

氟奋乃静庚酸酯

（氢化可的松丁二酸单酯：$CH_2OCOCH_2CH_2COOH$，C=O，HO，OH）

氢化可的松丁二酸单酯

二、还原反应

1. 还原反应相关概念及类型

还原反应是指在有机物分子中减少氧或增加氢的反应。根据反应所采用的还原剂及操作方法不同，还原方法可分为3类：化学还原、催化加氢还原和电解还原。其中化学还原法是指使用化学物质作还原剂进行的还原反应；催化加氢还原是指在催化剂作用下，与分子氢进行的加氢还原反应；电解还原反应是指有机化合物从电解槽的阴极上获得电子而完成的还原反应。

2. 还原反应在化学制药中的应用实例

（1）化学还原

① 活泼金属还原剂。常用的金属还原剂有金属锂、钠、钾、钙、镁、锌、铝、锡、铁等。如升压药多巴胺中间体的制备。

$CH_2CH_2NO_2$　OCH₃　OH　$\xrightarrow[80\sim85℃]{Zn/HCl/EtOH/H_2O}$　$CH_2CH_2NH_2$　OCH_3　OH

抗过敏药赛庚啶中间体的制备。

$COCH_2Ph$　COOH　$\xrightarrow{Zn/HCl}$　OH　$CHCH_2Ph$　COOH

② 金属氢化物还原剂。金属氢化物还原剂主要有氢化锂铝、硼氢化钾（钠）等。如硼氢化钠与硼氢化钾将醛、酮还原成醇，分子中的硝基、氰基、亚氨基、烯键、炔键、卤素等不受影响，如邻氯异丙肾上腺素中间体、避孕药炔诺酮中间体的制备，驱虫药左旋咪唑中间体的制备。

Cl　C(=O)—CH_2Br　$\xrightarrow[25℃,5h]{KBH_4/CH_3OH}$　Cl　CH(OH)—CH_2Br

邻氯异丙肾上腺素中间体

③ 含硫化合物还原剂。含硫化合物还原剂主要有硫化物、二硫化物、含氧硫化物（亚硫酸盐和亚硫酸氢盐及连二亚硫酸钠）。如硫化物将硝基还原成氨基。

NO_2　Br　$\xrightarrow{Na_2S}$　NH_2　Br

④ 醇铝还原剂。将醛、酮等羰基化合物和异丙醇铝在异丙醇中共热时，可还原得到相应的醇，同时将异丙醇氧化为丙酮。该反应具有较高的立体选择性。

C_6H_5—CH═CH—CHO $\xrightarrow{Al(C_2H_5O)_3/EtOH}$ C_6H_5—CH═CH—CH_2OH　(85.5%)

（2）催化加氢还原

催化加氢还原常用钯（Pd）、铂（Pt）、雷尼镍（Raney Ni）等作催化剂，如硝基苯以铂为催化剂加氢还原成苯胺并进一步转化成对氨基苯酚。

$$\text{C}_6\text{H}_5\text{NO}_2 \xrightarrow{\text{Pt/C}, H_2, H_2SO_4} \left[\text{C}_6\text{H}_5\text{NHOH}\right] \xrightarrow[\text{十二烷基三甲基氯化铵}]{H_2SO_4} \text{HO-C}_6\text{H}_4\text{-NH}_2$$

苯胲

（3）电解还原

如由硝基苯经电化学还原得苯胲，再经重排得对氨基苯酚。还原时一般以硫酸为阳极电解液，铝作阳极，铜作阴极，反应温度 80～90℃。

$$\text{C}_6\text{H}_5\text{NO}_2 \xrightarrow{\text{电解，还原}} \left[\text{C}_6\text{H}_5\text{NHOH}\right] \xrightarrow[\triangle]{[\text{Bamberger重排}]} \text{HO-C}_6\text{H}_4\text{-NH}_2$$

苯胲

三、氧化反应

1. 氧化反应相关概念及类型

氧化反应是指在氧化剂存在下，向有机物分子中引入氧原子或减少氢原子的反应。根据反应所采用的氧化剂及操作方法不同，氧化反应可分为化学氧化、催化氧化及生物氧化等。化学氧化是指在化学氧化剂的直接作用下完成的氧化反应。化学氧化剂可分为无机氧化剂和有机氧化剂两大类。催化氧化是指在催化剂存在下，用空气或氧气对有机化合物进行氧化的方法。根据作用物与催化剂所处的相态不同，催化氧化又可分为液相催化氧化与气相催化氧化。液相催化氧化时，通常将空气或氧气通入作用物与催化剂的溶液或悬浮液中进行反应；气相催化氧化时，通常将作用物在 300～500℃汽化，与空气或氧气混合后，通过灼热的催化剂进行反应。生物氧化是指有机物质在生物体细胞内氧化分解产生二氧化碳、水，并释放出大量能量的过程。

2. 氧化反应在化学制药中的应用实例

常见的无机氧化剂有 $KMnO_4$、MnO_2、$K_2Cr_2O_7$、H_2O_2 等，如杂环侧链、伯醇、烯烃等在碱性条件下可被 $KMnO_4$ 氧化成酸。

$$\text{C}_6\text{H}_5\text{-CH}_2\text{CH}_2\text{CH}_3 \xrightarrow[OH^-]{KMnO_4} \text{C}_6\text{H}_5\text{-COOH}$$

$$(CH_3)_2CH-CH_2OH \xrightarrow[OH^-]{KMnO_4} (CH_3)_2CH-COOH$$

常用的有机氧化剂，如异丙醇铝、四醋酸铅、过氧酸等，如仲醇或伯醇在异丙醇铝催化下，用过量酮（丙酮或环己酮等）作为氢的接受体，可被氧化成相应的羰基化合物。

$$RR'CH-OH + O{=}C(CH_3)_2 \underset{}{\overset{Al[OCH(CH_3)_2]_3}{\rightleftharpoons}} RR'C{=}O + HO-CH(CH_3)_2$$

催化氧化法是近年来在医药工业中发展较快的新技术。与化学氧化法相比，催化氧化法不仅氧化剂价廉易得、废物排放少，而且生产工艺可实现连续化，从而降低劳动强度、提高生产效率。如氯霉素中间体对硝基苯乙酮的生产是由对硝基乙苯在催化剂作用下与 O_2 进行的自由基反应。

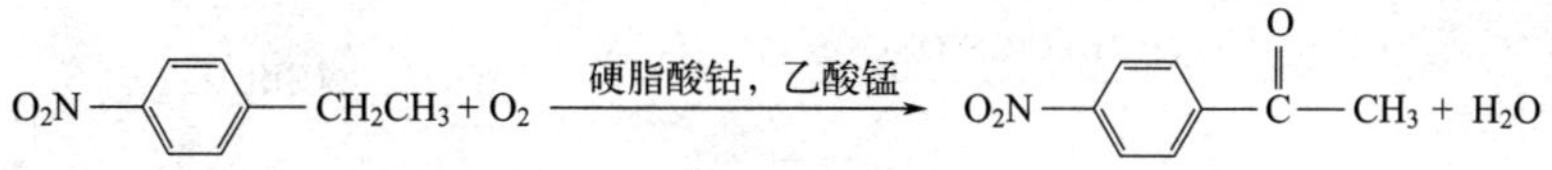

$$O_2N-C_6H_4-CH_2CH_3 + O_2 \xrightarrow{\text{硬脂酸钴，乙酸锰}} O_2N-C_6H_4-\overset{O}{\overset{\|}{C}}-CH_3 + H_2O$$

生物氧化如糖代谢中的三羧酸循环和脂肪酸 β-氧化。

四、卤化反应

1. 卤化反应相关概念及类型

卤化反应是指向有机化合物分子中引入卤素原子形成碳-卤（C—X 键）的反应。按引入卤素原子不同可分为氟化、氯化、溴化和碘化反应。其中氯化和溴化较为常用，氟化和碘化由于技术和经济方面原因，应用范围受到限制。卤化反应可分为加成、取代和置换卤化反应三种。卤化反应中常用的卤化试剂有卤素、卤化氢、含硫卤化剂、含磷卤化剂等。

2. 卤化反应在化学制药中的应用实例

通过卤化反应可增加有机物分子极性，制备不同生理活性的含卤素药物，提高反应的选择性等。

（1）制备药物中间体

由对硝基苯乙酮通过溴化反应制备对硝基-α-溴代苯乙酮，对硝基-α-溴代苯乙酮是氯霉素的中间体，其溴化反应如下：

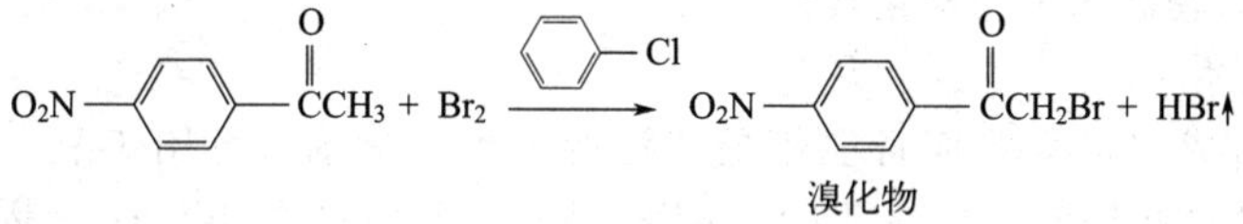

$$O_2N-C_6H_4-\overset{O}{\overset{\|}{C}}CH_3 + Br_2 \xrightarrow{C_6H_5Cl} O_2N-C_6H_4-\overset{O}{\overset{\|}{C}}CH_2Br + HBr\uparrow$$

溴化物

（2）制备含卤素药物

含卤素药物在临床用药中占有一定比例，如抗菌药氯霉素中含有氯原子、抗菌药诺氟沙星中含有氟原子。

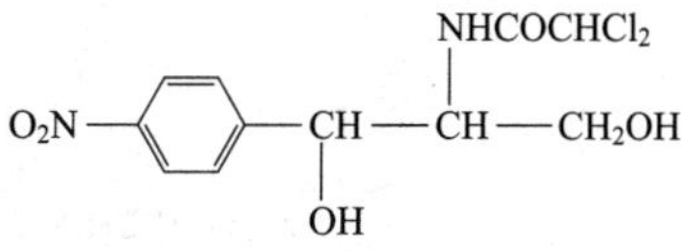

$$O_2N-C_6H_4-\underset{OH}{\underset{|}{CH}}-\overset{NHCOCHCl_2}{\overset{|}{CH}}-CH_2OH$$

氯霉素

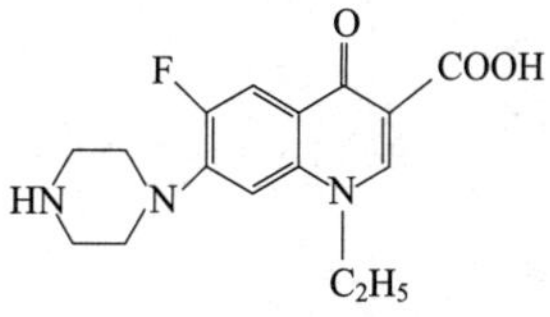

诺氟沙星

五、硝化反应

1. 硝化反应相关概念及类型

硝化反应是指在有机化合物分子中引入一个或几个硝基的反应。硝化反应包括氧硝化、氮硝化和碳硝化，常用的硝化剂有硝酸、混酸、硝酸-醋酐等。

2. 硝化反应在化学制药中的应用实例

（1）氧硝化

抗心绞痛药物硝酸甘油即是甘油用硝酸硝化而得，属氧硝化反应，其合成反应如下：

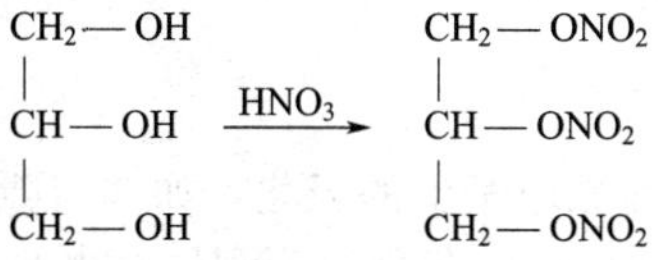

$$\begin{array}{l} CH_2-OH \\ | \\ CH-OH \\ | \\ CH_2-OH \end{array} \xrightarrow{HNO_3} \begin{array}{l} CH_2-ONO_2 \\ | \\ CH-ONO_2 \\ | \\ CH_2-ONO_2 \end{array} \quad \text{氧硝化反应}$$

（2）氮硝化

吗啉用2-甲基-2-羟基丙腈硝酸酯硝化得 *N*-硝基吗啉的反应属氮硝化反应。

O NH $\xrightarrow{(CH_3)_2C(CN)ONO_2}$ O N — NO_2　氮硝化反应

（3）碳硝化

乙苯用混酸硝化制备氯霉素中间体对硝基乙苯以及丙二酸二乙酯用发烟硝酸硝化制备2-硝基丙二酸二乙酯均属碳硝化。在芳环上引入硝基的碳硝化反应在药物合成中应用最为广泛。

$C_6H_5-C_2H_5 \xrightarrow{HNO_3,\ H_2SO_4} O_2N-C_6H_4-C_2H_5$　碳硝化反应

六、烃化反应

1. 烃化反应相关概念及类型

烃化反应是指在有机化合物分子中的碳、氧和氮等原子上引入烃基（R）的反应。根据烃基引入到有机物分子中的原子不同如氧原子上或氮原子上或碳原子上可分为氧烃化反应、氮烃化反应、碳烃化反应。提供烃基的物质称为烃化剂，包括饱和的、不饱和的、芳香的，以及具有各种取代基的烃基。常用的烃化剂有卤代烃类、硫酸酯和芳磺酸酯类、环氧烷类、醇类、醚类等。

2. 烃化反应在化学制药中的应用实例

（1）卤代烃类烃化剂

卤代烃是药物合成中最重要而且应用最广泛的一类烃化剂，可用于氧、氮、碳等原子的烃化。不同卤代烃的活性顺序是：RF＜RCl＜RBr＜RI。RF活性很小，且不易制备，在烃化反应中很少用；RI尽管活性最大，但是由于其不如RCl和RBr易得，且价格贵、稳定性差，应用时易发生消除、还原等副反应，所以应用也很少；应用最多的是RCl和RBr。如抗组胺类药物苯海拉明的合成可采用两种不同的方式：

$(C_6H_5)_2CHBr + NaOCH_2CH_2N(CH_3)_2 \xrightarrow[\triangle]{二甲苯} (C_6H_5)_2CHOCH_2CH_2N(CH_3)_2$

$(C_6H_5)_2CHOH + ClCH_2CH_2N(CH_3)_2 \xrightarrow[\triangle]{二甲苯,NaOH} (C_6H_5)_2CHOCH_2CH_2N(CH_3)_2$

风湿性关节炎药氯灭酸的合成，反应式如下：

间氯苯胺（Cl, NH_2） + 邻氯苯甲酸（Cl, COOH） $\xrightarrow[\triangle]{Cu,\ NaOH}$ Cl-苯基—NH—苯基（HOOC）

（2）硫酸酯和芳磺酸酯类

硫酸酯和芳磺酸酯类主要有氧原子和氮原子上的烃化，如在黄嘌呤分子内有三个可被烃化的氮原子，控制反应液的pH可进行选择性烃化，分别得到利尿药咖啡因和可可碱。

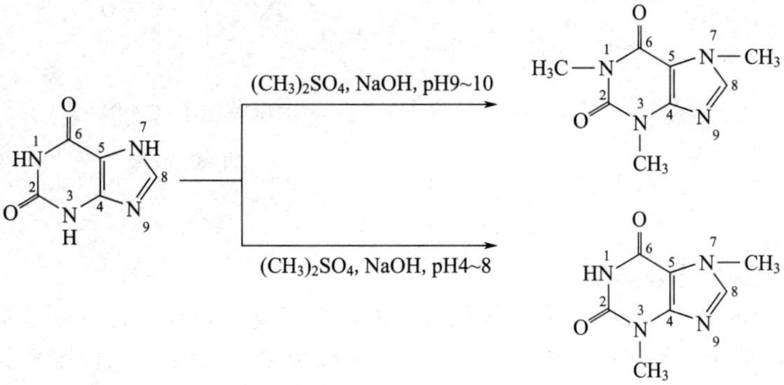

$(CH_3)_2SO_4$, NaOH, pH9~10

$(CH_3)_2SO_4$, NaOH, pH4~8

知识拓展

烷基化反应

烷基化反应是用烷基取代有机物分子中氢原子的反应。被引入烷基的化合物称为被烷基化物；另一反应物称为烷基化剂。常用的被烷基化物有醇及酚类、氨及胺类、芳烃及活性亚甲基化合物等。常用的烷基化剂有卤代烃、硫酸酯、芳磺酸酯、环氧烷类等。

七、缩合反应

1. 缩合反应相关概念及类型

缩合反应是指两个或两个以上有机化合物分子之间相互反应形成一个新键同时放出简单分子（如水、醇、卤化氢、氨等）；或两个有机化合物分子通过作用形成较大分子的反应。根据形成新键的种类不同，缩合反应可分为碳-碳键缩合和碳-杂键缩合。缩合反应的机制是亲核加成-消除、亲核加成和亲电取代等。按反应物结构不同可分为醛酮缩合、酮与羧酸或其衍生物之间的缩合、酯缩合及其他类型的缩合。

2. 缩合反应在化学制药中的应用实例

缩合反应在化学制药中的应用非常广泛，如苯妥英钠制备中以苯甲醛为原料，经过安息香缩合生成二苯乙醇酮；维生素 A 中间体的合成；局麻药盐酸达可罗宁的制备；咖啡因制备中中间产物二甲氰乙酰脲的制备等。

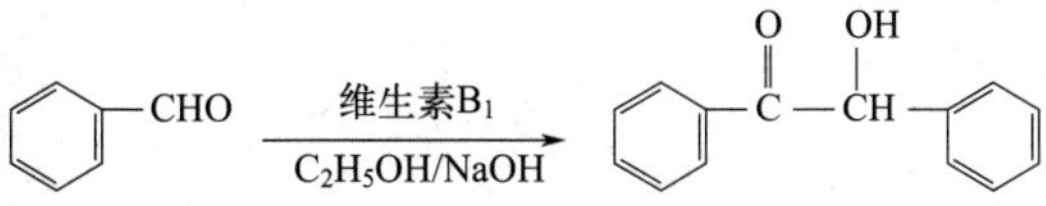

维生素B_1

$C_2H_5OH/NaOH$

苯甲醛

二苯乙醇酮

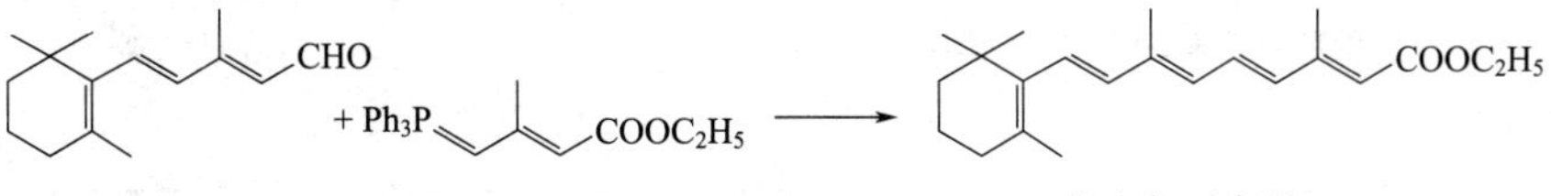

维生素A中间体

EtOH

回流8h

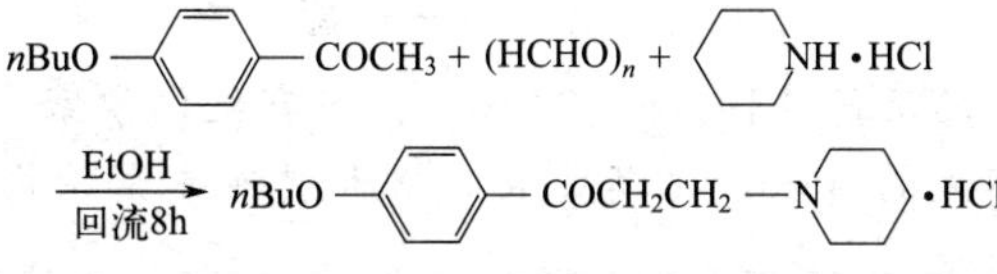

局麻药盐酸达可罗宁

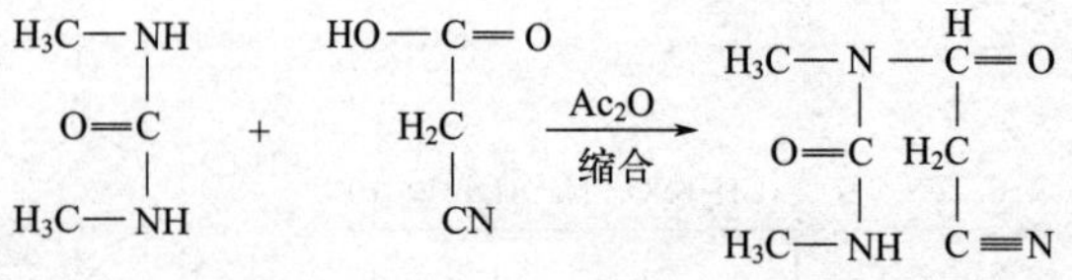

二甲氰乙酰脲

八、环合反应

1. 环合反应相关概念及类型

环合反应是指使链状化合物生成环状化合物的缩合反应。环合产物可以是碳环化合物，也可以是杂环化合物，是通过形成新的碳-碳、碳-杂原子或杂原子-杂原子共价键来实现的。

环合反应一般分成两种类型：一种是分子内部进行的环合，称为单分子环合反应；另一种是两个（多个）不同分子之间进行的环合，称为双（多）分子环合反应。

环合反应也可以根据反应时所放出的简单分子的不同来分类，如脱水环合、脱醇环合、脱卤化氢环合等。也有不放出简单分子的环合反应，如双烯1,4-加成反应。

2. 环合反应在化学制药中的应用实例

环合反应可用于制备医药中间体或制备药物，如吡唑衍生物1-苯基-5-氨基吡唑啉盐酸盐的制备；吡啶衍生物心血管系统疾病治疗药物钙离子通道拮抗剂中的1,4-二氢吡啶类药物的合成；咖啡因中间产物茶碱钠盐的制备等。

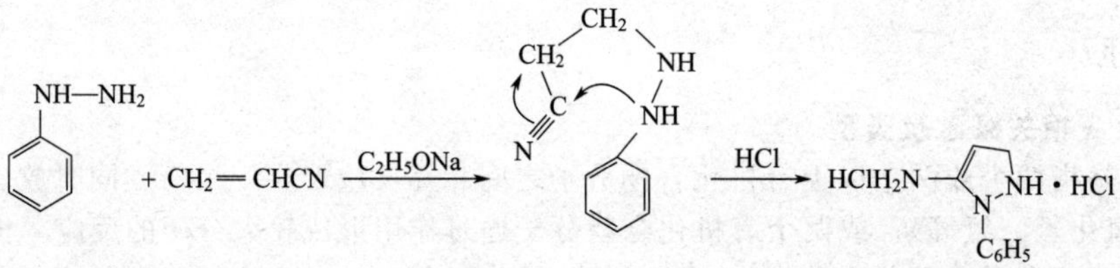

1-苯基-5-氨基吡唑啉盐酸盐

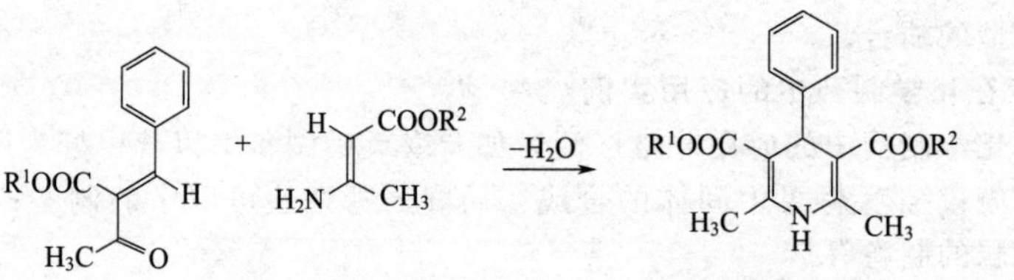

1,4-二氢吡啶类药物

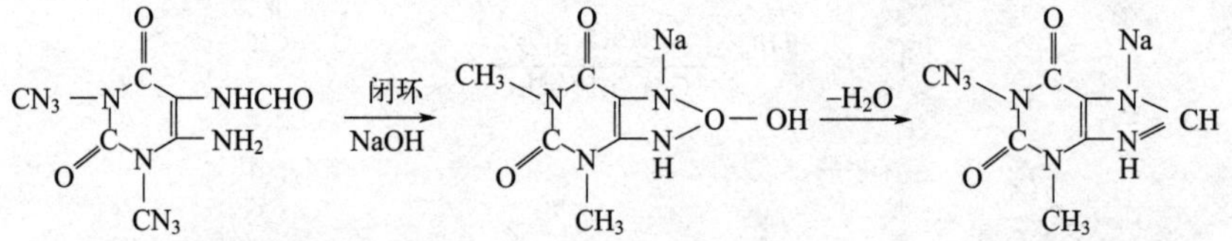

1,3-二甲基-4-氨基-5-甲酰氨基脲嘧

茶碱钠盐

知识拓展

有机合成之父——伍德沃德

罗伯特·伯恩斯·伍德沃德（1917—1979） 美国有机化学家，现代有机合成之父，对现代有机合成作出了相当大的贡献，尤其是在合成和具有复杂结构的天然有机分子结构阐

明方面。获1965年诺贝尔化学奖。他以极其精巧的技术，合成了胆甾醇、皮质酮、马钱子碱、利血平、叶绿素等多种复杂有机化合物。据不完全统计，他合成的各种极难合成的复杂有机化合物达24种以上，所以他被称为“现代有机合成之父”。

第二节　合成路线的设计

课堂互动

合成路线与工艺路线有何不同？

在多数情况下，一个化学合成药物往往有多种合成途径，每种合成途径都可称为合成路线。但我们通常将这些合成路线中具有工业生产价值的合成路线称为该药物的工艺路线。

一、合成路线的设计策略

药物合成路线设计从使用的原料来分，可分为全合成和半合成两类。半合成：由具有一定基本结构的天然产物经化学结构改造和物理处理过程制得复杂化合物的过程。全合成：以化学结构简单的化工产品为起始原料，经过一系列化学反应和物理处理过程制得复杂化合物的过程。

药物合成路线的设计策略主要有两类：一类是由原料而定的合成策略，即在由天然产物出发进行半合成或合成某些化合物的衍生物时，通常根据原料来制定合成路线。另一类是由产物而定的合成策略，从目标分子的化学结构入手进行药物结构剖析，然后根据其结构特点，通过逆向变换，直到找到合适的原料、试剂以及反应为止，是合成中最为常见的策略。

知识拓展

药物结构剖析方法

① 对药物的化学结构进行整体及部分剖析时，应首先分清主环与侧链，基本骨架与功能基团，进而弄清这一功能基以何种方式、在何位置同主环或基本骨架连接。

② 研究分子中各部分的结合情况，找出易拆键部位。易拆键部位也就是设计合成路线时的连接点以及与杂原子或极性功能基的连接部位。

③ 考虑基本骨架的组合方式，形成方法。

④ 功能基的引入、变换、消除与保护。

⑤ 手性药物，需考虑手性拆分或不对称合成等。

二、合成路线设计的一般程序

合成路线设计的一般程序为：①必须先对类似的化合物进行国内外文献资料的调查和研究工作；②优选一条或若干条技术先进，操作条件切实可行，设备条件容易解决，原辅材料有可靠来源的技术路线；③写出文献总结和生产研究方案（包括多条技术路线的对比试验）。

三、合成路线设计方法

合成路线常见的设计方法有追溯求源法、分子对称法、类型反应法、模拟类推法、文献归纳法等。

1. 追溯求源法

追溯求源法也称倒推法，是从靶分子的化学结构出发，将合成过程一步一步地向前推导进行追溯寻源，直到最后是可得到的化工原料、中间体或其他易得的天然化合物为止。

适用对象：在化合物分子中具有C—N、C—S、C—O等碳-杂原子键的部位，一般为该分子的拆键部位，亦即合成时的连接部位。

分子结构以反合成的方向进行变化叫作转化，而以合成方向进行的变化则是合成反应。用双线箭头（⟹）表示转化过程，以示有别于用单线箭头标明的合成反应方向（⟶）。

在应用倒推法设计合成路线时，若出现2个或2个以上连接部位的形成顺序，即各接合点的单元反应顺序可以有不同的安排顺序时，不仅要从理论上合理安排，而且必要时还须通过实验加以比较选定。

例如，非甾体抗炎药双氯芬酸的C—N拆键部位，共有a、b两种拆键方法：

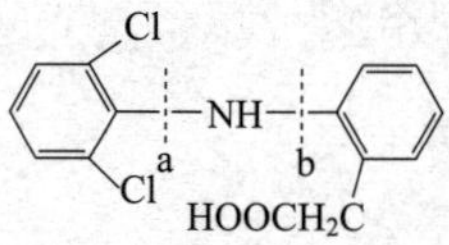

按a线考虑，推导为：

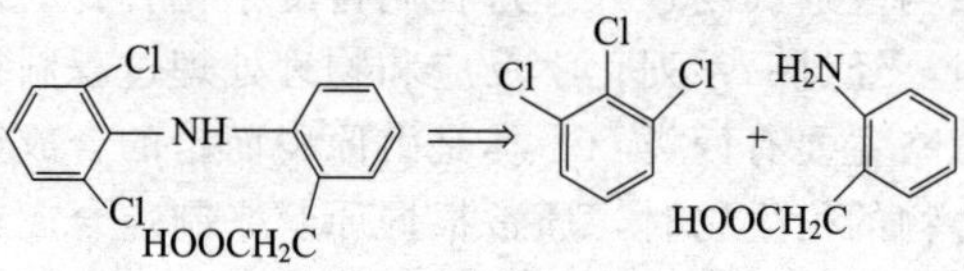

按b线考虑，推导为：

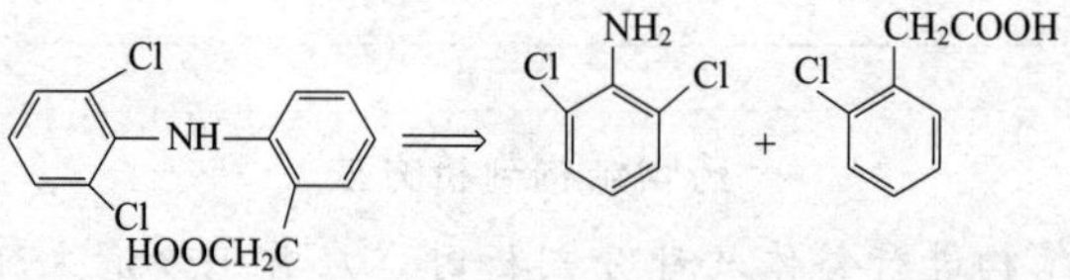

二者比较，a线中由于1,2,3-三氯甲苯上的三个氯原子都可参与反应，选择性较差，易产生大量副产物。而b线则由价廉易得的2,6-二氯苯胺与邻氯苯乙酸反应，乙酸基有利于氯原子起反应，因此，常采用b线拆键合成双氯芬酸。

在化合物合成路线设计过程中，除了上述各种构建骨架的问题外，还涉及官能团的引入、转换和消除，官能团的保护与去保护等；若系手性药物，还必须考虑手性中心的构建方法和在整个合成路线中的位置等问题。

2. 分子对称法

分子对称法是将两个相同的分子经化学合成反应连接起来，制备具有分子对称性的化合物。分子对称法也是药物合成路线设计中常采用的方法。

分子对称法的切断部位：对称中心、对称轴、对称面。

1939年，多德（Dodds）所创制的女性激素己烯雌酚及其后研究出的类似衍生物己烷雌酚、双烯雌酚都是有对称性的分子，这是最早应用分子对称法进行合成设计的实例。

HO—C₆H₄—C(C_2H_5)=C(C_2H_5)—C₆H₄—OH　　HO—C₆H₄—CH(C_2H_5)—CH(C_2H_5)—C₆H₄—OH　　HO—C₆H₄—C(=$CHCH_3$)—C(=$CHCH_3$)—C₆H₄—OH

己烯雌酚　　己烷雌酚　　双烯雌酚

己烷雌酚是由两分子的对硝基苯丙烷在氢氧化钾存在下，用水合肼进行还原、缩合反应生成3,4-双对氨基苯基己烷，后者经重氮化水解便可得到己烷雌酚。

$$2O_2N\text{—}C_6H_4\text{—}CH_2C_2H_5 \xrightarrow[KOH]{NH_2NH_2} H_2N\text{—}C_6H_4\text{—}CH(C_2H_5)\text{—}CH(C_2H_5)\text{—}C_6H_4\text{—}NH_2$$

$$\xrightarrow[②H_2O]{①NaNO_2,H^+} HO\text{—}C_6H_4\text{—}CH(C_2H_5)\text{—}CH(C_2H_5)\text{—}C_6H_4\text{—}OH$$

双烯雌酚则是两分子的1-对甲氧苯基-1-溴代丙烯，在氯化亚铜的存在下，用金属镁使之缩合生成3,4-双对甲氧苯基-2,4-己二烯，然后脱去甲基而得到。

$$2CH_3O\text{—}C_6H_4\text{—}C(Br)\text{=}CHCH_3 \xrightarrow[CuCl]{Mg} CH_3O\text{—}C_6H_4\text{—}C(\text{=}CHCH_3)\text{—}C(\text{=}CHCH_3)\text{—}C_6H_4\text{—}OCH_3$$

$$\xrightarrow{H^+} HO\text{—}C_6H_4\text{—}C(\text{=}CHCH_3)\text{—}C(\text{=}CHCH_3)\text{—}C_6H_4\text{—}OH$$

3. 类型反应法

类型反应法指利用常见的典型有机化学反应与合成方法进行合成设计的方法。主要包括各类有机化合物的通用合成方法、人名反应、功能基的形成和转换。

适用对象为有明显类型结构特点以及功能基特点的化合物。

广谱抗霉菌药物克霉唑分子中的C—N键是一个易拆键部位，是可由咪唑的亚氨基与卤烷进行烷基化反应的结合点，因此，首先通过找出易拆键部位而得到两个关键中间体邻氯苯基二苯基氯甲烷和咪唑。

由邻氯苯甲酸乙酯与溴苯进行格氏（Grignard）反应，先制出叔醇，然后再用二氯亚砜氯化得到克霉唑。此法所得的克霉唑质量较好，但这条路线中的格氏反应要求高度无水操作，对原料和溶剂质量要求严格，乙醚又易燃易爆很不安全，加上生产时受雨季湿度的影响，限制了生产规模的扩大。

$$(2\text{-}ClC_6H_4)C(C_6H_5)_2\text{—}N(\text{咪唑}) \Longrightarrow (2\text{-}ClC_6H_4)C(C_6H_5)_2\text{—}Cl + HN(\text{咪唑})$$

$$2\text{-}ClC_6H_4COOC_2H_5 \xrightarrow{2C_6H_5MgBr} (2\text{-}ClC_6H_4)C(C_6H_5)_2\text{—}OH \xrightarrow{SOCl_2} (2\text{-}ClC_6H_4)C(C_6H_5)_2\text{—}Cl$$

4. 模拟类推法

对化学结构复杂、合成路线设计困难的药物，可模拟类似化合物的合成方法进行该药物合成路线的设计，此方法称之为模拟类推法。从初步的设想开始，通过文献调研，改进他人尚不完善的概念和方法来进行药物工艺路线设计。

适用对象：化学结构复杂、合成路线设计困难的药物。

注意事项：在应用模拟类推法设计药物合成工艺路线时，还必须与已有方法进行对比，注意比较类似化学结构、化学活性的差异。

中药黄连中的抗菌有效成分——小檗碱（黄连素）的合成路线也是个很好的应用模拟类推法的例子。小檗碱的合成模拟巴马汀和镇痛药四氢帕马丁（延胡索乙素）的合成方法。它们都具有母核二苯并［*a*,*g*］喹嗪，含有稠合的异喹啉环结构。

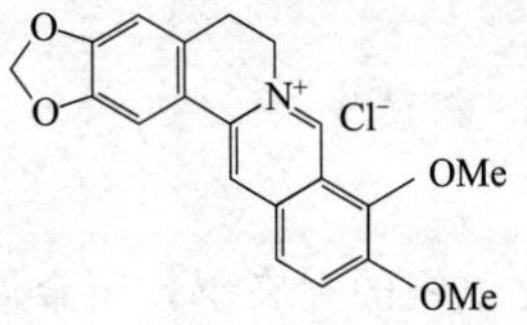

黄连素 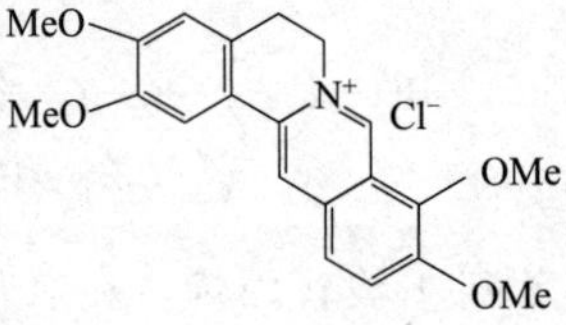　　巴马汀 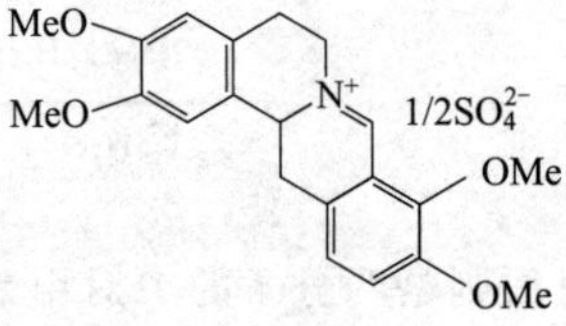　　四氢帕马丁

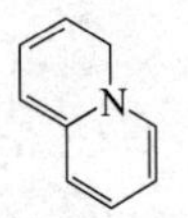

4*H*-喹嗪　　二苯并[*a*, *g*]喹嗪

小檗碱可以3,4-二甲氧基苯乙酸为起始原料，采用合成异喹啉环的方法，经比施勒-纳皮耶拉尔斯基（Bischler-Napieralski）反应及皮克特-施彭格勒（Pictet-Spengler）反应先后两次环合而得。合成路线如下：

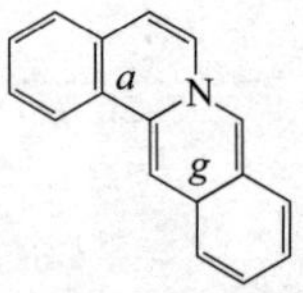

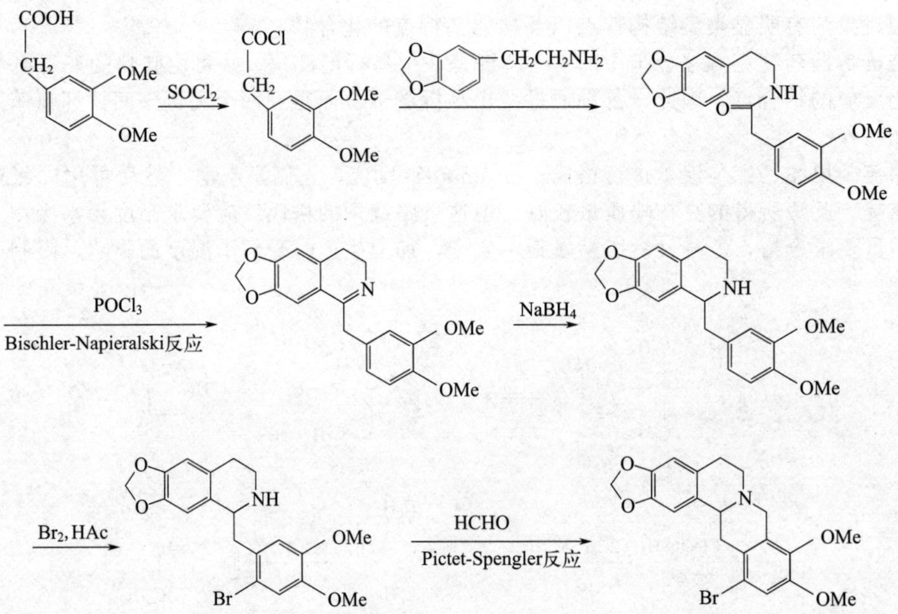

$SOCl_2$　　$CH_2CH_2NH_2$

$POCl_3$ / Bischler-Napieralski反应　　$NaBH_4$

Br_2, HAc　　HCHO / Pictet-Spengler反应

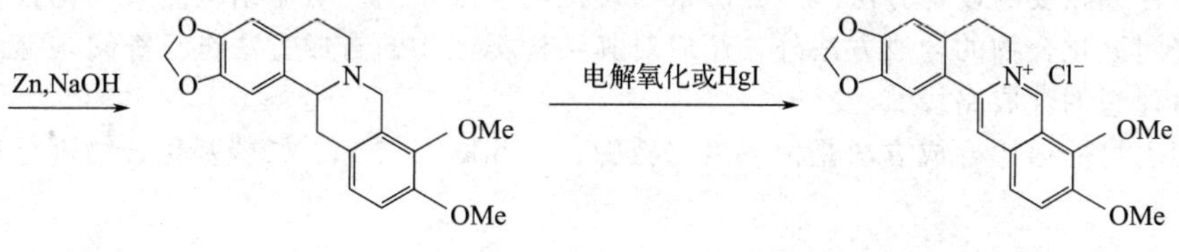

黄连素

在皮克特-施彭格勒（Pictet-Spengler）环合反应前进行溴化，目的是提高环合的位置选择性，最后一步氧化反应可采用电解氧化或 HgI 作氧化剂。从合成化学观点考察，这条合成路线是合理且可行的。但由于合成路线较长，收率不高，且使用昂贵的试剂，因而不适宜工业生产。

1969 年，穆勒（Muller）等发表了巴马汀的合成法，3,4-二甲氧基苯乙胺与 2,3-二甲氧基苯甲醛反应脱水缩合生成希夫（Schiff）碱，并立即将其双键还原转变成苯乙基苯甲基亚胺的骨架；然后与乙二醛反应，一次引进两个碳原子而合成二苯并［*a*,*g*］喹嗪环。按这个合成途径得到的是二氢巴马汀高氯酸盐与巴马汀高氯酸盐的混合物。

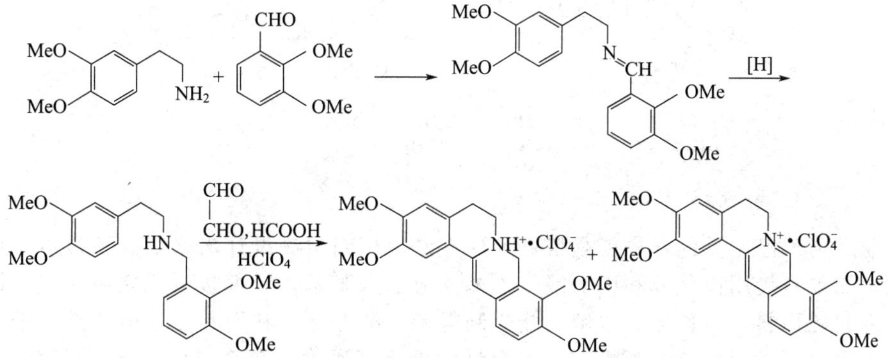

参照上述巴马汀的合成方法，设计了从胡椒乙胺与 2,3-二甲氧基苯甲醛出发合成小檗碱的工艺路线，并试验成功，合成路线如下：

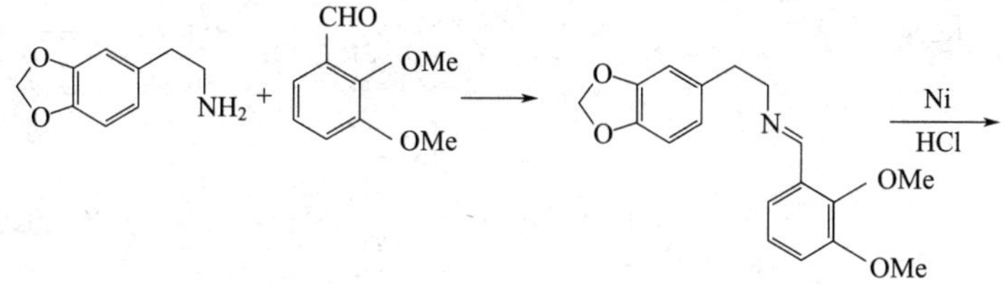

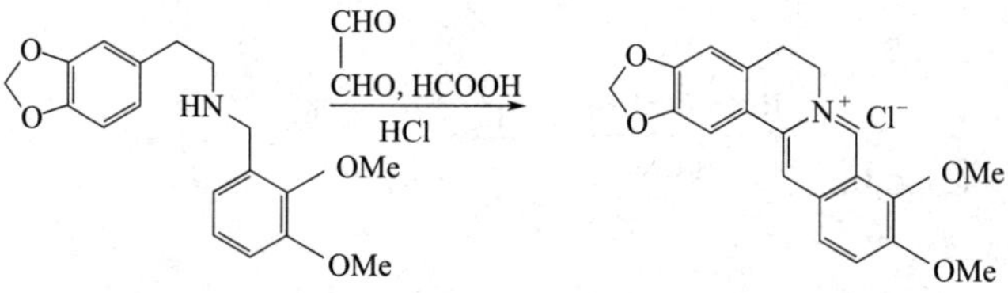

按这条工艺路线制得的产品中不含二氢化衍生物。产物的理化性质与抑菌能力同天然提取的黄连素完全一致，符合药典要求。这条合成路线较前述路线更为简捷，由原先的八步合成路线简化为三步，而且所用原料 2,3-二甲氧基苯甲醛是工业生产香料香兰醛的副产物，成本低廉。

5. 文献归纳法

文献归纳法是指通过查阅有关专著、文献，归纳整理找出若干可模拟、借鉴的路线，进而完成目标分子合成路线的设计方法。此方法常与模拟类推法联用。对于结构复杂的化合物，查阅文献时，除查阅该化合物的合成方法外，还应对其结构类似物的合成方法进行查阅，继而模拟、借鉴，设计出理想的合成路线。

嘧啶衍生物的通用合成方法是由尿素（硫脲、胍和脒）与1,3-二羰基化合物进行环合反应来制备：

$$O{=}C(NH_2)_2 + CH_2(COOC_2H_5)_2 \xrightarrow{\text{碱}} \text{2,4,6-三羟基嘧啶(HO, OH, OH)} \rightleftharpoons \text{嘧啶三酮(HN, O)}$$

根据以上方法可以归纳出巴比妥的合成方法，在丙二酸二乙酯的2位引入两个乙基后，再与脲缩合成环，得到巴比妥。这也是巴比妥类药物的一般合成法。

$$CH_2(COOC_2H_5)_2 \xrightarrow{C_2H_5Br,\ C_2H_5ONa} (C_2H_5)_2C(COOC_2H_5)_2 + O{=}C(NH_2)_2 \longrightarrow \text{巴比妥}$$

巴比妥

镇静催眠药苯巴比妥的合成就是根据上述方法运用归纳法设计出来的。不过由于卤苯的卤素不活泼，如果直接用卤代苯和丙二酸二乙酯反应引入苯基，收率极低无实际意义。因此，一般以氯苄为起始原料，经氰化、水解、酯化制得苯乙酸乙酯。利用其分子中α-碳原子上的活泼氢同一个不含α-活泼氢的二元羧酸酯，在醇钠的催化下通过克莱森（Claisen）酯缩合，加热脱羰，制得2-苯基丙二酸二乙酯后，再用一般烃化的方法引入乙基，最后与脲缩合，即得苯巴比妥。

$$C_6H_5CH_2Cl \xrightarrow{KCN} C_6H_5CH_2CN \xrightarrow{H_2O} C_6H_5CH_2COOH \xrightarrow[H_2SO_4]{C_2H_5OH} C_6H_5CH_2COOC_2H_5$$

$$\xrightarrow{(COOC_2H_5)_2} \xrightarrow{H^+} Ph{-}HC(COCOOC_2H_5)(COOC_2H_5) \xrightarrow{-CO} Ph{-}HC(COOC_2H_5)_2$$

$$\xrightarrow[C_2H_5ONa]{C_2H_5Br} Ph(C_2H_5)C(COOC_2H_5)_2 \xrightarrow[C_2H_5ONa]{H_2N{-}CO{-}NH_2} \xrightarrow{H^+} \text{苯巴比妥}$$

不断地积累文献资料和尽快地对其中有用的信息进行分析、归纳和存储，是正确应用文献归纳法的重要环节。对于结构较复杂的化合物而言，常常不能满足于停留在单纯模仿文献或标准方法上，而希望有所发现、有所创新。通过在实践中认真观察，对某些意外结果进行分析、判断，有时会成功地发现新反应、新试剂，并有效地用于复杂化合物的合成。

在实际工作中，上述各种工艺路线设计方法一般都是互相渗透的，在某一药物合成路线的设计过程中可能会用到这些设计方法中的两种甚至多种。

思政小课堂

弘扬严谨的学术精神

在进行药物合成实验和科学研究时，要坚守学术道德与学术诚信，坚持实事求是，一切以实验数据为准，杜绝编造、篡改实验数据，杜绝抄袭或剽窃他人学术成果等不良之风，树立科学的人生价值观、秉承科学严谨的学术道德规范。

四、合成路线的选择

课堂互动

一般情况下，一个药物可以有多条合成路线。如何评价和选择最为合理的合成路线？

提示：可从绿色、成本、收率、效益、安全、设备等方面综合考虑。

通过文献调研可以找到一个药物的多条合成路线，它们各有特点。哪条路线可以发展成为适合工业生产的工艺路线，则必须通过深入细致的综合比较和论证，选出最为合理的合成路线，并制定出具体的实验室研究方案。

在综合药物合成领域大量实验数据的基础上，归纳总结出评价合成路线的基本原则，对于合成路线的评价与选择有一定的指导意义。

合成路线选择依据如下：

① 化学合成途径简捷，即原辅材料转化为药物的合成路线要简短；

② 所需的原辅材料品种少、价廉、易得；

③ 中间体容易提纯，质量符合要求；

④ 反应在易于控制的条件下进行，如安全、无毒；

⑤ 设备条件要求不苛刻；

⑥“三废”少且易于治理；

⑦ 操作简便，经分离、纯化容易达到药用标准；

⑧ 收率最佳、成本最低、经济效益最好。

第三节　化学制药合成条件的控制

合成路线由许多单元反应组成，每步单元反应又有不同的反应条件，要想选择最佳的反应条件，就要对合成路线中各步单元反应的反应条件进行研究与优化。

对各步反应条件的研究和优化应从化学反应的内因和外因两个方面入手，只有对反应过程的内因和外因以及它们之间的相互关系深入了解后，才能正确地将两者统一起来，进一步获得最佳反应条件。

化学反应的内因（化合物的结构）主要是指反应物和反应试剂分子中原子的结合状态、键的性质、立体结构、官能团的活性、各种原子和官能团之间的相互影响及物化性质等，这是设计和选择药物合成路线的理论依据。

化学反应的外因（反应条件）也就是各种化学反应的一些共同点：反应物配料比与浓度、加料次序、反应温度、溶剂、催化剂、反应终点控制、搅拌状况、pH 值等。本部分将对化学反应的外因进行详细介绍。

思政小课堂

内因和外因的辩证关系

唯物辩证法中，内因是事物发展变化的根据，规定了事物发展的基本趋势和方向；外因是事物发展变化不可缺少的条件，有时外因甚至对事物的发展有着非常重要的作用。内因和外因既相区别又相联系，辩证统一。化学反应的内因和外因对于化学反应也是一样，内因（化合物的结构）决定化学反应能否发生；外因（反应条件）影响反应的速率、产品收率等。

一、反应物配料比与浓度

反应物配料比对反应的影响，实际是考察反应物浓度对反应的影响。要搞清楚反应物浓度对反应的影响，需要先了解反应类型。反应物浓度对不同类型化学反应的影响是不同的。化学反应按其进行的过程可分为简单反应和复杂反应两大类。

1. 反应物配料比与浓度对简单反应的影响

只有一个基元反应（反应物分子在碰撞中一步直接转化为生成物分子的反应）的化学反应称为简单反应。在化学动力学上，简单反应是以反应分子数（或反应级数）来分类的，如单分子反应（一级反应）、双分子反应（二级反应）、三分子反应（三级反应）等。简单反应以反应级数分类还有一类比较特殊的零级反应。

（1）单分子反应（一级反应）

只有一个分子参与的基元反应称为单分子反应，其反应速率与反应物浓度的一次方成正比，故又称一级反应。

如对反应：

$$A \longrightarrow P$$

$$v=-\frac{dc_A}{dt}=kc_A$$

式中，v 为反应速率，mol/(L·s)；k 为反应速率常数，s^{-1}；t 为反应时间，s；c_A 为 A 物质 t 时刻的浓度，mol/L。

工业上许多有机化合物的热分解（如烷烃的裂解）和分子重排反应（如贝克曼重排、联苯胺重排）等都是常见的一级不可逆反应。

（2）双分子反应（二级反应）

两个分子（不论是相同分子还是不同分子）碰撞时发生相互作用的反应称为双分子反应。反应速率与反应物浓度的二次方成正比，故又称二级反应。

相同分子间的二级反应：

$$2A \longrightarrow P$$

$$v=-\frac{dc_A}{dt}=kc_A^2$$

式中，v 为反应速率，mol/(L·s)；k 为反应速率常数，L/(mol·s)；t 为反应时间，s；c_A 为 A 物质 t 时刻的浓度，mol/L。

不同分子间的二级反应：

$$A+B \longrightarrow P$$

$$v=-\frac{dc_A}{dt}=kc_Ac_B$$

式中，v 为反应速率，mol/(L·s)；k 为反应速率常数，L/（mol·s)；t 为反应时间，s；c_A 为 A 物质 t 时刻的浓度，mol/L。

工业上，二级不可逆反应最为常见，如烯烃的加成反应、乙酸乙酯的皂化、卤代烷的碱性水解等。

(3) 零级反应

零级反应比较特殊，此类反应的反应速率与浓度无关，某些光化学反应、表面催化反应和电解反应等，仅受其他因素（如光强度、催化剂表面状态和通过的电量）的影响，我们把这一类反应称为零级反应。

2. 反应物配料比与浓度对复杂反应的影响

由两个或两个以上基元反应构成的化学反应称为复杂反应。常见的复杂反应主要为可逆反应、平行反应和连续反应。反应物浓度对不同复杂反应的影响也不同。

(1) 可逆反应

可逆反应是化学制药中的一种常见反应。由于反应物与产物间存在一种动态的化学平衡，故其反应物配料比与产品收率之间的关系比较特殊。

可逆反应是指在同一条件下，既能向正反应方向进行，同时又能向逆反应方向进行的反应。反应通式如下：

$$A+B \underset{k_2}{\overset{k_1}{\rightleftharpoons}} R+S$$

可逆反应的特点是：

① 对于正、逆方向的反应，质量作用定律都适用。

② 正反应速率与反应物的浓度成正比，逆反应速率与生成物浓度成正比。

③ 正、逆反应速率之差，就是总的反应速率。

④ 正反应速率随时间增长逐渐减小，逆反应速率随时间增长逐渐增大，直到两个反应速率相等。

⑤ 增加某一反应物的浓度或移去某一生成物，使化学平衡向正方向移动，可达到提高反应速率和增加产物收率的目的。

乙醇与乙酸的酯化反应是可逆反应，可以通过移除水分使生成物之一的水浓度减小，反应始终朝着酯的方向进行，而反应也始终达不到平衡，从而得到满意的产品及收率。

$$CH_3COOH+CH_3CH_2OH \rightleftharpoons CH_3COOC_2H_5+H_2O$$

(2) 平行反应

平行反应又称竞争性反应，也是一种复杂反应，即反应物同时进行几种不同的化学反应。在生产上将所需要的反应称为主反应，其余称为副反应。

$$C_6H_5CH_3 + HNO_3 \longrightarrow \text{o-}CH_3C_6H_4NO_2 + H_2O$$
$$C_6H_5CH_3 + HNO_3 \longrightarrow \text{p-}H_3C\text{-}C_6H_4\text{-}NO_2 + H_2O$$
$$C_6H_5CH_3 + HNO_3 \longrightarrow \text{m-}H_3C\text{-}C_6H_4\text{-}NO_2 + H_2O$$

上述甲苯硝化反应，生成的邻位、对位和间位产物的三个平行反应均为二级反应，主副反应的反应级数相同，反应速率均与甲苯浓度和硝酸浓度之积成正比。产物邻硝基甲苯、对硝基甲苯、间硝基甲苯的比例始终不随反应浓度的变化而变化。因此，对于反应级数相同的平行反应来说，其主副反应速率之比为一常数，与反应物浓度和时间无关。对于这类反应，不能用改变反应物的配料比或反应时间的方法来改变生成物的比例，但可以用温度、溶剂、催化剂等来调节生成物的比例。

对于反应级数不相同的平行反应来说，增加反应物浓度有利于反应级数高的反应的进行。例如在吡唑酮类解热镇痛药的合成中，苯肼与乙酰乙酸乙酯的环合反应，此反应为主反应（二级反应）。

$$C_6H_5\text{—}NHNH_2 + CH_3COCH_2COOC_2H_5 \longrightarrow \text{(1-苯基-3-甲基-5-吡唑酮：}CH_3\text{—}C{=}CH\text{，}HN\text{—}C{=}O\text{，}N\text{—}C_6H_5) + C_2H_5OH + H_2O$$

但若将苯肼浓度增加较多时，会引起 2 分子苯肼与 1 分子乙酰乙酸乙酯的副反应（三级反应），反应方程式如下：

$$2\,C_6H_5\text{—}NHNH_2 + CH_3COCH_2COOC_2H_5 \longrightarrow (C_6H_5\text{—}NHNH)_2C(CH_3)\text{—}CH_2COOC_2H_5 + H_2O$$

在此实例中主反应为二级反应，主反应的反应速率与苯肼浓度和乙酸乙酯浓度之积成正比。副反应为三级反应，副反应的反应速率与苯肼浓度的平方和乙酸乙酯浓度之积成正比。增加苯肼浓度会大大提升副反应的反应速率。因此，苯肼的反应浓度应控制在较低水平，这样既能保证主反应的正常进行，又不至于引起副反应的发生。

（3）连续反应

反应物发生化学反应生成产物的同时，该产物又能进一步反应而生成另一种产物，这种类型的反应称为连续反应。

如乙酸氯化生成氯乙酸，氯乙酸与氯气继续反应生成二氯乙酸，二氯乙酸与氯气继续反应生成三氯乙酸，此反应就是典型的连续反应。

$$CH_3COOH + Cl_2 \xrightarrow[-HCl]{Cl_2} ClCH_2COOH \xrightarrow[-HCl]{Cl_2} Cl_2CHCOOH \xrightarrow[-HCl]{Cl_2} Cl_3CCOOH$$

要控制主产物为氯乙酸时，则氯气与乙酸比应小于 1∶1（摩尔比）；如果需三氯乙酸为主产物，则氯气与乙酸比应大于 3∶1（摩尔比）。因此控制氯气与乙酸的配料比可得到不同的产物。

在苯与乙烯反应制备乙苯时，为防止进一步反应（副反应）的发生，乙烯与苯的摩尔比为 0.4∶1.0，即反应物的配料比小于理论量。

$$C_6H_6 \xrightarrow[AlCl_3]{CH_2=CH_2} C_6H_5C_2H_5 \xrightarrow[AlCl_3]{CH_2=CH_2} C_6H_4(C_2H_5)_2 \xrightarrow[AlCl_3]{CH_2=CH_2} C_6H_{6-n}(C_2H_5)_n$$

在三氯化铝催化下，将乙烯通入苯中制得乙苯，由于乙基的给电子作用，使苯环活化，更易引入第二个乙基，如不控制乙烯通入量，势必产生二乙苯或多乙苯。所以一般控制乙烯与苯的摩尔比为 0.4∶1.0 左右，这样乙苯收率较高，而过量的苯可以循环套用。

3. 反应物配料比的控制

反应物配料比也称实际配料比（投料比），是在一定条件下最恰当的反应物组成，既可获得较高收率又能节约原料（即降低单耗）。

$$CH_3CH_2OH + CH_3COOH \xrightleftharpoons{H_2SO_4} CH_3COOC_2H_5 + H_2O$$

化学计量系数比（理论投料比）　　1　∶　1

反应物的实际配料比可以等于化学计量系数（理论投料比）之比，也可以不等于化学计量系数之比。多数情况下，实际配料比不等于化学计量系数（理论投料比）之比。

对乙酰氨基酚生产工艺中，以苯酚为原料制备中间体对亚硝基苯酚的反应方程式如下：

$$NaNO_2 + H_2SO_4 \longrightarrow HNO_2 + NaHSO_4$$

$$C_6H_5OH \xrightarrow[0\sim5^\circ C]{HNO_2} p\text{-}ON\text{-}C_6H_4\text{-}OH + H_2O$$

根据上面的反应方程式，我们可以看到此反应中亚硝酸钠和苯酚理论配料比为 1∶1。而制药企业生产工艺中，亚硝酸钠和苯酚的实际配料比为 1.3∶1.0（$NaNO_2$∶苯酚＝1.3∶1.0），和理论配料比为 1∶1 并不相等。

乙酰苯胺（退热冰）的氯磺化反应产物对乙酰氨基苯磺酰氯（简称 ASC）的收率取决于乙酰苯胺与氯磺酸的配料比。如乙酰苯胺与氯磺酸投料的摩尔比为 1∶1（理论量）时，ASC 的收率仅为 7%；当摩尔比为 1.0∶4.8 时，ASC 的收率为 84%；当摩尔比为 1.0∶7 时，则收率可达 87%。实际生产中考虑到氯磺酸的有效利用率以及经济核算，采用了较为经济合理的配比：1.0∶(4.5～5.0)。

$$C_6H_5NHCOCH_3 \xrightarrow{HOSO_2Cl} p\text{-}CH_3CONH\text{-}C_6H_4\text{-}SO_2Cl$$

ASC

思政小课堂

科研上的辩证思维

事物都是具有两面性的，我们一定要用辩证的思维去看待问题。辩证思维应用到科研上也是一样的道理，我们应当看到每一次试验成败的双面性。认真总结经验，分析相关因素的影响。这样在不断的累积中，就能够找到规律所在，进而突破试验瓶颈，获得期待的科研成果。

二、加料次序

某些化学反应要求物料必须按一定的先后次序加入，否则会加剧副反应，降低收率；有些物料在加料时可一次性投入，也有些物料则要分批缓慢加入。

对一些热效应较小、无特殊副反应的反应，加料次序对收率的影响不大，一般情况下，先固后液。如酯化反应，从热效应和副反应的角度来看，对加料次序并无特殊要求。在这种情况下，应从加料便利、搅拌要求或设备腐蚀等方面来考虑，采用比较适宜的加料次序。如酸的腐蚀性较强，以先加入醇再加酸为好；若酸的腐蚀性较弱，而醇在常温时为固体，又无特殊要求，则以先加入酸再加醇较为方便。

对一些热效应较大同时也可能发生副反应的反应，加料次序则成为一个不容忽视的问题，因为它直接影响着收率的高低。热效应和副反应的发生常常是相伴的，往往由于反应放热较多而促使反应温度升高，引起副反应。当然这只是副反应发生的一个方面，还有其他许多因素，如反应物的浓度、时间、温度等，所以必须针对引起副反应的原因采取适当的控制方法。必须从使反应操作控制较为容易、副反应较少、收率较高、设备利用率较高等方面综合考虑，来确定适宜的加料次序。

例如在巴比妥生产中的乙基化反应中，除配料比中溴乙烷的用量要超过理论量10%外，加料次序对乙基化反应至关重要。

$$CH_2(COOC_2H_5)_2 + 2C_2H_5Br \xrightarrow{2C_2H_5ONa} (C_2H_5)_2C(COOC_2H_5)_2$$

正确的加料次序应该是先加乙醇钠，再加丙二酸二乙酯，最后滴加溴乙烷。若将丙二酸二乙酯与溴乙烷的加料次序颠倒，则溴乙烷和乙醇钠的作用机会大大增加，生成大量乙醚，而使乙基化反应失败。

$$C_2H_5Br + C_2H_5ONa \longrightarrow C_2H_5OC_2H_5 + NaBr$$

又如在氯霉素生产中，乙苯硝化制备对硝基乙苯的过程中，乙苯硝化时用混酸进行硝化。要求配制的混酸中，硝酸含量约32%，硫酸含量约56%。在生产上56%的稀硫酸配制的加料顺序与实验室不同。

$$C_6H_5CH_2CH_3 \xrightarrow{HNO_3/H_2SO_4} p\text{-}O_2NC_6H_4CH_2CH_3 + o\text{-}O_2NC_6H_4CH_2CH_3 + m\text{-}O_2NC_6H_4CH_2CH_3$$

56%的稀硫酸在实验室配制时，采用浓硫酸入水法，具体方法如下：用烧杯作容器，在烧杯中加入适量蒸馏水，浓硫酸以细流缓慢加入水中，并不断用玻璃棒搅拌。若水以细流缓慢加入浓硫酸中，即使用玻璃棒搅拌，也会产生酸沫四溅的现象，甚至引起烧杯的爆裂。

56%的稀硫酸在生产上配制时，采用水入浓硫酸法。生产上优先考虑设备腐蚀问题，56%的稀硫酸配制过程中浓硫酸的用量要比水多得多，将水加入浓硫酸中不仅用时少而且可大大降低对混酸罐的腐蚀性（20%～30%的硫酸对铁的腐蚀性最强，浓硫酸对铁的腐蚀性较弱）。其次，在良好的搅拌下，水以细流加入浓硫酸中产生的稀释热立即被均匀分散，不会对设备产生影响。

因此，对某些化学反应，要求物料的加入须按一定的先后次序，否则会加剧副反应，降低收率。应针对反应物的性质和可能发生的副反应来选择适当的加料次序。在解决实际问题时，应该把各有关的反应条件相互联系起来，通过分析，找出较为理想的加料方式和次序。

三、反应终点控制

反应时间与反应终点的控制

每一个化学反应，都有一个最适宜的反应时间。在一定的浓度、温度等条件下，反应时间是固定的。反应时间不够，反应当然不会完全，转化率不高，影响收率及产品质量。反应时间过长不一定增加收率，有时还会使收率急剧下降。在规定条件下，达到反应时间后就必须停止反应，进行后处理，使反应生成物立即从反应系统中分离出来；否则，可能会使反应产物发生分解、破坏，副反应增多或产生其他复杂变化，而使收率下降，产品质量下降。为此，每步反应都必须掌握好它的进程，控制好反应时间和终点。

所谓适宜的反应时间，主要决定于反应过程的化学变化完成情况，或者说反应是否已达到终点。最佳反应时间是通过对反应终点的控制摸索得到的。控制反应终点，主要是控制主反应的终点，测定反应系统中是否有未反应的原料（试剂），或其残存量是否达到一定的限度。

测定反应终点一般可采用简易快速的化学或物理方法，如显色、沉淀、酸碱度、薄层色谱、气相色谱、纸色谱等方法。水杨酸和醋酸酐合成阿司匹林的实验中，可通过显色法来判定反应终点。

$$\text{C}_6\text{H}_4(\text{OH})(\text{COOH}) + (\text{CH}_3\text{CO})_2\text{O} \xrightarrow{\text{浓硫酸}} \text{C}_6\text{H}_4(\text{OCOCH}_3)(\text{COOH}) + \text{CH}_3\text{COOH}$$

具体方法：取一滴无色反应液放在表面皿上，滴加三氯化铁试液一滴，反应液几乎无色或显轻微的紫堇色，即为反应终点。若反应液呈现紫堇色则反应没有达到终点，需要继续反应。这里紫堇色是原料水杨酸上的酚羟基与三氯化铁的三价铁离子发生反应生成的一种络合物所显示的颜色。在显色实验中，若反应液有紫堇色出现，说明有紫堇色络合物生成，原料水杨酸还有，反应需要继续进行。直到水杨酸几乎耗尽，反应液不显紫堇色或很淡的紫堇色，即为反应终点。

合成阿司匹林的终点判定

薄层色谱鉴别技术

确定反应时间时，首先可根据相关文献，初步设定一个反应时间值，然后对反应过程跟踪检测，判断反应终点，实验室中常采用薄层色谱（TLC）跟踪检测。TLC 检测时，首先将原料用适当的溶剂溶解，用毛细管或微量点样器取少量原料溶液点于薄层板上并作相应的记号，再取反应一定时间的反应液点于薄层板上，然后将薄层板放于展开缸中用合适的展开剂展开，展开完毕，取出吹干，置紫外灯下观察荧光斑点，判断原料点是否消失。原料点消失说明原料反应完全。原料点几乎不再变化，说明反应达到平衡。有新的杂质斑点，说明有新的副反应发生或产物发生分解。

邻苯二甲醇是一种重要的有机合成中间体和药物中间体，其合成方法之一是采用邻二氯苄水解生成邻苯二甲醇。在水解过程中，除生成主要产物外，还有其他一些副产物生成。

$$\underset{1}{\text{C}_6\text{H}_4(\text{CH}_2\text{Cl})_2} \xrightarrow[\text{H}_2\text{O}]{\text{NaOH}} \underset{2}{\text{C}_6\text{H}_4(\text{CH}_2\text{OH})_2}$$

其反应过程用薄层色谱跟踪检测，选用无水乙醚：石油醚＝2：1 的混合液作展开剂。取不同反应时间的水解液，进行 TLC 分析，判断反应进程及终点情况，具体检测过程如下：

① 反应初期，分析结果表明水解液中有少量产品 2 出现，有大量原料 1，但无副产物生成，此时反应的转化率不高，尚需进一步反应，薄层色谱分析见图 2-2(a) 所示。

② 反应中期，随着反应的进行，反应原料 1 逐渐减少而产品 2 增多，副产物 3 出现，薄层色谱分析见图 2-2(b) 所示。

③ 随着反应的继续进行，原料 1 消失，产品 2 斑点增大，薄层色谱分析见图 2-2(c) 所示。

④ 反应继续进行，副产物 4 出现，产品 2 斑点变小，见图 2-2(d) 所示。

如重氮化反应，是利用淀粉-碘化钾试液检查是否有过剩的亚硝酸来控制终点。由水杨酸制

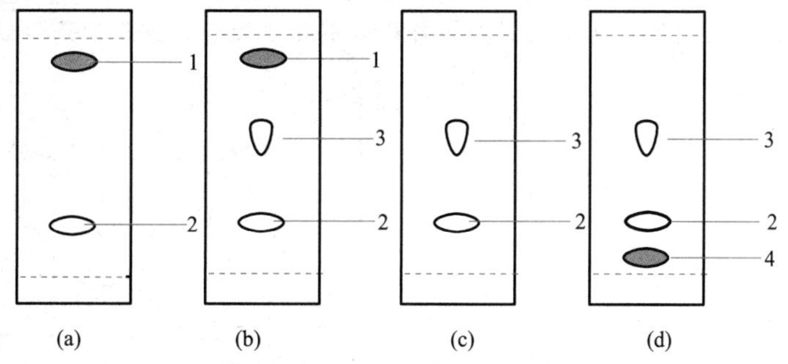

图 2-2 薄层色谱分析结果

原料 1R_{f1}＝0.85；产物 2R_{f2}＝0.26；副产物 3R_{f3}＝0.56；副产物 4R_{f4}＝0.05

造阿司匹林的乙酰化反应以及由氯乙酸制造氰乙酸钠的氰化反应，都是利用快速的测定法来确定反应终点的。前者测定水杨酸含量达到0.02%以下方可停止反应。后者测定反应液中氰离子（CN^-）的含量应在0.4%以下方为反应终点。通氯的氯化反应，由于通常液体氯化物密度大于非氯化物，所以常常以反应液的密度变化来控制终点。如甲苯的氯化反应可根据生成物的要求，控制密度值。生产一氯甲苯时控制反应液密度为$1.048\times10^3kg/m^3$，生产二氯甲苯时控制反应液密度为$(1.286\sim1.332)\times10^3kg/m^3$。也可根据反应现象、反应变化情况以及反应生成物的物理性质（如密度、溶解度、结晶形态等）来判断反应终点。

课堂互动

通常在催化氢化反应中，如何控制反应终点？

提示： 氢气压强变化情况。

四、反应温度

反应温度的选择和控制是合成反应的一个重要内容。通常采用类推法选择反应温度，即根据文献报道的类似反应的反应温度初步确定反应温度，然后根据反应物的性质作适当的改变，如与文献中的反应实例相比，立体位阻是否大了，或其亲电性是否小了等，综合各种影响因素，进行设计和试验。如果是全新反应，不妨从室温开始，用薄层色谱法追踪反应发生的变化，来逐步升温或延长时间；若反应过快或激烈，可以降温或控温使之缓和进行。

温度对反应速率和化学平衡有很大影响，升高温度常常是生产上增大反应速率的有效措施。然而，随着温度的升高，往往会引起或加剧副反应，增加设备投资、维护费用以及能源消耗，同时也不利于安全生产。因此，工业生产中对反应温度的控制要综合考虑。

1. 温度对化学反应速率的影响

根据大量实验归纳总结出一个近似规则，即反应温度每升高10℃，反应速率大约增加1～2倍。这种温度对反应速率影响的粗略估计，称为范特霍夫（van′t Hoff）规则。温度对反应速率的影响，通常遵循阿累尼乌斯（Arrhenius）方程：

$$k=Ae^{-E/(RT)}$$

式中，k为反应速率常数；A为频率因子或指前因子；E为反应活化能，kJ/mol；R为气体常数；T为反应温度，K。

由公式可以看出，E值反映温度对速率常数影响的大小，不同反应有不同的活化能E。E值很大时，升高温度，k值增大显著；若E值较小时，温度升高，k值增大并不显著。温度升高，一般都可以使反应速率加快。多数反应大致符合上述规则，但并不适合所用的反应。

温度对反应速率的影响是复杂的，归纳起来有4种类型，如图2-3所示。第Ⅰ种类型，反应速率随温度的升高而逐渐加快，它们之间是指数关系，遵循阿累尼乌斯（Arrhenius）方程的变化规律，这类反应是最常见的。第Ⅱ类是有爆炸极限的化学反应，这类反应开始时温度对反应速

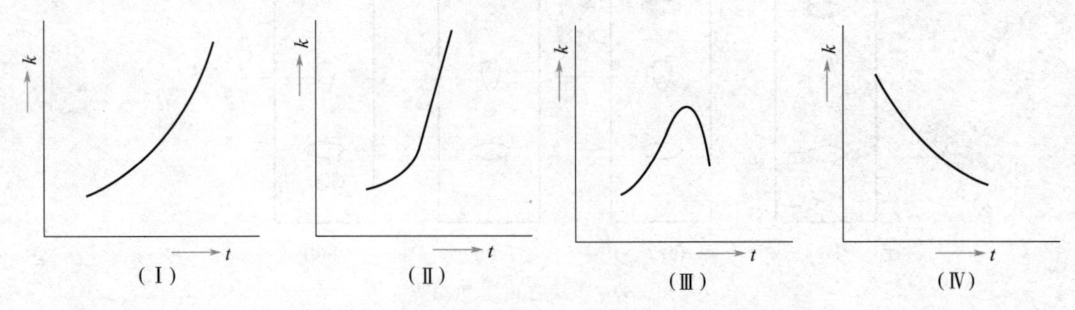

图2-3　温度对反应速率常数影响的不同反应类型

率影响很小，当达到一定温度极限时，反应即以爆炸速率进行。第Ⅲ类是在酶反应及催化加氢反应中发现的，即在温度不高的条件下，反应速率随温度增高而加速，但到达某一高温后，再升高温度，反应速率反而下降，这是由于高温对催化剂的性能有着不利的影响。第Ⅳ类是反常的，温度升高反应速率反而下降，如硝酸生产中一氧化氮的氧化反应就属于这类反应。

生产上要严格控制反应温度，以加快主反应速率，增大目的产物的收率。如氧化反应中，反应温度不同，可以得到不同的产物，反应方程式如下：

$$C_6H_5CH_3 \xrightarrow[40℃]{MnO_2+H_2SO_4} C_6H_5CHO$$

$$C_6H_5CH_3 \xrightarrow[120℃]{MnO_2+H_2SO_4} C_6H_5COOH$$

到目前为止，还没有一个公式可以全面准确地揭示反应速率与反应温度的关系。但大多数化学反应，升高温度会加速反应。

2. 温度对化学平衡的影响

对于不可逆反应，不必考虑温度对化学平衡的影响；而对于可逆反应，温度的影响是很大的。

对于吸热反应，温度升高，平衡常数 K 值增大，有利于产物的生成，因此升高温度有利于反应的进行；对于放热反应，温度升高，平衡常数 K 值减小，不利于产物的生成，因此降低温度有利于反应的进行。

3. 常用加热介质和冷却介质

课堂互动

药物合成小试中，实验室常用的加热装置和冷却装置都有哪些？它们的加热介质和冷却介质是什么？

提示：结合做过的化学合成及药物合成实验。

理想的反应温度是室温，但室温反应毕竟是极少数，而加热和冷却才是常见的反应条件。药物合成实验一般采用加热套、电炉、恒温水浴锅等装置进行加热，其加热介质为电和热水。而我们通常采用的室温冷却、冷水冷却，其冷却介质为空气和冷水。除此之外，加热温度可选用具有适当沸点的溶剂，如汽水混合物或导热油等。常用的冷却介质有冰/水（0℃）、冰/盐（－10～－5℃）、干冰/丙酮（－60～－50℃）和液氮（－196～－190℃）。工业生产中，在0℃或0℃以下反应，需要冷冻设备。表2-1、表2-2分别列出了常用的加热介质、冷却介质及使用范围。

表 2-1 常用的加热介质及其使用范围

序号	介质名称	适用温度范围/℃	传热系数/[W/(m^2·℃)]	性能及特点
1	热水	30～80	50～1400	优点：使用成本低廉，可用于热敏性物质。 缺点：加热温度低
2	低压饱和蒸汽（表压小于600kPa）	100～150	1.7×10^3～1.2×10^4	优点：蒸汽冷凝的潜热大，传热系数高，调节温度方便。 缺点：需要配备蒸汽锅炉系统，使用高压管路输送，设备投资大
3	高压饱和蒸汽（表压小于600kPa）	150～200		
4	高压汽-水混合物			

续表

序号	介质名称	适用温度范围/℃	传热系数/[W/(m^2·℃)]	性能及特点
5	导热油	100～250	50～175	优点：可以用较低的压力，达到较高加热温度，加热均匀。 缺点：需配备专用加热油炉和循环系统
6	道生油(液体)	100～250	200～500	由26.5%联苯和73.5%二苯醚组成的混合物，沸点258℃。 优点：可在较低的蒸气压力下获得较高的加热温度，加热均匀。 缺点：需配备专用加热油炉和循环系统
7	道生油(气体)	100～250	1000～2000	
8	烟道气	300～1000	12～50	优点：加热温度高。 缺点：效率低，温度不易控制
9	熔盐	400～540		由40% $NaNO_2$、53% KNO_3、7% $NaNO_3$组成。 优点：蒸气压力低，加热温度高，传热效果好，加热稳定。 缺点：成本相对较高，对设备有一定腐蚀性
10	电加热	＜500		优点：加热速度快，清洁高效，控制方便，适用范围广。 缺点：电耗较高，一般仅用于加热量较小、要求较高的场合

表2-2 常用的冷却介质及其使用范围

序号	介质及主要设备	适用范围/℃	性能及特点
1	空气 (空气冷却器)	10～40	优点：使用成本低廉，设备简单。 缺点：冷却效率低，温度适用范围较窄
2	冷却水 (晾水塔：循环水)	15～30	优点：使用成本低廉，设备简单，控制方便，是最常用的冷却剂。 缺点：不能实现较低温度的深冷操作
3	冷盐水 (溴化锂冷机－7℃水) (螺杆机-冷盐水)	－20～－15	优点：冷却效果好，设备简单，控制方便 缺点：设备投资较大，需要配备压缩机等制冷系统，对管道系统有腐蚀
4	冷冻水、氟利昂等制冷剂 (冷冻机组、深冷压缩机)	－60～－10	优点：冷却效果好，控制方便，能够达到很低的温度。 缺点：设备投资很大，一般会使用破坏臭氧层的氟利昂等制冷剂，在－60℃以下深冷效率降低
5	液氮 (液氮储罐)	－60或更低	优点：冷却效果好，控制比较方便，能够达到极低的温度，与使用深冷机组相比，设备投资少，清洁无污染。 缺点：使用成本较贵，液化气体有比较大的危险性

五、压强

反应物料的聚集状态不同，压强对其影响也不同。压强对于液相反应影响不大，而对气相或气-液相反应的平衡影响比较显著。在一定的压强范围内，适当加压有利于加快反应速率，但是压强过高，动力消耗增大，对设备的要求提高，而且效果有限。

1. 压强对反应的影响

压强对反应的影响大致有以下四种情况：

① 反应物是气体，压强对反应的影响依赖于反应前后体积或分子数的变化，如果一个反应的结果使体积增加（即分子数增多），那么，加压对产物生成不利；反之，如果一个反应的结果使体积缩小，则加压对产物的生成有利；如果反应前后分子数没有变化，则压强对化学平衡没有影响。

如在甲醇的工业生产中，反应物是气体，反应过程中体积缩小，加压对反应有利。常压反应时，甲醇的收率为 10^{-5}；若加压至 30MPa 时，收率达 40%。

$$CO+2H_2 \xrightarrow[20\sim30\text{MPa}]{\text{催化剂 CuO，ZnO，}Cr_2O_3} CH_3OH$$

② 反应物之一是气体，该气体在反应时必须溶于溶剂中或吸附于催化剂上，加压能增加该气体在溶剂中或催化剂表面上的浓度而促使反应的进行，这类反应最常见的是催化氢化反应。

催化氢化反应中加压能增加氢气在溶液中的溶解度和催化剂表面氢的浓度，从而促进反应的进行，若能寻找到最适当的溶剂或选用更活泼的催化剂，这类反应就有可能在常压下进行，不过反应时间会大大延长。

③ 若反应过程中有惰性气体如氮气或水蒸气存在，当操作压强不变时，提高惰性气体的分压，可降低反应物的分压，有利于提高分子数减少的反应的平衡产率，但不利于反应速率的提高。

④ 反应在液相中进行，所需的反应温度超过了反应物（或溶剂）的沸点，特别是许多有机化合物沸点较低且有挥发性，加压才能进行反应。加压下可以提高反应温度，缩短反应时间。

2. 正压与负压

正压是比常压（即常说的一个大气压）的气体压力高的气体状态。给自行车或汽车轮胎打气时，打气筒或打气泵的出气端产生的就是正压。产生反应正压的方法，可以利用物料（特别是气体物料）自身进料的压力。

负压是低于常压（即常说的一个大气压）的气体压力状态。产生负压（真空）则需要使用真空泵。真空泵的形式多种多样，其作用一般是通过做功，将气体排出反应体系，降低体系中的各种物料的蒸气压。实验室真空抽滤操作，打开真空泵电源后，设备将抽滤瓶空气抽走，达到一定的真空度，从而实现抽滤瓶内部和外部环境形成一定压差。这种压差就会使得外部的空气推动滤液通过滤纸。由于抽滤瓶内部的空气已被部分抽走形成负压，所以同等条件下过滤速度会明显快于常压过滤。

制药洁净车间正负压通常是利用空气的密度差及重力原理实现洁净空间与外部不对等的压差，一般空气净化后的车间正压即车间的压力大于外面的，不受外部空气污染；负压即车间的压力小于外面的，对外部空气不污染。

知识拓展

制药洁净车间正压的控制

制药洁净车间正压值是指门窗全部关闭状态下，室内静压大于室外静压的数值。它是通过净化系统送风量大于回风量和排风量的方法来达到的。为了保证洁净车间正压值，送风、回风和排风机最好联锁，系统开启时先启动送风机，再启动回风机和排风机；系统关闭时先关排风机，再关回风机和送风机，以防止洁净车间在系统开启和关闭时受到污染。

3. 气密性实验

无论加压反应还是减压反应，都应经常对设备的气密性和安全性进行检查。气密性实验所采用的气体为干燥、洁净的空气或氮气。因化学合成经常涉及易燃易爆的危险品，通常使用氮气。

对要求脱油脱脂的容器和管道系统，应使用无油的氮气。

进行气密性试验时，升压应分几个阶段进行：先把系统压力升高到试验压力的10%～20%，保压20min左右。检查人员在检查部位（如法兰连接、焊缝等）涂抹肥皂水，如有气泡出现则进行补焊或重新安装；如没有气泡漏出，则可继续升压到试验压力的50%，如无异常出现，再以10%的梯次逐级升压检查，直至达到试验压力。在试验压力下至少保压30min，进行检查，如没有压降或压降在允许范围内，则为合格。

真空设备在进行气密性试验后，还要进行真空度试验。对于未通过气密性试验，经过修补的部位，要按照要求，进行酸洗、热处理等加工。

六、催化剂

催化剂（工业上又称触媒）是一种能改变化学反应速率，而其自身的组成、质量和化学性质在反应前后保持不变的物质。在药物合成中估计有80%～85%的化学反应需要应用催化剂，如在氢化、脱氢、氧化、脱水、脱卤、缩合等反应中几乎都使用催化剂。金属催化、相转移催化、生物酶催化、酸碱催化等催化反应也都广泛应用于制药产业，以加速反应速率、缩短生产周期、提高产品的纯度和收率。

1. 催化剂的作用

催化剂有两种催化作用，即正催化作用和负催化作用。催化剂使反应速率加快时起正催化作用；使反应速率减慢时起负催化作用。对于催化剂起正催化作用的实例，我们可能见得比较多。而催化剂起负催化作用的应用比较少，如有一些易分解或易氧化的中间体或药物，在后处理或贮存过程中为防止其变质失效，可加入负催化剂以增加稳定性。

2. 催化剂的基本特性

① 催化剂能够改变化学反应速率，但其本身并不进入化学反应的计量。

② 催化剂只能改变化学反应速率，而不能改变化学平衡（平衡常数）。

③ 催化剂只能加速热力学上可能进行的化学反应，而不能加速热力学上无法进行的反应。

④ 催化剂对反应具有特殊的选择性。催化剂具有特殊的选择性包含两层含义：一是指不同类型的反应需要选择不同性质的催化剂；二是指对于同样的反应物选择不同的催化剂可以获得不同的产物。如乙醇在应用不同的催化剂时，可以获得不同的产物。

$$C_2H_5OH\begin{cases}\xrightarrow[350\sim360^{\circ}C]{Al_2O_3} CH_2{=}CH_2 + H_2O \\ \xrightarrow[200\sim250^{\circ}C]{Cu} CH_3CHO + H_2 \\ \xrightarrow[140^{\circ}C]{H_2SO_4} C_2H_5OC_2H_5 + H_2O \\ \xrightarrow[400\sim500^{\circ}C]{ZnO\cdot Cr_2O_3} CH_2{=}CH{-}CH{=}CH_2 + H_2O + H_2\end{cases}$$

3. 催化剂的活性及其影响因素

（1）催化剂的活性

催化剂的活性（催化剂的催化能力）即催化剂改变化学反应速率的能力，它是评价催化剂作用大小的重要指标之一。工业上常用单位时间内单位重量（或单位面积）的催化剂在指定条件下所得的产品量来表示。

（2）催化剂活性的影响因素

影响催化剂活性的因素很多，主要有温度、助催化剂、载体和催化毒物等。

① 温度。温度对催化剂活性影响很大，温度太低时，催化剂活性小，反应速率很慢，随着温度上升，反应速率逐渐增大，但达到最大反应速率后，又开始降低。绝大多数催化剂都有活性温度范围。温度太低，催化剂活性小；温度过高，催化剂易烧结而破坏活性。

② 载体。载体是对催化剂组分起分散、承载、黏合或支持的物质，其种类很多，如硅藻土、硅胶、活性炭、氧化铝、石棉等具有高比表面积的固体物质。使用载体可以使催化剂分散，从而使有效面积增大，既可提高其活性，又可节约其用量；同时还可增加催化剂的机械强度，防止其活性组分在高温下发生熔结现象，影响其使用寿命。

③ 助催化剂。助催化剂又称促进剂，是单独存在时不具有或无明显的催化作用，若以少量与活性组分相配合，则可显著提高催化剂的活性、选择性和稳定性的物质，它可以是单质，也可为化合物。如在醋酸锌中添加少量的醋酸铋，可提高醋酸乙烯酯生产的选择性；乙烯法合成醋酸乙烯酯，催化剂的活性组分是钯金属，若不添加醋酸钾，其活性较低，如果添加一定量的醋酸钾，可显著提高催化剂的活性。

④ 催化毒物。对催化剂的活性有抑制作用的物质，称为催化毒物，有些催化剂对毒物非常敏感，微量的催化毒物即可使催化剂的活性减少甚至消失。另外，毒化现象有时表现为催化剂的部分活性消失，因而呈现出选择性催化作用。这种选择性毒化作用，在合成中可以加以利用，如在维生素 A 的合成中，用喹啉、醋酸铅和硝酸铋处理的钯－碳酸钙（$Pd\text{-}CaCO_3$）催化剂活性降低，仅能使分子中的炔键还原成烯键，原有的烯键保留不变，没有进一步还原 C—C 单键。

4. 酶催化剂

酶是一种具有特殊催化活性的蛋白质。酶催化剂（或称生物催化剂）不仅具有特异的选择性和较高的催化活性，而且反应条件温和、对环境污染较小，广泛应用于生物、制药、酿酒及食品工业中。

（1）酶催化剂的性质

酶催化剂与化学催化剂相比，既有共性又有个性。除了具有化学催化剂的催化特性外还具有生物催化剂的以下特性。

① 高效性。酶具有极高的催化效率，酶的催化效率一般是其他类型的催化剂的 $10^7 \sim 10^{13}$ 倍。以 H_2O_2 分解为例：

$$H_2O_2 \xrightarrow{\text{催化剂}} H_2O + O_2$$

用过氧化氢酶催化为铁离子催化的 10^{10} 倍。

② 专一性。酶的专一性又称为特异性，是指酶只能催化一种或一类反应，作用于一种或一类极为相似的物质。它的专一性包括：反应专一性、底物专一性和立体专一性。如谷氨酸脱氢酶只专一催化 L-谷氨酸转化为 α-酮戊二酸，淀粉酶只能催化淀粉的水解反应等。这种性质称为酶的反应专一性。在底物专一性方面，有的酶表现出绝对专一性，不过更多的酶具有相对专一性，它们允许底物分子上有小的变动。酶具有高度作用的立体专一性。即当酶作用的底物或形成的产物具有立体异构体时，酶能够加以识别，并有选择地进行催化。

③ 反应条件温和。酶促反应在温和条件下，收率较高，如常温、常压和接近中性的酸碱度。反应条件一般控制 pH 值为 5～8，反应温度范围常为 20～40℃。否则，易引起酶的失活。

④ 易失活。凡能使蛋白质变性的因素，如强酸、强碱、高温或其他苛刻的物理或化学条件都能使酶破坏而完全失去活性。所以酶作用一般都要求比较温和的条件。

（2）固定化酶技术

固定化酶又称水不溶性酶，它是将水溶性的酶或含酶细胞固定在某种载体上，成为不溶于水但仍具有酶活性的酶衍生物，即运动受到限制但仍能发挥作用的酶制剂。将酶固定在某种载体上以后，一般都有较高的稳定性和较长的有效寿命，其原因是固化增加了酶构型的牢固程度，阻挡了不利因素对酶的侵袭，限制了酶分子间的相互作用。

固定化酶属于修饰酶，既具有生物催化剂的功能，又具有固相催化剂的特性，具有以下优点：①稳定性提高，可多次使用；②反应后，酶与底物、产物易于分离，易于产物纯化，产物质量高；③反应条件易于控制，可实现转化反应的连续化和自动控制；④酶的利用率高，单位酶催化的底物量增加，用酶量下降；⑤比水溶性酶更适合于多酶反应。

以氨基酰化酶为例，天然的溶液游离酶在 70℃加热 15min 其活力全部丧失，但是当它固定于 EDTA-葡聚糖以后，同样条件下则可保存 80%的活力。固定化还可增加酶对变性剂、抑制剂的抵抗力，减轻蛋白酶的破坏作用，延长酶的操作和保存有效期。大部分酶在固定化后，其使用和保存时间显著延长。

固相酶能反复使用，使生产成本大大降低，在制药工业中的应用很广，如甾体激素的生物转化、半合成抗生素的生产、DL-酯类物质的消旋等。应用于半合成抗生素类的酶催化反应见表 2-3。

表 2-3 应用于半合成抗生素类的酶催化反应

反应	微生物细胞或酶
青霉素⟶6-APA	青霉素酰化酶
头孢菌素⟶7-ACA	氨基氧化酶
头孢菌素⟶中间体⟶7-ACA	氨基氧化酶，7-ACA 酰化酶
苯甘氨酸甲酯+7-ADCA⟶头孢氨苄	巨大芽孢杆菌 B-402
头孢菌素 C⟶羟甲基头孢菌素	头孢菌素乙酰酯酶
葡萄糖⟶青霉素 G	青霉菌（*P. chrysogenum*）

例如青霉素类药物的重要中间体 6-APA 的制备。过去都是将青霉素 G 进行化学裂解得 6-APA（6-氨基青霉烷酸），然后以 6-APA 为母体来制备一系列半合成青霉素。但 6-APA 很不稳定，易分解，采用化学裂解法时，需在低温下（−40℃左右）进行反应，且收率低，成本高。现在多采用青霉素酰化酶裂解法来制备 6-APA。

青霉素酰化酶存在于细菌、霉菌、酵母菌以及动物、植物的组织中。基于作用底物不同可将青霉素酰化酶分为两类：①青霉素 G 酰化酶，主要存在于细菌中，适用于裂解青霉素 G 为 6-APA；②青霉素 V 酰化酶，主要存在于霉菌、放线菌及酵母菌中，适用于裂解青霉素 V 为 6-APA。工业上，一般采用大肠杆菌的青霉素 G 酰化酶、巨大芽孢杆菌的青霉素 G 酰化酶或镰刀霉菌的青霉素 V 酰化酶生产 6-APA。

青霉素酰化酶裂解青霉素 G 制备 6-APA 的反应式如下：

$$C_6H_5CH_2CO-NH-(\text{青霉烷环: S, }CH_3, CH_3, N, O, COOH) \xrightarrow{\text{酰化酶}} H_2N-(\text{青霉烷环: S, }CH_3, CH_3, N, O, COOH) + C_6H_5CH_2COOH$$

6-APA

5. 酸碱催化剂

广义的酸碱，在一定条件下，都可以作为酸碱催化反应中的催化剂。酸碱催化反应不仅限于 H^+ 和 OH^-，Lewis 酸和 Lewis 碱也可以充当酸碱催化剂。

（1）酸性催化剂

常用的酸性催化剂有：①无机酸，如氢溴酸、氢碘酸、硫酸、磷酸等；②有机酸，如对甲苯磺酸、草酸、磺基水杨酸等；③路易氏（Lewis）酸，如三氯化铝（$AlCl_3$）、二氯化锌（$ZnCl_2$）、三氯化铁（$FeCl_3$）、四氯化锡（$SnCl_4$）和三氟化硼（BF_3）；④弱碱强酸盐，如氯化铵、吡啶盐酸等。

例如，水杨酸在浓硫酸的催化作用下与醋酐发生酯化反应，得到解热镇痛药阿司匹林，反应方程式如下。浓硫酸在此反应中作酸性催化剂及脱水机。

$$\text{C}_6\text{H}_4(\text{OH})\text{COOH} + (\text{CH}_3\text{CO})_2\text{O} \xrightarrow{\text{浓硫酸}} \text{C}_6\text{H}_4(\text{OCOCH}_3)\text{COOH} + \text{CH}_3\text{COOH}$$

（2）碱性催化剂

常用的碱性催化剂有金属的氢氧化物、金属的氧化物、弱酸强碱的盐类、有机碱、醇钠、氨基钠和有机金属化合物等。

例如，在巴比妥生产中的乙基化反应中，乙醇钠作碱性催化剂，反应方程式如下。

$$\text{CH}_2(\text{COOC}_2\text{H}_5)_2 + 2\text{C}_2\text{H}_5\text{Br} \xrightarrow{2\text{C}_2\text{H}_5\text{ONa}} (\text{H}_5\text{C}_2)_2\text{C}(\text{COOC}_2\text{H}_5)_2$$

知识拓展

路易斯酸催化作用

路易斯酸催化作用是指美国化学家路易斯提出的酸碱电子理论，又称为路易斯酸碱理论。路易斯认为：酸是价层轨道上缺电子对因而能接受电子对的物质；碱是具有孤电子对因而能给予电子对的物质。因此路易斯酸又称为电子对接受体（acceptor），路易斯碱也叫电子对给予体（donor）。常见的路易斯酸催化剂有 $AlCl_3$、BF_3、$SbCl_5$、$FeBr_3$、$FeCl_3$、$SnCl_4$、$TiCl_4$、$ZnCl_2$ 等。路易斯酸能催化不同的药物合成反应，并有很好的收率和选择性。

6. 相转移催化剂

相转移催化反应是使一种反应物由一相转移到另一相中参加反应，促使一个可溶于有机溶剂的底物和一个不溶于此溶剂的离子型试剂两者之间发生反应。从相转移催化原理来看，整个反应可视为络合物动力学反应。可分为两个阶段，一是有机相中的反应，二是继续转移负离子到有机相。它是有机合成中引人瞩目的新技术。常用的相转移催化剂可分为鎓盐类、冠醚类及非环多醚类三大类。

相转移催化原理

（1）鎓盐类催化剂

鎓盐类催化剂适用于液-液和液-固体系，并克服了冠醚的一些缺点，例如鎓盐能适用于所有正离子，而冠醚则有明显的选择性。鎓盐价廉，无毒。鎓盐在所有有机溶剂中可以各种比例溶解，故人们通常喜欢选用鎓盐作为相转移催化剂。鎓盐类催化剂常用季铵盐（TEBA）和季磷盐，考虑到价格及来源等因素，季铵盐使用得更为普遍。常用的有三乙基苄基氯化铵（TEBAC）、三辛基甲基氯化铵（TOMAC）、苄基三甲基氯化铵、四丁基硫酸氢铵等。鎓盐类催化剂虽然其结构不尽相同，但一般具有如下特点：

① 分子量比较大的鎓盐比分子量小的鎓盐具有较好的催化效果。

② 具有一个长碳链的季铵盐，其碳链愈长，效果愈好。

③ 对称的季铵离子比具有一个碳链的季铵离子的催化效果好，例如四丁基铵离子比三甲基十六烷基铵离子的催化效果好。

④ 季磷盐的催化性能稍高于季铵盐，季磷盐的热稳定性也比相应的铵盐高。

⑤ 含有芳基的铵盐不如烷基铵盐的催化效果好。

例如相转移法制备扁桃酸是以苯甲醛、氯仿为原料，在催化剂 TEBA 及 50%氢氧化钠溶液存在下进行反应，再经酸化，萃取分离得到。

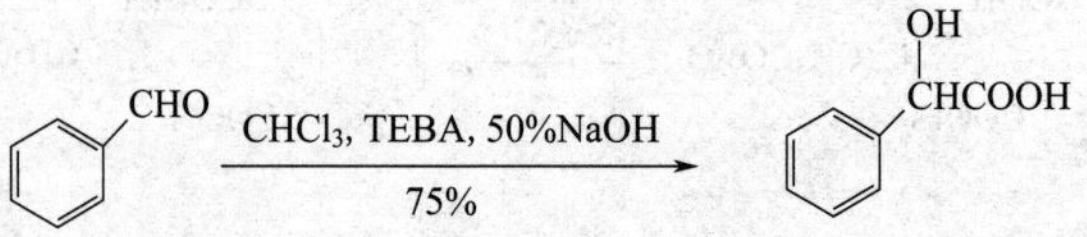

CHO —[$CHCl_3$, TEBA, 50%NaOH / 75%]→ CH(OH)COOH

而以往多由苯甲醛与氰化钠加成得腈醇（扁桃腈）再水解制得，该法路线长、操作不便、劳动保护要求高。采用相转移法一步反应即可制得扁桃酸，既避免了使用剧毒的腈化物，又简化了操作，收率亦较高。

又如β-内酰胺抗生素诺卡霉素A的合成，是用α-溴-α-（对甲氧苯基）乙酸叔丁酯、粉状氢氧化钠和TEBA，将单环β-内酰胺烷基化，得到诺卡霉素A。

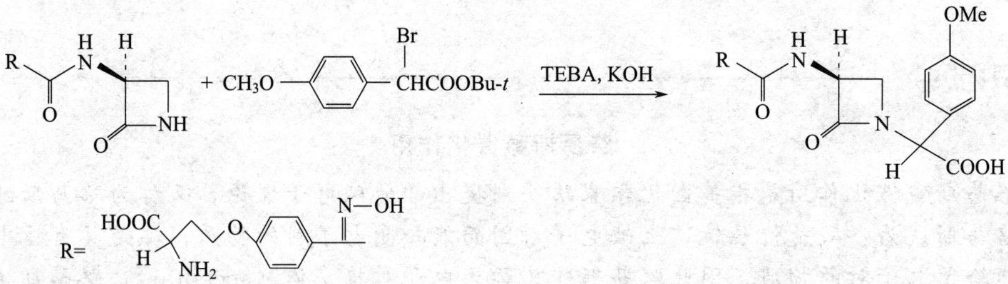

+ CH_3O—C₆H₄—CH(Br)COOBu-*t* —[TEBA, KOH]→

R= HOOC, H, NH_2, O, N—OH

（2）冠醚类

冠醚类也称非离子型相转移催化剂。它们具有特殊的络合功能，化学结构特点是分子中具有$(Y—CH_2CH_2—)_n$重复单位；式中Y为氧、氮或其他杂原子，由于它们的形状似皇冠，故称冠醚。冠醚能与碱金属形成络合物，这是由于冠醚的氧原子上的未共享电子对向着环的内侧，当适合于环大小的正离子进入环内，则由于偶极形成电负性的碳氧键和金属正离子借静电吸引而形成络合物。同时，又有疏水性的亚甲基均匀排列在环的外侧，使形成的金属络合物仍能溶于非极性有机介质中。但由于冠醚价格昂贵并且有毒，除在实验室应用外，迄今还没有应用到工业生产中。

常用的冠醚有18-冠-6、二苯基-18-冠-6、二环己基-18-冠-6等，结构如下：

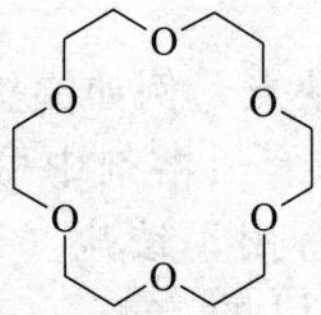

18-冠-6 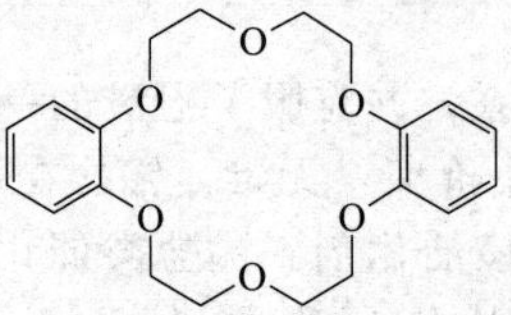　　二苯基-18-冠-6 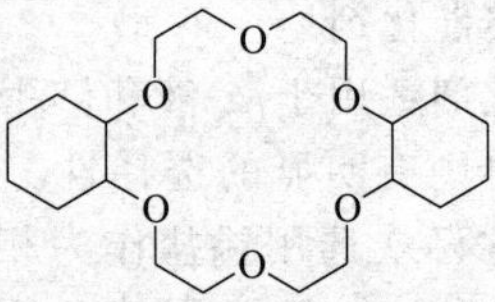　　二环己基-18-冠-6

（3）非环多醚类

近年来，人们还研究了非环聚氧乙烯衍生物类相转移催化剂，又称非环多醚或开链聚醚类相转移催化剂，这是一类非离子型表面活性剂。非环多醚为中性配体，具有价格低、稳定性好、合成方便等优点。常见类型有：聚乙二醇[$HO(CH_2CH_2O)_nH$]、聚乙二醇脂肪醚[$C_{12}H_{25}O(CH_2CH_2O)_nH$]、聚乙二醇烷基苯醚[$C_8H_7—C_6H_6—O(CH_2CH_2O)_nH$]。

非环多醚类可以折叠成螺旋型结构，与冠醚的固定结构不同，可折叠为不同大小，可以与不同直径的金属离子络合。催化效果与聚合度有关，聚合度增加催化效果提高，但总的来说催化效果比冠醚差。

知识拓展

章鱼分子

章鱼分子结构如下：

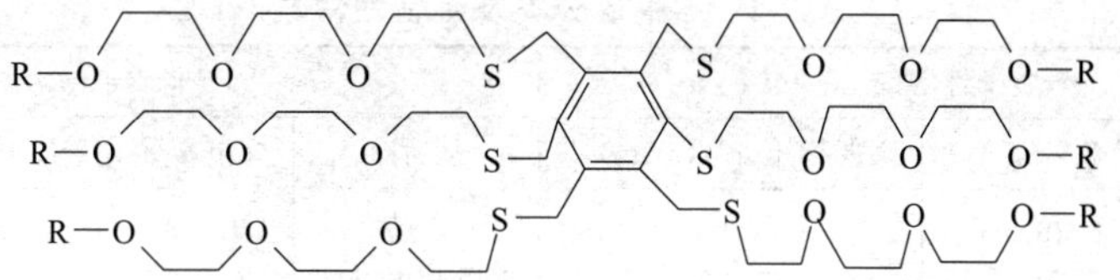

章鱼分子是具有可折叠的多醚支链的六取代苯衍生物，有报道称这类化合物能定量地提取碱金属苦味酸盐，已用作相转移催化剂。

7. 金属催化剂

金属催化剂是以金属为活性组分的催化剂，常见的是周期表中第Ⅷ族金属和ⅠB族金属为活性组分的固体催化剂。如过渡元素Pd、Rh、Ru、Ir、Co及Pt等金属及其配合物常用于催化氢化反应。

七、溶剂

绝大部分药物合成反应都是在溶剂中进行的。溶剂不仅可以改善反应物料的传质和传热，而且可以使反应分子均匀地分布，增加分子间碰撞、接触的机会，加速反应进程。同时，溶剂也可直接影响反应速度、方向、深度和产物构型等。因此在药物合成中，溶剂的选择与使用是很关键的。

1. 溶剂的定义

溶剂广义上指在均匀的混合物中含有的一种过量存在的组分。工业上所说的溶剂一般是指能够溶解固体化合物（这一类物质多数在水中不溶解）而形成均匀溶液的单一化合物或两种以上组成的混合物。

2. 溶剂的分类

（1）按沸点高低分类

溶剂可分为低沸点溶剂（沸点在100℃以下）、中沸点溶剂（沸点在100～150℃）、高沸点溶剂（沸点在150～200℃）。低沸点溶剂蒸发速度快，易干燥，黏度低，大多具有芳香气味，属于这类溶剂的一般是活性溶剂或稀释剂，如二氯甲烷、氯仿、丙醇、乙酸乙酯、环己烷等。中沸点溶剂蒸发速度中等，如戊醇、乙酸丁酯、甲苯、二甲苯等。高沸点溶剂蒸发速度慢，溶解能力强，如丁酸丁酯、二甲基亚砜等。

（2）按溶剂发挥氢键给体作用的能力分类

溶剂可分为质子性溶剂和非质子性溶剂两大类。

① 质子性溶剂。质子性溶剂含有易取代氢原子，既可与含负离子的反应物发生氢键结合，产生溶剂化作用，也可与负离子的孤电子对进行配位，或与中性分子中的氧原子（或氢原子）形成氢键，或由于偶极矩的相互作用而产生溶剂化作用。质子性溶剂有水、醇类、醋酸、硫酸、多聚磷酸、氢氟酸-三氟化锑（$HF\text{-}SbF_3$）、氟磺酸-三氟化锑（$FSO_3H\text{-}SbF_3$）、三氟醋酸（CF_3COOH）以及氨或胺类化合物等。

② 非质子性溶剂。非质子性溶剂不含有易取代的氢原子，主要是靠偶极矩或范德华力而产生溶剂化作用。介电常数（ε）和偶极矩（μ）小的溶剂，其溶剂化作用亦小，一般以介电常数在15以上的称为极性溶剂，15以下的称为非极性溶剂或惰性溶剂。

非质子性极性溶剂具有高介电常数（$\varepsilon>15$）、高偶极矩（$\mu>8.34\times10^{-30}\,C\cdot m$）。非质子性极性溶剂有丙酮、硝基苯、乙腈、二甲基甲酰胺（DMF）、六甲基磷酰胺（HMPA）等。

非质子性非极性溶剂的介电常数低（$\varepsilon<15$）、偶极矩小（$\mu<8.34\times10^{-30}\,C\cdot m$），非质子性非极性溶剂又被称为惰性溶剂，如苯、乙醚、乙酸乙酯和脂肪烃类（正己烷、庚烷、环己烷和各种沸程的石油醚）。

溶剂的具体分类及其物性常数见表 2-4。

表 2-4　溶剂的分类及其物性常数

种类	质子性溶剂			非质子性溶剂		
	名称	介电常数 ε(25℃)	偶极矩 μ/(C·m)	名称	介电常数 ε(25℃)	偶极矩 μ/(C·m)
极性	水	78.39	1.84	乙腈	37.50	3.47
	甲酸	58.50	1.82	二甲基甲酰胺	37.00	3.90
	甲醇	32.70	1.72	丙酮	20.70	2.89
	乙醇	24.55	1.75	硝基苯	34.82	4.07
	异丙醇	19.92	1.68	六甲基磷酰胺	29.60	5.60
	正丁醇	17.51	1.77	二甲基亚砜	48.90	3.90
				环丁砜	44.00	4.80
非极性	异戊醇	14.70	1.84	乙二醇二甲醚	7.20	1.73
	叔丁醇	12.47	1.68	乙酸乙酯	6.02	1.90
	苯甲醇	13.10	1.68	乙醚	4.34	1.34
	仲戊醇	13.82	1.68	苯	2.28	0
				环己烷	2.02	0
				正己烷	1.88	0.085

3. 溶剂对化学反应速率的影响

早在 1890 年，俄国化学家门舒特金（Menschuthin）在其关于三乙胺与碘乙烷在 23 种溶剂中发生季铵化作用的经典研究中就已经证实：溶剂的选择对反应速率有显著的影响。该反应速率在乙醚中比在已烷中快 4 倍，比在苯中快 36 倍，比在甲醇中快 280 倍，比在苄醇中快 742 倍。

有机反应按其机制来说，大体可分成两大类：一类是游离基型反应；另一类是离子型反应。游离基型反应一般在气相或非极性溶剂中进行，而在离子型反应中，溶剂的极性对反应的影响常常是很大的。

如碘甲烷与三丙胺生成季铵盐的反应，活化过程中产生电荷分离，因此溶剂极性增强，反应速率明显加快。研究结果表明，其反应速率随着溶剂的极性变化而显著改变。如以正己烷中的反应速率为 1，则在乙醚中的相对反应速率为 120，在苯、氯仿和硝基甲烷中的相对反应速率分别为 37、13000 和 111000。

$$(C_3H_7)_3N+CH_3I\longrightarrow(C_3H_7)_3N^+CH_3+I^-$$

4. 溶剂对反应方向的影响

有时同种反应物若溶剂不同则产物会不同。对乙酰氨基硝基苯的铁粉还原反应，用水作溶剂和用醋酸作溶剂分别得到以下不同产物。

NHCOCH₃ / NO₂ (对位取代苯) + Fe
→（水解乙酰基）HCl+H₂O → $NH_2\cdot HCl$ / $NH_2\cdot HCl$（对位取代苯）（水作溶剂）
→（保护乙酰基）CH_3COOH → $NHCOCH_3$ / NH_2（对位取代苯）（醋酸作溶剂）

苯酚与乙酰氯进行的傅-克反应，若在硝基苯溶剂中进行，产物主要是对位取代物；若在二硫化碳中反应，产物主要是邻位取代物。

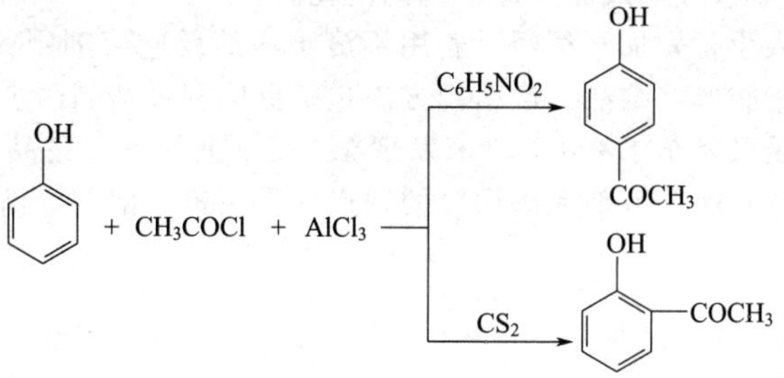

5. 溶剂对产品构型的影响

（1）溶剂对产物中顺、反异构体比例的影响

$$Ph_3P{=}CHPh + C_2H_5CHO \longrightarrow C_2H_5CH{=}CHPh + Ph_3P{=}O$$

此反应是在乙醇钠存在下进行的维蒂希（Wittig）反应，顺式体的含量随溶剂的极性增大而增加。按溶剂的极性次序（乙醚＜四氢呋喃＜乙醇＜二甲基甲酰胺），顺式体的含量由31%增加到65%。

（2）溶剂对酮型-烯醇型互变异构体的影响

乙酰乙酸乙酯的纯品中含有7.5%的烯醇型和92.5%的酮型。极性溶剂有利于酮型物的形成，非极性溶剂则有利于烯醇型物的形成。以烯醇型物含量来看，在水中为0.4%，乙醇中为10.52%，苯中为16.2%，环己烷中为46.4%。随着溶剂极性的降低，烯醇型物含量越来越高。

6. 重结晶溶剂的选择

固体粗品经一次结晶提纯后，得到的晶体通常会含有一定量的杂质，常常需要采用重结晶的方式进行再次结晶提纯。重结晶是利用杂质和结晶物质在不同溶剂和不同温度下的溶解度不同，将晶体用合适的溶剂溶解并再次结晶，以获得高纯度晶体的方法。

重结晶是固体粗品最常用的提纯方法。重结晶的操作过程为：粗品溶解、加活性炭脱色、热滤、冷却结晶、过滤、洗涤、干燥。进行重结晶操作首先要选择理想的重结晶溶剂。一般重结晶溶剂的选用原则如下：①不与被提纯物质起化学反应。②在较高温度时能溶解多量的被提纯物质而在室温或更低温度时，只能溶解很少量的该物质。③对杂质的溶解度非常大或者非常小。④勿选用沸点比待结晶的物质熔点还高的溶剂。溶剂沸点太高时，固体就在溶剂中熔融而不是溶解。⑤溶剂容易挥发，沸点低，易蒸馏回收。⑥无毒或毒性很小，便于操作。⑦价廉易得。

实验室小试常采用尝试误差法进行重结晶溶剂的选择。尝试误差法即用非常少量待结晶的物料以多种溶剂进行试验，优化获取理想的重结晶溶剂。在生产抗真菌药氟康唑的产品精制中，反应除生成主产物N_1-取代物（氟康唑）之外，还产生N_4-取代物的杂质。反应方程式如下：

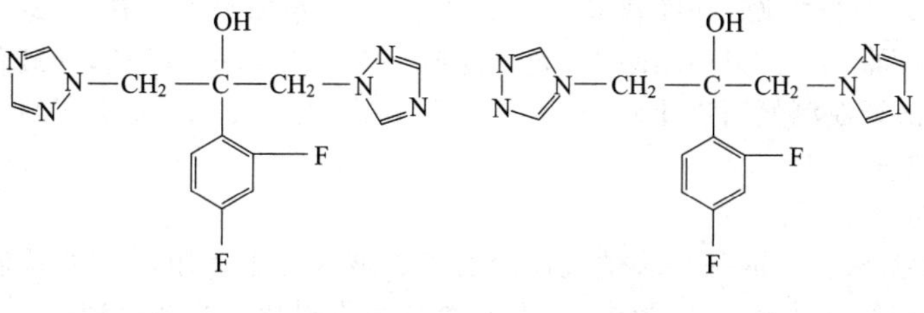

N_1-取代物（氟康唑）　　　　N_4-取代物（杂质）

测定结果表明杂质的化学结构与产品的化学结构非常相近，给精制带来困难。粗品用乙酸乙

酯（1∶17）加热溶解后，加入石油醚（与乙酸乙酯为1∶1）析出固体。一次重结晶，HPLC测定杂质一般为3%～8%，重复多次，每次只能使杂质下降20%～30%，达到规定（<1.5%）至少需重结晶3～5次，因而该方法成品率低、溶剂消耗高。

从反应液的后处理入手，先加水稀释（若用不溶于水的反应溶剂则先蒸除水），以卤代烷提取，水洗，蒸馏，再用脂肪醇重结晶。该精制方法包括提取和重结晶两步，效果明显。HPLC测定表明，一次精制品杂质可降至1%以下，未发现1.5%以上的不合格品，该法避免了使用乙酸乙酯与石油醚（60～90℃）混合溶剂无法回收的缺点，采用单一溶剂，溶剂回收率在80%以上。目前，该法已用于生产。

八、pH值

1. pH值对反应的影响

pH值又称酸碱度，是水溶液中氢离子浓度的常用对数的负值，即$-\lg[H^+]$，也称氢离子浓度指数。反应介质的pH值对某些反应具有特别重要的意义。例如对水解、酯化等反应的速度，pH值的影响是很大的。在某些药品生产中，pH值还起着决定质量、收率的作用。

硝基苯在中性或微碱性条件下用锌粉还原生成苯羟胺，在碱性条件下还原则生成偶氮苯。

$$C_6H_5NO_2 \xrightarrow[H_2O]{Zn/NH_4Cl} C_6H_5NHOH + ZnCl_2 + NH_4OH$$

$$C_6H_5NO_2 \xrightarrow[NaOH]{Zn} C_6H_5-N=N-C_6H_5 + Na_2ZnO_2 + H_2O$$

氯霉素中间体对硝基-*α*-乙酰氨基-*β*-羟基苯丙酮的羟甲基化反应，pH值是关键性的因素。

$$O_2N-C_6H_4-\overset{O}{\overset{\|}{C}}-\underset{NHCOCH_3}{\underset{|}{CH_2}} + HCHO \xrightarrow{OH^-} O_2N-C_6H_4-\overset{O}{\overset{\|}{C}}-\underset{NHCOCH_3}{\underset{|}{CH}}-CH_2OH$$

该反应必须严格控制在pH=7.8～8.0条件下进行。若反应介质呈酸性，则甲醛与乙酸化物根本不起反应；如果碱性太强，缩合物中另一个羰基*α*-H也易脱去，生成碳负离子，与甲醛分子继续作用，生成双缩合物。在酸性和中性条件下可阻止这一副反应的进行，但酸性过低，又不起反应。所以本反应必须保持在弱碱性的条件下进行。

2. pH值的测量方法

反应体系的pH值一般采用pH试纸和pH计进行测量。

（1）pH试纸

pH试纸一般用来粗略测量溶液或气体pH大小（或酸碱性强弱），在化工制药等领域应用非常广泛，检测快速，十分方便。pH试纸分为广范试纸和精密试纸。广范试纸的比色卡与精密pH试纸的比色卡不同。广范pH试纸的比色卡是隔一个pH值一个颜色，pH值从0～14测量精度较低。精密pH试纸在测量精度上可分为0.5级、0.3级、0.2级或更高精度。两种相比，精密pH试纸的精度更高一些。

pH试纸操作方法如下：

① 检验溶液的酸碱度：取一小块试纸在表面皿或玻璃片上，用洁净的玻璃棒蘸取待测液点滴于试纸的中部，观察变化稳定后的颜色，与标准比色卡对比，判断溶液的酸碱性。

② 检验气体的酸碱度：先用蒸馏水把试纸润湿，粘在玻璃棒的一端，再送到盛有待测气体的容器口附近，观察颜色的变化，判断气体的酸碱性。（试纸不能触及器壁）

(2) pH 计

pH 计（酸度计）是测量溶液酸碱度的重要工具。pH 计的型号和产品多种多样，显示方式也有指针显示和数字显示两种可选，但是无论 pH 计的类型如何变化，它的主体都是一个精密的电位计。pH 计主要由电流计和电极两个部分组成，见图 2-4。

pH 计在使用前均需用标准缓冲液进行二点校对。pH 测定的准确性取决于标准缓冲液的准确性。标准缓冲液是由标准试剂配制而成的。酸度计用的标准缓冲液，要求有较大的稳定性、较小的温度依赖性。可以根据试剂的测量范围选用合适的标准缓冲液：邻苯二甲酸氢钾标准缓冲液（pH4.00）、磷酸盐标准缓冲液（pH6.86）、硼砂标准缓冲液（pH9.18）等。邻苯二甲酸氢钾标准缓冲液适用于被测溶液为偏酸性溶液。硼砂标准缓冲液适用于被测溶液为偏碱性溶液。

图 2-4　pH 计

另外正确使用与保养电极也很重要，注意事项包括：①玻璃电极在初次使用前，必须在蒸馏水中浸泡一昼夜以上，平时也应浸泡在蒸馏水中以备随时使用。②玻璃电极不要与强吸水溶剂接触太久，在强碱溶液中使用应尽快操作，用毕立即用水洗净，玻璃电极球泡很薄，不要与硬物相碰。③玻璃膜沾上油污时，应先用酒精，再用四氯化碳或乙醚，再用酒精浸泡，最后用蒸馏水洗净。④测定含蛋白质的溶液的 pH 时，电极表面被蛋白质污染，导致读数不可靠，也不稳定，出现误差，这时可将电极浸泡在稀 HCl（0.1mol/L）中 4～6 分钟来矫正。⑤电极清洗后只能用滤纸轻轻吸干，切勿用织物擦抹，以免电极产生静电荷而导致读数错误。

思政小课堂

工匠精神的核心要素是创新精神

创新能力，不是对以往工艺墨守成规，而是对现有的生产技艺的大胆革新，不断改进工艺措施，不断创造新工艺，不断攻克一个个难关，给行业技艺带来突破性贡献，促进生产技艺水平提升，推动社会经济发展。

九、搅拌

1. 搅拌对反应的影响

搅拌是使两个或两个以上反应物获得密切接触机会的重要措施，在化学制药中，搅拌很重要，几乎所有的反应设备都装有搅拌装置。搅拌对于互不混合的液-液相反应、液-固相反应、固-固相反应（熔融反应）以及固-液-气三相反应等尤为重要。通过搅拌，在一定程度上加速了传热和传质，这样不仅可以达到加快反应速度、缩短反应时间的目的，还可以避免或减少由于局部浓度过大或局部温度过高引起的某些副反应。

产品结晶时，晶体不同，对搅拌器的形式和转速的要求也不同。一般来说，要制备颗粒较大的晶体，搅拌的转速要低一些；要制备颗粒较小的晶体，搅拌的转速要高一些，转速可根据需要来确定。

不同的反应要求不同的搅拌器形式和搅拌速度，实验室和工业化生产对搅拌的要求也不一样。工业上的搅拌情况在实验室里不易研究，须在中试车间或生产车间中解决。若反应过程中反应物越来越黏稠，则搅拌器形式的选择颇为重要。有些反应一经开始，必须连续搅拌，不能停止，否则很容易发生安全事故（爆炸）和生产事故（收率降低）。

固体金属镍在进行催化反应时，若搅拌效果不佳，密度大的镍沉在罐底，就起不到催化作用。乙苯硝化反应是强放热反应，反应方程式如下：

$$C_6H_5-CH_2CH_3 \xrightarrow{HNO_3/H_2SO_4} O_2N-C_6H_4-CH_2CH_3$$

为保证硝化过程的安全操作，必须有良好可靠的搅拌装置，混酸是在搅拌下加入到乙苯中去的，因两者互不相溶，搅拌是为使反应物呈乳化状态，增加乳化物和混酸的接触，硝化要求搅拌转速均匀、不宜过快，尤其是在间歇硝化反应加料阶段。但若转速过慢、中途停止搅拌或搅拌叶脱落导致搅拌失效，很容易因局部温度过高而造成冲料或发生重大安全事故，非常危险。因为两相很快分层而停止反应，当积累过量的硝化剂或被硝化物时，一旦重新搅拌，会突然发生剧烈反应，在瞬间放出大量热，使温度失控而导致安全事故。

2. 小试常用搅拌器

搅拌器的类型有机械搅拌器、气流搅拌器和超声波搅拌器等。实验室常用的是机械搅拌器，以电动搅拌器和磁力搅拌器为主。

电动搅拌器是一种用于液体或固液混合的实验设备，它依靠电机的高速运转来带动搅拌棒转动，进而起到搅拌效果，如图 2-5 所示。

电动搅拌器的使用

磁力搅拌器主要用于搅拌或同时加热搅拌低黏稠度的液体或固液混合物。其基本原理是利用磁场同性相斥、异性相吸的原理，使用磁场推动放置在容器中带磁性的搅拌子进行圆周运转，从而达到搅拌液体的目的。配合加热温度控制系统，可以根据具体的实验要求加热并控制样本温度，维持实验条件所需的温度条件，保证液体混合达到实验需求，如图 2-6 所示。

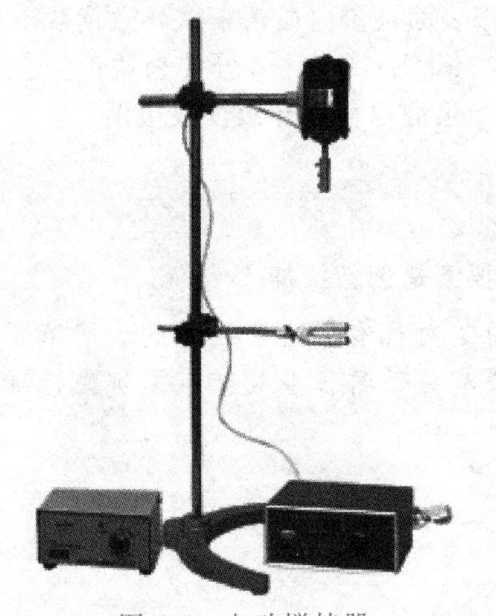
图 2-5　电动搅拌器

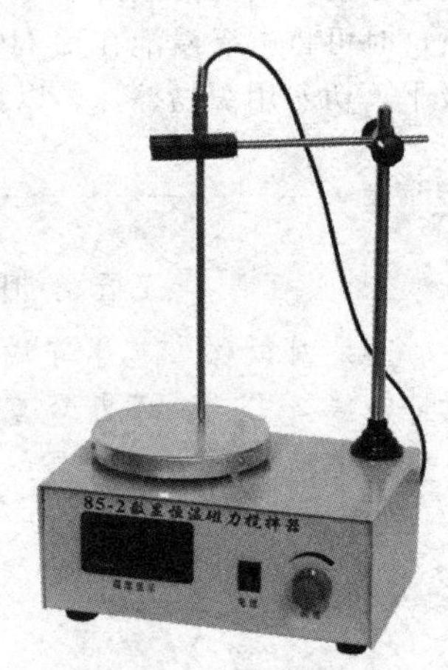
图 2-6　磁力搅拌器

第四节　分离纯化技术

课堂互动

什么是药物分离与纯化技术？

就是利用各种分离方法对混合物样品进行分离，使目标物在纯度或活性方面得到提高的技术。该技术的关键是对分离方法的选择，传统的分离方法有过滤技术、结晶技术、萃取技术、蒸馏技术、色谱分离技术和干燥技术等。

一、过滤技术

过滤是在外力作用下，将悬浮液（或含固体颗粒发热气体）中的液体（或气体）通过多孔介质，固体颗粒及其他物质被过滤介质截留，从而实现固液分离的操作。过滤操作所处理的悬浮液称为滤浆。所用的多孔物质称为过滤介质，通过介质孔道的液体称为滤液，被截流的物体颗粒称为滤饼。图 2-7 为过滤操作的示意图。

1. 过滤介质

过滤介质是滤饼的支撑物，它应具有足够的机械强度和尽可能小的流体阻力。过滤介质中微细孔道的直径，往往稍大于一部分悬浮颗粒的直径。所以，过滤之初会有一些细小颗粒穿过介质而使滤液浑浊，此种滤液应送回滤浆槽重新过滤。过滤开始后颗粒会在孔道中迅速发生“架桥现象”（图 2-8），因而使得直径小于孔道的细小颗粒也能被拦住，这时，滤饼开始形成，滤液也变得澄清，此后过滤才能有效地进行。

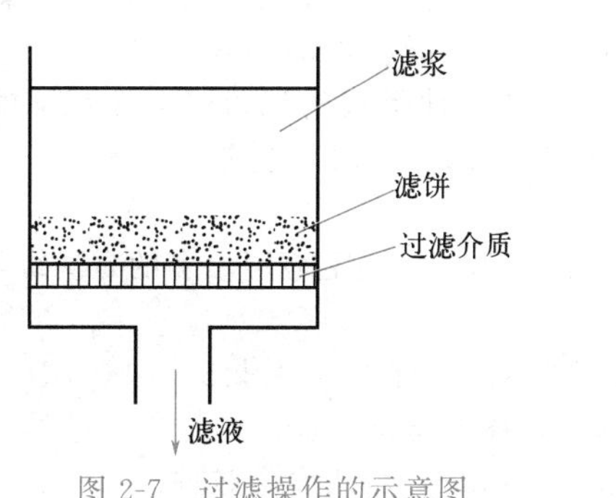

图 2-7　过滤操作的示意图

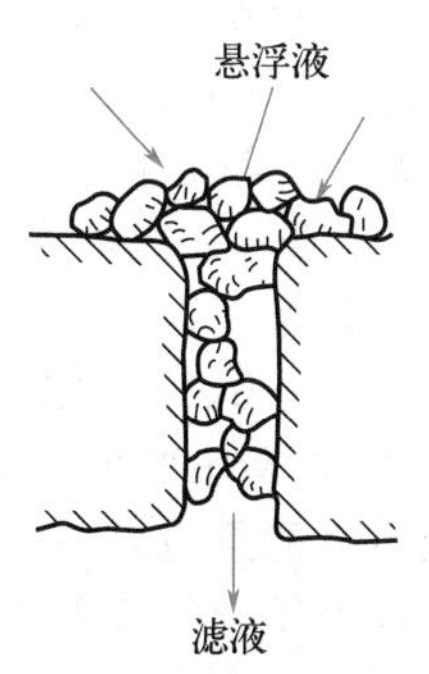

图 2-8　架桥作用

工业上常用的过滤介质主要有以下几类：

（1）织物介质

织物介质又称滤布，包括由棉、毛、丝、麻等天然纤维和各种合成纤维织成的织物，以及由玻璃丝、金属丝等织成的网。织物介质是工业上应用最广的一种过滤介质。

（2）粒状介质

粒状介质又称堆积介质，包括颗粒状的细沙、石砾、木炭、硅藻土等堆积而成的颗粒床层。粒状介质一般用于处理含固体量很小的悬浮液，如水的净化处理等。

（3）多孔性固体介质

多孔性固体介质包括多孔性陶瓷板或管、多孔塑料板等。这种介质具有较好的耐腐蚀性，且孔隙较小，能截留小于 3μm 的固体微粒，适用于处理只含少量细小颗粒的腐蚀性悬浮液及其他特殊场合。

在实际操作中，由于滤饼中的毛细孔道往往比过滤介质中的毛细孔道还要小，因此，滤饼便成为更有效的过滤介质。

滤饼分为可压缩和不可压缩两种。

不可压缩滤饼由刚性的颗粒（如晶体颗粒）所组成。当滤饼上的压力增大时，固体颗粒的大小和形状以及滤饼层中孔道的大小都保持不变。

可压缩滤饼由非刚性的颗粒（如胶体颗粒）所组成，可压缩滤饼中固体颗粒的大小和形状，以及滤饼中孔道的大小，常因压强的增加而变小。

2. 过滤速率

过滤速率是指单位时间内，通过单位过滤面积的滤液体积。

$$U=\frac{\mathrm{d}V}{A\,\mathrm{d}\tau}$$

式中，U 为过滤速率，$m^3/(m^2 \cdot s)$ 或 m/s；V 为滤液体积，m^3；A 为过滤面积，m^3；τ 为过滤时间，s。

实验证明，过滤速率的大小与推动力成正比，而与阻力成反比。

3. 助滤剂

将某些坚硬的粒状物预涂于过滤介质表面或加入滤浆中，可形成较为坚硬而松散的滤饼，使滤液能够顺利通过，这种粒状物称为助滤剂。添加助滤剂可以防止过滤介质孔道堵塞，或降低滤饼的过滤阻力。助滤剂应具有以下特点：为坚硬、疏松结构的粉状或纤维状的固体，能较好地悬浮于滤液中，颗粒大小合适，不含可溶于滤液的物质。常用的助滤剂有硅藻土、纤维素等。

硅藻土为较纯二氧化硅矿石，其化学性能稳定，具有极大的吸附和渗透能力，是良好的介质和助滤剂。使用方法有：

① 作为深层过滤介质，可以过滤含少量（$<0.1\%$）悬浮固形物的液体。硅藻土不规则粒子间形成许多曲折的毛细孔道，借筛分和吸附作用除去悬浮液中的固体粒子。

② 在滤布表面预涂硅藻土薄层，保护滤布的毛细孔道在较长时间内不被悬浮液中的固体粒子所堵塞，从而提高和稳定过滤速率，用量为 $500g/m^2$ 左右，2～4mm 厚。

③ 将适当的硅藻土分散在待过滤的悬浮液中，使形成的滤饼具有多孔隙性，降低滤饼可压缩性，以提高过滤速率和延长过滤操作的周期，用量为 0.1%左右。

4. 过滤推动力和阻力

过滤推动力可以是重力、压强差或惯性离心力，工业上应用最多的是滤饼与过滤两侧的压强差 Δp。过滤推动力的来源有四种：

① 利用悬浮液本身的重力，一般不超过 50kPa，称为重力过滤。

② 在悬浮液上面加压，一般可达 500kPa，称为加压过滤。

③ 在过滤介质下面抽真空，通常不超过－80kPa，称为真空过滤。

④ 利用惯性离心力进行过滤，称为离心过滤。

过滤阻力为过滤介质阻力与滤饼阻力之和。过滤刚开始时，只有过滤介质阻力，随着过滤的进行，滤饼厚度不断增加，过滤阻力逐渐加大。所以在一般情况下，过滤阻力决定于滤饼阻力。滤饼越厚，颗粒越细，则阻力越大。

5. 恒压过滤与恒速过滤

在过滤操作中，根据操作压强与过滤速率变化与否，将过滤分为恒压过滤与恒速过滤。恒压过滤是将过滤推动力维持在某一不变的压强下，随着过滤的进行，滤饼不断增厚，过滤阻力逐渐增大，过滤速率逐渐降低。恒速过滤是在过滤中保持过滤速率不变，这就必须使推动力 Δp 随滤饼的增厚而不断增大，否则就不能维持恒速。因为恒压过滤的操作比较方便，因此，实际生产中多采用恒压过滤。

6. 过滤过程

整个过滤过程包括过滤、洗涤、干燥及卸料四个阶段。

过滤操作进行到一定时间后，由于滤饼的增厚，过滤速率很低，再持续下去是不经济的，需要将滤饼除去后重新开始过滤才合理，此时应停止加入悬浮液。

滤饼的洗涤：在停止加入悬浮液后，滤饼的孔道中存有很多滤液，为了得到较纯的滤饼，或从滤饼中回收这部分滤液，必须将此部分滤液从滤饼中分离出来，因此常用水或其他溶剂对滤饼进行洗涤，洗涤所得的液体称为洗涤液。

滤饼的干燥：洗涤完毕后，有时还须将滤饼进行“干燥”。所谓“干燥”并非将滤饼中的液体全部汽化，而仅是以空气在一定压强下通过滤饼，将孔道中存留的洗液排出，以使滤饼中残留的液体尽可能少。有的过滤机用机械挤压的办法来减少滤饼中的液体含量。

滤饼的卸除：卸除滤饼要求尽可能干净彻底。这样是为了最大限度地回收滤饼（滤饼是成品时），同时便于清洗滤布从而减少下一次过滤的阻力。通常采用压缩空气从过滤介质后面倒吹以卸除滤饼。

如滤饼无利用价值，则可以简单地用水冲洗。滤布使用一定时间后应取下来进行清洗。

知识拓展

物质的尺寸对比

过滤行业中，常用微米作为微孔滤膜孔径的计量单位。1 微米等于 10^{-3} 毫米，等于 10^{-6} 米。微米的符号为 μm。为了更客观地说明微米的大小，特列出下列物质的尺寸以供参考。

物质	头发直径	裸眼可见最小颗粒	金属颗粒
尺寸	70～80μm	40μm	5μm
物质	酵母菌	假单胞菌	小 RNA 病毒
尺寸	3μm	0.3μm	0.03μm

二、结晶技术

固体物质分为结晶型和无定形两种状态。食盐、蔗糖、氨基酸、柠檬酸等都是结晶型物质，而淀粉、蛋白质、酶制剂、木炭、橡胶等都是无定形物质。它们的区别在于构成单位——原子、分子或离子的排列方式不同。结晶型物质是三维有序规则排列的固体，其形态规则、粒度均匀，具有固定的几何形状；而无定形物质是无规则排列的物质，其形态不规则、粒度不均匀，不具有特定的几何形状；结晶型物质即晶体的化学成分均一，具有一定的熔化温度（熔点），具有各向异性的现象，无定形物质不具备这些特征。

形成结晶型物质的过程称作结晶。结晶操作能从杂质含量较高的溶液中得到纯净的晶体，结晶过程可赋予固体产品以特定的晶体结构和形态；结晶过程所用设备简单，操作方便，成本低；结晶产品外观优美，其包装、运输、储存和使用都很方便。许多化工产品、医药产品及中间体、生物制品均需制备成具有一定形态的纯净晶体。因此，结晶是一个重要的生产单元操作，在化工、医药、轻工、生物行业分离纯化物质的过程中得到广泛应用。

1. 结晶的条件

在一定温度和溶剂条件下，当某一物质在溶剂中的浓度等于溶质在该温度和溶剂条件下的溶解度时，则此溶液为该物质的饱和溶液；同等条件下，溶质浓度超过饱和溶解度时，该溶液称之为过饱和溶液。

通常溶质在饱和溶液中是不会析出的，只有当溶质浓度超过同等条件下的饱和溶解度时，溶质才会由于难以继续溶解而析出，在过饱和溶液中加入破坏平衡的因素，则溶质会因此析出。

溶质的溶解度与所使用的溶剂、温度、该溶质的晶体大小或分散度有关。通常，物质的溶解度会随温度升高而增加，少数例外的例子比如红霉素，随温度升高其溶解度降低；通常微小晶体的溶解度要比普通晶体的溶解度大。

2. 结晶过程

溶液的结晶过程一般分为三个阶段，即过饱和溶液的形成、晶核的形成和晶体的成长阶段。因此，为了进行结晶，必须先使溶液达到过饱和后，过量的溶质才会以固体的形态结晶出来。因为固体溶质从溶液中析出，需要一个推动力，这个推动力是一种浓度差，也就是溶液的过饱和度；晶体的产生最初是形成极细小的晶核，然后这些晶核再成长为一定大小形态的晶体。

由于物质在溶解时要吸收热量、结晶时要放出结晶热，因此，结晶也是一个质量与能量的传递过程，它与体系温度的关系十分密切。溶解度与温度的关系如图 2-9 所示，可以用饱和曲线和过饱和曲线表示。

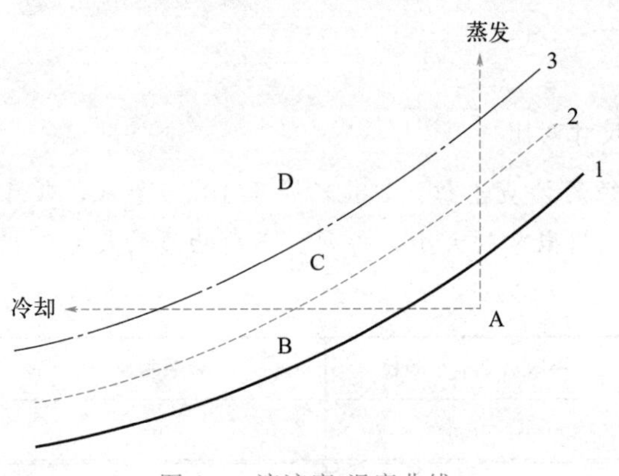

图 2-9 溶液度-温度曲线

A—稳定区；B—第一介稳区；C—第二介稳区；D—不稳定区；1—溶解度曲线；2—第一超溶解度曲线；3—第二超溶解度曲线

A 为稳定区；曲线 1 为饱和溶解度曲线，在此线以下的区域为不饱和区，称为稳定区即不饱和区，不可能产生晶核。

B 为第一介稳区：即第一过饱和区，在此区域内不会自发成核，当加入结晶颗粒时，结晶会生长，但不会形成新晶核。这种加入的结晶颗粒称为晶种。

C 为第二介稳区，即第二过饱和区，在此区域内也不会自发成核，但加入晶种后，再结晶生长的同时会有新晶核产生。

D 为不稳定区：在不稳定区的任一点溶液能立即自发结晶，在温度不变时，溶液浓度自动降至曲线 1。在不稳定区，结晶生成很快，来不及长大，浓度即降至饱和溶解度，所以形成大量细小晶体，这在工业结晶中是不利的。为得到颗粒较大而又整齐的晶体，通常需加入晶种并把溶液浓度控制在介稳区（包括第一介稳区和第二介稳区）的养晶区，在养晶区自发产生晶核的可能性很小，可让晶体缓慢长大。晶体产量取决于晶体与溶液之间的平衡关系。物质晶体与其溶液相接触时，如果溶液未达到饱和，则晶体溶解；如果溶液饱和，则晶体与饱和溶液处于平衡状态，溶解速度等于沉淀速度。仅当溶液浓度达到一定程度的过饱和浓度时，才有可能析出晶体，是自发成核区域，溶液能自发产生晶核和进行结晶。

3. 结晶方法

结晶的首要条件是溶液达到过饱和，根据使溶液达到过饱和的途径，结晶方法可分为以下几种。

① 蒸发结晶。用加热的方法将部分溶剂蒸发使溶液浓缩至过饱和状态，促使晶体成长并析出的方法称为蒸发结晶。这种方法中结晶和蒸发过程是同时进行的，适用于溶解度随温度变化较小的溶质析出。

② 冷却结晶。先升温蒸发除去部分溶剂后，再降低溶液的温度，溶液达到过饱和，使晶体析出成长。这种方法适用于溶解度随温度变化较大的溶质。

③ 加热结晶。在溶液中加入第三种物质，由于第三种物质的加入降低了溶质的溶解度，使溶质在此溶剂中过饱和而析出结晶。

④ 化学反应结晶法。在溶液中加入反应剂或调节 pH 使产生新物质，当该新物质的溶解度超过饱和溶解度时，就有结晶析出。方法的实质就是利用化学反应，对需要结晶的物质进行修饰，调节其溶解特性，同时也可以进行适当的保护。

⑤ 盐析法。在溶液中加入某些物质，从而使溶质在溶剂中的溶解度降低而析出，这些物质既可以是固体，也可以是液体或气体。沉淀剂最大的特点是极易溶解于原溶液的溶剂中。常用沉淀剂主要是一些中性盐，如硫酸铵、硫酸钠等。

⑥ 有机溶剂法。有机溶剂可降低溶液的介电常数，增加蛋白质分子上不同电荷的引力，导致溶解度降低。有机溶剂与水作用能破坏蛋白质的水化膜，使蛋白质在一定浓度的有机溶剂中沉淀析出。但是为了获得蛋白质的结晶，需要严格控制有机溶剂的种类和用量，常用的有机溶剂是乙醇和丙酮，由于有机溶剂的加入易引起蛋白质变性失活，尤其乙醇和水混合释放热量，操作一般宜在低温下进行，且在加入有机溶剂时注意搅拌均匀以免局部浓度过大。

知识拓展

盐析法和有机溶剂法联合应用

有机溶剂在中性盐存在时能增加蛋白质的溶解度，减少变性和提高分离的效果。在用有机溶剂沉淀时，添加中性盐的浓度控制在0.05mol/L左右；而用有机溶剂结晶，中性盐的浓度应该视待结晶物质的变性难易来控制。结晶的条件必须严格控制，才能得到好的晶体。在丙酮存在下，获得的蛋白质变性的概率较小，是良好的沉淀剂，同样可以应用于生物大分子的结晶。

4. 结晶过程影响因素

① 纯度。各种物质在溶液中均需达到一定的纯度才能析出结晶，这样就可使结晶和母液分开，以达到进一步分离纯化的目的。一般来说纯度越高越易结晶。以蛋白质和酶为例，结晶所需纯度不低于50%，总的趋势是越纯越易结晶。结晶的制品并不表示达到了绝对的纯化，只能说达到了相当纯的程度。

② 浓度。结晶液一定要有合适的浓度，溶液中的溶质分子或离子间便有足够的相碰机会，并按一定速度作定向排列聚合才能形成晶体。但浓度太高时，溶质分子在溶液中聚集析出的速度太快，超过这些分子形成晶体的速度，相应溶液黏度增大，共沉物增加，反而不利于结晶析出，只获得一些无定形固体微粒，或生成纯度较差的粉末状结晶。结晶液浓度太低，样品溶液处于不饱和状态，结晶形成的速度远低于晶体溶解的速度，也得不到结晶。因此只有在稍过饱和状态下，即形成结晶速度稍大于结晶溶解速度的情况下才能获得晶体。结晶的大小、均匀度和结晶的饱和度有很大关系。

③ 温度。冷却的速度及冷却的温度直接影响结晶效果。冷却太快引起溶液突然过饱和，易形成大量结晶微粒，甚至形成无定形沉淀。冷却的温度太低，溶液浓度增加，也会干扰分子定向排列，不利于结晶的形成。结晶通常要求在低温或不太高的温度下进行。低温不仅溶解度低，而且不易变性，并可避免细菌繁殖。中性盐溶液结晶时，温度可在0℃至室温的范围内选择。

④ pH。pH的变化可以改变溶质分子的带电性质，是影响溶质分子溶解度的一个重要因素。一般情况下，结晶液所选用的pH与沉淀大致相同。蛋白质、酶等生物大分子结晶的pH多选在该分子的等电点附近。

⑤ 搅拌速度。晶体生长一般遵循晶体生长的扩散学说：①穿过靠近晶体表面的一个滞流层，从溶液中转移到晶体表面。工业结晶一般进行搅拌。理论上，搅拌越快，晶体成核速度越快，生长速度也越快。当生长速度大于成核速度时，一般晶体颗粒较大；反之较小。②到达晶体表面的溶质长入晶面，使晶体增大，同时放出结晶热。③结晶热传递回到溶液中。据此，溶质依靠分子扩散作用，穿过晶体表面的滞留层，到达晶体表面；此时扩散的推动力是液相主体浓度与晶体表面浓度的差值；第二步溶质长入晶面，是表面化学反应过程，此时反应的推动力是晶体表面浓度与饱和浓度的差值。

知识拓展

扩散学说

依据扩散学说，在控制晶体生长速度时可作以下考虑：①改变晶体和溶液之间界面的滞留层特性，这样可以影响溶质长入晶体、改变晶体外形以及因杂质吸附导致的晶体生长缓慢问题；②搅拌可以加速晶体生长、加速晶核的生成；③升温可以促进表面化学反应速度的提高，加快结晶速度。

5. 常用的工业起晶方法

① 自然起晶法。溶剂蒸发进入不稳定区形成晶核，当产生一定量的晶种后，加入稀溶液使溶液浓度降至亚稳定区，新的晶种不再产生，溶质在晶种表面生长。

② 刺激起晶法。将溶液蒸发至亚稳定区后，冷却，进入不稳定区，形成一定量的晶核，此时溶液的浓度会有所降低，进入并稳定在亚稳定区的养晶区使晶体生长。

③ 晶种起晶法。将溶液蒸发后冷却至亚稳定区的较低浓度，加入一定量和一定大小的晶种，使溶质在晶种表面生长。该方法容易控制、所得晶体形状大小均较理想，是一种常用的工业起晶方法。

晶种起晶法中采用的晶种直径通常小于 0.1mm；晶种加入量由实际的溶质附着量以及晶种和产品尺寸决定。

三、萃取技术

萃取过程是根据在两个不相混溶的相中各组分的溶解度或分配比不同，利用适当的溶剂和方法，从原料液中把有效成分分离出来的过程。

1. 萃取概念

萃取是利用液体或超临界流体为溶剂提取原料中目标产物的分离纯化操作，所以，萃取操作中至少有一相为流体，一般称该流体为萃取剂。以液体为萃取剂时，如果含有目标产物的原料也为液体，则称此操作为液-液萃取；如果含有目标产物的原料为固体，则称此操作为液-固萃取或浸取。以超临界流体为萃取剂时，含有目标产物的原料可以是液体，也可以是固体，称此操作为超临界流体萃取。另外，在液液萃取中，根据萃取剂的种类和形式的不同又分为有机溶剂萃取（简称溶剂萃取）、双水相萃取、液膜萃取和反胶团萃取等。从萃取机制来看，可以分为两种萃取方式：利用溶剂对待分离组分有较高的溶解能力而进行的萃取，分离过程纯属物理过程的物理萃取；溶剂首先有选择性地与溶质化合或者络合，形成新的化合物或者络合物，从而在两相中重新分配而达到分离的化学萃取。

2. 萃取种类

① 物理萃取。溶质根据相似相溶原理在两相间达到分配平衡，萃取剂与溶质之间不发生化学反应，分离过程纯属物理过程，如乙酸丁酯萃取发酵液中的青霉素。物理萃取广泛应用于抗生素及天然植物中有效成分的提取过程。其中被萃取的物质为溶质，原先溶解溶质的溶剂为原溶剂，加入的第三组分为萃取剂。

② 化学萃取。利用脂溶性萃取剂与溶质之间的化学反应生成脂溶性复合分子，实现溶质向有机相的分配，萃取剂与溶质间的化学反应包括离子交换反应和络合反应等。如以季铵盐为萃取剂萃取氨基酸。

化学萃取中常用煤油、己烷、四氯化碳和苯等有机溶剂溶解萃取剂，改善萃取相的物理性质，此时的有机溶剂称为稀释剂。主要用于金属的提取，也可用于氨基酸、抗生素和有机酸等生物产物的分离回收。

③ 反萃取。在溶剂萃取分离过程中，当完成萃取操作后，为进一步纯化目标产物或便于下一步分离操作的实施，往往需要将目标产物转移到水相。这种调节水相条件，将目标产物从有机相转入第二水相的萃取操作称为反萃取。对于一个完整的萃取过程，常常在萃取和反萃取的操作之间增加洗涤操作，目的是除去与目标产物同时萃取到有机相的杂质，提高第二水相中目标产物的纯度。经过萃取、洗涤和反萃取操作，大部分目标产物进入到反萃相（第二水相）。而大部分杂质则残留在萃取后的料液相（称作萃余相）。

根据萃取剂的物理状态不同还可以将萃取分为液-液萃取、液-固萃取和超临界流体萃取，具体分类如表 2-5 所示。

表 2-5　常见萃取方法

萃取剂	含目标产物的原料	方法名称
液体	液体	液-液萃取
液体	固体	液-固萃取或浸提
超临界流体	液体/固体	超临界流体萃取

在液-液萃取中根据萃取剂的种类和形式的不同又分为有机溶剂萃取（溶剂萃取）、双水相萃取、超临界萃取和反胶团萃取等。

3. 溶剂萃取

溶剂萃取也叫作有机溶剂萃取，是利用溶质在两个互不混溶的溶剂中溶解度的差异将溶质从一个溶剂相向另一个溶剂相转移的操作。极性化合物易溶于极性的溶剂中，而非极性化合物易溶于非极性的溶剂中，这一规律称为“相似相溶原则”。利用有机溶剂充当萃取剂进行萃取的过程是目前萃取小分子物质最常用的方法，即有机溶剂萃取法。例如，I_2 是一种非极性化合物、CCl_4 是非极性溶剂，水是极性溶剂，所以 I_2 易溶于 CCl_4 而难溶于水。当用等体积的 CCl_4 从 I_2 的水溶液中提取 I_2 时，萃取百分率可达 98.8%。常用的非极性溶剂有：酮类、醚类、苯、CCl_4 和 $CHCl_3$，等等。

无机化合物在水溶液中受水分子极性的作用，电离成带电荷的亲水性离子，并进一步结合成水合离子而易溶于水中。如果要从水溶液中萃取水合离子，显然是比较困难的。为了从水溶液中萃取某种金属离子，就必须设法脱去水合离子周围的水分子，并中和所带的电荷，使之变成极性很弱的可溶于有机溶剂的化合物，就是说将亲水性的离子变成疏水性的化合物。为此，常加入某种试剂使之与被萃取的金属离子作用，生成一种不带电荷的易溶于有机溶剂的分子，然后用有机溶剂萃取。

根据目标产物以及与其共存杂质的性质选择合适的有机溶剂，可使目标产物有较大的分配系数和较高的选择性。选择原则如下：

① 具有较高选择性，各种溶质在所选的溶剂中分配系数差异越大越好；

② 与水相有较大的密度差，并且黏度小，表面张力适中，相分散和相分离较容易；

③ 与水相不互溶；

④ 不与目标产物发生反应；

⑤ 容易回收和再利用；

⑥ 毒性低、腐蚀性小、闪点低、使用安全；

⑦ 价廉易得。

常用丁醇等醇类，乙酸乙酯、乙酸丁酯和乙酸戊酯等乙酸酯类以及甲基异丁基甲酮等萃取抗生素类化合物；常用长链脂肪酸（如月桂酸）、烃基磺酸、三氯乙酸、四丁胺、正十二烷胺等萃取氨基酸类化合物。

萃取溶剂的选择要根据被萃取物质在此溶剂中的溶解度而定。同时要易于和溶质分离开，所以最好用低沸点的溶剂。一般水溶性较小的物质可用石油醚萃取；水溶性较大的可用苯或乙醚；水溶性极大的用乙酸乙酯等。第一次萃取时，使用溶剂的量要比后续每次溶剂用量多一些，这主要是为了补足由于它稍溶于水而引起的损失。

4. 双水相萃取

双水相现象是当两种聚合物或一种聚合物与一种盐溶于同一溶剂时，由于聚合物之间或聚合物与盐之间的不相溶性，当聚合物或无机盐浓度达到一定值时，就会分成不互溶的两相。因使用的溶剂是水，因此称为双水相，如葡聚糖与聚乙二醇（PEG）按一定比例与水混合后，溶液先呈浑浊状态，待静置平衡后，逐渐分成互不相溶的两相，上相富含 PEG，下相富含葡聚糖，许多高分子混合物的水溶液都可以形成类似的多相系统。在这两相中，水分都占很大比例（85%～95%），活性蛋白或细胞在这种环境中不会失活，但可以按不同比例分配于两相，这就克服了有机溶剂萃取中蛋白质容易失活和强亲水性蛋白质难溶于有机溶剂的缺点。

早在1896年，Beij Erinch就已观察到这种双水相现象，将明胶与琼脂或与可溶性淀粉的溶液混合后，形成的胶化乳浊液可分成两相，上相含有大部分琼脂或可溶性淀粉，而大量的胶则聚集于下相。将其用于生物活性物质的分离纯化，首先是由Albertsson提出的。

到目前为止，双水相技术几乎在所有的生物物质，比如氨基酸、多肽、核酸、细胞器、细胞膜、各类细胞、病毒等的分离纯化中得到应用，特别是在蛋白质的大规模分离中成功地应用开来。

（1）双水相萃取的原理

当两种高聚物水溶液相互混合时，二者之间的相互作用可以分为3类：①互不相溶，形成两个水相；②复合凝聚，也形成两个水相，但两种高聚物都分配于一相，另一相几乎全部为溶剂水；③完全互溶，形成均相的高聚物水溶液。

离子型高聚物和非离子型高聚物都能形成双水相系统。根据高聚物之间的作用方式不同，两种高聚物间可以产生相互排斥作用而分别富集于上、下两相，即互不相溶；或者产生相互引力而聚集于同一相，即复合凝聚。

高聚物与低分子量化合物之间也可形成双水相系统，如PEG与硫酸铵或硫酸镁水溶液的双水相系统中，上相富含PEG，下相富含无机盐。溶质在两水相间的分配主要由其表面性质所决定，通过在两相间的选择性分配而得到分离。分配能力的大小可用分配系数 K 来表示。

分配系数 K 与溶质的浓度和相体积比无关，它主要取决于相系统的性质、被萃取物质的表面性质和温度。如在聚合物-盐或聚合物-聚合物系统混合时，会出现两个不相混溶的水相，典型的例子：在水溶液中的聚乙二醇（PEG）和葡聚糖，当各种溶质均在低浓度时，可以得到单相均质液体，但是，当溶质的浓度增加时，溶液会变得浑浊，在静置条件下，会形成两个液层，实际上是其中两个不相混溶的液相达到平衡，在这种系统中，上层富集了PEG，下层富集了葡聚糖，就形成了双水相系统。

在双水相萃取系统中，悬浮粒子与其周围物质具有复杂的相互作用，如氢键、离子键疏水作用等，同时，还包括一些其他较弱的作用力，很难预计哪一种作用占优势。但在两相之间，净作用力一般会存在差异。

分配系统由多种因素决定，如粒子大小、疏水性、表面电荷、粒子或大分子的构象等这些因素微小的变化可导致分配系数较大的变化，因而双水相萃取有较好的选择性。

双水相系统中，粒子的分配由两种相反的趋势所决定：一种是粒子的热运动，即布朗运动，它使粒子在整个相系统中均匀分配；另一种是作用于粒子的界面张力，它使粒子分配不均匀，并使系统的能量最低。界面自由能是粒子位置的函数。两种表面性质相反的粒子，它们能各自趋向于不同的相而得到分离，而且粒子越大，分离越完全。

（2）双水相体系的种类

① 高聚物-高聚物双水相。这类相体系最常用，易于后续处理的连接，如直接上离子交换柱而不必脱盐。蛋白质相中的分配取决于高聚物的分子量、浓度、pH及盐浓度等因素，细胞的分配也不固定，这种体系可以直接用离子交换色谱进一步纯化，而且可回收高聚物，使成本大大降低。

② 高聚物-盐双水相。这类相体系盐浓度高，蛋白质易盐析，废水处理困难。上相富含PEG，PEG/盐体系是最常见的价廉体系。在PEG/盐体系中，一般水性很强的蛋白质或等电点较低的蛋白质，才有可能分配在上相中。这种体系后续的纯化工艺不能采用有效的色谱方法。虽然该体系成本低，但废盐水的处理比较困难，不能直接排入生物氧化池中。例如PEG硫酸钠等。

知识拓展

双水相萃取操作中多聚物及盐的纯净

在生物分子回收和纯化以后，怎样从含有目标产物残余物的水溶液中回收聚合物或盐就成为一个重要的问题。

方法：

① 如果产品是蛋白质，并且分配在盐相，用超滤或渗析的膜过滤回收；如果产品蛋白质积聚在聚乙二醇（PEG上相）中，可以通过加入盐来精制，加入的盐导致蛋白质在盐相中重新分配。PEG的分离同样可以用膜分离来实现，即用可选择孔径大小的半透膜来截留蛋白质，同时排除PEG进行回收。

② 另一种方法是通过盐析或使用水-可混溶性的溶剂来沉淀蛋白质，但是固体（产物）的去除被存在的PEG阻碍。

③ 也可使用离子交换和吸附，它们是通过蛋白质与基质的选择性相互作用来进行的。然而，当黏性聚合物溶液通过柱被处理时，会出现高的压力降。

在上述的3种方法中，膜分离是分离和浓缩被纯化的蛋白质并同步去除聚合物的最佳方法。

此外，也可以通过电泳或亲和分配与双水相萃取结合的方法来回收或减少PEG的用量。

5. 超临界流体萃取

（1）超临界流体

临界流体是物质介于气体和液体之间的一种特殊的聚集状态。任何物质都有一个所谓的临界温度（T_0），当其气体温度超过临界温度后，不管再施加多大的压力都不能使其变为液体，即临界温度是气体能够液化的最高温度。对任何纯净化合物都存在其固有的临界温度和临界压力，在压力-温度相图上称为临界点。在临界点以上物质处于既非液体也非气体的超临界状态，如图2-10所示。

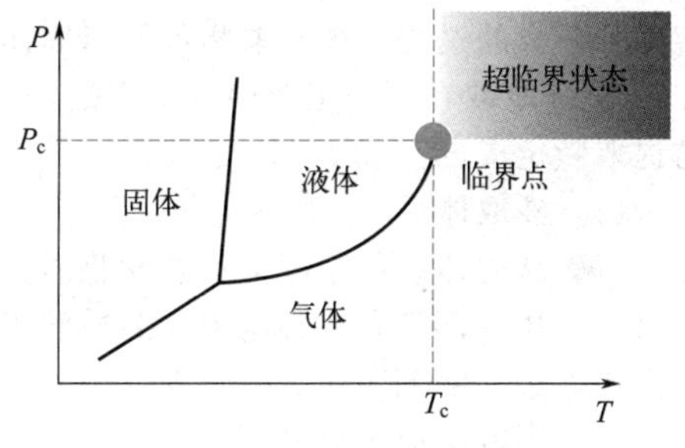

图2-10 压力-温度相图

气体的温度超过其临界温度，压力超过临界压力之后，物质的聚集状态就介于气态和液态之间，成为超临界流体。超临界流体兼有气体和液体的双重特性；流体对溶质的溶解度大大增加，一般可达几个数量级；不仅具有气体扩散能力，还具有渗透能力。两者性质的结合使其具有良好的溶解特性和传质特性，且在临界点附近这种特性对压力和温度的变化非常敏感，表现为温度不变条件下，溶解度随密度（或压力）的增加而增加，而在压力不变时，温度增加情况下，溶解度有可能增加或下降。这些特性决定了超临界流体是一种变化极大的溶剂；超临界状态下，溶解性能极佳；压缩气体状态下，溶解性能则非常差。

超临界流体的这些特殊性质，使其成为良好的分离介质和反应介质，根据这些特性发展起来的超临界流体技术在分离、提取、反应、材料等领域得到了越来越广泛的开拓利用。利用超临界流体的特殊性质，使其在超临界状态下，与待分离的物料接触，萃取出目的产物，然后通过降压或升温的方法，使萃取物得到分离。

（2）常用的超临界流体

用作超临界萃取的溶剂可以分为非极性和极性溶剂两种。如乙醇、甲醇等极性溶剂以及二氧化碳等非极性溶剂。在常用的超临界流体萃取剂中，非极性的二氧化碳应用最为广泛。这主要是由于二氧化碳的临界点较低，特别是临界温度接近常温，并且无毒无味、稳定性高、价格低廉、无残留。

超临界 CO_2 流体萃取（SFE）分离过程的原理是利用超临界流体的溶解能力与其密度的关系，即利用压力和温度对超临界流体溶解能力的影响而进行的。在超临界状态下，将超临界流体与待分离的物质接触，使其有选择性地把极性大小、沸点高低和分子量大小不同的成分依次萃取出来。当然，对应各压力范围所得到的萃取物不可能是单一的，但可以控制条件得到最佳比例的混合成分，然后借助减压、升温的方法使超临界流体变成普通气体，被萃取物质则完全或基本析出，从而达到分离提纯的目的，所以超临界 CO_2 流体萃取过程是由萃取和分离过程组合而成的。

在任何一种场合，纯 CO_2 溶剂的溶解性都是有限的，只有低极限（低氧化）的化合物在一定程度上被溶解，且在许多情况下，超临界流体对复合物，特别是化学结构或分子量非常接近或相似的化合物的提取也是不充分的。长期以来，为改善 CO_2 的性质进行了大量的研究工作，通过添加一种至多种合成溶剂，以期提高溶剂产出量或流体优选性能。添加的一种至多种合成溶剂即为提携剂。

超临界 CO_2 萃取技术的应用：超临界 CO_2 萃取的特点决定了其应用范围十分广泛，如在医药工业中，可用于中草药有效成分的提取、热敏性生物制品的精制及脂质类混合物的分离。具体应用可分为以下几个方面：

① 从药用植物中萃取生物活性分子，生物碱的萃取和分离；

② 可用于不同脂类的分离，将来自不同微生物的脂类进行回收或者去除；

③ 从多种植物中萃取抗癌物质，特别是从红豆杉树皮和枝叶中获得紫杉醇治疗癌症；

④ 维生素，主要是维生素 E 的萃取；

⑤ 对各种活性物质（天然的或合成的）进行提纯，除去不需要分子以获得提纯产品；

⑥ 对各种天然抗菌或抗氧化萃取物的加工，如甘草和茴香籽等。

6. 固体浸取

固体浸取（固-液萃取）是指用溶剂将固体物中的某些可溶组分提取出来，使之与固体的不溶部分分离的过程。被萃取物可能以固体形式存在，也可能以液体形式（如挥发物或植物油）存在。固-液萃取在制药工业中应用广泛，尤其是从中草药等植物中提取有效成分或是从生物细胞内提取特定成分。

（1）浸取体系

溶剂从固体颗粒中浸取可溶性物质，其过程一般包括：溶剂浸润固体颗粒表面，溶剂扩散、渗透到固体内部微孔或细胞内；溶质解吸、溶解进入溶剂；溶质经扩散至固体表面，溶质从固体表面扩散进入溶剂主体。

（2）影响浸取过程的因素

① 固体物料颗粒度的影响。一般情况下，固体物料的颗粒度越小，浸出速率越快，但原料的粉碎并非越细越好。从生物物料中浸提生物物质前，需先对固体原料进行预处理，以缩短固体或细胞内部溶质分子向其表面扩散的距离，使溶剂易进入细胞内部直接溶解溶质，提高浸取速率。工业上常通过物料干燥、压片、粉碎等方法，对固体物料进行预处理。

② 浸取溶剂的影响。浸取溶剂应能高效、快速地从固体中将目的物质浸取出来，同时尽可能将不需要的物质留在固体中。浸取溶剂的选择原则如下：

a. 溶剂对目的药物成分的分配系数 K_D 要大，并且对目的药物成分的选择性要高；

b. 溶剂对目的药物成分的溶解度要大，可以节省溶剂用量；

c. 溶剂与目的药物成分之间应有较大的性质差异，易于从产品中去除，且便于溶剂回收利用；

d. 目的药物成分在溶剂中的扩散系数要大；

e. 价格低廉，黏度小，无腐蚀性，无毒，闪点高，无爆炸性等。

常用的浸取溶剂主要有水、乙醇、丙酮、乙醚、三氯甲烷、乙酸乙酯等。

此外，浸取辅助剂、浸取溶剂的 pH、浸取溶剂用量及浸取次数都会影响浸取的效果。

③ 浸取操作条件的影响

a. 温度。温度升高，常可使固体物料的组织软化、膨胀，促进可溶性有效成分的浸出。但浸取温度升高，会破坏热敏性药物成分，造成挥发性成分的散失，降低收率；同时，温度升高，一些无效成分也容易被浸出，从而影响后序分离及药品质量。

b. 浸出时间。在浸取过程达到平衡前，浸取量与浸取时间成正比，但浸取时间不宜过长。

c. 浸取压力。提高浸取压力可促进浸润过程的进行，缩短浸取时间。常用两种加压方式：一种是密闭升温加压；另一种是通过加压设备加压，但不升温。浸取的操作温度和压力需慎重选择，一般通过实验确定。

（3）浸取方法

浸取方法主要包括浸渍法、煎煮法和渗漉法。

① 浸渍法。常用于制备药酒、酊剂。

浸渍法是一种最常用的浸出方法，适用于黏性药物、无组织结构的药材、新鲜及易于膨胀的药材。浸渍法简便易行，但由于浸出效率差，故对贵重药材和有效成分含量低的药材，或制备浓度较高的制剂时，以采用重浸渍法或渗漉法为宜。

② 煎煮法。适用于有效成分能溶于水，对湿热较稳定的药材。但煎煮法浸出的成分比较复杂，对精制不利；在中医用药方面，对于有效成分尚未搞清的中草药或方剂，通常采用煎煮法。

③ 渗漉法。是向药材粗粉中不断加入浸取溶剂，使其渗过药粉，从下端出口收集流出的浸取液的浸取方法。浸出效果优于浸渍法，提取较完全，且省去了分离浸取液的时间和操作。非组织药材，不宜采用渗漉法。

此外，还有重渗漉法，该法是将浸出液重复用作新药粉的溶剂，多次渗漉法主要是为了提高浸出液的浓度。

四、蒸馏技术

制药生产过程中所遇到的液体物料有许多是两个或两个以上组分的均相液体混合物，有的是粗产品与其他物质或溶剂的混合物，有的是两种溶剂的混合物。工艺上往往要求对粗产品进行纯化或将溶剂回收和提纯，例如石油炼制品的精制、有机合成产品的提纯、溶剂回收和废液排放前的达标处理等，蒸馏是分离均相物系最常用的方法之一，广泛地应用于化工、石油、医药、食品、冶金及环保等领域。

蒸馏操作是将沸点不同、互溶的液体混合物分离成较纯组分的操作过程，属于传质过程，蒸馏操作与蒸发操作不同，进行蒸发的溶液中溶质是不挥发的，蒸发操作属于传热过程。

通常蒸馏操作之所以能够分离互溶的液体混合物，是由于溶液中各组分的沸点不同。组分的沸点之所以有差别，是由于在同一温度下，不同的液体具有不同的饱和蒸气压。蒸气压较大的液体，其沸点较低。沸点低的组分容易汽化，称为易挥发组分或轻组分；而沸点高的组分不易汽化，称为难挥发组分或重组分。因此，蒸馏所得的蒸气冷凝后形成的液体（简称馏出液）中，低沸点的组分增多；而残留的液体（简称残液）中，高沸点的组分增多。这样，通过蒸馏便把液体混合物分离为不同组成的两部分。液体混合物中，各组分的沸点相差越大，越容易进行分离。例如，在容器中将苯和甲苯的混合液加热使之部分汽化，由于苯的挥发性比甲苯强（即苯的沸点比甲苯低），汽化出来的蒸气中苯的浓度必然比原来的液体中的要高。当汽液两相达到平衡后，将蒸气抽出并使之冷凝，则得到的冷凝液中苯的含量比原来溶液高。留下的残液中，甲苯的含量要比原来溶液高。这样混合液就得到初步的分离。

1. 蒸馏分类

蒸馏操作按原料的供给方式不同分为间歇蒸馏和连续蒸馏，前者用于小规模生产，后者用于大规模生产。

按蒸馏方法可分为简单蒸馏、平衡蒸馏（闪蒸）、精馏、特殊精馏等方法。

按操作压强可分为常压蒸馏、加压蒸馏、减压（真空）蒸馏。

按原料中所含组分数目可分为双组分（二元）蒸馏、多组分（多元）蒸馏。双组分蒸馏是蒸馏分离的基础。

2. 蒸馏操作

将待蒸液体通过玻璃漏斗小心地倒入蒸馏瓶中（注意不要使液体从蒸馏头支管流出），如果是含有干燥剂的液体，则应先用扇形滤纸过滤，然后加入助沸物（沸石等），塞好温度计，并检查仪器接口是否严密。见图 2-11。

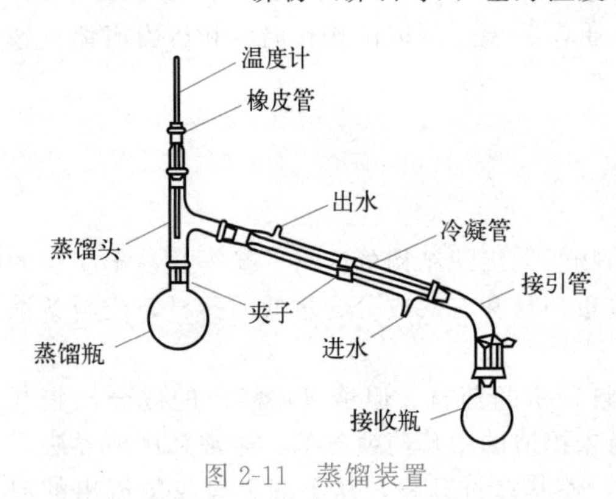

图 2-11　蒸馏装置

助沸物是一些多孔性物质，如素瓷片、沸石，或一端封闭的具有足够长度的毛细管（毛细管开口向下放入圆底烧瓶中，上端位于烧瓶颈部）。当液体加热至沸时，助沸物中的小气泡成为液体分子的汽化中心，使液体平稳沸腾，防止液体由于过热产生“暴沸”冲出瓶外。如果加热前忘记放入助沸物，应将液体冷却至沸点以下再补加。切忌将助沸物加到已受热接近沸腾的液体中，否则会由于突然放出大量蒸气而使液体从蒸馏瓶口喷出，造成损失和危险。如果中途停止加热，重新加热前须加入新的助沸物，因为这时助沸物中已经吸附了冷却的液体，失去了助沸作用。

如果用水冷凝管冷凝，则先通入冷凝水。通入冷凝水的量要适中，太大容易造成跑水事故，太小冷凝效果差。加热时，要注意观察圆底烧瓶中液体的变化。当液体开始沸腾时，可以看到蒸气逐渐上升，温度计读数也略有上升，当蒸气的顶端达到温度计水银球部位时，温度计读数急剧上升，这时应适当调小火焰，使加热速度略为减慢，蒸气顶端停留在原处，让水银球上的蒸气和冷凝的液滴达到平衡，然后再稍稍加大火焰，进行蒸馏。在蒸馏过程中应使水银球上总保持有液滴，此时温度计所指示的温度就是该化合物的沸点。如果蒸气过热，水银球上的液滴就会消失，温度计指示的温度高于化合物的沸点，蒸馏速度加快。但蒸馏速度也不能太慢，否则馏出液的蒸气不能完全包围浸润温度计水银球，使其读数偏低或不规则。所以，加热速度的快慢是蒸馏效果好坏的关键，通常以每秒 1～2 滴为宜。

在达到化合物沸点之前，常有一些低沸点液体蒸出，这部分液体称为“前馏分”或“馏头”。前馏分蒸完，温度计读数上升并趋于稳定，更换接收瓶，记下开始接收该馏分和最后一滴的温度，这就是该馏分的沸程（沸点范围）。一股蒸馏液中或多或少含有一些高沸点杂质，在需要的馏分蒸出后，若继续升高温度，温度计读数就会显著升高，若维持原来的加热温度，温度计读数会突然下降，不会再有馏出液，这时应停止蒸馏。即使瓶中剩余的少量液体仍然是所需的化合物，也不能蒸干。特别是蒸馏硝基化合物及容易产生过氧化物的溶剂时，切忌蒸干，以免发生蒸馏瓶破裂、爆炸等意外事故。蒸馏完毕，应先停止加热，然后停止通水。待仪器冷却后，拆下仪器。拆除仪器的顺序和安装时相反，先取下接收瓶，并注意保护好产品。拆除水冷凝管时，应先将与水龙头连接的橡胶管一端拔下，抬高出水管的橡胶管，将冷凝管中的水放净。

五、色谱分离技术

色谱分离又叫作色谱法、层析法和层离法等，是一种高效且有用的生物分离技术，适用于很多生物物质的分离。色谱系统通常包括 4 个部分：固定相、流动相、泵和在线检测系统。用色谱法分离生物化学物质和生物聚合物时，涉及许多不同的物理、化学和生物反应。从多数生物产品纯化工艺来讲，色谱分离是产品包装前的最后纯化工序，也就是说，在用色谱纯化之前需要经过其他方法进行提取和初步纯化。与一般分离技术相比，色谱分离的规模是相当小的。根据分离时一次进样量的多少，色谱分离的规模可分为色谱分析规模（小于 10mg）、半制备（10～50mg）、制备（0.1～1g）和工业生产（大于 20g/d）。从数量上看，色谱分离的规模似乎很小，但从基因工程产品的销售价格来说，其产值是相当高的。例如，合格干扰素的销售价格为 1 万元/毫克，只要采用半制备规模，即可使年产值达 1 亿元以上。近几十年来，色谱技术的发展非常迅速，已成为生物大分子分离和纯化技术中极重要的组成部分。如今，以色谱技术分离纯化的产品种类越来越多，其中包括胰岛素、干扰素、疫苗、抗凝血因子、生长激素等。

1. 色谱技术的发展史

虽然 19 世纪就有人在滤纸和吸附剂上分离无机离子和石油烃类化合物，但直到 1903～1906 年，俄国植物学家 Tsweet 提出应用吸附原理分离植物色素，才发现色谱法是一个大有可为的分离技术。

20 世纪 40 年代出现了纸色谱，20 世纪 50 年代产生了薄层色谱，但色谱学产生的标志是气相色谱的出现。1952 年，马丁和詹姆斯首次用气体作流动相，配合微量酸碱滴定发明了气相色谱，给挥发性化合物的分离测定带来了划时代的变革。由于对现代色谱法的形成和发展所做的重大贡献，马丁和辛格被授予 1952 年诺贝尔化学奖

从色谱学领域全局来看，20 世纪 50～60 年代是以气相色谱为代表的大发展时期；20 世纪 70 年代进入高效液相色谱为代表的现代色谱时期。1975 年，离子色谱的出现和各种金属螯合物色谱的迅速发展，改变了现代色谱的面貌。现代色谱技术应用先进的仪器设备使分离纯化的效率越来越高。新型色谱介质层出不穷，新的流出液成分检测技术以及流程监控技术也不断出现，各种新技术及新材料的应用，大大提高了生物分离的效率。

2. 色谱技术的基本原理

色谱分离是一种物理的分离方法，利用多组分混合物中各组分物理化学性质的差别，使各组分以不同的程度分布在两个相中。其中一相是固定相，通常为表面积很大的或多孔性固体；另一相是流动相，是液体或气体。当流动相流过固定相时，由于物质在两相间的分配情况不同，经过多次差别分配而达到分离，或者说，易于分配于固定相中的物质移动速度慢、易于分配于流动相中的物质移动速度快，因而逐步分离。

3. 色谱分离的特点

(1) 分离效率高

色谱分离的效率是所有分离纯化技术中最高的。这种高效的分离尤其适合极复杂混合物的分离。通常使用的色谱柱长有几厘米到几十厘米。

(2) 应用范围广

从极性到非极性、离子型到非离子型、小分子到大分子、无机到有机及生物活性物质以及热稳定到热不稳定的化合物，都可用色谱法分离。尤其是对生物大分子的分离，色谱技术是其他方法无法取代的。

(3) 选择性强

色谱分离可变参数之多也是其他分离技术无法相比的，因而具有很强的选择性。在色谱分离中，既可选择不同的色谱分离方法，也可选择不同的固定相和流动相状态，还可选择不同的操作条件等，从而能够提供更多的方法进行目的产物的分离与纯化。

(4) 设备简单，操作方便

设备简单，操作方便，且不含反应强烈的操作条件，因而不容易使物质变性，特别适用于稳定的大分子有机化合物。

缺点：处理量小、操作周期长、不能连续操作，因此主要用于实验室，工业生产上应用较少。

4. 色谱系统的组成

色谱系统组成一般包括固定相、流动相和样品 3 个部分，固定相和流动相是影响色谱效果的最主要的因素。

(1) 固定相

固定相是色谱的一个载体。它可以是固体物质，如吸附剂、凝胶、离子交换剂等，也可以是液体物质，如固定在硅胶或纤维素上的溶液，这些载体能与待分离的化合物进行可逆的吸附、溶解、交换等作用。固定相对色谱的效果起着关键的作用。

(2) 流动相

在色谱分离过程中，推动固定相上待分离的物质朝着一个方向移动的液体、气体或超临界流体等，都称为流动相。流动相在不同色谱技术中也不同，在柱色谱中一般称为洗脱剂，在薄层色谱中称为展开剂。

5. 色谱系统的分类

色谱的分类方法很多，通常可以根据固定相载体的形式、流动相的形式和分离的原理不同进行分类。

(1) 根据固定相载体的形式分类

色谱可以分为纸色谱、薄层色谱和柱色谱。纸色谱是指以滤纸作为固定相载体的色谱，主要用来分离、鉴别、测定中药中复杂的有效成分，而且可以用于少量成分的提取精制。薄层色谱是将载体在玻璃或塑料等光滑表面铺成一薄层，在薄层上进行色谱，能进行分析鉴定和少量制备，配合薄层扫描仪，可以同时做到定性定量分析。柱色谱则是将载体填装在管中形成柱形，在柱中进行色谱。纸色谱和薄层色谱主要适用于小分子物质的快速检测分析和少量分离制备，通常为一次性使用；而柱色谱是常用的色谱形式，适用于样品的分析、分离。生物化学中常用的凝胶色谱、离子交换色谱、亲和色谱、高效液相色谱等通常都采用柱色谱形式。

(2) 根据流动相的形式分类

色谱可以分为液相色谱和气相色谱。气相色谱是指流动相为气体的色谱，而液相色谱指流动相为液体的色谱。气相色谱测定样品时需要气化，大大限制了其在生化领域的应用，主要用于氨基酸、核酸、糖类、脂肪酸等小分子的分析鉴定；而液相色谱是生物领域最常用的色谱形式，适用于生物样品的分析、分离。

(3) 根据分离的原理不同分类

色谱可以分为吸附色谱、分配色谱、凝胶过滤色谱、离子交换色谱、亲和色谱等。吸附色谱是以吸附剂为固定相，根据待分离物与吸附剂之间吸附力不同而达到分离目的的一种色谱技术。分配色谱是根据在一个有两相同时存在的溶剂系统中，不同物质的分配系数不同而达到分离目的的一种色谱技术。凝胶过滤色谱是以具有网状结构的凝胶颗粒作为固定相，根据物质的分子大小进行分离的一种色谱技术。离子交换色谱是以离子交换剂为固定相，根据物质的带电性质不同而进行分离的一种色谱技术。亲和色谱是根据生物大分子和配体之间的特异性亲和力（如酶和抑制剂、抗体和抗原、激素和受体等），将某种配体连接在载体上作为固定相，而对能与配体特异性结合的生物大分子进行分离的一种色谱技术。亲和色谱是分离生物大分子最为有效的色谱技术，具有很高的分辨率。

6. 柱色谱的基本操作

柱色谱是将固定相装在色谱柱中，使样品朝着一个方向移动，通过各组分随流动相流动而得到分离的方法，是目前最常用的色谱类型（见图 2-12）。

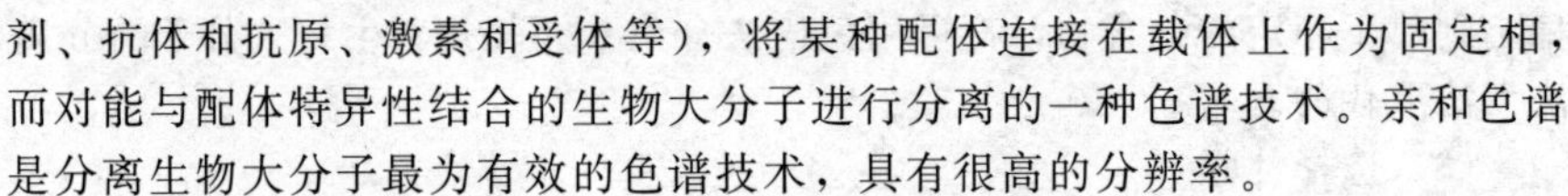

图 2-12 柱色谱装置

六、干燥技术

干燥是指利用热能或其他方式除去湿物料中所含水分，获得干燥物品的操作，是一个传热传质过程，湿组分发生相变。如采用加热、降温、减压或其他能量传递的方法使物料中的水分产生挥发、冷凝、升华等相变过程，达到物料去湿的目的。随着科技的发展，新技术也被纳入干燥技术的范畴，如分子筛、超临界流体萃取等。

药品由于性质与用途的特殊性，干燥过程中需要注意以下问题：一是由于药品大多属于热敏性物质，所以干燥时一定要控制操作时间及温度，在最短的时间内完成干燥操作；二是为防止药品受到微生物的污染，要注意干燥时的卫生环境；三是注意药品浓缩的程度，可以提高干燥的效率。

干燥的目的：①获取干制品；②防止霉烂变质；③减少体积和质量；④便于贮存、加工、运输和使用。

1. 物料中所含水分的种类

根据物料中水分的存在形式，物料中的水分可分为以下两种。

① 结合水。指存在于物料细胞内和细小毛细管中的水，以及固体物料中的结晶水。在有机固体物质上，主要是依靠氢键与蛋白质的极性基团（羧基和氨基）相结合形成水胶体。

利用化学力和氢键与物料相结合的水，由于结合力比较强，其蒸气压较同温度时水的蒸气压低，故除去结合水分比较难。

② 非结合水。存在于物料表面及物料孔隙中和粗大毛细管中的水分，如物料表面吸附的水分。

物料中非结合水与物料结合力比较弱，其产生的蒸气压等于同温度水的蒸气压，此种水分易于除去。

根据物料中的水分是否能用干燥的方法去除，物料中的水分可分为以下两种。

① 平衡水。一定相对湿度和温度的不饱和湿空气中，物料中的水分在达到平衡状态时，物料所含的水分称为该温湿度条件下物料的平衡水。

② 自由水。物料中能够被除去的那部分水分，就是超出平衡水分的那部分水分。

物料中的水分包括平衡水与自由水或结合水与非结合水。其中结合水是由平衡水和部分自由水组成，因此结合水不只是平衡水，而平衡水一定是结合水，平衡水是物料中的水分与空气湿度达到平衡状态时的水分，干燥过程不能除去。自由水是由非结合水和部分结合水组成，因此自由水不全部是非结合水；非结合水只是自由水而不包括平衡水；当物料中的水分与空气湿度达到平衡状态时，再延长干燥时间也不能进一步除去水分。

2. 影响干燥速度的因素

物料在干燥过程中有许多因素制约着物料的干燥速度，主要有以下几个方面。

① 被干燥物料的性质。湿物料的结构、形态、水分与物料的结合方式会影响水分在物料内部的扩散速度。一般物料呈颗粒状、堆积薄者较粉末状、膏状、堆积厚者干燥速度快。

物料中的非结合水干燥速度快于结合水。

② 干燥介质的状态。适当提高空气的温度和流速、降低其相对湿度，会加快蒸发速度，有利于干燥。但应注意药品对温度的要求比较高，实际操作中应注意产品的温度要求。

③ 干燥速度与干燥方法。干燥速度过快，物料表面易形成假干燥现象，不利于物料内部水分的扩散与蒸发。采用动态干燥方法可增加物料与干燥介质的接触面，有利于提高干燥效率。

④ 压力。在密闭的干燥箱中减压，可改善蒸发，提高干燥效率。

3. 干燥方法的分类

干燥过程可以按操作压力、操作方式和热量传递的方式三种方法进行分类。

① 按操作压力可分为常压干燥和真空干燥。

② 按操作方式可分为连续式干燥和间歇式干燥。

③ 按热量传递的方式，干燥可分为以下 4 种。

a. 传导干燥。又称接触干燥，或间接加热干燥，其载热体通常为加热蒸汽，将加热蒸汽以传导的方式通过金属壁传给湿物料，使湿物料中的水分汽化。传导干燥中的热能利用程度极高，使物料易被加热而变质。

b. 对流干燥。又称为直接加热干燥，其载热体直接与湿物料接触，热能以对流方式传递给物料，产生蒸汽被干燥介质带走。热空气既是载热体，又是载湿体。

c. 辐射干燥。热能以电磁波的形式由辐射器发射到湿物料表面，被物料吸收转化为热能，将水分汽化而达到干燥的目的。

d. 介电加热干燥。将需要干燥的物料放在高频电场内，利用高频电场的交变作用，将湿物料加热，使物料中的水分加热、湿粉汽化而达到干燥的目的。

自测习题

一、单选题

1. 比较下列物质的反应活性，正确的是（　　）。

A. 酰氯＞酸酐＞羧酸　　B. 羧酸＞酰氯＞酸酐

C. 酸酐＞酰氯＞羧酸　　D. 酰氯＞羧酸＞酸酐

2. 下列酰化剂在进行酰化反应时，活性最强的是（　　）。

A. 羧酸　　B. 酰氯　　C. 酸酐　　D. 酯

3. 用于制备解热镇痛药阿司匹林的主要原料是（　　）。

A. 水杨酸　　B. 碳酸　　C. 苦味酸　　D. 安息香酸

4. 水杨酸与（　　）反应可制得阿司匹林。

A. 乙酸钠　　B. 乙酸酐　　C. 乙酸　　D. 乙醇

5. 下列不属于酰化剂的是（　　）。

A. 羧酸　　B. 醛　　C. 酯　　D. 酰胺

6. 加氢反应催化剂的活性组分是（　　）。

A. 单质金属　　B. 金属氧化物　　C. 金属硫化物　　D. 都不是

7. 混酸是（　　）的混合物。

A. 硝酸、硫酸　　B. 硝酸、醋酸　　C. 硫酸、磷酸　　D. 醋酸、硫酸

8. 化学氧化法的优点是（　　）。

A. 反应条件温和　　B. 反应易控制　　C. 操作简便　　D. 以上都对

9. 下列化学试剂不属于氧化剂的是（　　）。

A. 乙醇　　B. 高锰酸钾　　C. 异丙醇铝　　D. 过氧化氢

10. 雌激素己烷雌酚可采用下列哪种方法来进行设计合成？（　　）

A. 追溯求源法　　B. 类型反应法　　C. 分子对称法　　D. 模拟类推法

11. 盐酸黄连素由八步工艺路线参照巴马汀的合成设计为三步合成路线属于下列哪种设计方法？（　　）

A. 追溯求源法　　B. 分子对称法　　C. 文献归纳法　　D. 模拟类推法

12. 化学制药行业主要应用的操作形式是（　　）。

A. 间歇操作　　B. 连续操作

C. 半间歇操作　　D. 间歇与半间歇操作

13. 关于理想的药物合成路线的特点，说法不正确的是（　　）。

A. 化学合成路线短，三废少　　B. 原材料品种少，中间体易纯化

C. 收率不高，成本高　　D. 设备要求不苛刻，操作简便

14. 以下哪个不是合成路线选择的依据？（　　）

A. 厂址的选择　　B. 原辅材料的来源

C. 反应条件和操作方法　　D. 单元反应的次序安排

15. 下列关于可逆反应的说法，表述错误的是（　　）。

A. 正反应速率随时间逐渐减小

B. 逆反应速率随时间逐渐减小

C. 增加反应物的浓度正反应速率增加

D. 正逆反应速率相等时反应物与生成物的浓度不再变化

16. 关于温度对化学平衡的影响，说法正确的是（　　）。
A. 对于吸热反应温度的升高有利于产物的生成
B. 对于吸热反应温度降低有利于产物的生成
C. 对于放热反应温度升高有利于产物的生成
D. 对于放热反应温度降低不利于产物的生成
17. 关于催化剂说法正确的是（　　）。
A. 催化剂能改变化学平衡
B. 催化剂能加速热力学上无法进行的反应
C. 催化剂能改变化学反应速率
D. 催化剂对反应无选择性
18. 影响催化剂活性的主要因素不包括（　　）。
A. 温度　　B. 助催化剂
C. 载体和催化毒物　　D. 时间
19. 工业生产对催化剂的要求是（　　）。
A. 活性不高　　B. 选择性好　　C. 寿命短　　D. 稳定性差
20. 制药行业是一个特殊行业，下列哪个不是它的特殊性？（　　）
A. 药品质量要求特别严格　　B. 生产过程要求高
C. 品种多，更新快　　D. 具有时效性
21. 对于有明显类型结果特点及功能基特点的化合物，常采用（　　）。
A. 追溯求源法　　B. 分子对称法　　C. 类型反应法　　D. 文献归纳法
22. 合成路线的改造途径不包括（　　）。
A. 修改合成路线、延长反应步骤
B. 选用更好的反应原辅料和工艺条件
C. 新反应、新技术的应用
D. 改进操作技术、减少生成物在处理过程中的损失
23. 在重结晶溶剂的选择原则中，不正确的是（　　）。
A. 溶剂必须是活泼的
B. 溶剂的沸点不能高于被重结晶物质的熔点
C. 杂质的溶解度或是很大或是很小
D. 溶剂必须容易和重结晶物质分离

二、判断题（√或×）

1. 由于 $KMnO_4$ 具有很强的氧化性，所以 $KMnO_4$ 法只能用于测定还原性物质。（　　）
2. 氧化反应包括空气催化氧化、化学氧化及电解氧化三种类型。（　　）
3. 物质的沸点越高，危险性越低。（　　）
4. 烧碱的化学名称为氢氧化钠，而纯碱的化学名称为碳酸钠。（　　）
5. 当溶液中氢氧根离子大于氢离子浓度时，溶液呈碱性。（　　）
6. 制备乙酰水杨酸，用乙酸与水杨酸反应，比用乙酰氯与水杨酸反应快。（　　）
7. 所有的酰基化反应的机制都是相似的。（　　）

三、简答题

1. 合成路线设计的基本方法主要有哪几种？各有哪些优缺点？
2. 合成路线的选择依据有哪些？
3. 化学制药合成过程中的影响因素有哪些？应如何控制这些影响因素？
4. 重结晶溶剂的选择方法有哪些？
5. 反应温度对反应的主要影响是什么？

实训项目

实训项目 1　常见回流反应装置的搭建

常见回流反应装置的搭建

一、实训目的

1. 熟悉常见回流反应装置使用的仪器。
2. 掌握常见回流反应装置搭建过程。

二、实训原理

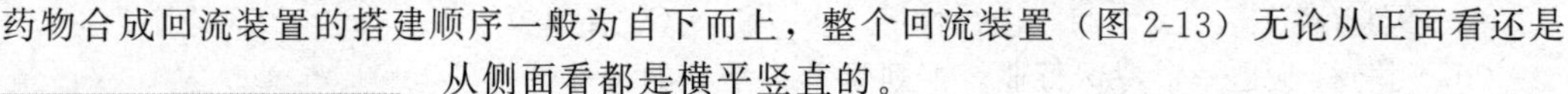

药物合成回流装置的搭建顺序一般为自下而上，整个回流装置（图 2-13）无论从正面看还是从侧面看都是横平竖直的。

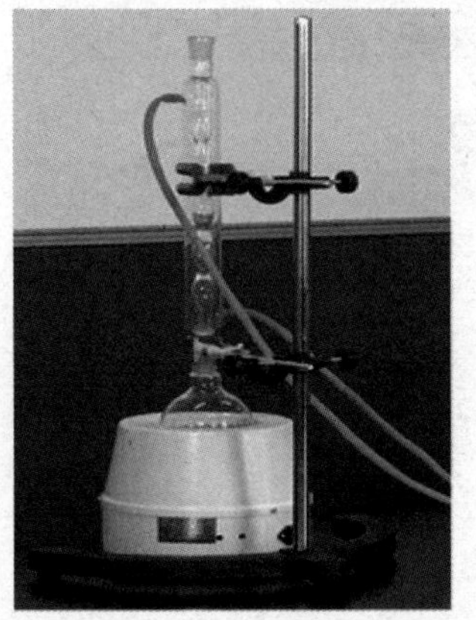
图 2-13　回流装置

三、主要仪器

铁架台、升降台、调温电热套、对顶丝、万能夹、圆底烧瓶、球形冷凝管、胶管。

四、搭建过程

1. 安放铁架台、升降台。
2. 在升降台上放置调温电热套。
3. 在铁架台上固定对顶丝、万能夹，并调整圆底烧瓶瓶底与调温电热套之间的距离，不能紧挨。用万能夹固定圆底烧瓶。
4. 球形冷凝管的上口与下口分别连上胶管。
5. 将冷凝管穿入万能夹开口，使万能夹固定在球形冷凝管的中部，旋紧万能夹。
6. 球形冷凝管下口所连胶管连接到自来水水龙头；冷凝管上口所连胶管放在水池里。

五、注意事项

1. 球形冷凝管，水流进出方向一定注意，下口进、上口出。
2. 原则是先安装反应装置、后加药品进行实验，等操作熟练后也可以先加药品，然后快速地连接其他仪器进行实验。
3. 回流操作一般需加入几粒沸石，防止爆沸。

实训项目 2　常压蒸馏装置的搭建

常压蒸馏装置的搭建

一、实训目的

1. 熟悉常压蒸馏装置使用的仪器。
2. 掌握常压蒸馏装置搭建过程。

二、实训原理

常压蒸馏装置（图 2-14）搭建的顺序为：自下而上，从左向右。整个装置仪器的轴线应在一个平面上，且此平面应与实验台桌边平行。

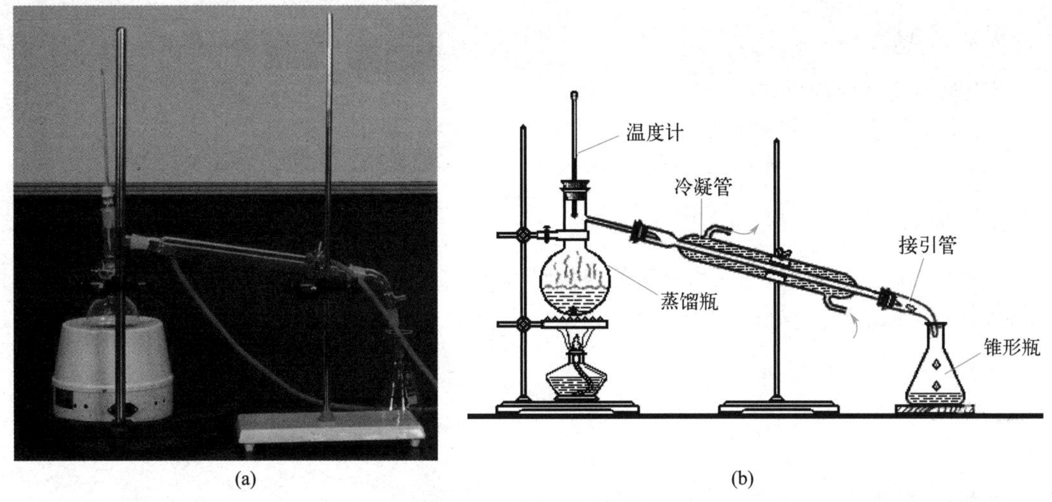

图 2-14　常压蒸馏装置

三、主要仪器

铁架台、升降台、调温电热套、对顶丝、万能夹、蒸馏头、温度计、圆底烧瓶、直形冷凝管、接引管、锥形瓶、胶管。

四、搭建过程

1. 安放铁架台、升降台。

2. 在升降台上放置调温电热套。

3. 在铁架台上固定对顶丝、万能夹，并调整圆底烧瓶瓶底与调温电热套之间的距离，不能紧挨。用万能夹固定圆底烧瓶。

4. 将蒸馏头安装到圆底烧瓶上。

5. 直形冷凝管的上口与下口分别连上胶管。

6. 将冷凝管穿入万能夹开口中，并与蒸馏头连接好，再适当移动铁架台，使万能夹能够固定在直形冷凝管的中部，同时调节万能夹的位置使直形冷凝管上高下低，倾斜角度合适，然后旋紧万能夹。

7. 在蒸馏头上放置温度计，并调整温度计的高度，使温度计水银球的上缘与蒸馏头支管的下接口齐平。

8. 直形冷凝管下口所连胶管连接到自来水水龙头；冷凝管上口所连胶管放在水池里。

9. 直形冷凝管另一端连接接引管，在接引管下方放置锥形瓶。

五、注意事项

1. 温度计要垂直、端正，温度计水银球的上缘应与蒸馏头支管的下接口齐平。

2. 安装时要求按照从下到上、从左到右的顺序。

3. 直形冷凝管上高下低，进水端要低，流出端要高，倾斜角度要合适。

4. 蒸馏操作一般需加入几粒沸石，防止爆沸。

实训项目3　阿司匹林的制备与精制

一、实训目的

1. 熟悉酯化反应的原理。
2. 掌握酯化反应基本操作技术。
3. 掌握重结晶基本操作技术。

二、实训原理

水杨酸（邻羟基苯甲酸）在浓硫酸的催化作用下与醋酸酐（乙酸酐）发生酯化反应，得到阿司匹林（乙酰水杨酸），反应式如下。

$$\underset{\text{(OH, COOH)}}{\text{C}_6\text{H}_4} + (CH_3CO)_2O \xrightarrow{\text{浓硫酸}} \underset{\text{(OCOCH}_3\text{, COOH)}}{\text{C}_6\text{H}_4} + CH_3COOH$$

三、主要试剂用量及规格

步骤	试剂名称	规格	用量
酯化	水杨酸	化学纯	30g
	醋酸酐	化学纯	42ml
	浓硫酸	化学纯	15 滴
精制（重结晶）	乙醇	化学纯	30ml

四、操作过程

真空抽滤操作

1. 酯化操作

在干燥的装有搅拌、温度计和球形冷凝器的 250ml 三口烧瓶中，依次加入水杨酸 30g、醋酸酐 42ml，开动搅拌，加浓硫酸 15 滴。打开冷却水，逐渐加热到 70℃，在 70～75℃反应半小时。取样测定，反应完成后，停止搅拌，然后将反应液倾入盛有 300ml 蒸馏水的烧杯中，冰水浴缓缓搅拌，直至阿司匹林全部析出，抽滤，用 20ml×2 的水洗涤、抽干，即得湿的粗品。

2. 精制（重结晶）

将上步所得的粗品加入装有搅拌、温度计和球形冷凝器的 250ml 三口烧瓶中，按质量体积比 1∶1 加入乙醇，微热溶解，在搅拌下按乙醇∶水体积比为 1∶3 加入蒸馏水，按 5%质量比加活性炭脱色，脱色 5～10 分钟。趁热抽滤，搅拌下滤液自然冷至室温，冰浴下搅拌 10 分钟。抽滤，用 15ml×2 冷水洗涤，得白色结晶阿司匹林，置红外烘箱内干燥（干燥温度以不超过 60℃为宜），熔点 135～138℃，称重并计算收率。

五、注意事项

1. 本实验所用的仪器、量具必须干燥无水。

2. 反应终点判定方法：取一滴反应液放在表面皿上，滴加三氯化铁试液一滴，不应呈现深紫色而应显轻微的淡紫色或近无色。

六、思考与讨论

1. 本实验所用的仪器、量具为何必须干燥无水？反应液可否直接接触铁器？为什么？
2. 本反应中加入少量浓硫酸的目的是什么？不加是否可以？可否用其他酸替代？
3. 本反应是什么类型的反应？可能发生哪些副反应？产生哪些副产物？
4. 阿司匹林在水、乙醇中的溶解度怎样？为什么可以选用乙醇-水为溶剂进行精制？
5. 活性炭脱色后为何要进行热抽滤？常温抽滤是否可行？

实训项目4　对乙酰氨基酚的制备与定性鉴别

一、实训目的

1. 掌握还原反应、选择性酰化的原理、影响因素。
2. 掌握铁粉还原、酰化、终点判定的操作技术。
3. 能进行重结晶、热抽滤、真空抽滤等后处理操作技术。

二、实训原理

对乙酰氨基酚（Acetaminophen）是乙酰苯胺类解热镇痛药。其合成方法以对硝基苯酚为原料，在酸性介质中用铁粉还原，生成对氨基苯酚，对氨基苯酚进行选择性 *N*-酰化得产品对乙酰氨基酚。工业上常用醋酸为酰化剂回流反应，并蒸出少量的水，促进反应的进行；在实验室，可用醋酐为酰化剂，但为了避免 *O*-酰化的副反应发生，需控制反应条件。反应式如下：

$$4HO-C_6H_4-NO_2 + 9Fe + 4H_2O \xrightarrow{HCl} 4HO-C_6H_4-NH_2 + 3Fe_3O_4$$

$$HO-C_6H_4-NH_2 + Ac_2O \longrightarrow HO-C_6H_4-NHAc + AcOH$$

三、主要试剂用量及规格

步骤	试剂名称	规格	用量
还原	对硝基苯酚	化学纯	83.4g
	铁粉	还原用铁粉	110g
	盐酸	30%以上	11ml
	碳酸钠	化学纯	约6g
	亚硫酸氢钠	化学纯	约6g
酰化	对氨基苯酚	自制	10.6g
	醋酐	化学纯	12ml
	亚硫酸氢钠	化学纯	适量
定性鉴别	三氯化铁	化学纯	少量
	β-萘酚	化学纯	少量
	亚硝酸钠	化学纯	少量

四、操作过程

1. 还原

在1000ml烧杯中放置200ml水，于石棉网上加热至60℃以上，加入约1/2量的铁粉和11ml

盐酸，继续加热搅拌，慢慢升温制备氯化亚铁约 5 分钟。此时温度已在 95℃以上，撤去热源，将烧杯从石棉网上取下，立即加入大约 1/3 量的对硝基苯酚，用玻璃棒充分搅拌，反应放出大量的热，使反应液剧烈沸腾，此时温度已自行上升到 102～103℃，将温度计取出。如果反应激烈，可能发生冲料时，应立即加入少量预先准备好的冷水，以控制反应避免冲料，但反应必须保持在沸腾状态。

继续不断搅拌，待反应缓和后，用玻璃棒蘸取反应液点在滤纸上，观察黄圈颜色的深浅，确定反应程度，等黄色褪去后再继续分次加料。将剩余的对硝基苯酚分三次加入，根据反应程度，随时补加剩余的铁粉。如果黄圈没褪，不要再加对硝基苯酚；如果黄圈迟迟不褪，则应补加铁粉。

当对硝基苯酚全部加完试验已无黄圈时（从开始加对硝基苯酚到全部加完并使黄色褪去的全部过程，以控制在 15～20 分钟内完成较好），再煮沸搅拌 5 分钟。然后向反应液中慢慢加入粉末状的碳酸钠 6g 左右，调节 pH6～7，此时不要加入得太快，防止冲料。中和完毕，加入沸水，使反应液总体积达到 1000ml 左右，并加热至沸。将 5g 亚硫酸氢钠放入抽滤瓶中，趁热抽滤。滤液冷却析出结晶，抽滤。将母液和铁泥都转移至烧杯中，加入 2～3g 亚硫酸氢钠，加热煮沸，再趁热抽滤（滤瓶中预先加入 2～3g 亚硫酸氢钠），滤液冷却，待结晶析出完全后抽滤。合并两次所得结晶，用 1%亚硫酸氢钠液洗涤。置真空干燥箱干燥，即得对氨基苯酚粗品，约 50g。

每克粗品用水 15ml，加入适量（每 100ml 水加 1g）的亚硫酸氢钠，加热溶解。稍冷后加入适量（约为粗品量的 5%～10%）的活性炭，加热脱色 5 分钟，趁热抽滤（滤瓶中放入与脱色时等量的亚硫酸氢钠），冷却析晶，抽滤，用 1%亚硫酸氢钠溶液洗涤两次。干燥，熔点 183～184℃（分解）。

2. 酰化

在安装好电动搅拌器、温度计的 250ml 三口圆底烧瓶中加入对氨基苯酚 10.6g 及水 30ml，开启搅拌，再加入 12ml 醋酐，恒温水浴锅水浴加热 80℃，维持此温度并继续搅拌 30 分钟，冷却，待结晶析出完全后抽滤，滤饼用水洗 2～3 次，使无酸味。干燥，得白色结晶性的对乙酰氨基酚粗品 10～12g。

托盘天平的使用

每克粗品用 5ml 水加热溶解，稍冷后加入 1%～2%的活性炭，煮沸 5～10 分钟。趁热抽滤，预先在抽滤瓶中加入少量亚硫酸氢钠。滤液冷却析晶，抽滤，用少量 0.5%亚硫酸氢钠溶液洗两次，得白色结晶对乙酰氨基酚。干燥得精品约 8g。熔点 168～170℃，称重并计算收率。

3. 定性鉴别

（1）取本品 10mg，加 1ml 蒸馏水溶解，加入 $FeCl_3$ 试剂，溶液即显蓝紫色。

（2）取本品 0.1g，加稀盐酸 5ml，置水浴中加热 40 分钟，放冷，取此溶液 0.5ml，滴加亚硝酸钠 5 滴，摇匀。用 3ml 水稀释，加碱性 β-萘酚试剂 2ml，振摇，溶液即显红色。

五、注意事项

1. 进行还原反应，反应温度达 102～103℃。加水量要适宜。加水量尽量要少，只要控制不冲料即可；如水量加多，反应液不能自行沸腾，需继续加热至沸腾。

2. 铁粉还原判定反应终点时，黄色褪去，只能说明没有对硝基苯酚，并不说明还原已经完全，还应继续反应 5 分钟。

3. 酰化过程有水存在，醋酐可以选择性酰化氨基而不与酚羟基作用。酰化剂醋酐虽然较贵，但操作方便，产品质量好。若用醋酸反应时间长，操作麻烦，少量做时很难控制氧化副反应，产品质量差。

4. 活性炭脱色后常温抽滤是否可行？为何要进行热抽滤？

六、思考与讨论

1. 对氨基苯酚遇冷易结晶，在制备过程中，需要多次过滤，在每次过滤时，为了减少产品的损失，应对漏斗如何处理？

2. 在还原过程中，为什么用黄圈颜色来判断反应进行的程度？

3. 在还原过程中，既要保持沸腾状态，又要防止反应液溢出，应如何操作？为什么需控制反应在较短的时间内完成？如果时间过长，会出现什么副反应？

4. 实验过程中，多处加入试剂亚硫酸氢钠，加入该试剂的作用是什么？

实训项目 5　乙酰苯胺的制备

一、实训目的

1. 熟悉氨基酰化反应的原理。
2. 掌握乙酰苯胺的制备方法。
3. 掌握分馏装置的安装与操作技术。
4. 掌握重结晶、热抽滤、真空抽滤等操作技术。

二、实验原理

苯胺的乙酰化试剂有乙酰氯、乙酸酐和乙酸（冰醋酸）等，其中苯胺与乙酰氯反应最激烈，乙酸酐次之，乙酸最慢。但乙酸价格便宜，操作方便，故在工业上广泛采用，因此本实验也采用乙酸作为酰化剂，在加入锌粉条件下，与苯胺发生酰化反应制得乙酰苯胺。生成的乙酰苯胺粗品用活性炭脱色、热抽滤、重结晶进行提纯。

$$C_6H_5NH_2 + CH_3COOH \rightleftharpoons C_6H_5NHCOCH_3 + H_2O$$

乙酸与苯胺的反应速率较慢，且反应是可逆的，为了提高乙酰苯胺的产率，一般采用乙酸过量的方法，同时利用分馏柱将反应中生成的水从平衡中移去。乙酰苯胺在水中的溶解度随温度的变化差异较大（20℃，0.46g；100℃，5.5g），因此生成的乙酰苯胺粗品可以用水重结晶进行纯化。其制备装置见图 2-15。

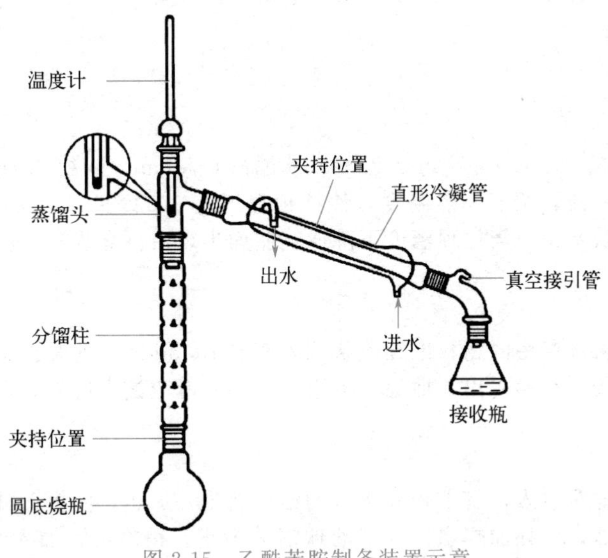

图 2-15　乙酰苯胺制备装置示意

三、主要试剂用量及规格

步骤	试剂名称	规格	用量
酰化	苯胺 乙酸 锌粉	化学纯 化学纯 化学纯	5ml 7.5ml 0.1g
结晶抽滤	蒸馏水	自制	适量
重结晶	活性炭	化学纯	适量

四、实训流程

乙酰苯胺制备实训流程见图 2-16。

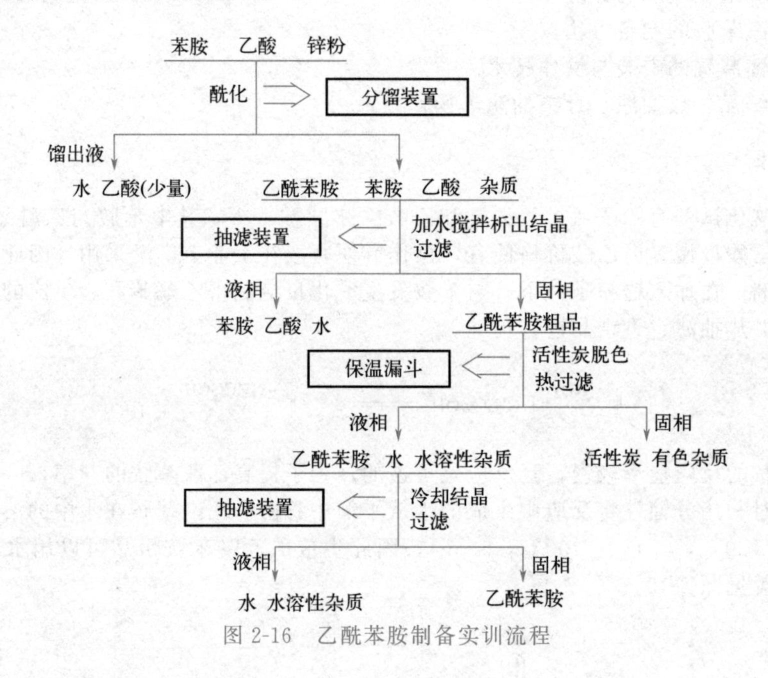

图 2-16 乙酰苯胺制备实训流程

五、操作过程

1. 酰化

在 100ml 圆底烧瓶中加入苯胺 5ml、乙酸（冰醋酸）7.5ml、锌粉 0.1g，电热套加热，使反应溶液在微沸状态下回流，调节加热温度，使柱顶温度在 105℃左右，反应 60～80 分钟。反应生成的水及少量乙酸被蒸出，当柱顶温度下降或烧瓶内出现白色雾状时，反应已基本完成，停止加热。

2. 结晶抽滤

在搅拌下，趁热将烧瓶中的物料以细流状倒入盛有 100ml 冰水的烧杯中，剧烈搅拌，并冷却烧杯至室温，粗乙酰苯胺结晶析出，抽滤。再用 5～10ml 冷蒸馏水洗涤，再抽干，得到乙酰苯胺粗品。

3. 重结晶

将此粗乙酰苯胺滤饼放入盛有 150ml 热水的锥形瓶中，加热，使粗乙酰苯胺溶解。若溶液沸腾时仍有未溶解的油珠，应补加热水，直至油珠消失为止。稍冷后，加入约 0.2g 活性炭，在搅拌下加热煮沸1～2分钟，趁热用保温漏斗过滤或用预先加热好的布氏漏斗真空抽滤，将滤液倒至烧杯慢慢冷至室温，待结晶完全后抽滤，得乙酰苯胺（无色有光泽的片状晶体或粉末）。产品放在干净的表面皿中晾干，称重。计算产率。

六、注意事项

1. 苯胺有毒，不要吸入其蒸气或使其接触皮肤。

2. 锌粉的作用是防止苯胺被氧化，但不能加太多，否则在后处理中会出现不溶于水的氢氧化锌。

3. 反应中必须注意分馏柱的保温，以使反应温度控制在预定范围内。

4. 脱色时，使溶液稍冷后再加入活性炭。

5. 热抽滤后抽滤瓶中的滤液趁热在搅拌下倒入盛有冷蒸馏水的烧杯中，防止滤液冷却后析晶粘在抽滤瓶壁上。

七、思考与讨论

1. 反应温度为何要控制在105℃？温度过高或过低有什么不好？

2. 根据理论计算，反应完成时应产生多少毫升水？为何实际收集的液体比理论量多？

3. 采取什么措施可以提高乙酰苯胺的产量？

4. 重结晶为何要加入活性炭？为什么要稍冷后加入活性炭？

实训项目6 柠檬酸钠的制备与溶剂回收

柠檬酸钠又称枸橼酸钠，是工业上重要的有机盐产品，外观为白色或无色晶体。柠檬酸钠在医药工业中用作抗凝血剂、化痰药和利尿药；在食品、饮料工业中用作酸度调节剂、风味剂、稳定剂；在洗涤剂工业中，可替代三聚磷酸钠作为无毒洗涤剂的助剂。

一、实训目的

1. 熟悉柠檬酸转变为柠檬酸钠的工艺原理，掌握柠檬酸钠的操作技术。

2. 掌握柠檬酸钠盐水溶液用乙醇进行结晶的工艺及操作技术。

3. 掌握溶剂乙醇的回收方法。

二、实训原理

由柠檬酸（或制取柠檬酸所得母液）加入NaOH中和，加乙醇回流，结晶制得柠檬酸钠，化学反应方程式如下：

$$C_6H_8O_7 \cdot H_2O + 3NaOH \longrightarrow C_6H_5O_7Na_3 \cdot 2H_2O + 2H_2O$$

三、主要试剂用量及规格

步骤	试剂名称	规格	用量
配制柠檬酸母液	柠檬酸	工业	10g
	氢氧化钠溶液	33.3%，自制	适量
	蒸馏水	自制	适量
制备柠檬酸钠	95%乙醇	化学纯	适量

四、操作过程

1. 配制柠檬酸母液

在适量的烧杯中加入10g柠檬酸和7.5ml蒸馏水，配成柠檬酸母液。一边搅拌，一边加入浓度为33.30%的NaOH溶液18.5ml（约含NaOH 6.1g），待反应完全，使溶液的pH达到7.7。

2. 制备柠檬酸钠

将上述溶液倒入装有回流冷凝及搅拌装置的圆底三口烧瓶中，加热，使烧瓶中的溶液温度保持在75～80℃之间，同时以20ml/min的速度加入乙醇，加入的乙醇与溶液的体积比为3∶1，乙醇保持冷凝回流状态，溶液中逐渐有白色柠檬酸钠出现，最后形成含有白色晶体的固液混合物。将此浆液冷却到20～30℃，过滤，干燥，可得到白色晶体柠檬酸钠，称重，计算收率。

3. 回收乙醇

将回流后的母液进行常压（减压）蒸馏，回收乙醇，测量体积，计算收率。

五、思考与讨论

1. 查阅文献，写出柠檬酸钠合成过程中主要的影响因素有哪些？
2. 在柠檬酸钠的结晶过程中，为何要加入乙醇？乙醇加入量与溶液的配比是否对产物有影响？是否还可以采用其他溶剂进行结晶？
3. 采用回收乙醇进行反应，是否对反应收率有影响？产品质量是否受到影响？

实训项目7　酶法制备阿莫西林

一、实训目的

1. 熟悉酶的清洗与活化。
2. 掌握酶法制备阿莫西林的操作技术。
3. 掌握等电点结晶的操作技术。
4. 掌握酶的清洗与回收方法。

二、实训原理

阿莫西林的合成有化学法和酶法两种。酶法制备的阿莫西林所含的杂质要比化学法少，纯度更高。酶法生产的阿莫西林原料，是一种低粉尘性结晶，对于制剂有着较明显的好处。另外，酶法阿莫西林在嗅觉和味觉方面都优于化学法阿莫西林。利用对羟基苯甘氨酸甲酯为侧链在青霉素酰化酶催化下，与底物6-APA（6-氨基青霉烷酸）发生酰化反应合成阿莫西林。

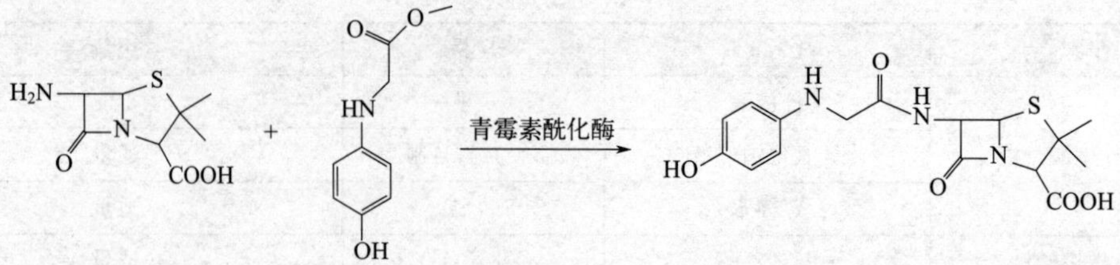

青霉素酰化酶

三、主要试剂用量及规格

步骤	名称	规格	用量
酶的清洗、活化	青霉素G酰化酶	工业	8g
	蒸馏水	自制	适量
酰化	6-APA	自制	8g
	对羟基苯甘氨酸甲酯	化学纯	12g
	1mol/L氨水	自制	适量
	1mol/L稀盐酸	自制	适量
结晶	95%乙醇	化学纯	适量

四、操作过程

1. 酶的清洗

在烧杯中加入青霉素G酰化酶8g、100ml蒸馏水，室温25℃磁力搅拌10分钟，抽滤得青霉素G酰化酶。如此重复清洗3次以上。

2. 酶的活化

在烧杯中加入清洗后的青霉素G酰化酶、50ml蒸馏水，室温25℃磁力搅拌活化20分钟，青霉素G酰化酶活化液备用。

3. 阿莫西林的合成

在烧杯中加入6-APA 8g、50ml蒸馏水，室温25℃磁力搅拌30分钟，备用。另取一烧杯加入对羟基苯甘氨酸甲酯12g、50ml蒸馏水，室温25℃磁力搅拌30分钟，备用。

将青霉素G酰化酶活化液、6-APA悬浮液、对羟基苯甘氨酸甲酯悬浮液，分别加入三口烧瓶中，开启搅拌，20℃反应60分钟。并用1mol/L氨水调反应液，保持pH为6.5。反应完成后，加1mol/L稀盐酸调至溶液清亮。

4. 等电点结晶

将反应液抽滤，滤液转移至烧杯中冰浴降温至10℃，滴加1mol/L氨水至少量晶体析出，冰浴养晶30分钟，降温至5℃以下，滴加1mol/L氨水调pH到5.5，冰浴下养晶1小时，抽滤，蒸馏水洗涤、乙醇洗涤，真空45℃干燥得到白色晶体阿莫西林，称重，计算收率。

5. 酶的清洗与回收

滤饼用100ml蒸馏水清洗3次，回收青霉素酰化酶，置于冰箱中冷藏保存。

五、思考与讨论

1. 查阅文献，比较化学法与酶法合成阿莫西林的各自特点有哪些？
2. 合成过程中，影响阿莫西林的质量因素有哪些？
3. 反应完成后，为何加1mol/L稀盐酸调至溶液清亮，有何作用？
4. 滤液为何要滴加1mol/L氨水调pH到5.5？

实训项目8 苯妥英钠的制备与定性鉴别

一、实训目的

1. 熟悉安息香缩合的操作技术。

2. 掌握硝酸氧化剂的使用方法，乙内酰脲环合反应操作技术。

3. 掌握尾气吸收、产品精制操作技术。

二、实训原理

苯妥英钠（Phenytoin Sodium）化学名为5,5-二苯基乙内酰脲钠，又名大伦丁钠，为抗癫痫药。苯妥英钠通常用苯甲醛为原料，经安息香缩合，生成二苯乙醇酮，随后氧化为二苯乙二酮，再在碱性醇液中与脲缩合、重排制得。安息香缩合通常用NaCN为催化剂，但由于其毒性大，使用不方便，本实验用维生素 B_1 作为辅酶催化剂，反应条件温和、毒性小、收率高。反应式如下：

$$C_6H_5CHO \xrightarrow[C_2H_5OH/NaOH]{\text{维生素}B_1} C_6H_5-\overset{O}{\overset{\|}{C}}-\overset{OH}{\overset{|}{CH}}-C_6H_5 \xrightarrow{HNO_3} C_6H_5-\overset{O}{\overset{\|}{C}}-\overset{O}{\overset{\|}{C}}-C_6H_5$$

$$\xrightarrow{NH_2-\overset{O}{\overset{\|}{C}}-NH_2} \text{(C}_6\text{H}_5)_2\text{C}\begin{cases}-\overset{H}{N}-CH-ONa \\ -\underset{O}{\underset{\|}{C}}-NH-\end{cases} \xrightarrow[pH4\sim5]{HCl} (C_6H_5)_2C\begin{cases}-\overset{H}{N}-C=O \\ -\underset{O}{\underset{\|}{C}}-NH-\end{cases}$$

$$\xrightarrow[pH11\sim12]{NaOH} (C_6H_5)_2C\begin{cases}-\overset{H}{N}-C-ONa \\ -\underset{O}{\underset{\|}{C}}-N=\end{cases}$$

三、主要试剂用量及规格

步骤	试剂名称	规格	用量
缩合	苯甲醛	化学纯	15ml
	维生素 B_1 盐酸盐	工业	5.4g
	95%乙醇	化学纯	40ml
	2mol/L氢氧化钠水溶液	自配	15ml
氧化	二苯乙醇酮	自制	12g
	浓硝酸	化学纯	28ml
重排与环合	二苯乙二酮	自制	8g
	脲	化学纯	2.8g
	氢氧化钠	化学纯	适量
鉴别	硝酸银	化学纯	适量
	氨水	化学纯	适量

四、操作过程

1. 安息香缩合——二苯乙醇酮的制备

于锥形瓶中加入维生素 B_1 盐酸盐5.4g、水20ml、95%乙醇40ml。不时摇动，待维生素 B_1 盐酸盐溶解，加入2mol/L NaOH 15ml，充分摇动，加入苯甲醛15ml，放置3～5天。抽滤得淡黄色结晶，用冷水洗，得二苯乙醇酮粗品。

2. 氧化

将12g上步制得的二苯乙醇酮、28ml浓硝酸置于250ml三口烧瓶中，装上回流冷凝器。回流冷凝器上口接有害气体吸收装置，反应中产生的NO_2气体可用导气管导入NaOH溶液中吸收。加热回流，待反应液上下两层基本澄清后（大约2小时，也可用pH试纸检验无NO_2气体放出），搅拌下趁热倒入40ml温水中，冷却。抽滤，用水洗至pH=3～4，干燥得二苯乙二酮，熔点89～92℃（纯二苯乙二酮熔点95℃）。

3. 重排、环合

在装有搅拌器、温度计、球形冷凝器的250ml三口烧瓶中，加入8g二苯乙二酮、40ml 50%乙醇、2.8g脲以及24ml 20%氢氧化钠。开动搅拌，加热回流30分钟。反应完毕，反应液倾入240ml沸水中，加入活性炭，煮沸10分钟，趁热抽滤。滤液用10%盐酸调至pH6，放置析出结晶，抽滤，结晶用少量水洗，得苯妥英粗品。

4. 精制

将粗品混悬于4倍（质量）水中，水浴上温热至40℃，搅拌下滴加20% NaOH至全溶。加活性炭少许，加热5分钟，趁热抽滤，滤液加氯化钠至饱和。放冷，析出结晶，抽滤，少量冰水洗涤，干燥得白色晶体苯妥英钠，称重，计算收率，做鉴别试验。

5. 鉴别

取本品约0.1g，加水2ml溶解后，加硝酸银试液数滴，即发生白色沉淀，在氨试液中不溶。

五、思考与讨论

1. 安息香缩合反应的反应液，为什么自始至终要保持微碱性？

2. 制得苯妥英钠后，要尽快做鉴别实验；若暴露在空气中放置长时间后再鉴别，实验失败，为什么？

实训项目9　贝诺酯的制备

贝诺酯为阿司匹林与对乙酰氨基酚的酯化产物，是新型的消炎、解热、镇痛、治疗风湿病的药物。适用于急慢性风湿性关节炎、感冒发热、头痛以及神经痛等症状。

一、实训目的

1. 熟悉卤化、酯化反应原理。
2. 掌握酰氯制备无水操作技术。
3. 掌握酯化反应操作技术。
4. 掌握产品精制操作技术。

二、实训原理

贝诺酯是利用前药原理和拼合原理将阿司匹林的羧基与对乙酰氨基酚的羟基酯化缩合而形成的酯，在体内水解重新生成阿司匹林和对乙酰氨基酚，共同发挥药效。由于阿司匹林中的羧基已成酯，故对胃的刺激作用较小，该药物适用于老人和儿童使用。

实验中乙酰水杨酸（阿司匹林）与二氯亚砜反应生成邻乙酰氧基苯甲酰氯。对乙酰氨基酚与氢氧化钠生成对乙酰氨基酚钠，与制得的邻乙酰氧基苯甲酰氯发生酯化反应生成贝诺酯。

$$C_6H_4(COOH)(OCOCH_3) + SOCl_2 \xrightarrow{\text{吡啶}} C_6H_4(COCl)(OCOCH_3) + HCl\uparrow + SO_2\uparrow$$

$$H_3CCONH\text{—}C_6H_4\text{—}OH \xrightarrow{NaOH} H_3CCONH\text{—}C_6H_4\text{—}ONa + H_2O$$

$$C_6H_4(COCl)(OCOCH_3) + H_3CCONH\text{—}C_6H_4\text{—}ONa \longrightarrow C_6H_4(OCOCH_3)\text{—}COO\text{—}C_6H_4\text{—}NHCOCH_3$$

三、主要试剂用量及规格

步骤	名称	性状	规格	用量
邻乙酰氧基苯甲酰氯的制备	乙酰水杨酸	白色固体	化学纯	18g
	二氯亚砜	无色或淡黄色液体	化学纯	50ml
	吡啶	无色或淡黄色液体	化学纯	适量
贝诺酯粗品的制备	对乙酰氨基酚	白色固体	化学纯	17g
	氢氧化钠	白色固体	化学纯	适量
	丙酮	无色或淡黄色液体	化学纯	适量
贝诺酯的精制	95%乙醇	无色液体	化学纯	适量

四、操作过程

1. 邻乙酰氧基苯甲酰氯的制备

称取乙酰水杨酸（阿司匹林）18g，量取二氯亚砜 50ml，吡啶 2 滴，加入装有搅拌器和回流冷凝管（上端附有氯化钙干燥管，排气导管通入氢氧化钠吸收液中）及温度计的三口烧瓶中，缓缓加热，充分搅拌反应，约 50 分钟升温至 75℃，维持反应液在 70～75℃，反应至无气体逸出（2～3 小时）。反应完毕后减压蒸馏除去过量的二氯亚砜，冷却，得产品（淡黄色液体），倾入 50ml 锥形瓶内，加入无水丙酮 15ml，混匀密封备用。

2. 贝诺酯粗品的制备

在装有搅拌器、恒压滴液漏斗、温度计的 250ml 三口烧瓶中，加入对乙酰氨基酚 17g、水 50ml，保持 10～15℃，搅拌下缓缓加入氢氧化钠溶液 18ml（3.3g 氢氧化钠加水至 18ml）。降温至 8～12℃，在强力搅拌下，慢慢滴加上步制备的产物无水丙酮溶液（淡黄色液体），约 20 分钟后，调 pH 至 9～10，于 10～15℃搅拌下反应 1.5～2 小时（保持 pH 为 8～10）。反应完毕，抽滤，用水洗至中性，烘干得贝诺酯粗品（淡黄色固体）。

3. 贝诺酯的精制

将粗品加入装有回流冷凝管的 250ml 圆底烧瓶中，加 8 倍量的 95%乙醇，加热溶解，加活性炭，加热回流 30 分钟，趁热抽滤，滤液自然冷却，待结晶析出完全后，抽滤，滤液可浓缩二次结晶，滤饼干燥，得白色晶体贝诺酯纯品，熔点为 174～178℃，称重，计算收率。

五、注意事项

1. 制备酰氯时，所用仪器及反应原料必须是干燥的，操作中切勿与水接触。

2. 反应过程中会有大量的二氧化硫和氯化氢气体放出，必须使用碱吸收的方法进行尾气吸收，同时注意实验室启用排风设施。

3. 邻乙酰氧基苯甲酰氯的制备过程中，吡啶为催化剂，用量不得过多，否则影响产品的质量和收率。

4. 贝诺酯粗品的制备过程中，氢氧化钠溶液的加入量要控制适当，不宜过量，否则会影响反应收率。

六、思考与讨论

1. 为什么在制备邻乙酰氧基苯甲酰氯时，必须是无水反应？
2. 过量加入氢氧化钠溶液会导致哪些副反应发生？
3. 邻乙酰氧基苯甲酰氯的制备过程中，二氯亚砜在此反应中起什么作用？

实训项目 10　相转移催化法制备 *dl*-扁桃酸

dl-扁桃酸（Mandelic Acid）又名苦杏仁酸、苯乙醇酸、α-羟基苯乙酸等，是重要的化工原料，在医药工业中主要用于合成血管扩张药环扁桃酸酯、滴眼药羟苄唑等。*dl*-扁桃酸的制备一般由苯甲醛与氰化钠加成得腈醇再水解得产品，路线长，操作不便，劳动保护要求高。采用相转移催化法一步反应即可制得，既避免了使用剧毒的腈化物，又简化了操作，收率亦较高。

本品为白色斜方片状结晶，熔点为 119～121℃，相对密度 1.30，易溶于水、乙醇、乙醚、异丙醇等，长期暴露于光下则分解变色。

一、实训目的

1. 熟悉相转移催化反应的原理。
2. 掌握制备季铵盐相转移催化剂的操作技术。
3. 掌握相转移催化法制备扁桃酸的操作技术。

二、实训原理

本实验采用季铵盐（三乙基苄基铵盐）为相转移催化剂。在 50%的水溶液中加入少量的相转移催化剂和氯仿，季铵盐在碱液中形成季铵碱而转入氯仿层，继而季铵碱夺去氯仿中的一个质子而形成离子对（$R_4N^+ \cdot CCl_3^-$），然后发生 α-消除生成二氯卡宾（$:CCl_2$），二氯卡宾是非常活泼的中间体，能与多种官能团发生反应生成各类化合物，其中与苯甲醛加成生成环氧中间体，再经重排、水解得到 *dl*-扁桃酸。

反应式如下：

$$\underset{\text{水相}}{R_4N^+Cl^-} + \underset{\text{水相}}{NaOH} \rightleftharpoons \underset{\text{油相}}{R_4N^+OH^-} + \underset{\text{水相}}{NaCl}$$

$$\underset{\text{油相}}{R_4N^+OH^-} + \underset{\text{油相}}{CHCl_3} \rightleftharpoons \underset{\text{油相}}{R_4N^+CCl_3^-} \rightleftharpoons \underset{\text{油相}}{:CCl_2} + \underset{\text{水相}}{R_4N^+Cl^-}$$

$$C_6H_5-CHO \xrightarrow{:CCl_2} C_6H_5-\underset{\text{(环氧, C上连两个Cl)}}{CH-O-CCl_2} \xrightarrow{\text{重排}}$$

$$C_6H_5-C(H)(Cl)-COCl \xrightarrow[H_2O]{NaOH} \xrightarrow{H^+} C_6H_5-CH(OH)-COOH$$

三、主要试剂用量及规格

步骤	试剂名称	规格	用量
相转移催化剂的制备	三乙胺	化学纯	41g
	氯化苄	化学纯	51g
	甲苯	化学纯	少量
	丙酮	化学纯	40ml
dl-扁桃酸的制备	氯仿	化学纯	32ml
	苯甲醛	化学纯	21.2g
	乙醚	化学纯	80ml
	氢氧化钠	50%,自配	50ml
	硫酸	50%,自配	少量

四、操作过程

1. 相转移催化剂——三乙基苄基铵盐（TEBA）的制备

在带有搅拌器、温度计、球形回流冷凝器的250ml三口烧瓶中依次加入40ml丙酮（溶剂）、41g三乙胺、51g氯化苄，加热至回流，反应2小时，反应液逐渐由无色透明变为浅黄色黏稠液，停止反应。

以上反应液自然冷却至室温，有部分针状晶体析出，同时黏度增加。将其倒入干净的250ml烧杯中，放入冰箱保持10℃以下，过夜，抽滤。滤饼用甲苯洗涤两次，抽干，干燥，得白色粉末三乙基苄基铵盐（TEBA），熔点185℃，称重，测熔点，计算收率。

2. *dl*-扁桃酸的制备

在带有搅拌器、温度计、球形回流冷凝器、滴液漏斗的250ml三颈瓶中，加入21.2g苯甲醛、2.4g三乙基苄基铵盐（TEBA）、32ml氯仿。开动搅拌器，水浴缓慢加热，待温度升到56℃时，缓慢地滴入50% NaOH溶液50ml，控制滴加速度，维持反应温度在（56±2）℃，约2小时滴完，滴毕，再在此温度下继续搅拌1小时。

产物混合液冷至室温后，停止搅拌，倒入200ml水中，用乙醚提取2～3次，每次用20ml。水层用50%硫酸酸化至pH=2～3，再用乙醚提取2～3次（根据具体情况产物提完为止），每次20ml。合并提取液，用无水硫酸钠干燥，抽滤，滤液常压蒸馏蒸去乙醚，冷却，得粗品。

3. *dl*-扁桃酸的精制

将粗品用甲苯溶剂进行重结晶，抽滤，干燥，得白色晶体粉末，熔点119～121℃。称重，测熔点，计算收率。

五、注意事项

1. *dl*-扁桃酸制备时，滴加50% NaOH溶液速度不宜过快，每分钟4～5滴，否则，苯甲醛在浓的强碱条件下易发生歧化反应，使产品收率降低。

2. 乙醚是易燃低沸点溶剂，使用时务必注意周围应无火源。

3. *dl*-扁桃酸精制时，重结晶甲苯溶剂的用量以每克粗品1.4ml为宜。

六、思考与讨论

1. 采用相转移催化技术有哪些优点？

2. 本实验可能的副反应有哪些？操作上应如何避免？

3. *dl*-扁桃酸制备时，反应液用乙醚提取，使用时应该注意哪些事项？本实验也可用乙酸乙酯代替乙醚进行提取，试比较采用这两种试剂提取的优缺点。

4. *dl*-扁桃酸精制时，除用甲苯作重结晶溶剂外，是否还可采用其他溶剂？若有，请举例说明。

实训项目 11 维生素 C 的精制

维生素 C（Vitamin C）是人体必需的一种维生素，主要参与机体代谢，在生物氧化还原作用和细胞呼吸中起重要作用，可帮助酶将胆固醇转化为胆酸而排泄，以降低毛细血管的脆性，增加机体的抵抗力。本品在各种维生素中产量最大，在医药、食品、化学工业等方面都有广泛应用。

维生素 C 又名 L-抗坏血酸（L-ascorbic acid），化学名为 L(＋)-苏阿糖型-2,3,4,5,6-五羟基-2-己烯酸-4-内酯。为白色或略带淡黄色结晶或结晶性粉末，熔点 190～192℃，比旋度＋20.5°～＋21.5°（水溶液）。化学结构式如下：

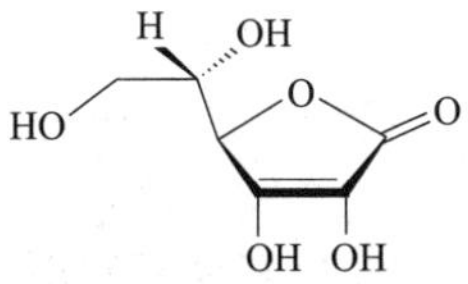

一、实训目的

维生素C熔点的测定

1. 熟悉粗品维生素 C 精制过程的原理。
2. 掌握重结晶实验操作技术。
3. 会选择重结晶溶剂。

二、实训原理

维生素 C 在水中溶解度较大，而且随着温度的升高，溶解度增加较多，因而可以采用冷却结晶方法得到晶体产品。维生素 C-水为简单低共熔物系，低共熔温度为－3℃，组成为 11%（质量分数），结晶终点不应低于其低共熔温度。向维生素 C 的水溶液中加入无水乙醇，维生素 C 的溶解度会下降。结晶终点温度可在－5℃左右（温度过低会有溶剂化合物析出），有利于提高维生素 C 的结晶收率。维生素 C 在水溶液中为简单的冷却结晶，在乙醇-水溶液中为盐析冷却结晶。乙醇-水的比例应适当，乙醇太多会增大母液量，增加了回收母液的负担。通常自然冷却条件下晶体产品粒度分布较宽，对冷却过程有效控制所得产品的平均粒度大于自然冷却所得产品。

三、主要试剂用量及规格

试剂名称	规格	数量
粗维生素 C	粗品	80g
无水乙醇	分析纯	适量
活性炭	化学纯	适量

四、操作过程

1. 溶解、脱色和过滤

在 250ml 圆底烧瓶中加入 80g 维生素 C 粗品、80ml 纯水，开启恒温水浴锅加热，搅拌，控制溶解温度为65～68℃，并保持在此温度使之溶解（注意时间尽可能短，可以加入少量去离子水并记录加入水的量，可能会有少量不溶物）。溶解后向烧瓶中加入少量活性炭，搅拌，趁热抽滤，得滤液。

2. 结晶、过滤、洗涤、干燥

将滤液倒入圆底烧瓶中，使圆底烧瓶初始温度为60℃左右，加入12ml无水乙醇，搅拌，全部溶解后，进行冷却结晶。结晶完成后，抽滤。用0℃无水乙醇浸泡、洗涤，38℃左右进行真空干燥，称重，计算收率。

五、注意事项

1. 由于维生素C结晶过程中溶液存在剩余过饱和度，到达结晶终点温度时，产品收率将低于理论值。

2. 维生素C还原性强，在空气中、碱性溶液中容易被氧化。高温下会发生降解，造成产率下降。粗维生素C及产品一定要放回干燥器内保存。

3. 若粗维生素C已经有部分被氧化、降解，脱色效果会不太明显。脱色温度不宜太高、时间不宜太长，以防止维生素C氧化、降解。

六、思考与讨论

1. 用0℃无水乙醇浸泡、洗涤晶体产品的目的是什么？
2. 搅拌速率对晶体粒度有何影响？
3. 为了提高产品纯度和收率以及改善晶体粒度和粒度分布可以进行哪些改进？

实训项目12　柱色谱分离提纯菠菜中的色素

绿色植物（如菠菜叶）中含有叶绿素（绿色）、胡萝卜素（橙黄色）和叶黄素（黄色）等多种天然色素。叶绿素溶于醚、石油醚等一些非极性溶剂。叶绿素存在两种结构相似的形式即叶绿素a和叶绿素b，其差别仅是叶绿素a中一个甲基被甲酰基所取代从而形成了叶绿素b。植物中叶绿素a的含量通常是叶绿素b的3倍。它们都是吡咯衍生物与金属镁的络合物，是植物进行光合作用所必需的催化剂。

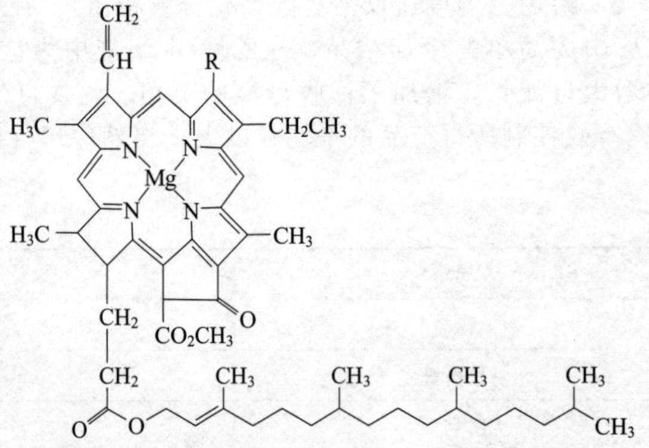

叶绿素a（R═CH_3）

叶绿素b（R═CHO）

胡萝卜素是具有长链结构的共轭多烯。它有三种异构体，即α-胡萝卜素、β-胡萝卜素和γ-胡萝卜素，其中β-胡萝卜素含量最多、也最重要。在生物体内，β-胡萝卜素受酶催化氧化形成维生素A。目前β-胡萝卜素已可进行工业生产，也可作为食品工业中的色素。胡萝卜素是脂溶性的抗氧化剂，对眼球、肺等微血管组织较多的部位有保护作用，故在临床上有广泛的应用。

叶黄素是胡萝卜素的羟基衍生物，它在绿叶中的含量通常是胡萝卜素的两倍。叶黄素具有特异的抗氧化性能，在保健食品及药品领域应用广泛。与胡萝卜素相比，叶黄素较易溶于醇而在石油醚中溶解度相对较小。

β-胡萝卜素（R=H）　　叶黄素（R=OH）

一、实训目的

1. 掌握萃取、柱色谱、薄层色谱的原理。
2. 掌握萃取、柱色谱、薄层色谱的实验操作技术。
3. 能选择合适的展开剂、洗脱剂。

二、实训原理

通过研磨、萃取的方法将胡萝卜素（橙）、叶黄素（黄）、叶绿素 a 和叶绿素 b 从菠菜叶中提取出来，再根据各组分物理性质的不同用薄层色谱、柱色谱进行不同色素的分离和鉴别。

色谱法是分离、提纯和鉴别有机化合物的重要方法。与经典的分离提纯手段（重结晶、升华、萃取和蒸馏等）相比，色谱法具有微量、快速、简便和高效等优点。按其操作不同，色谱可分为薄层色谱、柱色谱、纸色谱、气相色谱和高压液相色谱等。该实验采用薄层色谱和柱色谱分离提出色素。

1. 薄层色谱原理

薄层色谱（thin layer chromatography，TLC）属于固-液吸附色谱。由于混合物中的各个组分对吸附剂（固定相）的吸附能力不同，当展开剂（流动相）流经吸附剂时，发生无数次吸附和解吸过程，吸附力弱的组分随流动相迅速向前移动，吸附力强的组分滞留在后，由于各组分具有不同的移动速率，最终得以在固定相薄层上分离。在条件完全一致的情况，纯净的有机化合物可以在薄层色谱中呈现一定的移动距离，称为比移值（R_f 值），所以利用 TLC 可以鉴定化合物纯度或确定两种性质相似的化合物是否为同一物质（采用标准品来做对比）。薄层色谱的应用主要有：跟踪反应进程、鉴定少量有机混合物的组成、分离提取、寻找吸附柱色谱的最佳分离条件（柱色谱“预试”）等。

2. 柱色谱原理

液体样品从色谱柱顶加入，流经色谱柱时，即被吸附在柱中固定相（吸附剂）的上端，然后从柱顶加入流动相（洗脱剂）淋洗，由于固定相对各组分吸附能力不同，液体样品中各组分以不同速度沿柱下移，吸附能力弱的组分随洗脱剂首先流出，吸附能力强的组分相对滞后流出，然后可以采用分段接收的方法来收集，以此达到分离、提纯化合物的目的。柱色谱技术可以进行产业放大，故可对有机化合物进行制备，而柱色谱的操作条件可以由薄层色谱来确定。

三、主要试剂用量及规格

步骤	试剂名称	规格	用量
菠菜色素的提取	石油醚	化学纯	适量
	无水乙醇	化学纯	适量
	无水硫酸钠	化学纯	少量

续表

步骤	试剂名称	规格	用量
薄层色谱	乙酸乙酯	化学纯	少量
柱色谱	柱色谱硅胶	化学纯	30g

四、实训流程

柱色谱分离提纯菠菜中色素实训流程见图 2-17。

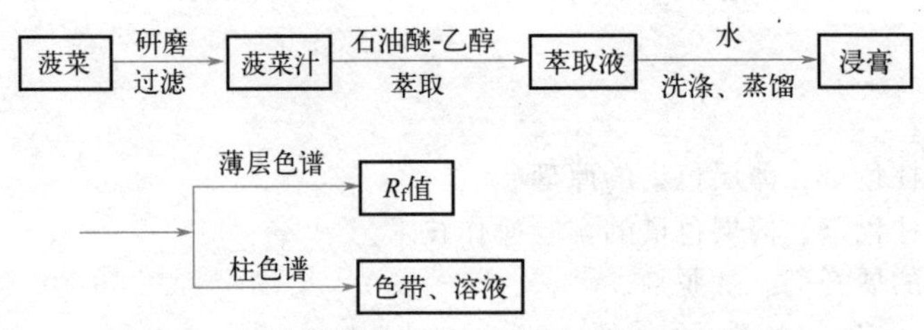

图 2-17　柱色谱分离提纯菠菜中色素实训流程

五、操作过程

1. 菠菜色素的提取

取 4g 新鲜菠菜叶于研钵中研磨 5 分钟，残渣每次用 15ml 石油醚-乙醇（体积比 2∶1）混合液分别提取两次，提取时要搅拌、静置、取上层液合并。将合并后的上层液转移到分液漏斗中，加入等体积的 5%NaCl 水溶液洗涤后弃去下层的水-乙醇层，石油醚层再用等体积的 5%NaCl 水溶液洗涤两次，以除去乙醇和其他水溶性物质。石油醚层用 2g 无水 Na_2SO_4 干燥 10 分钟左右然后抽滤，旋转真空浓缩滤液体积为 2～4ml。浓缩液采用薄层色谱点样并进行柱色谱分离。

2. 薄层色谱

① 点样。用内径小于 1mm 的毛细管点样。点样前，先用铅笔在薄层板上距一端 1cm 处轻轻画一横线作为起始线，然后用毛细管吸取样品，在起始线上小心点样，斑点直径不超过 2mm。如果需要重复点样，则待前次点样的溶剂挥发后，方可重复点样，以防止样点过大过浓，造成拖尾、扩散等现象，影响分离效果。若在同一板上点两个样，样点之间距离以在 1～1.5cm 为宜。待样点干燥后，方可进行展开。

② 展开。预先配制展开剂，石油醚-乙酸乙酯 3∶2（体积比）。薄层展开要在密闭的器皿（层析缸）中进行，加入展开剂高度为 0.5cm。把带有样点的板（样点一端向下）放在层析缸中，并与层析缸成一定的角度。盖上盖子，当展开剂上升到离薄层板的顶部约 1cm 处时取出，并立即标出展开剂的前沿位置，待展开剂干燥后，观察斑点在板上的位置并排列出胡萝卜素、叶绿素 a、叶绿素 b、叶黄素的 R_f 值的大小次序。

③ 显色。被分离物质如果是有色组分，展开后薄层色谱板上即呈现出有色斑点。如果化合物本身无色，则可用碘熏的方法显色。对于含有荧光剂的薄层板在紫外光下观察，展开后的有机化合物在亮的荧光背景上呈暗色斑点。本实验样品本身具有颜色，不必在荧光灯下观察。

④ R_f 值。一个化合物在薄层板上上升的高度与展开剂上升高度的比值称为该化合物的 R_f 值。

$$R_f=\frac{\text{化合物移动的距离}}{\text{展开剂移动的距离}}$$

3. 柱色谱分离色素

① 湿法装柱。在色谱柱中，加 2cm 高的石油醚。另取少量脱脂棉，先在小烧杯中用石油醚浸湿，挤压以驱除气泡，然后放在色谱柱底部，轻轻压紧，塞住底部。在烧杯中先加入 30g 柱色

谱硅胶，再在玻璃棒搅拌下加入适量石油醚，石油醚的量以没过柱色谱硅胶 2～3cm 为宜，搅拌 2 分钟。将烧杯中石油醚柱色谱硅胶悬浮液边搅拌边加入到色谱柱中，用胶头滴管吸取一定量石油醚沿色谱柱内壁冲洗粘在内壁上的柱色谱硅胶。若柱色谱硅胶较多可分批多次湿法上柱。上柱完毕小心打开色谱柱下端活塞，石油醚向下流动，必要时用橡皮锤轻轻在色谱柱的周围敲击，使吸附剂装得均匀致密、无气泡。色谱柱中石油醚由下端活塞控制，一定不能干涸。装完后，上面再加一层 0.5cm 厚的石英砂，打开下端活塞，放出石油醚，直到石英砂表面石油醚剩下 1～2mm 时关闭活塞。

② 上样。将上述菠菜色素的浓缩液，用滴管小心地加到色谱柱顶部，加完后，打开下端活塞，让液面下降到石英砂层以下即可。关闭活塞，加数滴石油醚，打开活塞，使液面下降，使色素全部进入柱体。

③ 洗脱。待色素全部进入柱体后，在柱顶小心加洗脱剂石油醚-乙酸乙酯溶液 5∶1（体积比）。打开活塞，让洗脱剂逐滴放出，层析即开始进行，用锥形瓶分别收集。当第一个有色成分即将滴出时，取一锥形瓶收集，得橙黄色溶液，即胡萝卜素。用石油醚-乙酸乙酯 3∶1（体积比）作洗脱剂，分出第二个黄色带，即叶黄素。再用石油醚-乙酸乙酯 3∶2（体积比）洗脱，分别在色谱柱上可见蓝绿色和黄绿色两个色带，此为叶绿素 a 和叶绿素 b。

收集各个色素洗脱液合并、浓缩、点样检测纯度。

六、注意事项

1. 装柱分为干法上柱和湿法上柱，干法上柱色谱柱易出现大量气泡，尽量采用湿法上柱。

2. 时刻关注色谱柱液面高度，及时补加石油醚或洗脱剂，始终保持液面在柱色谱硅胶表面以上。

3. 始终保持柱色谱石英砂表面平整，补加石油醚或洗脱剂可使用玻璃棒引流，以防液体直接倒入破坏石英砂表面平整性。

4. 上样时，浓缩液尽量一次加入，并保持上样层圈高度一致。

5. 菠菜中各种色素的比移值：胡萝卜素 R_f＞叶黄素 R_f＞叶绿素 a R_f＞叶绿素 b R_f。

6. 点样展开时，色谱缸中的展开剂液面高度（0.5mm）不得高于薄层板上点样点的高度（1cm）。

七、思考与讨论

1. 薄层色谱法点样应注意些什么？

2. 对于无色的斑点，应用什么常规的方法可以使其显色？

3. 在分离菠菜色素时为什么采用三种配比洗脱剂？用一种洗脱剂是否可行？

4. 上样后，浓缩液上样层圈高度较大或高低不平会影响分离效果，为什么？

第三章　化学制药中试放大技术

❖ 知识目标

1. 熟悉中试放大的方法、内容。
2. 掌握收率、转化率、选择性等概念及计算方法。
3. 掌握工艺流程设计中涉及的技术问题。
4. 掌握工艺流程框图与工艺流程示意图的绘制。
5. 熟悉釜式反应器与换热器的自控流程设计方法。

❖ 能力目标

1. 会进行药物的中试放大操作。
2. 能通过中试放大来优化药物的工艺条件。
3. 能绘制工艺流程方框图与简单工艺流程示意图。
4. 能设计常见反应器与换热器的自控流程。
5. 能看懂复杂的带控制点的工艺流程图。

第一节　中试放大的目的和方法

一、中试放大的目的

原料药的开发生产一般需要经历实验研究阶段（小试）、中试放大阶段（中试）、大规模生产阶段（工业化）。中试放大是原料药制备从实验室阶段过渡到大规模生产阶段不可缺少的环节，是小试合成路线能否工业化的关键。对评价合成路线的可行性、稳定性具有重要意义。

中试放大的目的是验证、复审和完善实验室研究确定的合成路线是否成熟、合理，工艺参数、主要经济技术指标是否达到生产要求；研究生产设备的结构、材质、参数等，为正式生产提供准确、科学、可靠数据；制定设备标准操作规程（SOP）和产品生产工艺规程（草案），为工业化生产做准备。

思政小课堂

实践是检验真理的唯一标准

中试放大是在实验室的合成路线打通后，采用该合成路线在中试车间模型化的中试设备上完成由小试向工业化的过渡，以验证物料放大后原工艺的可行性，保证小试研发和生产工艺的一致性、稳定性。中试放大的实验数据是检验实验室小试工艺路线、参数的唯一标准，也是验证该工艺路线、参数能否工业化的唯一标准。

二、中试放大的方法

中试放大的方法主要有逐级经验放大法、数学模拟放大法。

1. 逐级经验放大法

逐级经验放大法主要凭借经验通过投料量逐级放大来摸索反应器（试验装置→中间装置→中型装置→大型装置）的特征及各步反应工艺参数的变化情况。逐级经验放大法是根据空时得率相等的原则来实现放大试验研究，即虽然化学反应规模不同，但单位时间、单位体积反应装置所生产的产品量或所处理的物料量是相同的，在确定放大试验规模所需要处理的物料数量后，可依据放大前试验规模的经验空时得率，通过物料衡算初步估算出放大反应所需反应装置的容积。

采用逐级经验放大法的前提条件是放大的反应装置必须与提供经验数据的装置保持完全相同的操作条件。经验放大法适用于反应器的搅拌形式、结构等反应条件相似的情况，而且放大倍数不宜过大，一般每级放大10～30倍。

逐级经验放大法的优点是每次放大均建立在实验基础之上，可靠程度较高。缺点是过程繁琐，放大倍数受限，开发周期较长。逐级经验放大是经典的放大方法，至今仍常采用。

2. 数学模拟放大法

数学模拟放大法又称计算机控制下的工艺学研究，是利用数学模型来预计大设备的行为，实现工程放大的方法，是在掌握对象规律的基础上，对其进行数学描述，在计算机上等效建立设计模型，用小试、中试的实验结果考核数学模型，并加以修正，最终形成设计软件的方法。

数学模拟放大法的优点是可高倍数放大、成本低、时间短、准确度高，是今后中试放大技术的发展方向。近几年人工智能的兴起，为该领域的发展提供了良好的基础。缺点是药物合成工艺较复杂，对其构建较为完整的数学模型和物理模型难度大。

数学模拟放大法的基础是建立数学模型。数学模型是描述工业反应器中各参数之间关系的数学表达式。数学模型方法首先将工业反应器内进行的过程分解为化学反应过程与传递过程，在此基础上分别研究化学反应规律和传递规律。化学反应规律不因设备尺寸变化而变化，完全可以在小试中研究。而传递规律与流体密切相关，受设备尺寸影响，因而需在大型装置上研究，数学模拟放大法在开发中主要有以下几个步骤：

① 小试研究化学反应规律；

② 大型试验研究传递过程规律；

③ 用得到的实践数据，建立数学模型；

④ 考察数学模型，经修正最终形成设计软件；

⑤ 在计算机上综合预测放大的反应器性能，寻找最优的工艺条件。

中试放大采用的装置，可以根据反应条件和操作方法等进行选择或设计，并按照工艺流程进行安装。中试放大也可以在适应性很强的拥有各种规格的中小型反应罐和后处理设备的多功能车间中进行。此外，微型中间装置近几年发展迅速，可有效减少占地面积和空间，是未来中试装置的发展方向之一。

第二节　中试放大的内容

中试放大不仅要考查工艺可行性、设备类型、产品质量、经济效益、操作人员的劳动强度、生产周期等，还要对车间布置、安全生产、设备投资、生产成本进行分析比较，最后确定工艺操作方法、工序的划分和生产安排。实践中可以根据不同情况，分清主次，有计划有组织地进行中试放大。

一、工艺路线的复审

一般情况下，单元反应的方法和生产工艺路线应在实验室阶段基本选定。在中试放大阶段，是考核小试提供的合成路线，在反应条件、设备、原材料等方面是否有特殊要求，是否适合工业化。当选定的工艺路线和工艺过程，在中试放大时暴露出难以克服的重大问题时，就需要复审实验室工艺路线，修正其工艺过程。

解热镇痛药对乙酰氨基酚中间体对氨基苯酚的制备，小试研究证实，原料硝基苯电解还原成苯胺（苯基羟胺）再经加热重排可得对氨基苯酚。原料硝基苯电解还原过程一般采用硫酸为阳极溶剂，铜作阴极，铅作阳极，反应温度为 80～90℃。该法收率高，产品质量好，环境污染小，是最适宜工业化生产的方法。但在中试放大的工艺复审中，发现该工艺中铅电极腐蚀严重，电解过程中产生的大量硝基苯蒸气难以排除，电解过程中产生的黑色黏稠状副产物附着在铜网上致使电解电压升高，必须经常拆洗电解槽等，严重影响产品质量、收率等，因此目前工业化生产已改用催化氢化工艺路线。

$C_6H_5NO_2$ —电解还原→ C_6H_5NHOH —加热，Bamberger重排→ p-H_2N-C_6H_4-OH

二、反应条件的进一步研究

实验室阶段获得的最佳反应条件不一定符合中试放大的要求。因此，中试要对小试提供的工艺路线进行深入研究，掌握它们在中试装置中的变化规律以得到更合适的反应条件。工艺路线中每个单元反应的主要影响因素如原辅料、配料比、反应温度、搅拌、加料速度等，均需要在中试放大阶段进行进一步研究。

1. 原辅料过渡试验

在工艺路线考察中，小试阶段常使用试剂规格的原辅材料（原料、试剂、溶剂等），目的是排除原辅材料中所含杂质的不良影响，以保证研究结果的准确性。当工艺路线确定后，在中试考察工艺条件时，应尽量改用生产上足量供应的原辅材料进行过渡试验，考察某些工业规格的原辅材料所含杂质对反应收率和产品质量的影响，制定原辅材料的规格标准，规定各种杂质的最高允许限度。特别是在原辅材料来源改变或规格更换时，必须进行过渡试验并及时制定新的原辅材料规格标准和检验方法。

一般情况下应选择质量稳定、可控，来源方便、供应充足的原料。对溶剂、试剂来说，应选择毒性较低的溶剂、试剂；有机溶剂的选择一般避免使用一类溶剂，控制使用二类溶剂（详见《化学药物残留溶剂研究的技术指导原则》），同时应对所用试剂、溶剂的毒性进行说明，这样有利于在生产过程中进行控制，也有利于劳动保护。

2. 反应条件极限试验

经过详细的工艺研究，可以找到最适宜的工艺条件，如配料比、温度、酸碱度、反应时间、溶剂等，它们往往不是单一的点，而是一个许可范围。有些化学反应对工艺条件要求很严，超过某一极限后，就会造成重大损失，甚至发生安全事故。在这种情况下，应该进行工艺条件的极限试验，有意识地安排一些破坏性试验，以便更全面地掌握该反应的规律，为安全生产提供必要的数据。

氯霉素的生产中，乙苯的硝化反应，是强放热反应，而且反应条件若控制不当会生成多硝基化合物，易引起爆炸。因此该反应在进行中试放大时必须对催化剂、温度、配料比和加料速度等反应条件全部进行极限试验。

$$C_6H_5-CH_2CH_3 \xrightarrow{HNO_3/H_2SO_4} O_2N-C_6H_4-CH_2CH_3$$

三、后处理工艺的进一步研究

反应结束后，反应混合物中产物的分离、纯化及母液的处理、回收等，称为反应的后处理。后处理方法主要有蒸馏、结晶、萃取、过滤以及干燥等。后处理工艺对于提高反应产物的收率、保证药品质量、提高劳动生产率都有着非常重要的意义。

后处理的方法随反应产物的性质不同而异。首先，应摸清反应产物系统中可能存在的物质的种类、组成和数量等，找出它们性质之间的差异，尤其是主产物与其他物质相区别的特性。然后，通过小试实验拟定反应产物的后处理方法。在中试研究与制定后处理方法时，必须考虑简化工艺操作的可能性，并尽量采用新工艺、新技术和新设备，以提高产品收率，降低成本。

结晶提纯产物时，若对产品晶型有要求，中试时产品精制结晶工序的搅拌器型号、温度控制、结晶速率，甚至结晶釜底的几何形状都应进行研究与验证，以确保中试产品的晶型与小试样品和质量标准一致。

对含结晶水或结晶溶剂的化学原料药，应对中试时中间体、产品的干燥方式及与干燥相关的工艺参数（干燥温度、时间、干燥设备内部温度均匀性）进行研究与验证，以确保中试产品所含结晶水或溶剂残留与小试样品和质量标准一致。

对氨基苯酚与冰醋酸进行酰化反应制得解热镇痛药对乙酰氨基酚工艺中，中试对酰化母液套用方法进行研究，进一步降低生产成本。先将51.2%稀醋酸、母液（含乙酸50.1%）和对氨基苯酚混合进行酰化反应，再加入冰醋酸使反应完全，收率可达83%～85%，显著降低冰醋酸的单耗，降低对乙酰氨基酚的成本。

四、设备材质和型号的选择

在实验室研究阶段，大部分试验是在小型的玻璃仪器中进行，玻璃仪器耐酸碱，热量传导容易，化学反应过程的传质和传热都比较简单。

中试放大时应考虑所需各种设备的材质和型号，按小试对各步单元反应和单元操作的内容所进行的腐蚀性实验和对传热要求，选择各单元反应使用的反应釜的材质。一般来说，反应在酸性介质中进行，应采用防酸材料的搪玻璃反应釜；如果反应在碱性介质中进行，则采用不锈钢反应釜；贮存浓盐酸采用玻璃钢贮槽，贮存浓硫酸采用铸铁贮槽，贮存浓硝酸采用铝质贮槽。

中试以上规模生产一般采用不锈钢或搪瓷反应罐，不锈钢反应设备耐酸碱能力差，反应液过酸或过碱可能会产生金属离子，因而需研究金属离子对反应的干扰；而搪瓷反应器热量传导较慢，且不耐骤冷骤热，加热和冷却时皆应按操作规程进行预热或预冷以避免对反应设备的损坏。各种化学反应对设备的要求不同，反应条件与设备条件之间是相互联系又相互影响的。有时某种材质对某一化学反应有极大的影响，甚至使整个反应失败。

对反应釜的加热或冷却剂类型，应根据反应釜或单元操作所需热传导要求进行选择；按放大倍数确定相应设备的容量，选定反应釜和各单元操作设备型号。反应釜换热面积应当满足工艺要求，必要时应采用在反应釜内置列管或蛇管的方式来调整换热面积，提升换热效果。

二甲苯、对硝基甲苯等苯环上的甲基经空气氧化成羧基（以冰醋酸为溶剂，以溴化钴为催化剂）时，必须在玻璃或钛质的容器中进行，如用不锈钢容器，金属离子的引入会使反应遭到破坏。因此，中试放大时可先在玻璃容器中加入某种材料，以试验其对反应的影响。

冰醋酸或乙酸酐对钢板有强的腐蚀作用，经中试设备材质腐蚀性试验，发现冰醋酸或乙酸酐对铝的作用极微弱，因此，生产中可采用铝质材料制作回流蒸馏管路、冷凝器和生产容器。

五、搅拌器形式和搅拌速度的考察

药物合成反应多是非均相反应，且反应热效应较大。在小试时由于物料体积小，搅拌效果好，传热传质问题不明显，但在中试放大时，由于搅拌效率的影响，传热、传质问题就显露出来，因此，必须根据物料性质和反应特点，注意搅拌器形式和搅拌速度对反应的影响规律，以便选择合适的搅拌器和确定适用的搅拌速度。正确选择搅拌器的形式和速度，不仅能使反应顺利进行、提高收率，而且还有利于安全生产。如果选择不当，不仅产生副反应，降低收率，还可能发生安全事故和生产事故。

乙苯的硝化反应是多相反应，剧烈放热。在搅拌下将混酸加到乙苯中，混酸与乙苯互不相溶，搅拌作用非常重要，加强搅拌可增加二者接触面积，还能使热量分布均匀，防止热量分布不均引发安全事故。

雷尼镍加氢催化反应，多数采用大直径叶轮的框式搅拌器，转速一般为 60r/min，能均匀推动沉淀在罐底的金属镍翻动，使其充分与还原物接触，无死角，从而达到充分还原的目的。框式搅拌器的叶轮直径较大，近乎触及釜壁，防止搅拌时密度大的金属镍滞留在釜底与釜壁交界处的死角位置。另外，控制转速较低，转速 60r/min，可防止转速太快引起金属镍与叶轮剧烈碰撞，损坏搅拌器。

在结晶岗位，晶体种类、大小不同，对搅拌器的形式和转速要求也不同。一般情况下：①希望晶体大的，搅拌器采用框式或锚式，转速 20～60r/min；②希望晶体小的，则搅拌器采用推进式，转速可根据需要来确定。

六、工艺流程和操作方法的确定

中试放大阶段由于处理物料增加，因而必须考虑如何使反应与后处理的操作方法适应工业生产的要求，特别要注意缩短工序，简化操作，研究采用新技术、新工艺。在加料方法和物料输送方面应考虑减轻劳动强度，尽可能采用自动加料和管道输送，以提高劳动生产率，从而最终确定生产工艺流程和操作方法。

中试设备、工艺过程及工艺参数确定之后，就可以进行 3～5 批中试稳定性试验，进一步验证该工艺在选定的设备和工艺条件下的可行性和重现性。最终确定各步反应的工艺控制参数，证明该工艺在中试条件下可以始终如一地生产出符合质量标准的产品。通过验证，可以确定各单元反应及操作的主要设备、操作条件和工艺参数，确定各设备之间的连接顺序及所需的载体介质的流向等。同时，可以通过绘制工艺流程图的形式表示生产过程中各单元操作、物料及载体介质的流向、设备衔接关系、仪表、自控、管路等情况，表示出由原料转化成产品的整个工艺过程（详见第三节工艺流程设计技术）。

七、物料衡算

通过物料衡算可掌握各反应原料的消耗情况，影响产品收率的关键点，副产物的回收与综合利用，“三废”的防治等关键环节，进而挖掘潜力，提高产品收率，降低生产成本。

1. 物料衡算的目的

物料衡算是研究某一个体系内进、出物料及组成的变化，即物料平衡。所谓体系就是物料衡算的范围，它可以根据实际需要，人为地选定。体系可以是一个设备或几个设备，也可以是一个单元操作或整个制药过程。进行物料衡算时，必须首先确定衡算的体系。根据衡算目的和对象的不同，衡算范围可以是一台设备、一套装置、一个工段、一个车间、一个工厂等。

物料衡算的理论基础是质量守恒定律，运用该定律可以得出各种过程的物料平衡方程式。进行物料衡算时，必须选择一定的基准作为计算的基础，通常采用的基准有以下三种：

① 以每批操作为基础。适用于间歇操作设备，标准或定型设备的物料衡算。

② 以单位时间为基准。适用于连续操作设备的物料衡算。

③ 以每吨产品为基准。适用于确定原料的消耗定额。

知识拓展

制药企业的年产量、日产量和年生产日之间的关系

$$日产量=\frac{年产量}{年生产日}$$

式中的年产量由设计任务规定；年生产日要视具体的生产情况而定。制药企业在生产过程中设备需要定期检修或更换，每年一般要安排一次大修和多次小修，年生产日常按10个月即300天来计算，也有少数企业年生产日为330天的。年生产日可根据制药企业设备腐蚀及检修情况，适当增加或缩短。

2. 物料衡算相关数据

为了进行物料衡算，应根据中试数据和药厂操作记录收集下列各项数据：各种物料（原料、半成品、成品）的浓度、纯度和组成；反应物的配料比；阶段收率和车间总收率；转化率和选择性等。

（1）收率

产品的收率是指在一定反应条件下，产品实际得到的量与按某一反应物进料量计算时理论上应生成的产品量的比值，即

$$收率（Y）=\frac{产品实际得到的量}{按某一反应物进料量计算的理论产量}\times100\%$$

（2）转化率

转化率是指在一定反应条件下，某一反应物已消耗的该反应的量与其投料量的比值，即

$$转化率（X）=\frac{已消耗的该反应物的量}{某一反应物的投料量}\times100\%$$

（3）选择性

若反应体系中存在副反应，则在各种主、副产物中，该反应物转化成目标产物消耗的量与该反应物总的消耗量之比称为反应的选择性，即

$$选择性（\varphi）=\frac{反应物转化为目的产物的量}{已消耗的某一反应物的量}\times100\%$$

收率、转化率和选择性三者之间的关系为：收率＝选择性×转化率

甲苯用浓硫酸磺化制备对甲苯磺酸。已知甲苯的投料量为1000kg，反应产物中含对甲苯磺酸1460kg，未反应的甲苯20kg。试分别计算甲苯的转化率、对甲苯磺酸的收率和选择性。

解：化学反应方程式为

$$C_6H_5CH_3 + H_2SO_4 \xrightarrow{110\sim140℃} CH_3C_6H_4SO_3H + H_2O$$

分子量　92　98　172　18

则甲苯的转化率为

$$X_A=\frac{1000-20}{1000}\times100\%=98\%$$

对甲苯磺酸的收率为

$$Y=\frac{1460\times92}{1000\times172}\times100\%=78.1\%$$

对甲苯磺酸的选择性为

$$\Phi=\frac{1460\times92}{(1000-20)\times172}\times100\%=79.7\%$$

(4) 车间总收率

通常，生产一个化学合成药物都是由各种物理及化学反应工序组成。各种工序都有一定的收率，车间总收率与各工序收率的关系为：

$$Y=Y_1Y_2Y_3Y_4\cdots$$

(5) 原料消耗定额

原料消耗定额是指生产1t产品需要消耗各种原料的质量（吨或千克）。对于主要反应物来说，它实际上就是质量收率的倒数。

100kg苯胺（纯度为99%，分子量93）经磺化和精制后制得217kg对氨基苯磺酸钠（纯度为97%，分子量213.2)，求以苯胺计的对氨基苯磺酸钠的收率和苯胺的消耗定额。

解：对氨基苯磺酸钠的收率为 $Y=\dfrac{\dfrac{217\times97\%}{213.2}}{\dfrac{100\times99\%}{93}}\times100\%=92.7\%$

每生产1t对氨基苯磺酸钠，苯胺的消耗定额是$\dfrac{100}{217}=0.461\text{t}=461\text{kg}$

(6) 原料成本与回收率

原料成本一般是指生产一定量的产品所消耗各种物料价值的总和。

$$\text{原料成本}=\sum_{i=1}^{n}\text{原料单耗}\times\text{原料单价}$$

$$\text{原料单耗}=\frac{\text{原料质量}}{\text{主产物质量}}\times100\%$$

回收率是指回收套用的原料（中间体）占投入量的百分比。

$$\text{回收率}(\%)=\frac{\text{回收纯量}}{\text{投料纯量}}\times100\%$$

(7) 操作工时与生产周期

操作工时是指每一个操作岗位从备料起至该岗位操作结束所需的实际作业时间（以小时计），包括工艺操作时间和辅助时间（称量时间、配料时间）。

生产周期是指从本产品（中间体）的第一个岗位备料起到成品（中间体）入库（交下工段）的各个工序操作工时的总和（以工作天数计）。

八、原辅材料、中间体的质量标准

1. 原辅材料、中间体的物理性质和化工常数的测定

为了解决生产工艺和安全措施中的问题，必须测定某些物料与中间体的性质和化工常数，如熔点、沸点、爆炸极限、黏度等。如*N*,*N*-二甲基甲酰胺（DMF）与强氧化剂以一定比例混合时可引起爆炸，必须在中试放大前和中试放大时详细考查DMF的物理性质和安全防护数据。

2. 原辅材料、中间体、成品质量标准的制定

《药品生产质量管理规范》（2010年版）第一百六十四条中明确规定：物料和成品应当有经

批准的现行质量标准；必要时，中间产品或待包装产品也应当有质量标准。这就意味着药品生产所需的原辅材料和包装材料等必须有质量标准。质量标准可以分为法定标准、行业标准、企业标准。

无任何标准的物料不得用于原料药生产，质量管理部门应制定和修订物料、中间产品和产品的内控标准和检验操作规程，应制定取样和留样制度。因此，应根据中试研究的结果制定或修订原辅材料、中间体和成品的质量标准，以及分析检验方法。

一般来说内控标准应重点考虑以下几个方面：①对名称、化学结构、理化性质要有清楚的描述；②要有具体的来源，包括生产厂家和简单的制备工艺；③提供证明其含量的数据，对所含杂质情况（包含有毒溶剂）进行定量或定性的描述；④对于不符合内控标准的原料或试剂，应对其精制方法进行研究，这样有利于对工艺和终产品的质量进行控制；⑤如果需要采用原料或试剂进行特殊反应，对其质量应有特别的要求，如对于必须在干燥条件下进行的反应，需要对起始原料或试剂中的水分含量进行严格的要求和控制。

九、安全生产与“三废”防治措施

中试阶段，物料处理量增大，安全生产与“三废”问题就显得尤为重要。在原料药制备研究的过程中，“三废”的处理应符合国家对环境保护的要求。在中试工艺研究中需考虑减少“三废”的产生，提升“三废”的回收和循环套用，结合生产工艺制订合理的“三废”处理方案，对剧毒、易燃、易爆的废弃物应提出具体的处理方法。

十、生产工艺规程与标准操作规程

中试放大研究结束以后，按照中试条件进行试生产，试生产稳定后，应当根据工艺验证和原料药工艺路线、反应条件、工艺流程图、化学原料的来源及质量标准、主要中间体、产品的精制及质量控制方法等结果制定生产工艺规程和标准操作规程，为工业化生产做准备。

药品生产工艺规程贯通于药品生产的全过程，药品生产必须严格遵守药品生产工艺规程，不得任意更改，如需更改，应按制定时的程序办理修订、审批手续。根据原料药制备工艺研究指导原则，向国家药品监督管理局（NMPA）申报新药时提交的原料药制备工艺的研究资料及文献资料（其中包括试制路线、反应条件、工艺流程图、化学原料的来源及质量标准、主要中间体、产品的精制及质量控制方法等内容），是药品生产单位制定生产工艺规程、标准操作规程的依据。

《药品生产质量管理规范》（2010年版）也明确规定了药品生产必须制定生产工艺规程和标准操作规程，并在生产过程中严格按照这些规程进行生产。

1. 生产工艺规程

药品生产工艺规程在GMP中规定为为生产特定数量的成品而制定的一个或一套文件，包括生产处方、生产操作要求和包装操作要求，规定了原辅料和包装材料的数量、工艺参数和条件、加工说明（包括中间控制）、注意事项等内容。

生产工艺规程是企业组织与指导生产的主要依据，是技术管理工作的基础。制定生产工艺规程的目的是为药品生产各部门提供必须共同遵守的技术准则，以保证生产的批次之间尽可能地与原工艺相符合，保证产品的质量。

不同原料药生产企业制定的生产工艺规程也略有不同，但大体内容基本可分为四个部分：

（1）封面与首页

封面上应明确本工艺规程是某一产品的生产工艺规程，明确生产文件编号，明确编制人、审核人、批准人签字及日期，明确批准执行日期和分发部门。

（2）目录

生产工艺规程可分为若干单元。目录中应注明单元标题及所在页码。

（3）正文

正文是生产工艺规程的核心部分，应根据本企业的产品和药品GMP的要求来制定原料药生产工艺规程。原料药生产工艺规程正文主要内容如下：①产品概述；②原辅材料、包装材料规格及质量标准；③化学反应过程及生产流程图；④生产工艺过程；⑤中间体、成品质量标准；⑥主要设备及生产能力一览表；⑦原辅材料消耗定额、能源消耗定额及技术指标；⑧综合利用及“三废”治理；⑨技术安全及劳动保护；⑩操作工时与生产周期；⑪劳动组织与岗位定员；⑫物料平衡图。

(4) 附录和附页（相关文件、修订历史等）

附录和附页部分不同企业其内容略有差异，但基本包括两个方面：一方面是对正文内容所作的补充；另一方面是用以帮助理解标准的内容，以便于正确掌握和使用。

附录包括有关理化常数、曲线、图表、计算公式、换算表等；附页主要是供修改时使用，一般为修改登记表，有批准日期、修改内容及修改依据等。

维生素 BT 生产工艺规程见附录四。

2. 标准操作规程

标准操作规程（standard operation procedure，SOP）是制药企业将某个岗位、某台设备的标准操作步骤和要求以统一的格式描述出来并经企业批准的文件。如酯化岗位标准操作规程、结晶罐标准操作规程、纯化水系统清洁标准操作规程等。生产工艺规程和标准操作规程之间有着广度和深度的关系，前者体现了标准化，后者反映的则是具体化。

不同制药企业根据各自生产需求制定相应的标准操作规程，格式内容也并非完全一致。但内容主要包括两个部分：表头和正文。

(1) 表头

表头内容包括题目、编号（码）、制定人及制定日期、审核人及审核日期、批准人及批准日期、颁发部门、生效日期、分发部门、页码等。

(2) 正文

正文内容包括 SOP 编写目的，操作范围及条件［所属生产（或管理）部门、产品、岗位、适用范围］，操作步骤或程序（准备过程、操作过程、结束过程），采用原辅材料（中间产品、包装材料）的名称、规格、操作标准，操作过程复核与控制，操作过程的安全事项与注意事项，操作中使用的物品、设备、器具等。

干燥岗位标准操作规程如下所示：

题目	干燥岗位标准操作规程			编码：	页码：
制定人		审核人		批准人	
制定日期		审核日期		批准日期	
颁发部门	GMP 办	颁发数量		生效日期	
分发单位	生产部　车间干燥岗位				

目的：建立干燥岗位标准操作规程，使物品干燥符合 GMP 生产要求。

适用范围：适用于干燥的岗位操作。

责任者：操作者、QA 质监员、车间工艺员。

标准操作规程：

① 检查干燥设备的清洁卫生。

② 检查物品是否符合药品生产工艺要求，有无异物。

③ 将湿物品均匀置于干燥设备内进行干燥。

④ 按《干燥设备安全操作规程》及工艺要求进行操作，温度从低到高逐渐升高，并随时检查，并按工艺要求翻料，使物品干燥符合要求即可。

⑤ 干燥好的物品冷却至室温或接近室温时，装入洁净的干燥桶中。

⑥ 装桶时，注意将物料倒干净，防止物料损失。

⑦ 正确填写盛装单，注明品名、批号、数量，并放入每桶中。

⑧ 按《干燥设备清洗操作规程》搞好清洁卫生。

第三节　工艺流程设计技术

实验室阶段主要进行玻璃仪器的小型试验，各个单元反应的操作连续性较弱，物料走向及生产过程不易用工艺流程来描述。中试放大阶段可以看作是工业化生产的小型模拟化生产阶段，这一阶段的设备、管道、阀门、自控系统均满足中试生产的需求，此时就需要根据工艺过程完成中试车间工艺流程的设计，进而为工业化生产做好准备。

工艺流程设计的成品通过图解形式表示，即工艺流程图，它形象地反映了制药生产由原料到产品的全部过程，即物料和能量的变化、物料的流向以及生产中所经历的工艺过程和使用的设备、仪表等，集中地概括了整个生产过程的全貌。

工艺流程设计是一个比较繁琐的过程，会涉及许多技术问题，如工艺流程方案比较、单元操作的合理设计、生产方式的选择、物料的回收与套用、能量的回收与利用、夹套设备综合管路设计、自控流程设计、安全技术和制药流程新技术等。

思政小课堂

工艺流程设计激发创新思维

创新是引领发展的第一动力，抓创新就是抓发展，谋创新就是谋未来。工艺流程的设计可以充分激发学生们的创新思维，将专业知识与自己的设计理念融为一体，设计出绿色、先进、实用、高效的工艺流程。

一、工艺流程方案比较

工艺流程设计中的方案比较实际是过程优化，可以采用人工比较法和计算机比较法。对于给定的工艺路线，工艺过程所规定的操作条件或参数如反应温度、压力、流量、时间等是不能随意改变的，但可以采用不同的工艺流程方案，通过方案比较来确定一条最优的技术方案。进行工艺流程方案比较首先要明确评判标准，工业上常用的判据有产物收率、原材料单耗、能量单耗、产品成本、工程投资等。此外，也要考虑环保、安全、占地面积等因素。

在间壁传热设计中，可以选用的换热器形式很多，如夹套式、列管式、蛇管式等，需要通过工艺流程方案比较才能确定哪一种换热器形式最适合。固液混合物的分离，可以选用的分离方法很多，如离心沉降、重力沉降等，但哪一种分离方法最好，也要通过工艺流程方案比较才能确定。下面通过具体事例来进行过滤流程方案比较、硝化后处理流程方案比较。

1. 过滤流程方案比较

在药品精制中，粗品常先用溶剂溶解，然后加入活性炭脱色，最后再滤除活性炭等固体杂质。假设溶剂为低沸点易挥发溶剂，选定过滤速度和溶剂收率为方案比较的评判标准。试确定适宜的过滤流程。

方案一：常压过滤方案，其工艺流程如图 3-1 所示。方案二：真空抽滤方案，其工艺流程如图 3-2 所示。

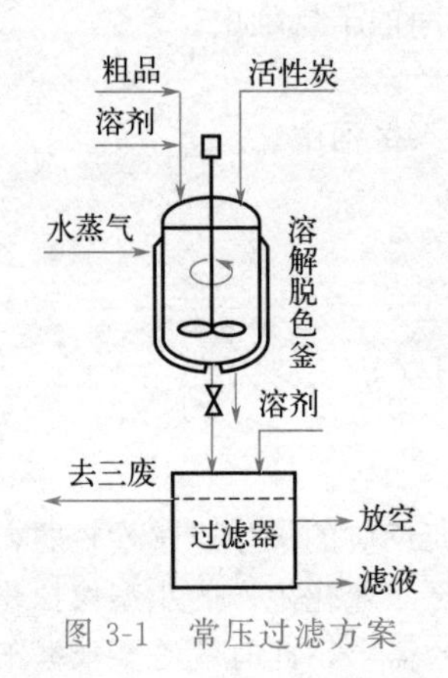

图 3-1　常压过滤方案

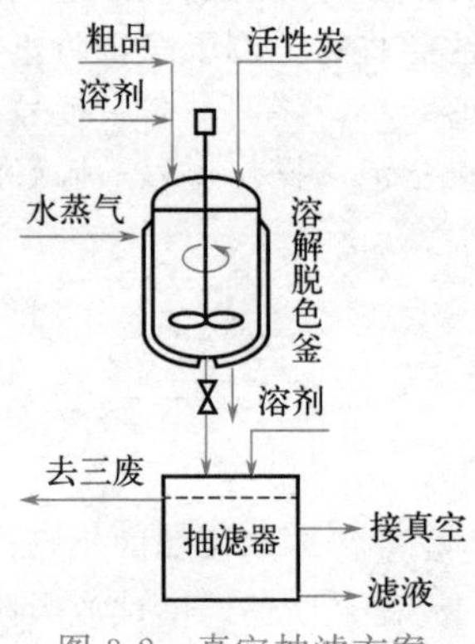

图 3-2　真空抽滤方案

方案比较：方案一采用常压过滤方案虽可滤除活性炭等固体杂质，但过滤速度较慢，因而不宜采用。方案二采用真空抽滤方式，过滤速度明显加快，从而克服了方案一过滤速度较慢的缺陷，但由于出口未设置冷凝器，因而易造成大量低沸点溶剂的挥发损失，使溶剂的收率下降，故该方案不太合理。

方案三：真空抽滤-冷凝方案，其工艺流程如图 3-3 所示。方案四：加压过滤方案，其工艺流程如图 3-4 所示。

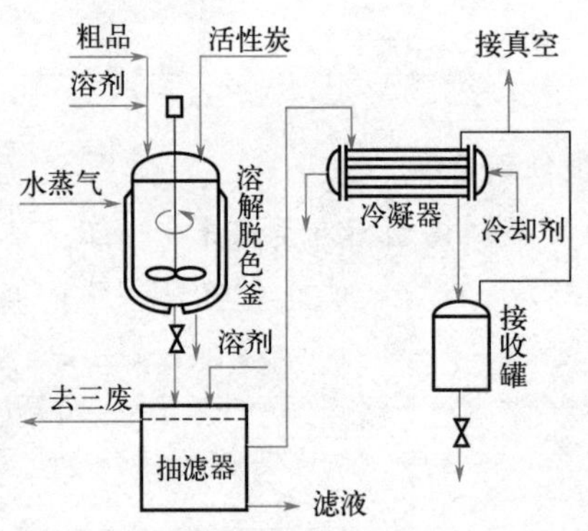

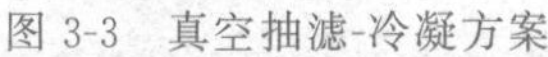
图 3-3　真空抽滤-冷凝方案

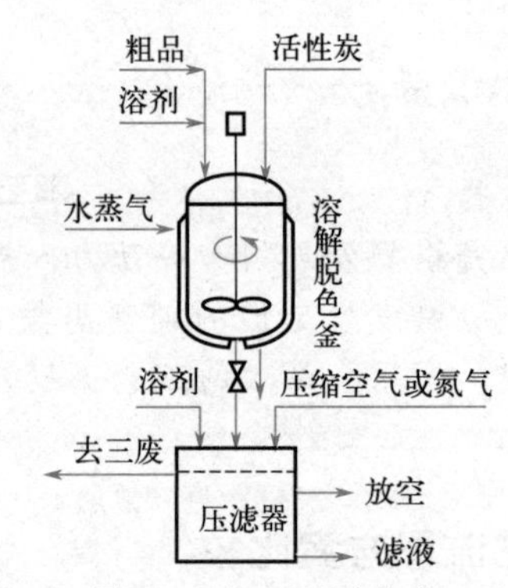

图 3-4　加压过滤方案

方案比较：方案三同方案二比较，两方案均为真空抽滤，但方案三接真空的同时在抽滤器出口设置了冷凝器，可回收低沸点溶剂，从而减少了溶剂的挥发损失，提高了溶剂的收率，因而较为合理。方案四是在压滤器上部通入压缩空气或氮气，即采用加压过滤方式，过滤速度也较快，且不易造成溶剂的挥发损失，因而较为合理。

综合上述四个过滤流程方案可以看出，为了减少低沸点溶剂在热过滤时的挥发损失，一般应采用加压过滤，而不宜采用真空抽滤。若一定要采用真空抽滤，则在流程中必须考虑增加冷却回收装置，以减少低沸点溶剂的挥发损失。

2. 硝化后处理流程方案比较

氯苯用混酸硝化可制备混合硝基氯苯。已知混酸的组成为：HNO_3 47%、H_2SO_4 49%、H_2O 4%；氯苯与混酸中 HNO_3 的摩尔比为 1∶1.1；反应开始温度为 40～55℃，并逐渐升温至 80℃；硝化时间为 2h；硝化废酸中含硝酸小于 1.6%，含混合硝基氯苯为获得混合硝基氯苯量的 1%。试通过方案比较，确定适宜的硝化后处理工艺流程。

首先选定混合硝基氯苯的收率以及硫酸、硝酸及氯苯的单耗作为方案比较的评判标准。

方案一：硝化-分离方案。该方案将分离后的废酸直接出售，其工艺流程如图 3-5 所示。

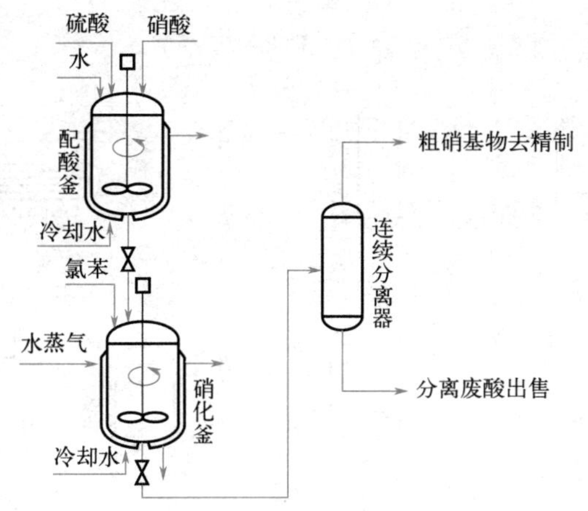

图 3-5　硝化-分离方案

方案一将分离后的废酸直接出售，这一方面要消耗大量的硫酸，使硫酸的单耗居高不下；另一方面，由于废酸中还含有未反应的硝酸以及少量的硝基氯苯，直接出售后不仅使硝酸的单耗增加，混合硝基氯苯的收率下降，而且存在于废酸中的硝酸和硝基氯苯还会使废酸的用途受到限制。

方案二：硝化-分离-萃取方案。其工艺流程如图 3-6 所示。

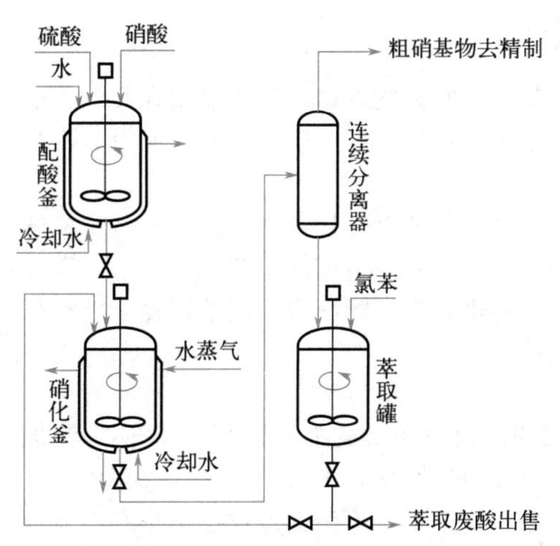

图 3-6　硝化-分离-萃取方案

方案二中，将氯苯和硝化废酸加入萃取罐后，硝化废酸中残留的硝酸将继续与氯苯发生硝化反应，生成硝基氯苯，从而回收了废酸中的硝酸，降低了硝酸的单耗。同时，生成的混合硝基氯苯与硝化废酸中原有的混合硝基氯苯一起进入氯苯层，从而提高了混合硝基氯苯的收率。

方案比较：与方案一相比，方案二在硝化-分离之后，增加了一道萃取工序，增加了废酸中硝酸的二次利用率，降低了硝酸的单耗，同时提高了产物混合硝基氯苯的收率。但在方案二的萃取废酸中仍含有1.2%～1.3%的原料氯苯（参见图 3-7），将其直接出售，不仅使硫酸的单耗居高不下，而且会增加氯苯的单耗。此外，存在于废酸中的氯苯也会使废酸的用途受到限制。

方案三：硝化-分离-萃取-浓缩方案。其工艺流程如图 3-7 所示。

方案比较：与方案二相比，方案三在萃取之后又增加了一道废酸的减压浓缩工序，萃取后的废酸经减压浓缩后可循环使用，从而大大降低了硫酸的单耗。同时，由于氯苯与水可形成低

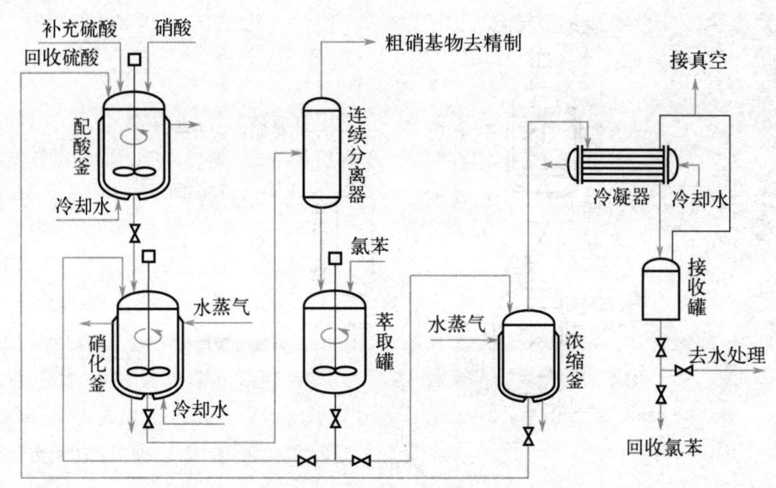

图 3-7 硝化-分离-萃取-浓缩方案

共沸混合物，浓缩时氯苯将随水一起蒸出，经冷却后可回收其中的氯苯，从而降低了氯苯的单耗。

综合上述三个硝化后处理流程的方案比较不难看出，若以混合硝基氯苯的收率以及硫酸、硝酸和氯苯的单耗作为方案比较的评判标准，方案三最佳，方案二次之，方案一最差。

二、单元操作的流程设计

工业化的过程是非常复杂的，实验室仅需几只玻璃瓶和几台普通仪器、设备即可完成的工艺过程，在实现工业化时因要考虑一系列相互关联的因素而变得非常复杂。因此，我们要合理设计各个单元操作，完善工艺流程。

产品的工业生产过程都是由一系列单元操作或单元反应所组成的。在工艺流程设计中，常以单元操作或单元反应为中心，建立与之相适应的工艺流程。下面通过具体实例硝化混酸配制的工艺流程来学习。工业生产中，硝化混酸的配制常在间歇搅拌釜中进行，试以搅拌釜为中心，完善硝化混酸配制过程的工艺流程。

流程设计思路分析如下：

① 在实验室配制硝化混酸的过程非常简单，只要用烧杯作容器，按规定的配比将浓硫酸以细流缓慢加入水中，并不断用玻璃棒搅拌，再将硝酸加入烧杯中，并用玻璃棒搅拌均匀即可。但工业上混酸的配制过程就不那么简单了，不但混酸过程不用水而且加料次序因考虑设备腐蚀问题也与实验室不同，同时还需要考虑各种设备相互关联的因素。

② 配制混酸需有一台搅拌釜，并考虑到混酸配制过程是一个放热过程，还需要有控温的装置，搅拌釜可带有夹套，以便操作时在夹套中通入冷却介质冷却降温。

③ 配制硝化混酸所用的原料硫酸和硝酸须有一定的贮存量，因此要设置硫酸贮罐和硝酸贮罐。

④ 混酸配制采用间歇操作，为保证硫酸与硝酸的配比，应设置硫酸计量罐和硝酸计量罐。

⑤ 考虑将硫酸、硝酸和废酸由贮罐送入计量罐的合理加料方式。如采用泵输送时，应设置相应的送料泵。此外，为防止工作人员失误使硫酸、硝酸或废酸溢出计量罐，可在计量罐和贮罐之间设置溢流管。

⑥ 在生产上，为降低生产成本可进行物料的回收套用。因此，在配制一定浓度的混酸时，通常不采用硫酸、硝酸和水直接配制，而是用硝化后回收的废酸来调配。流程设计时还应考虑设置废酸贮罐和废酸计量罐。

⑦ 贮存配制好的硝化混酸，应设置相应的混酸贮罐。

根据以上流程设计思路，最终设计出的工业混酸配制工艺流程如图 3-8 所示。

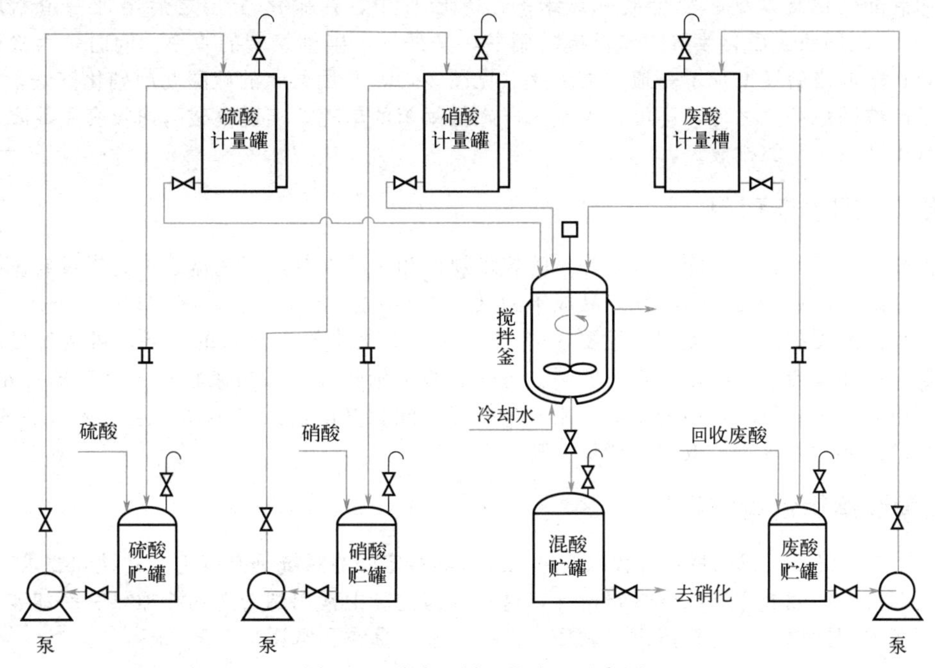

图 3-8　混酸配制工艺流程示意图

三、生产方式的选择

药品生产过程中有多种生产方式，可以采用连续生产，也可以采用间歇生产，还可以采用连续和间歇生产相组合的联合生产方式，但哪一种生产方式最好，需要对整个工艺流程进行综合考量才能确定。

1. 连续生产方式

连续生产方式具有生产能力大、产品质量稳定、易实现机械化和自动化、生产成本较低等优点。因此，当产品的生产规模较大、生产水平要求较高时，应尽可能采用连续生产方式。但连续生产方式的适应能力较差，装置一旦建成，要改变产品品种往往非常困难，有时甚至要较大幅度地改变产品的产量也不容易实现。

2. 间歇生产方式

药品生产一般具有规模小、品种多、更新快、生产工艺复杂等特点，而间歇生产方式具有装置简单、操作方便、适应性强等优点，尤其适用于小批量、多品种的生产，因此，间歇生产方式是制药工业中的主要生产方式。

3. 联合生产方式

联合生产方式是一种组合生产方式，其特点是产品的整个生产过程是间歇的，但其中的某些生产过程是连续的，这种生产方式兼有连续和间歇生产方式的一些优点。

在制药工业中，全过程采用连续生产方式的并不多见，绝大多数采用间歇生产方式，少数采用联合生产方式。但随着现代制药设备的不断发展，先进的设备和技术层出不穷，制药工业的生产方式也在不断向联合生产方式发展。

四、物料的回收与套用

物料的回收与套用，可降低原辅材料消耗，提高产品收率，是降低产品成本的重要措施。全流程中所排出的“三废”要尽量综合利用，对于一些暂时无法回收利用的，则需进行妥善处理，达到环保排放标准。

在用混酸硝化氯苯制备混合硝基氯苯的工艺流程中，在硝化-分层之后增加一道萃取工序（见图 3-6），既回收了硝化废酸中未反应的硝酸，又提高了硝基氯苯的收率。同时，为降低硫酸的单耗，在萃取之后又增加了一道浓缩工序（见图 3-7），并用回收的硫酸配制硝化混酸，从而大大降低了硫酸的单耗。另外，还可回收氯苯，降低氯苯的单耗，实现废酸的回收套用，降低原料成本，减少“三废”的排放。

五、能量的回收与利用

载能介质（蒸汽、水、冷冻盐水等）的技术规格和流向在制药工艺流程中尤为重要。提高能量利用率，降低能量单耗，是降低产品成本的又一重要措施。

在硝化混酸配制的工艺流程（见图 3-8）设计中，为减少输送物料的能耗，可将计量罐布置在最上层，搅拌釜居中，贮罐布置在底层。这样硫酸、硝酸和废酸由泵输送至相应的计量罐后，可充分利用设备垂直位差，借助于重力流入搅拌釜，配制好的混酸再借助于重力流入混酸贮罐，既满足生产工艺的需求又有效节约能量消耗。

六、夹套设备综合管路设计

由若干单元设备组成的特定过程以及单元设备的特定管路系统具有一定的共性和要求。图 3-9 所示为夹套设备的载能介质综合管路设计，这是制药生产中常用到的多功能加热、冷却装置，它遵循配管四进四回原则（包括蒸汽、循环水、冰盐水、真空和空压）。

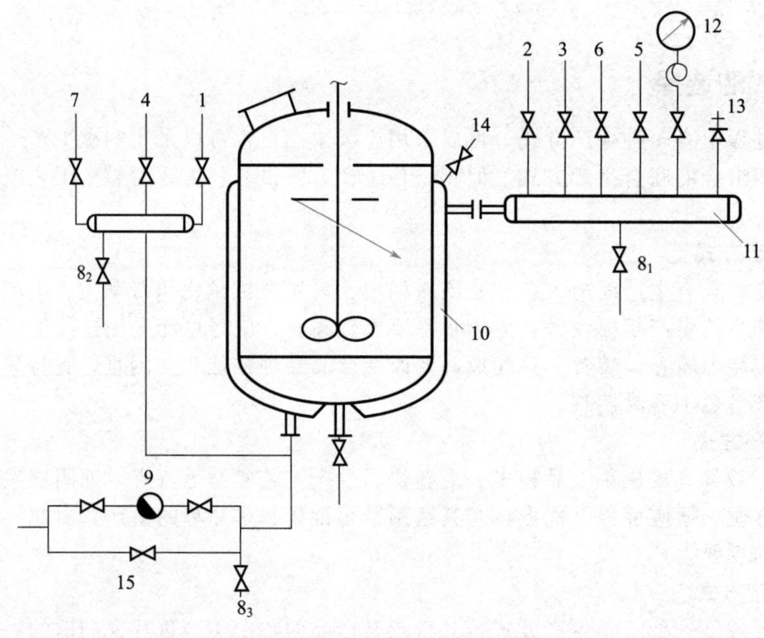

图 3-9　夹套设备综合管路设计

1,3—水管；2—蒸汽管；4—进盐水管；5—回盐水管；6—压缩空气管；7—压回盐水管；8_1～8_3—排水管；9—疏水器；10—夹套；11—混合器；12—压力表；13—安全阀；14—排空气阀；15—疏水器旁路管

1. 蒸汽加热

管路 2、疏水器旁路管 15 及装有疏水器 9、压力表 12、安全阀 13、排空气阀 14 的管路共同构成蒸汽夹套加热系统管路。蒸汽经管路 2 进入夹套，加热后冷凝水经装有疏水器 9 的管路排出（俗称“上进下出”）。水蒸气作载能介质时，其载送的热量主要部分是相变热。为了有效地利用蒸汽热量，必须及时地将冷凝水排放，但不能将未冷凝的蒸汽排放，因此须安装汽水分离器（又

称疏水器）。疏水器9应水平安装，并配旁路管15，安装位置要低于设备0.5m以下，便于冷凝水排放。正常生产时疏水器的前后阀门都打开，疏水器旁路管15上的阀门关闭，旁路管15主要用于检修和排放设备开始运行时的大量冷凝水。压力表12用于指示蒸汽的压力；安全阀13用于夹套内蒸汽超过规定压力时自动开启并泄压；夹套的排空气阀14，启动时可排除夹套内的空气和不凝性气体。

2. 汽-水混合物加热

管路3、2和8_2的阀门打开，其余的阀门关闭，就可实现汽-水混合物加热物料。蒸汽由管路2进，水由管路3进，两者在混合器（又称分配站）11内直接混合成汽-水混合物进入夹套，通过管路8_2排出（俗称“上进下出”）。汽-水混合物加热的特点是放热量小，温度变化速度较慢，适于制药生产中要求加热比较温和的情况。

3. 冷却水冷却

水管1和排水管8_1的阀门打开，其余阀门全关闭，就可实行冷水冷却。冷水由水管1进夹套，从排水管8_1排出（俗称“下进上出”）。夹套内载能介质需要更换时，剩余的冷却水可从釜底排水管8_3排出。

4. 冷冻盐水冷却

釜内物料需要深冷可将载能介质换为冷冻盐水，管路4、5、6和7是实现冷冻盐水冷冻操作的管路。冷冻盐水由管4进入夹套，经管5排出（俗称“下进上出”）。由于盐水成本较高，使用完后必须送回盐水池。在冷却操作完后，关闭管路4、5的阀门，打开管路6、7的阀门，用压缩空气经管路6将夹套中残余的盐水经管路7压回盐水池中循环套用。

根据工艺要求，在一台设备中可能先后需要进行几种单元反应或单元操作，前后操作温差有时会较大。为了避免冷冻盐水、蒸汽的浪费以及设备的损坏，通常应该缓慢地降低或上升温度，因而不能由冷冻盐水冷却直接改换成蒸汽加热，反之也不行。

例如生产工艺先要求在－10℃下进行反应，反应完后，工艺要求在120℃下进行蒸馏。此时如用冷冻盐水冷冻到－10℃，随后直接用蒸汽加热到120℃，则蒸汽消耗量会很大，同时搪玻璃釜也会因温差过大造成搪玻璃面与金属釜体两种材质膨胀系数不同，出现搪玻璃面与金属釜体的剥离。解决的办法是用压缩空气将盐水压回盐水池，改用常温水升温，排水，再用蒸汽加热。如果使用完盐水后间隔时间较长，则可以直接用蒸汽升温。为了避免冷冻盐水、蒸汽的浪费，在通入这两种介质前夹套内要排空，不能有别的残留物（如冷凝水）。

七、自控流程设计

自控流程是自动控制流程的简称，即用自动化装置代替操作人员来管理和控制制药生产过程。自控水平的高低在很大程度上反映了一个制药企业的技术水平，现代制药企业对仪表和自控水平的要求越来越高。在工艺流程设计中，需要控制的工艺参数如温度、压力、浓度、流量、流速、pH值、液位等，都要确定适宜的检测位置、检测仪表及控制方案。下面主要介绍换热器的自控流程设计及釜式反应器的自控流程设计。

（一）换热器的自控流程设计

药品生产中所用的换热器种类很多，特点不一。由于传热目的不同，换热器的被控变量也不完全相同。多数情况下，换热器的控制变量一般有流体温度、流体流量和压力等。现以典型的列管式换热器为例讨论温度的控制方案。常用的控温方法有调节换热介质流量、调节传热面积。

1. 调节换热介质流量

调节换热介质流量是最常用的控制温度的方法。换热器加热介质或冷却介质的进口流量能引起料液出口温度的显著变化，因此控制加热介质或冷却介质的进口流量，可以有效控制料液出口温度，效果较好。调节加热介质流量自控温流程如图3-10所示。调节冷却介质流量自控温流程如图 3-11 所示。

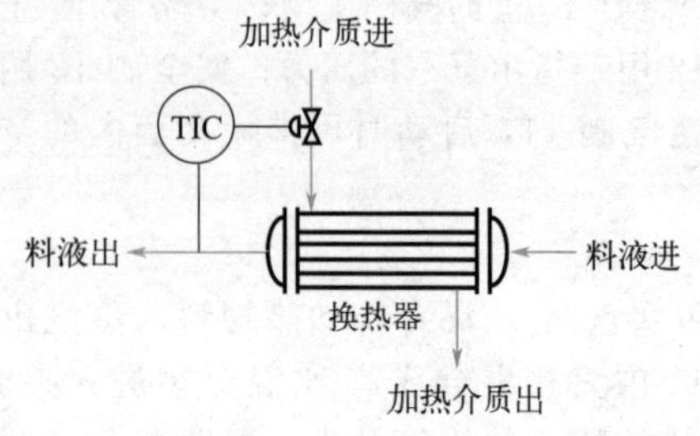

图 3-10 调节加热介质流量自控温流程

TIC—温度显示控制

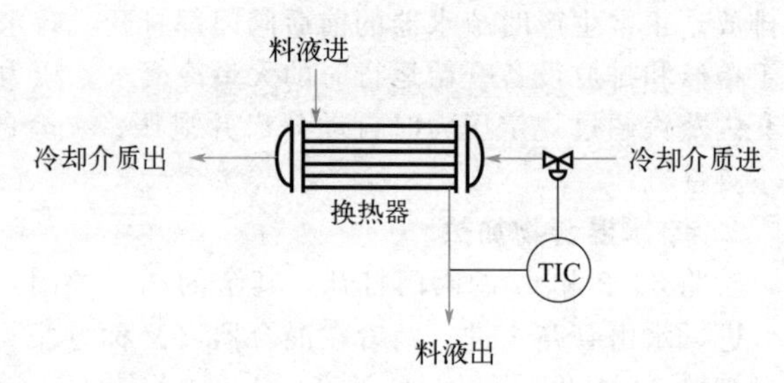

图 3-11 调节冷却介质流量自控温流程

2. 调节传热面积

调节传热面积自控温流程如图 3-12 所示，调节阀装在冷凝水管路上，若出口冷凝水的温度高于给定值，则调节阀的开度将自动关小，冷凝液积聚，使得有效传热面积减小，传热量随之减小，直至平衡为止，反之亦然。此方法调节传热量的变化比较和缓，可以防止局部过热，比较适合热敏性料液的控温。但缺点是要求换热器的传热面积较大，温度调节滞后。

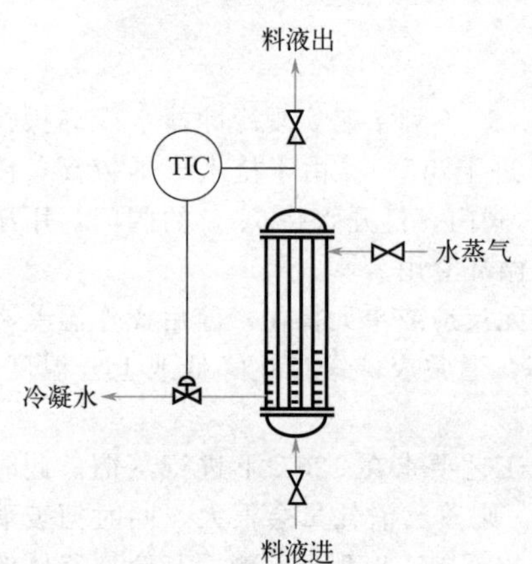

图 3-12 调节传热面积自控温流程

（二）釜式反应器的自控流程设计

反应器是原料药生产的常用设备，其控制变量主要有温度、时间、进料量、压力等。现以釜式反应器为例，介绍釜式反应器的温度自控流程和进料量自控流程。

1. 温度自控流程

制药单元反应大多具有一定的温度要求，只有根据工艺要求对反应温度进行有效控制，才能提高产品收率、保证正常的生产。釜式反应器温度自控流程主要有：改变进料温度调釜温、改变载能介质流量调釜温。

（1）改变进料温度调釜温

改变进料温度调釜温是物料进入釜式反应器之前通过换热器进行热交换，从而控制进料温度，达到控制釜式反应器内部温度的目的，如图 3-13 所示。此法比较方便，但温度滞后严重。

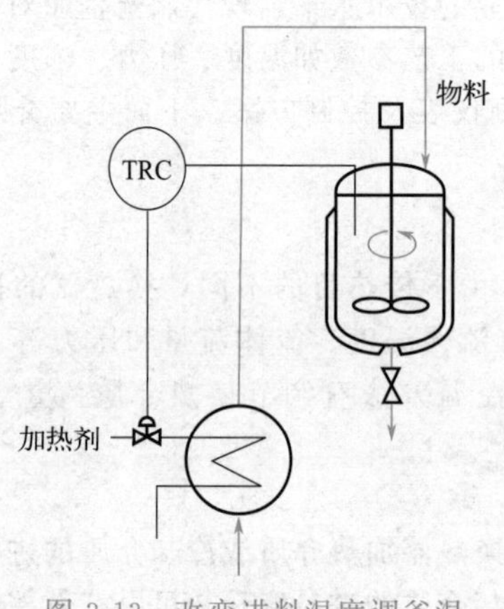

图 3-13 改变进料温度调釜温

TRC—温度记录控制

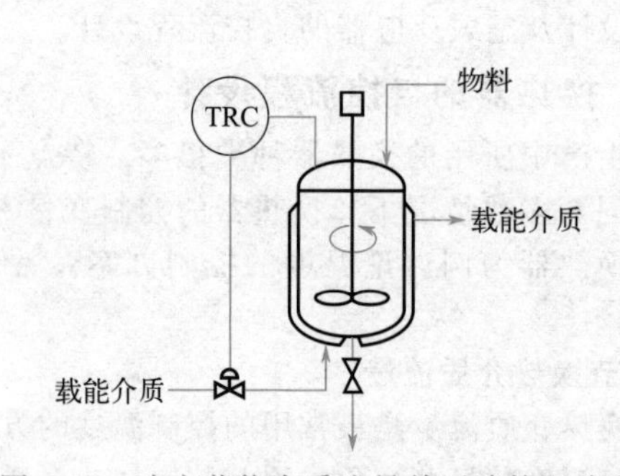

图 3-14 改变载能介质流量单回路控温流程

(2) 改变载能介质流量调釜温

釜式反应器的温度控制方法很多，但改变载能介质流量调釜温是最常用的方法。

① 改变载能介质流量单回路控温流程。改变载能介质流量的单回路控温流程是通过改变载能介质流量的方法来控制釜内温度，如图 3-14 所示。此法流程简单，使用仪表较少。缺点是当釜内物料较多时，温度滞后严重。同时载能介质流量相对较小，釜温与载能介质温差较大，易造成局部过热或过冷现象。因此，该方案常用于对温度控制要求不高的场合。

② 釜温与载能介质流量串级控温流程。针对釜式反应器温度滞后比较严重的特点，可采用釜温与载能介质流量串级温度控制方案。图 3-15 是将反应温度与载能介质流量串接的温度控制方案，该方案以载能介质流量为副参数，对克服载能介质流量的干扰较及时有效，但不能反映载能介质温度变化的干扰。

③ 釜温与夹套温度串级控温流程。图 3-16 是将反应温度与夹套温度串级的温度控制方案，该方案以夹套温度为副参数，不仅可反映载能介质温度方面的干扰，而且对反应器内温度的干扰也有一定的反映，是较为理想的控温流程。

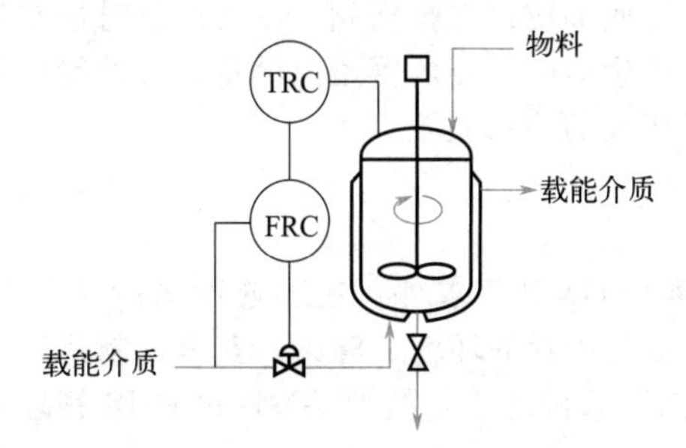

图 3-15 釜温与载能介质流量串级控温流程

FRC—流量记录控制

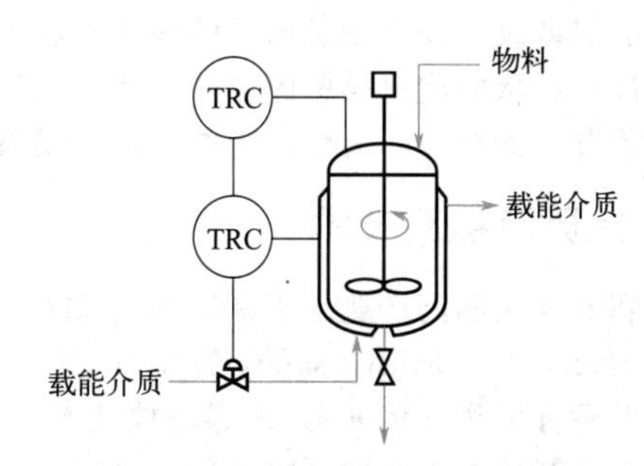

图 3-16 釜温与夹套温度串级控温流程

2. 进料量自控流程

各种进料之间的配比是单元反应的重要工艺条件，因此对反应器进料流量以及流量比进行控制是十分必要的。

(1) 物料流量单独控制方案

当反应器为多种原料进料时，为保证各股物流的稳定，可以对每股物料设置一个单回路控制系统，这样既可使各股原料的进料量保持稳定，又可使各原料之间的配比符合规定要求，如图 3-17 所示。

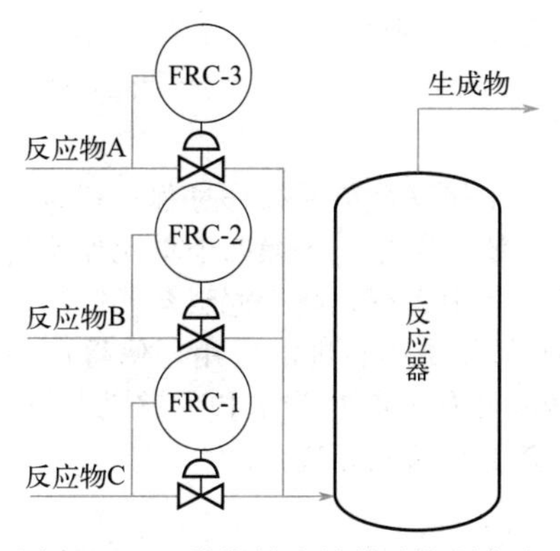

图 3-17 三种物料流量单独控制方案

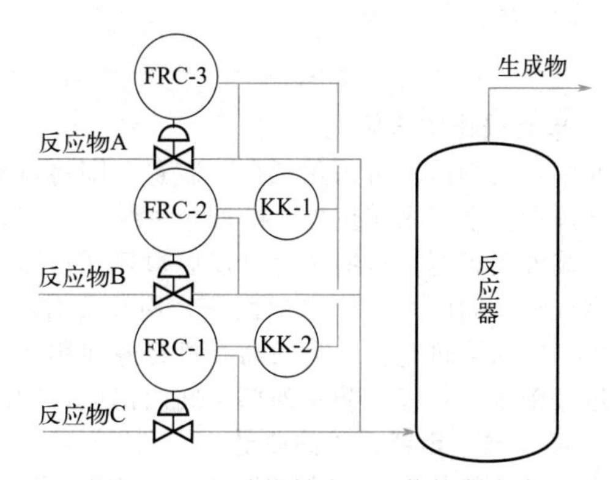

图 3-18 三种物料流量比值控制方案

(2) 物料流量比值控制方案

在物料流量单独控制方案的基础上增设比值器可精准控制各原料之间的配比。图 3-18 为三种物料流量比值控制方案，图中 KK-1、KK-2 为比值系数，根据工艺要求来设置，其中物料 A 为主物料，B、C 为辅助物料。

八、安全技术问题

在药品生产中，所用的物料常常是易燃、易爆或有毒的物质，因此安全问题十分重要。在工艺流程设计中，对设备或装置在开车、停车、检修、停水、停电、正常运转以及非正常运转情况下可能产生的各种安全问题，应进行认真细致的分析，制定出切实可靠的预防、预警及应急安全措施，杜绝安全隐患及安全事故的发生。

常见的安全措施主要有以下几个方面：①在强放热反应设备的下部可设置事故贮槽，贮槽内贮有足够数量的冷溶剂，遇到紧急情况时可将反应液迅速放入事故贮槽，使反应终止或减弱，以防发生事故；②在含易燃、易爆气体或粉尘的场所可设置报警装置，以防爆炸事故的发生；③对可能出现超压的设备，可根据需要设置安全水封、安全阀或爆破片；④当用泵向高层设备中输送物料时可设置溢流管，以防冲料；⑤在低沸点易燃液体的贮罐上可设置阻火器，以防火种进入贮罐而引起事故；⑥当设备内部的液体可能冻结时，其最底部应设置排空阀，以便停车时排空设备中的液体，从而避免设备因液体冻结而损坏；⑦对可产生静电火花的管道或设备，应设置可靠的接地装置；⑧对可能遭受雷击的管道或设备，应设置相应的防雷装置。

九、制药流程新技术

随着现代制药产业的不断发展，制药生产除了执行 GMP 要求外，还要遵循国际化的 EHS（environment、health、safety 的缩写）管理体系，注重生产者的环境、健康、安全，制药工业过程挥发性有机物（VOCs）近零排放技术就成为关键控制条件之一。按照 GMP 和 EHS 管理体系的要求，制药技术要做到密闭化、管道化、自动化。

知识拓展

EHS 管理体系

EHS 管理体系是环境管理体系（EMS）和职业健康安全管理体系（OHSMS）两个体系的整合。EHS 是环境（environment）、健康（health）、安全（safety）的缩写。EHS 管理体系潜在的效益包括：减少伤害、事故、污染物、废物、经营成本和潜在不利因素，提高可造性、效益、信誉和可信度。EHS 方针是企业对其全部环境、职业健康安全行为的原则与意图的声明，体现了企业在环境、职业健康安全保护方面的总方向和基本承诺。

1. 单元操作的集约化

原料药精制阶段可采用三合一装置，即将过滤、洗涤、干燥三个单元操作过程在三合一装置上一并进行。也可采用更先进的四合一装置，即将结晶、过滤、洗涤、干燥四个单元操作过程在四合一装置上进行。这些装置可使原料药在洁净区的密闭设备中运行，减少原料药暴露环境，降低污染风险。同时，减少占地面积，简化操作工序。又如全自动离心机的应用，使得产品的离心、出料集约化进行。全自动离心机普遍使用下出料，再与具有无缝对接卡扣的移动料仓对接，整个过程密闭性良好，防止外部空间的污染，同时也大大降低了劳动强度。

2. 固体进、出料方式的改进

固体加料量较少时，为避免粉尘的产生，可使用固体的流体输送设备，如斗式提升螺旋输送机等。固体加料量较大时，可设置加料站、真空上料系统、气体输送、锥形阀料斗、吨袋密闭投料等方式。

反应器中活性炭的加入，原工艺流程多用干法进料，通过手孔加入，易造成活性炭粉尘和罐内溶剂的挥发。现在多采用湿法进料，异地配制，确保了卫生与健康。对存在较大职业健康危害的固体物料如致敏性及含激素、高活性等物料可使用吨袋密闭投料的方式，同时尽量使用小袋包装，用真空固体加料机或手套箱进行操作，并佩戴个人防护服及用具。

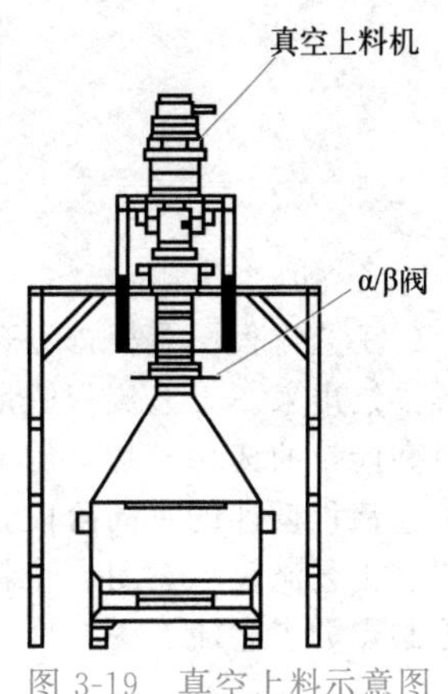

图 3-19　真空上料示意图

对于粉体流动性较好的固体物料，使用符合 GMP 要求的真空上料机并配合无菌分体阀（也称 α/β 阀），即可实现固体物料的密闭转移，避免粉尘的产生，如图 3-19 所示。真空上料机由真空泵、过滤器、吸料管、反吹装置、料斗等部分组成，过滤器能使被输送的物料与空气完全分离，避免物料中进入空气。无菌分体阀分为主动阀和被动阀两部分，分别装在要对接的两个容器上，使每个容器都可以保持密闭状态，对接之前在两片暴露在外的阀片缝隙之间通入汽化过氧化氢灭菌以保证无菌对接。

3. 液体进出料方式的改进

液体物料加料方式可采用压力、真空、重力、各种泵（离心泵、计量泵）。计量方式可采用重量、体积、流量等方法。

液体进出料时需注意以下几点：①液体原料按盛装容器分为储罐储存和料桶储存。来自于罐区的物料在罐区储罐上部应设置氮封，而来自料桶的液体原料也应加设桶盖，防止物料直接暴露。②液体物料加料前宜将整个设备及管路系统进行氮气置换。由于设备及管路系统容积一般较大，置换时可采用先将系统抽真空后再充氮气的方式进行，并在放空处设置采样设施，检测设备及管路系统内部氧含量，以防出现爆炸危险。③本着密闭化的目的，应设置独立的房间或区域进行集中加料，并设置局部排风进行保护。④尽量少用固液分离离心机，避免分离过程中大量气体和液体的溢出。⑤液体进料时，应少用溶剂计量罐，可采用精确计量泵输送，同时避免上料常压排空问题。若需用溶剂计量罐，应在与反应器连接中使用一根平衡管，使计量罐的通气口与反应釜的通气口相连接，既保证了工艺液体的正常流出，又可避免打开反应器的排气管造成的污染，实现了液体从计量罐向反应器和气体从反应器向计量罐的双向平衡流动，实现了管道的密闭加料。如图 3-20 所示。

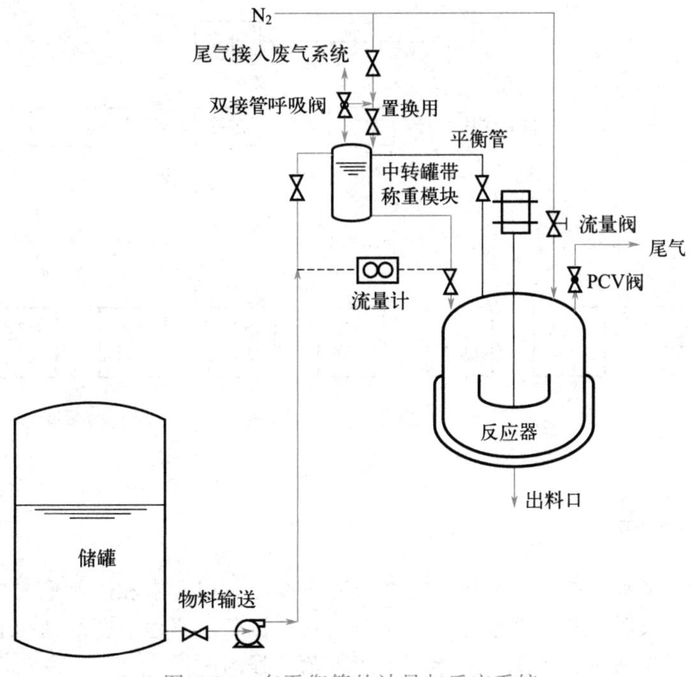

图 3-20　有平衡管的计量与反应系统

第四节　工艺流程图

工艺流程图是根据制药工艺过程把原料到产品的各个生产单元，有序地组合在一起，并用图形描绘出来。工艺流程图形象地反映了制药生产由原料进入到产品输出的全过程，其中包括：物料和能量的变化、物料的流向、产品生产所经历的工艺过程和使用的设备仪表等。一般情况下，工艺流程设计的不同阶段，工艺流程图的复杂程度不同。中试初步设计阶段需绘制工艺流程框图、工艺流程示意图、物料流程图和带控制点的工艺流程图，在施工设计阶段需绘制施工阶段带控制点的工艺流程图。

一、工艺流程框图

工艺流程框图是用文字和框图形式来表明物料、单元操作，并以箭头方式表明物料的流向。它只是定性地标出由原料转化成产品的路线、流向顺序以及生产中所涉及的单元操作。工艺流程框图在中试阶段的工艺路线和生产方法确定之后，即可绘制。它是表示生产工艺过程的一种定性图纸，也是最简单的工艺流程图。

在绘制工艺流程框图时，首先要对选定的工艺路线和生产方法进行全面而细致的分析和研究。在此基础上，确定出工艺流程中所用到的物料、载能介质、各单元反应和单元操作的排列顺序等。图 3-21 是阿司匹林的生产工艺流程框图，图 3-22 是对乙酰氨基酚的生产工艺流程框图。

蒸汽、水
冷冻盐水
水
乙酸酐
水杨酸
酰化
结晶
离心脱水
气流干燥
母液
阿司匹林
包装
过筛
旋风分离

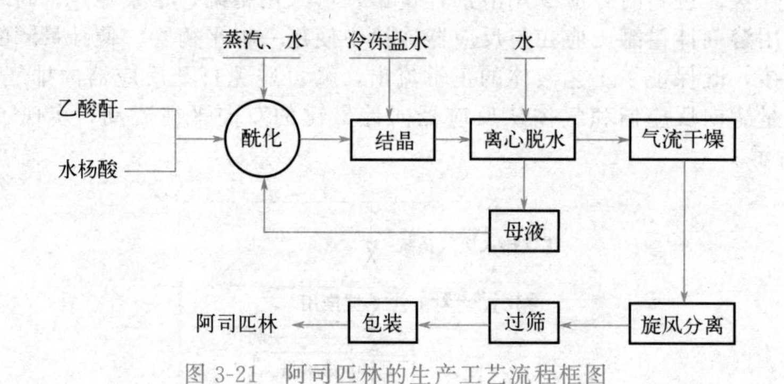

图 3-21　阿司匹林的生产工艺流程框图

浓硫酸
水杨酸
乙酸酐
酰化反应
乙酸酐水解
冷却结晶
水
过滤洗涤
酸母液
水
乙醇
粗品溶解
冷却结晶
水
过滤洗涤
母液
湿成品

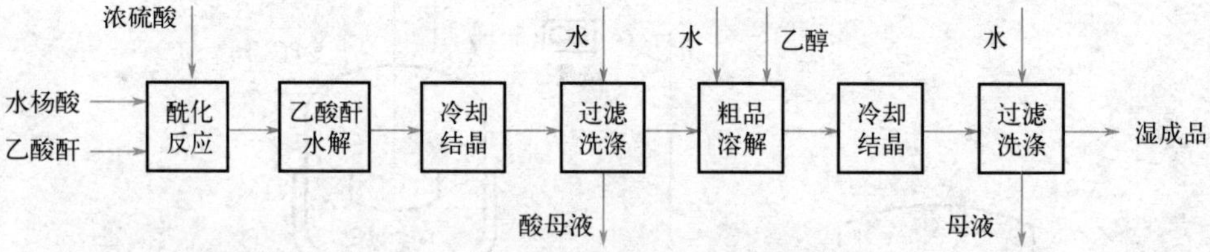

图 3-22　对乙酰氨基酚的生产工艺流程框图

二、工艺流程示意图

工艺流程示意图又称工艺流程草图、工艺流程方案图，用文字和图例形式来表明物料、单元操作，并以箭头方式表明物料、载能介质的流向。它是在工艺流程框图的基础上对工艺过程的进一步完善和细化，用来展示整个工厂或车间生产工艺流程的图样。

工艺流程示意图没有严格比例尺的要求，它只是定性地标出由原料转化成产品的生产过程。在绘制过程中需要综合分析各单元操作排列顺序和组合方式、设备之间的位置关系、物料和载能介质的流向、管道、阀门及控制仪表等。

图 3-23 是阿司匹林的生产工艺流程示意图。图中各单元操作和单元反应的主要设备均以图例（即设备的几何图形）来表示，物料和载能介质的流向以箭头来表示，物料、载能介质和设备的名称以文字来表示。

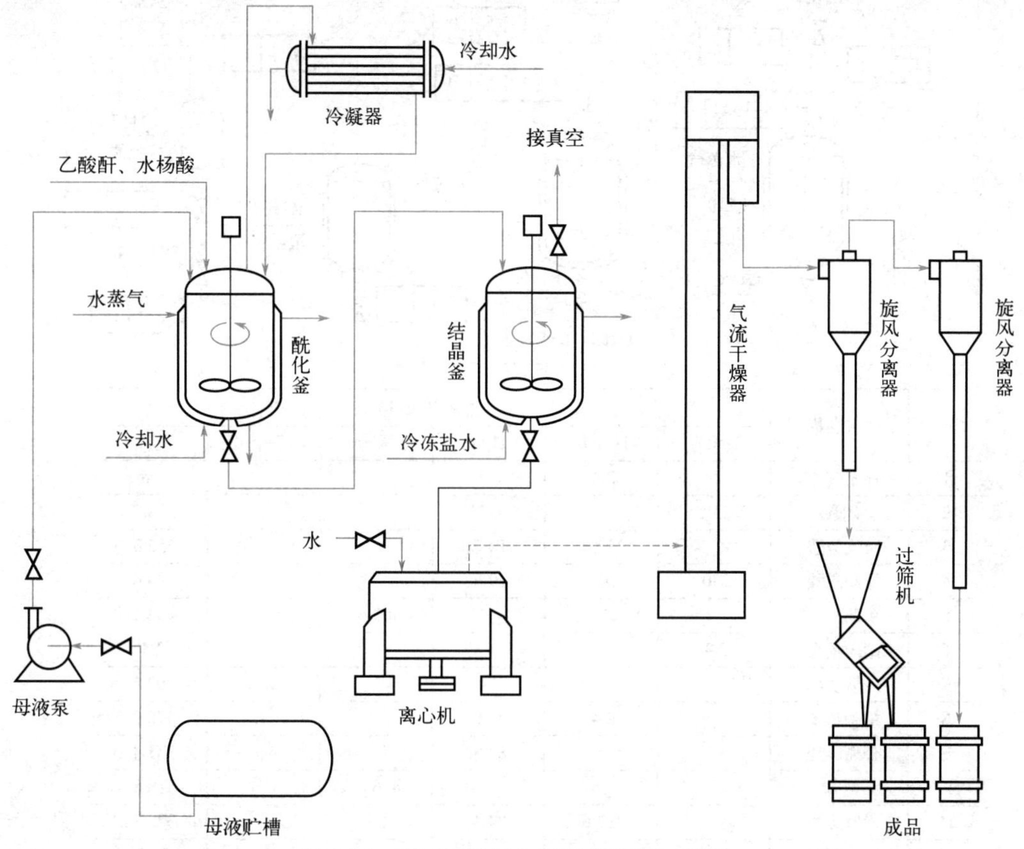

图 3-23　阿司匹林的生产工艺流程示意图

三、物料流程图

物料流程图（PFD 图）是在工艺流程示意图的基础上，结合物料衡算、热量衡算结果进行绘制的，并以图形和表格相结合的形式来反映物料衡算和热量衡算的结果。它是初步设计阶段的重要流程图，此图已由定性转入定量展示原料转化成产品的整个工艺过程。

物料流程图可用不同的方法绘制。最简单的方法是将物料衡算和能量衡算结果直接加进工艺流程示意图中，得到物料流程图。图 3-24 是氯苯硝化制备硝基氯苯的物料流程图。

四、带控制点的工艺流程图

带控制点的工艺流程图又称管道及仪表流程图（piping and instrument diagram，PID），用文字和图例形式表明工艺流程所需要的全部物料、设备（装置）、单元操作、管道、阀门、管件、仪表及其控制方法等，并以箭头方式表明物料、载能介质的流向。当物料流程图确定后，即可进行设备和管道的工艺计算以及仪表和自动控制设计，并在此基础上绘制带控制点的工艺流程图。它是施工、安装和生产过程中设备操作、运行和检修的依据。

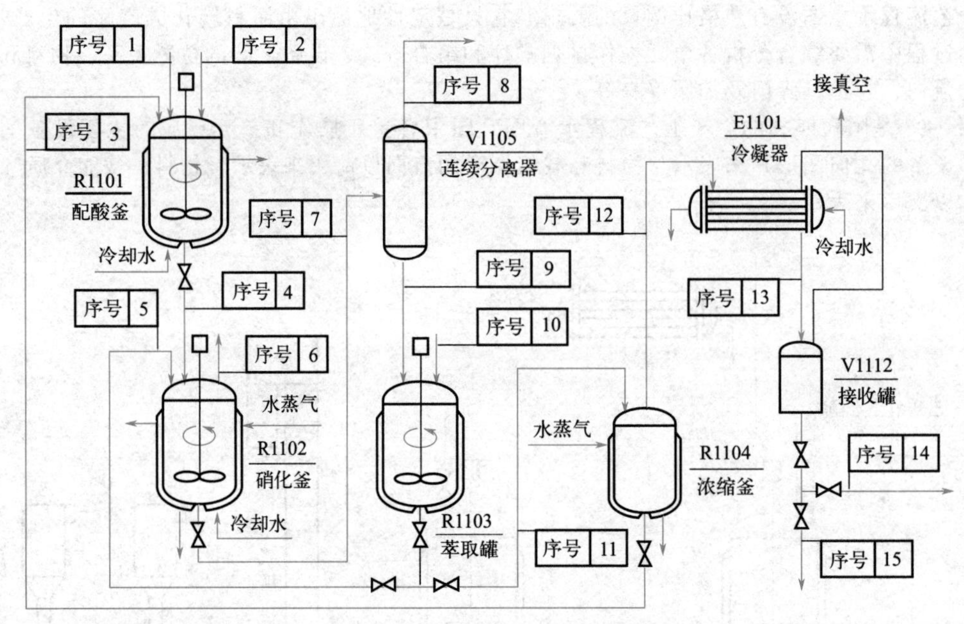

序号	物料名称	流量/(kg/h)					
		HNO_3	H_2SO_4	H_2O	氯苯	硝基氯苯	总计
1	补充硫酸		2.4	0.2			2.6
2	硝酸	230		4.7			234.7
3	回收废酸		237.6	14.7			252.3
4	配制混酸	230	240	19.6			489.6
5	萃取氯苯				403.4	18.7	422.1
6	硝酸损失	2.3					2.3
7	硝化液						909.4
8	粗硝基苯		2.4	0.2	6.1	569.3	578.0
9	分离废酸	5.2	237.6	82.9		5.7	331.4
10	氯苯				416.8		416.8
11	萃取废酸		237.6	84.4	4.1		326.1
12	浓缩蒸汽						73.8
13	冷凝液						73.8
14	废水			69.7			69.7
15	回收氯苯				4.1		4.1

图 3-24　氯苯硝化制备硝基氯苯的物料流程图

课堂互动

在初步设计阶段和施工图设计阶段都要绘制带控制点的工艺流程图，两者有何不同？

提示：两者的绘制要求、深度和完善度不同。

1. 绘制带控制点的工艺流程图的基本要求

① 表示出生产过程中的全部工艺设备，包括设备图例、位号和名称。

② 表示出生产过程中的全部工艺物料和载能介质的名称、技术规格及流向。

③ 表示出全部物料管道和各种辅助管道（如水、冷冻盐水、蒸汽、压缩空气及真空等管道）的代号、材质、管径及保温情况。

④ 表示出生产过程中的全部工艺阀门以及阻火器、视镜、管道过滤器、疏水器等附件，但无需绘出法兰、弯头、三通等一般管件。

⑤ 表示出生产过程中的全部仪表和控制方案，包括仪表的控制参数、功能、位号以及检测点和控制回路等。

2. 绘图要求

PID绘制要求可参考中华人民共和国行业标准《管道仪表流程图设计规定》HG 20559—1993。

（1）图纸尺寸

带控制点工艺流程图多采用A1图幅，简单流程可用A2图幅，但同一套图纸的图幅应相同。流程图可按车间或工段分别绘制，也可按生产过程分别绘制，原则上一个工段绘制一张图，若流程很复杂，可分成几部分绘制。

（2）比例

各种设备图例一般按相对比例进行绘制。为了使图面美观、协调，允许将实际尺寸过高或过大的设备比例适当缩小，而将实际尺寸过小或过低的设备比例适当放大。但是，对同一车间或装置的流程，绘制时应采用统一比例。

（3）图线和字体

图形实线线条根据宽度分粗实线（0.9～1.2mm）、中粗线（0.5～0.7mm）和细实线（0.15～0.3mm）。在带控制点的工艺流程图中，主要工艺物料管道、主产品管道和设备位号线用粗实线（0.9～1.2mm）表示，辅助物料管道用中粗线（0.5～0.7mm）表示，设备轮廓、阀门、仪表、管件仪表引出线及连接线等一般用细实线（0.15～0.3mm）绘制。流程图中一般无需标注尺寸，但当需要注明尺寸时，尺寸线用细实线表示。

3. 设备的绘制方法

① 常见设备的代号和图例见附录一。图例中没有表示的设备，在流程图中绘出其象征性的几何图形即可。

② 当有多台相同的设备并联时，可只画一台设备，其余设备可分别用细实线方框表示，在方框内注明设备位号，并画出通往该设备的支管。

③ 为使图形简单明了，设备上的管道接头、支脚、支架、基础、平台等一般不需表示。

④ 在带控制点的工艺流程图中要表示出设备的位号和名称，其中设备位号的表示方法如图3-25所示。

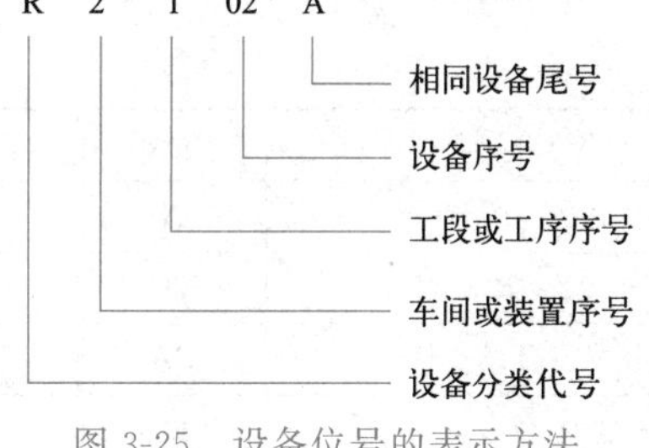

图3-25 设备位号的表示方法

图3-25中的设备分类代号可由附录一查得。车间或装置序号一般可用一位数字（1～9）表示，若车间或装置数超过9时，可用两位数字（01～99）表示；工段或工序序号的表示方法与车间或装置序号的表示方法相同；设备序号表示同一工段或工序内相同类别设备的顺序代号，用两位数字（01～99）表示；相同设备尾号表示相同设备的数量，常用字母A～Z表示。当相同设备数量只有1台时，可不加设备尾号。

如设备位号R1203A、B，R表示反应器，1表示第1车间或第1套装置，2表示第2工段或工序，03表示反应器序号已从01排到了03，A、B表示有两台相同的反应器备用或并联。

设备位号应与设备名称一起标注在附近空白处或设备内，位置力求整齐、明显，也可由设备加一引出线。设备位号和名称一般用粗实线分开，线上方书写设备位号，线下方书写设备名称。例如

$$\frac{\text{R1203A、B}}{\text{反应器}}$$

4. 管道、管件和阀门的绘制方法

① 常见管道、管件的图例见附录二，常见阀门的图例见附录三。流程图中采用的管道、管

件和阀门图例应在流程图或首页图中加以说明。

② 物料管线用粗线表示，其他管线用中粗线表示，控制回路用细线表示。

③ 在初步设计阶段的工艺流程图中，应绘出主要管道、阀门、管件和控制点；而在施工图设计阶段的工艺流程图中，则应绘出全部管道、阀门、管件和控制点。

④ 当流程图中的管道需与另一张流程图中的管道相连时，可在管道断开处用箭头注明自（至）某设备和某图号，即

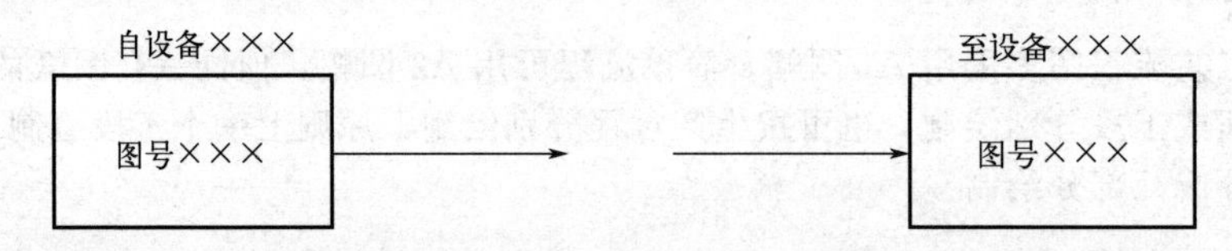

⑤ 对于排水或排污管道，应用文字说明排入何处。

⑥ 管道的标注方法。在带控制点的工艺流程图中，应对每一根管道进行标注。管道的标注方法可按 HG 20559.4—1993 的标准执行，也可根据本单位的标准执行。一般情况下，管道应注明介质代号、管道编号、管道尺寸和管道等级，若为隔热或隔声管道还应增加隔热或隔声代号。管道的标注方法如图 3-26 所示。

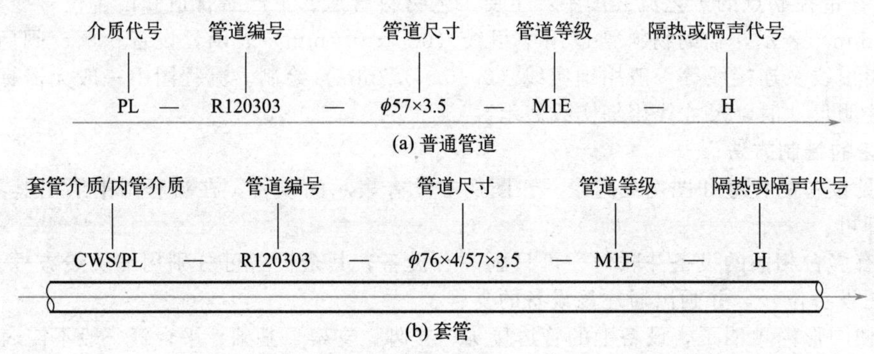

图 3-26 管道的标注方法

a. 管道介质代号。制药生产常见介质的代号见表 3-1。

表 3-1 常见介质的代号

介质名称	代号	介质名称	代号	介质名称	代号
空气	A	中压蒸汽	MS	循环冷却水(供)	CWS
放空气	VG	高压蒸汽	HS	循环冷却水(回)	CWR
压缩空气	CA	蒸汽冷凝液	C	冷冻盐水(供)	BS
仪表空气	IA	蒸汽冷凝水	SC	冷冻盐水(回)	BR
工艺空气	PA	水	W	排污	BD
氮气	N	精制水	PW	排液、排水	DR
氧气	OX	饮用水	DW	废水	WW
工艺气体	PG	雨水	RW	生活污水	SS
工艺液体	PL	软水	SEW	化学污水	CS
蒸汽	S	锅炉给水	BW	含油污水	OS
伴热蒸汽	TS	热水(供)	HWS	油	OL
低压蒸汽	LS	热水(回)	HWR	工艺固体	PS

b. 管道编号。管道编号可用设备位号加管道顺序号表示，其中管道顺序号可用两位数字（01～99）表示。如R120303即可表示位号为R1203的反应器上编号为03的管道。

c. 管道尺寸。管道尺寸一般以毫米（mm）为单位，只注数字，不注单位。管道尺寸一般只标注管径，可用公称直径表示，也可用外径和壁厚表示，如$\phi57\times3.5$等。

d. 管道等级。管道等级由管材代号、单元顺序号和公称压力等级代号组成，如图3-27所示。

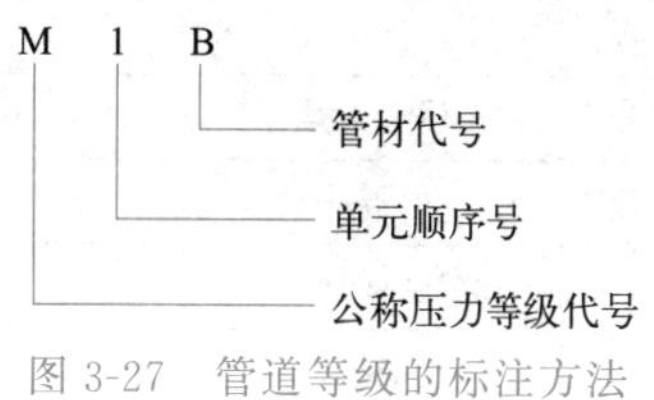

图3-27 管道等级的标注方法

管道的单元顺序号用阿拉伯数字表示，由1开始。管材代号和管道的公称压力等级代号均用大写英文字母表示，表3-2中列出了几种管材的代号，表3-3列出了管道的公称压力等级代号。

表3-2 几种管材的代号

管道材质名称	代号	管道材质名称	代号
铸铁	A	不锈钢	E
碳钢	B	有色金属	F
普通低合金钢	C	非金属	G
合金钢	D	衬里及内防腐	H

表3-3 我国的管道公称压力等级代号

压力等级/MPa	1.0	1.6	2.5	4.0	6.4	10.0	16.0	20.0	22.0	25.0	32.0
代号	L	M	N	P	Q	R	S	T	U	V	W

e. 管道的隔热或隔声代号。管道的隔热或隔声代号用大写英文字母表示，如表3-4所示。

表3-4 管道的隔热或隔声代号

隔热或隔声功能名称	代号	隔热或隔声功能名称	代号
保温	H	蒸汽伴热	S
保冷	C	热水伴热	W
人身防护	P	热油伴热	O
防结露	D	夹套伴热	J
电伴热	E	隔声	N

5. 自控和仪表的绘制方法

在带控制点的工艺流程图中应绘出全部与工艺过程有关的检测仪表、检测点和控制回路。

（1）仪表位号的表示方法

在检测控制系统中，控制回路中的每一个仪表或元件都要标注仪表位号。仪表位号的表示方法如图3-28所示。

仪表位号中的第一个字母表示被测变量的代号，第二个字母表示仪表的功能。工段或工序序号一般可用一位数字（1～9）表示，当工段或工序数超过9时，可用两位数字（01～99）表示。仪表序号是按工段或工序编制的仪表顺序号，可用两位数字（01～99）表示。仪表位号中常见被测变量和功能的代号如表3-5所示。

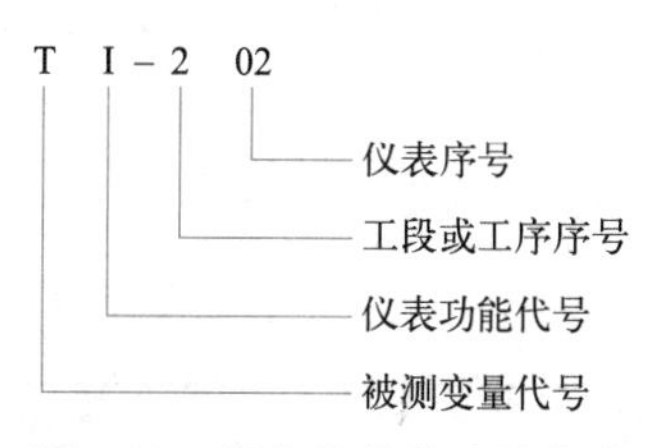

图3-28 仪表位号的表示方法

表 3-5　常见被测变量和功能的代号

字母	第一字母		后续字母	字母	第一字母		后续字母
	被测变量	修饰词	功能		被测变量	修饰词	功能
A	分析		报警	N	供选用		供选用
B	喷嘴火焰		供选用	O	供选用		节流孔
C	电导率		控制或调节	P	压力或真空		连接点或测试点
D	密度或比重	差		Q	数量或件数	累计、积算	累计、积算
E	电压		检出元件	R	放射性		记录或打印
F	流量	比(分数)		S	速度或频率	安全	开关或联锁
G	尺度		玻璃	T	温度		传达或变送
H	手动			U	多变量		多功能
I	电流		指示	V	黏度		阀、挡板
J	功率	扫描		W	重量或力		套管
K	时间或时间程序		自动或手动操作器	X	未分类		未分类
L	物位或液位		信号	Y	供选用		计算器
M	水分或湿度			Z	位置		驱动、执行

(2) 仪表图例和安装位置

在带控制点的工艺流程图中，仪表的位号可直接填写在仪表图例中，其中字母代号填写在圆圈的上半部分，数字编号填写在圆圈的下半部分，常见仪表功能图例见表 3-6 所示。

表 3-6　常见仪表功能图例

功能	仪表	功能	仪表
温度指示	TI 402	压力指示	PI 401
温度指示(手动多点切换开关)	TI 401-1	手动指示控制系统	HIC 401
温度记录	TR 401	流量记录(检出元件为限流孔板)	FR 401
温度记录控制系统	TRC 401	弹力安全阀	PSV 401

检测仪表、显示仪表的图例均用圆圈来表示，并用圆圈中间的横线来区分不同的安装位置。

仪表的安装位置图例如图 3-29 所示。

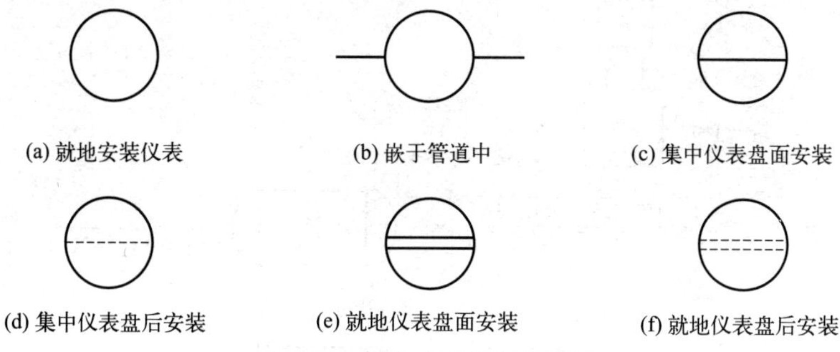

图 3-29　仪表的安装位置图例

(3) 自控仪表实例

图 3-30 是一个管道压力控制点的示意图。在该控制系统中有一个压力计，编号为 203。管道中的压力变化通过变送器（图中以符号⊗表示）将信号送至压力计，并通过它控制自动调节阀的开启，调节管道内的流体压力，使其保持在正常的操作压力范围内。

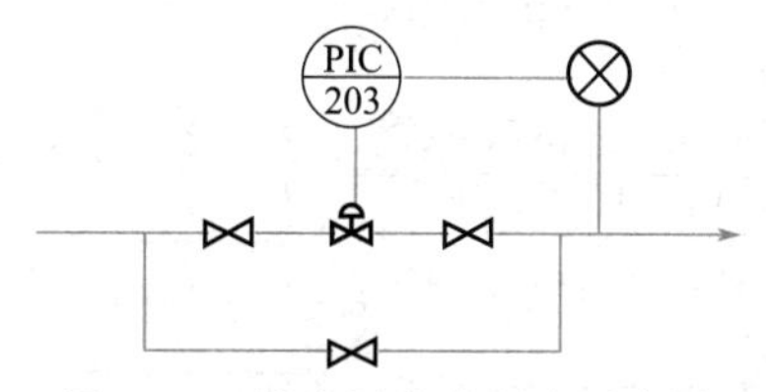

图 3-30　管道压力控制点示意图

6. 带控制点的工艺流程图实例

2,4-二氯甲苯的工业生产方法是以对氯甲苯和氯气为原料，以三氯化锑为催化剂，经取代反应、水洗、精馏等工序而制得。反应方程式如下：

$$\text{4-}ClC_6H_4CH_3 \xrightarrow[SbCl_3]{Cl_2} \text{2,4-}Cl_2C_6H_3CH_3 + HCl$$

反应液中不仅含有目标产物 2,4-二氯甲苯（52%～62%），而且还含有未反应的对氯甲苯以及一定量的 3,4-二氯甲苯（6%～10%）和少量的多氯甲苯（1%左右）等副产物。氯化液经水洗分层后，油层经精馏分离即可获得 2,4-二氯甲苯。其工艺流程框图如图 3-31 所示。

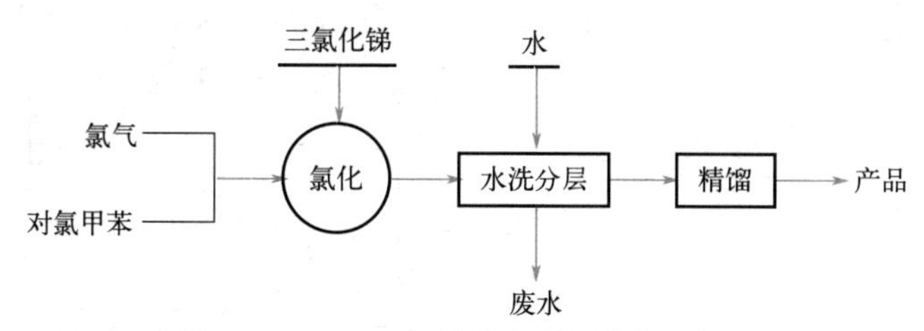

图 3-31　2,4-二氯甲苯生产工艺流程框图

根据 2,4-二氯甲苯生产过程的特点，可将生产过程分为氯化反应和分离两个工段，其中分离工段带控制点的工艺流程图如图 3-32 所示。

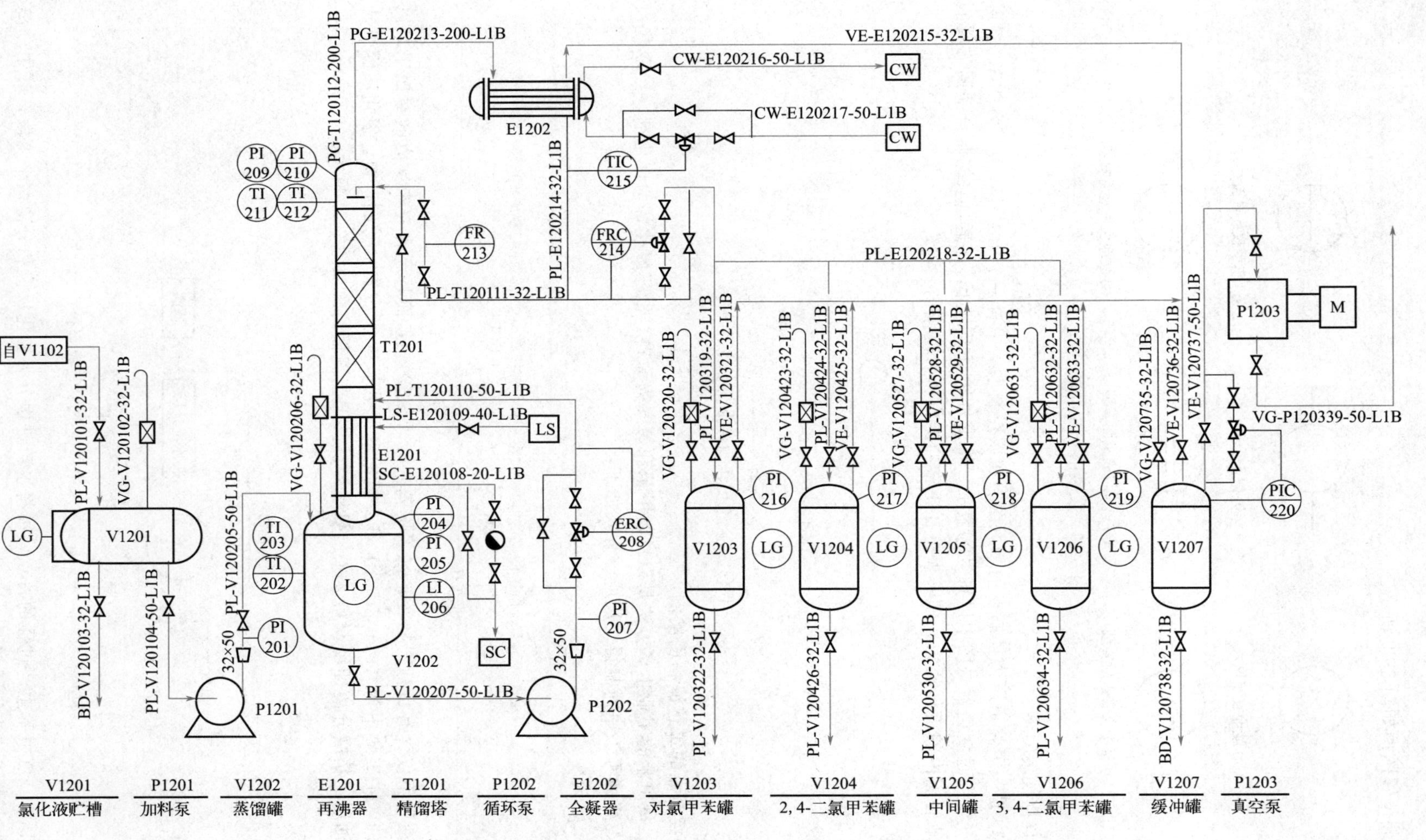

图 3-32　2,4-二氯甲苯精馏工段带控制点的工艺流程图

图中设备位号 V1102 表示反应工段的水洗釜。对生产过程要求较高的参数采用集中检测和控制，由计算机统一管理。分离工段的显示仪表主要有各泵出口的压力显示、蒸馏罐及精馏塔顶的温度和压力显示与记录（包括现场指示仪表及控制室计算机集中显示）、全凝器热介质的出口温度、接收罐和缓冲罐的压力显示与记录等。控制回路有：循环泵的流量控制、回流比的控制、全凝器热介质的出口温度控制、缓冲罐的真空度控制等。

自测习题

一、单选题

1. 在逐级经验放大法中，每级放大倍数一般为（　　）。

A. 5～10 倍　　B. 10～30 倍　　C. 30～40 倍　　D. 40～50 倍

2. 关于中试放大描述不正确的是（　　）。

A. 中试放大是原料药制备从实验室阶段过渡到工业化阶段不可缺少的环节

B. 中试要验证小试提供的合成工艺路线是否成熟、合理，主要经济技术指标是否接近生产要求

C. 中试放大阶段不需要对后处理工艺进一步研究

D. 中试放大阶段，物料处理量增大，安全生产与“三废”问题显得尤为重要

3. 物料衡算的理论基础是（　　）。

A. 质量守恒定律　　B. 能量守恒定律　　C. 体系的确定　　D. 基准

4. 选择性是指（　　）。

A. 该反应物转化为目的产物的量与投料量的比值

B. 反应物转化成目标产物的消耗量与该反应物的总消耗量的比值

C. 某一反应物已消耗的物料量与其投料量的比值

D. 理论的量与投料量的比值

5. 转化率是指（　　）。

A. 该反应物转化为目的产物的量与投料量的比值

B. 反应物转化成目标产物的消耗量与该反应物的总消耗量的比值

C. 某一反应物已消耗的物料量与其投料量的比值

D. 理论的量与投料量的比值

6. 关于生产工艺规程说法正确的是（　　）。

A. 是组织工业生产的指导性文件

B. 是生产准备工作的依据

C. 是新建和扩建生产车间或工厂的基本技术条件

D. 以上说法均正确

7. SOP 是指（　　）。

A. 岗位标准操作规程　　B. 操作程序

C. 生产工艺规程　　D. 批生产记录

8. 关于工艺流程描述不正确的是（　　）。

A. 工艺流程设计的成品通过图解形式表示

B. 工艺流程设计中的方案比较实际是过程优化

C. 工艺流程方案比较首先要明确评判标准，工业上常用的判据有产物收率、原材料单耗、能量单耗、产品成本等

D. 工艺流程无需考虑设备的自动控制流程

9. 工艺流程示意图又称（　　）。

A. 工艺流程框图　　B. 工艺流程草图　　C. 物料流程图　　D. PID

10. PID是指哪种流程图？（　　）

A. 工艺流程框图　　B. 工艺流程草图

C. 物料流程图　　D. 带控制点的工艺流程图

11. 设备位号R2301中，字母R表示以下哪种设备？（　　）

A. 反应器　　B. 储罐　　C. 换热器　　D. 泵

12. 设备位号E2301中，字母E表示以下哪种设备？（　　）

A. 反应器　　B. 储罐　　C. 换热器　　D. 泵

13. 在工艺流程图中，某仪表的位号为TIC203，其中字母I表示（　　）。

A. 电流　　B. 报警　　C. 记录　　D. 指示

14. 在工艺流程图中，某仪表的位号为PIC201，其中字母P表示（　　）。

A. 电流　　B. 温度　　C. 压力　　D. 流量

15. 管道介质CWS表示（　　）。

A. 循环冷却水供水　　B. 循环冷却水回水　　C. 冷冻盐水供水　　D. 冷冻盐水回水

二、简答题

1. 简述中试放大的方法。

2. 中试放大主要研究哪些内容？

3. 制药流程新技术体现在哪些方面？

4. 指出设备位号R2101A中各字母和数字的含义是什么。

5. 指出管道标注“PL-T130101-100-E1B-H”中各部分字母和数字的含义是什么。

6. 在列管式换热器中，用饱和水蒸气来加热某工艺流体，拟通过调节蒸汽压力的方法来控制被加热工艺流体的温度，试设计该方案的控制流程。

7. 以乙酸和丁醇为原料制备乙酸丁酯的反应方程式如下：

$$CH_3COOH + C_4H_9OH \xrightarrow[\text{浓 } H_2SO_4]{120℃} CH_3COOC_4H_9 + H_2O$$

试以间歇釜式反应器为中心，完善反应过程的工艺流程。

8. 根据此搅拌釜式反应器的生产过程示意图分析釜内物料温度可通过几种方法来控制？并分别说明如何控温。

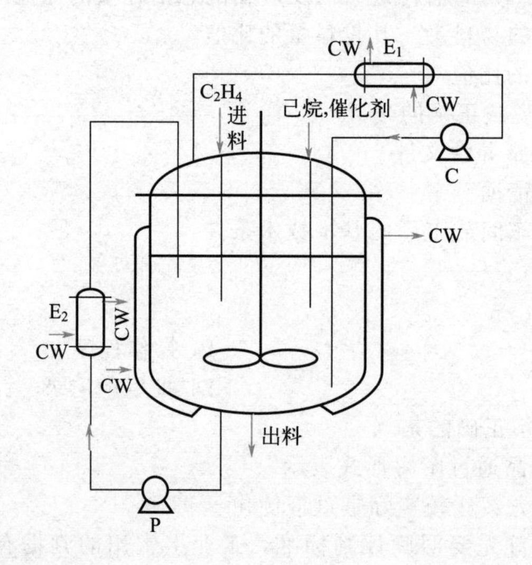

9. 氯霉素的硝化工艺过程如下：

在装有旋桨式搅拌的铸铁硝化罐中，先加入乙苯，开动搅拌，调温至28℃，滴加混酸，控制温度在30～35℃。加毕，升温至40～45℃，继续搅拌保温反应1小时，使反应完全。然后冷却至20℃，静置分层。分去下层废酸后，用水洗去硝化产物中的残留酸，再用碱液洗去酚类，最后用水洗去残留碱液，送往蒸馏岗位。首先将未反应的乙苯及水减压蒸出，然后将余下的部分送往高效分馏塔，进行连续减压分馏，在塔顶馏出邻硝基乙苯。从塔底馏出的高沸物再经一次减压精馏得到精制的对硝基乙苯。由于间硝基乙苯与对硝基乙苯的沸点相近，故精馏得到的对硝基乙苯尚有6%左右的间位体。

试根据此工艺过程绘制工艺流程框图。

实训项目

实训项目13　设计绘制阿司匹林原料药工艺流程示意图

一、实训目的

1. 熟悉阿司匹林原料药工艺过程。
2. 分析阿司匹林原料药工艺过程中的物料、单元操作、物料流向。
3. 熟悉工艺流程示意图的绘制方法。

二、实训原理

水杨酸在浓硫酸的催化作用下与乙酸酐发生酯化反应，得到乙酰水杨酸（阿司匹林），反应式如下：

$$\text{C}_6\text{H}_4(\text{OH})(\text{COOH}) + (CH_3CO)_2O \xrightarrow{\text{浓硫酸}} \text{C}_6\text{H}_4(\text{OCOCH}_3)(\text{COOH}) + CH_3COOH$$

三、阿司匹林原料药工艺过程

1. 酰化工序

将水杨酸10kg、乙酸酐14ml、浓硫酸0.4L加入到250L的酰化反应釜内，开动搅拌加热，升温至70℃，维持在此温度下反应30分钟，测定反应终点，反应终点到达后，停止搅拌，向反应釜中加入150L冷的蒸馏水，继续搅拌至阿司匹林全部析出，过滤，用少量稀乙醇洗涤，压干，得粗品。

2. 精制工序

将所得粗品置于50L的搪瓷釜中，加入30L乙醇，开始加热，加热至固体阿司匹林全部溶解，稍加冷却，加入活性炭脱色10分钟，趁热抽滤，将滤液倾入100L的结晶釜中，冷却至室温，析出白色结晶，待结晶析出完全，用少量稀乙醇洗涤，压干，置于小型烘干机中干燥，即得阿司匹林成品。

四、绘制步骤

1. 分析阿司匹林原料药工艺过程中的物料、单元操作、物料流向。

2. 用文字和框图形式来表明物料、单元操作，并以箭头方式表明物料的流向，绘制阿司匹林原料药工艺流程框图。

3. 在阿司匹林原料药工艺流程框图的基础上，增加设备图例、载能介质流向、阀门、仪表等，并用文字和图例形式来表明物料、单元操作，并以箭头方式表明物料、载能介质的流向，绘制阿司匹林原料药工艺流程示意图。

五、注意事项

1. 在绘制过程中需要综合分析各单元操作的排列顺序和组合方式、设备之间的位置关系、物料和载能介质的流向、管道、阀门及控制仪表等。

2. 主要工艺设备均以图例来表示，物料和载能介质的流向以箭头来表示，物料、载能介质和工艺设备的名称以文字来表示。

实训项目 14　设计绘制酶解法制备 6-APA 工艺流程框图

一、实训目的

1. 熟悉青霉素钾盐酶裂解制备 6-APA（6-氨基青霉烷酸）工艺过程。
2. 分析青霉素钾盐酶裂解制备 6-APA 工艺过程中的物料、单元操作、物料流向。
3. 熟悉工艺流程框图的绘制方法。

二、实训原理

酶解法是制备 6-APA 的主要方法，应用较广泛。其过程是将大肠杆菌进行深层通气搅拌、二级培养，所得菌体中含有青霉素酰胺酶。在适当的条件下，酰胺酶能裂解青霉素分子中的侧链而获得 6-APA 和苯乙酸。再将水解液加明矾和乙醇除去蛋白质，用乙酸丁酯分出苯乙酸，然后用 HCl 调节 pH 值为 3.7～4.0，即析出 6-APA。

C_6H_5-CH_2COHN-(青霉素母核: S, CH_3, CH_3, N, O, COOH) + H_2O ⟶ H_2N-(母核: S, CH_3, CH_3, N, O, COOH) + C_6H_5-CH_2COOH

6-APA　　苯乙酸

三、工艺过程

青霉素钾盐在青霉素酰胺酶的作用下裂解为 6-APA 与苯乙酸。裂解液再经甲苯萃取除去副产物苯乙酸，水相经 pH 值调整、结晶、离心、洗涤、干燥得产物 6-APA。

1. 青霉素钾盐酶裂解

经三合一干燥的青霉素钾盐粉末投入溶解罐中，加入纯化水，降温至 5～10℃，开动搅拌，使其充分溶解，经过滤器过滤进入裂解罐。

开启热水循环系统使裂解罐温度控制在 30～32℃。开动搅拌，向裂解罐中加入一定量的固定化酶，开启氨水配制罐用氨水调节裂解罐 pH 到 8.0～8.1，在酶的作用下，进行裂解反应，观察 pH 值变化与氨水加入量，当 5 分钟氨水不再加入且 pH 值变化 <0.05 时，裂解反应结束，得到 6-APA。

2. 6-APA 萃取

打开盐酸贮罐向萃取罐中加入盐酸；开启温度自控使用冷盐水使萃取罐降温至 5～10℃；再打开甲苯计量罐向萃取罐中加入甲苯，搅拌均匀后接入前一步工艺过程中裂解罐输送来的裂解液。搅拌 30 分钟后停止搅拌，静置、分层 30 分钟，重相为水相，水相 pH 值应为 0.6～1.0。通过观察视孔将水相压出，经精密过滤器过滤后进入下一步工艺过程。轻相可作为原料液进行苯乙酸的提取。

3. 6-APA 结晶

萃取水相进入结晶罐，在高转速频率（40～45Hz）下由氨水贮罐加入氨水，调节 pH 为 2.0±0.2；降低搅拌转速，控制温度小于 20℃，养晶 30 分钟；再提高转速频率（35Hz），加氨水调节 pH 为 3.0±0.1 时开始降温，结晶终点 pH 为 3.8±0.1，降温到 10℃，养晶 2 小时，6-APA 晶体大量析出，结晶结束。

4. 离心、洗涤、干燥

调整结晶罐罐内压力，使料液缓缓流入离心机，进行离心。母液甩干后，用纯化水清洗结晶罐，清洗水压入离心机洗涤滤饼并甩干。由丙酮贮罐向离心机加入丙酮洗涤滤饼 2 次并甩干。结束离心操作后将滤布上的湿粉铲出投入到锥形真空干燥机内，启动真空系统使锥形真空干燥机内压力达到－0.08MPa 以下，控制热水罐温度为 50～55℃进入干燥机夹套进行干燥，2 小时后，经测定水分合格后停机，得 6-APA 粉末。

四、绘制步骤

1. 分别独立分析青霉素钾盐酶裂解制备 6-APA 生产工艺过程中青霉素钾盐酶裂解、6-APA 萃取、6-APA 结晶、离心、洗涤、干燥六个单元操作的物料、设备、物料流向。

2. 用文字和框图形式来表明物料、单元操作，并以箭头方式表明物料的流向，绘制青霉素钾盐酶裂解制备 6-APA 的工艺流程框图。

五、注意事项

1. 在绘制过程中需要综合分析各单元操作的排列顺序、所用物料、物料流向等。

2. 物料名称用文字来表示，单元操作以框图形式来表示，物料的流向以箭头形式来表示。

第四章　化学制药设备的操作技术

❖ 知识目标

1. 熟悉常用化学制药设备的结构特点。

2. 掌握常用化学制药设备的工作原理。

3. 掌握反应器、搅拌器、离心泵、离心机、换热器和干燥器的分类和选用依据。

4. 掌握釜式反应器、搅拌器、离心泵、三足式离心机、列管式换热器、气流干燥器和双锥干燥器等设备的维护保养规程。

❖ 能力目标

1. 能根据化学制药生产工艺选用适合的化学制药设备。

2. 能独立操作釜式反应器、搅拌器、离心泵、三足式离心机、列管式换热器、气流干燥器和双锥干燥器等制药设备。

3. 能正确维护保养釜式反应器、搅拌器、离心泵、三足式离心机、列管式换热器、气流干燥器和双锥干燥器等制药设备。

第一节　反应器的操作技术

课堂互动

化学制药生产过程中需要多种类型的反应器。那么如何根据生产工艺选择一种适合的反应器呢？

一、反应器的分类及选型

化学反应器简称反应器，是制药过程的核心设备，它的作用是通过对参加反应的介质充分搅拌，使物料混合均匀；强化传热效果和相间传质；使气体在液相中做均匀分散；使固体颗粒在液相中均匀悬浮；使不相容的另一液相均匀悬浮或充分乳化。混合的快慢、均匀程度和传热情况的好坏，都会影响反应结果。

化学制药生产过程中，常常需要反应设备在一定温度、一定压力或有腐蚀性介质情况下操作，为了保证反应设备安全可靠、经济合理地运行，需满足以下要求。

① 结构上要保证物料能均匀分布，有良好接触和混合的空间，无短路与死角现象，且压降小，以获得较高的反应速度，提高其生产能力。

② 合理设置换热装置，使反应物在特定条件下能维持适宜的反应温度。

③ 反应设备的筒体材料有足够的机械强度、耐高温蠕变性能、抗腐蚀性能、良好加工性能和经济性等，保证设备经久耐用，安全可靠。

④ 制造容易，便于安装检修，易于操作调节，使用周期长。

1. 反应器分类

化学反应设备结构形式多种多样，使用场合各不相同，但从结构与操作来分析，主要分为：间歇操作搅拌釜、连续操作搅拌釜和管式反应器等基本形式。

(1) 间歇操作釜式反应器

由于药品生产规模小、品种多、原料与工艺条件多种多样，而间歇操作装置简单、操作方便灵活、适应性强，因此在制药工业中获得广泛的应用。其特点是物料一次加入，反应完毕后一起放出，全部物料参加反应的时间是相同的；良好的搅拌下，釜内各点的温度、浓度可以达到均匀一致；可以生产不同规格和产品，生产时间可长可短，物料的浓度、温度、压力可控范围广；反应结束后出料容易，便于清洗。

(2) 管式反应器

通常管式反应器的长度和直径之比大于 50～100，在实际应用中，一般采用连续操作，少数采用半连续操作，具有如下特点。

① 单位反应器体积具有较大换热面积，尤其适用于热效应较大的反应；

② 通过反应器的物料质点，沿同一方向以同一流速流动，在流动方向上没有返混；

③ 所有物料质点在反应器中的停留时间都相同；同一截面上的物料浓度相同、温度相同；

④ 物料的温度、浓度沿管长连续变化，适用于大型化和连续化生产，便于计算机集散控制，产品质量有保证。

(3) 固定床反应器

固定床反应器又称填充床反应器，反应器内装填有固体催化剂或固体反应物，固体物堆积成一定高度（或厚度）的床层。床层静止不动，反应物从上（下）进入反应器，通过床层进行反应，从下（上）部出来。它与流化床反应器及移动床反应器的区别在于固体颗粒处于静止状态，主要用于实现气固相催化反应。

固定床反应器中参加反应的物料以预定的方向运动，流体间没有沿流动方向的混合。其结构因传热要求和方式不同而异，常见的有三种基本形式：轴向绝热式、径向绝热式和列管式。轴向绝热式固定床反应器中催化剂均匀放在栅板上，反应物料预热后自上而下沿轴通过床层进行反应，反应过程中，反应物系与外界无热量交换。径向绝热式固定床反应器中催化剂装载于两个同心圆筒的环隙中，流体沿径向通过催化剂床层进行反应，可采用离心流动或向心流动，床层同外界无热交换。径向反应器由很多并联管子构成，管内或管间置催化剂，载热体流经管内或管间进行加热或冷却，管径通常在 25～50mm 之间，管数可多达上万根。列管式固定床反应器适用于反应热效应较大的反应。

固定床反应器的优点是返混小，流体同催化剂可进行有效接触，当反应伴有串联副反应时可获得较高选择性；催化剂机械损耗小；结构简单、操作稳定、便于控制、易实现大型化和连续化生产，是现代化工、制药中应用很广泛的反应器。固定床反应器的基本形式见图 4-1。

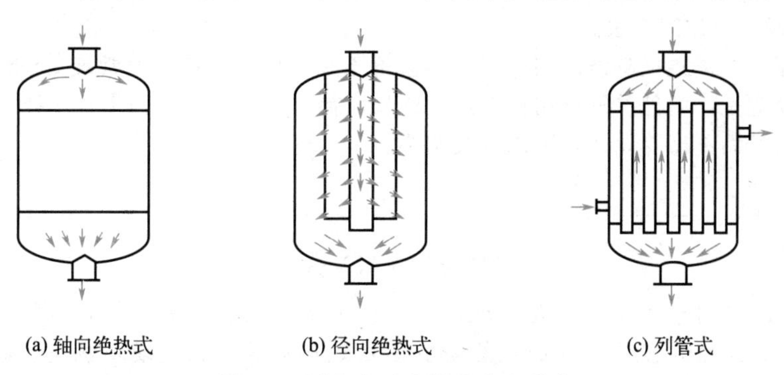

图 4-1 固定床反应器的基本形式

（4）流化床反应器

流化床反应器是一种流体以较高的流速通过床层、带动床内的固体颗粒运动，使之悬浮在流动的主体流中进行反应，并具有类似流体流动的一些特性的装置，流化床反应器是工业上应用较广泛的反应装置，适用于催化或非催化的气-固、液-固和气-液-固反应。在反应器中固体颗粒被流体吹起呈悬浮状态，可做上下左右剧烈运动和翻动，好像是液体沸腾一样，故流化床反应器又称沸腾床反应器。

流化床反应器结构形式多样，一般都由壳体、内部构件、催化剂颗粒装卸设备及气体分布、换热、气固分离装置等构成，如图 4-2 所示。

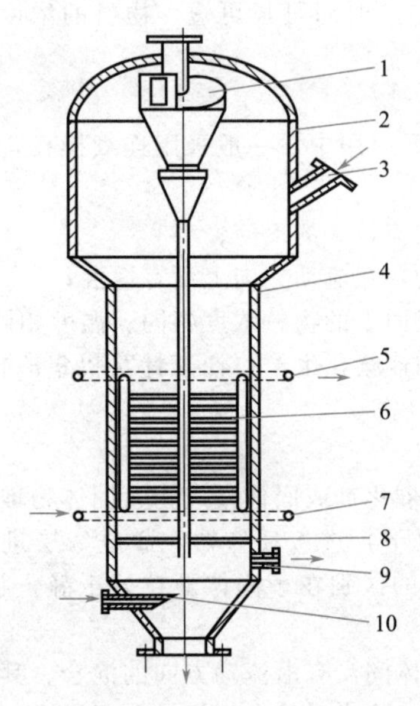

图 4-2 流化床反应器

1—旋风分离器；2—筒体扩大段；3—催化剂入口；4—筒体；5—冷却介质出口；6—换热器；7—冷却介质进口；8—气体分布板；9—催化剂出口；10—反应气入口

流化床反应器的最大优点是传热面积大、传热系数高、传热效果好。由于颗粒快速运动的结果使床层温度分布均匀，可防止局部过热。流化床的进出料、废渣排放都可以用气流输送，易于实现自动化生产。流化床反应器的缺点是：反应器内物料返混大，颗粒磨损严重，排出气体中存在粉尘，通常要有回收和集尘装置；内构件较复杂；操作要求高等。

2. 反应器选型

化学反应种类繁多、性质各异，反应器的构型及尺寸相差甚远，如窑炉、釜、塔、混合器、高炉、回转窑及反应管等都可进行化学反应，但各种工艺过程完全不同，因此考虑各工艺的特征是十分重要的。

针对不同的工艺条件选择不同类型的反应器。根据反应器中反应物浓度的特点以及动力学特点选择反应器类型。尽可能全面掌握下列各方面的资料和数据。

① 温度、浓度和压力对反应速率的影响，副反应的情况，反应条件对选择性的影响。

② 催化剂的粒度对反应的影响，催化剂的失活原因和失活速率，催化剂的强度和耐磨性。

③ 反应热效应。

④ 原料中杂质对反应的影响。

⑤ 反应物和产物的物理性质、爆炸极限等。

⑥ 反应器中物料的流动和返混性，反应器的传热特性和允许压降。

⑦ 多相流中分散相的分散方法和聚并特征。

⑧ 气固流态化系统中粒子的磨损和带出。

⑨ 开停车所需的辅助设施。

⑩ 反应器操作、控制方法。

众多反应器中，釜式反应器通用性很大，造价不高，用途最广。通常液-液相反应或气-液相反应一般选用反应釜，而且尽量选用标准系列的反应器。主要优点是它带有搅拌和换热器，而且是系列标准参数产品不需要设计，可以直接购买。

 知识拓展

反应釜的应用及分类

反应釜广泛应用于化工、医药领域，是用来完成硝化、还原、氧化、烃化、酰化、缩合等工艺过程的压力容器。常见的反应釜有不锈钢反应釜、搪玻璃反应釜、磁力搅拌反应釜、蒸汽反应釜、电加热反应釜等。其中使用最多，也最实用的是不锈钢反应釜。

二、釜式反应器的结构特点

釜式反应器

图 4-3 是一台釜式反应器的典型结构，主要由搅拌容器和搅拌机构两大部分组成，搅拌容器包括筒体及内构件、传热装置及支座、各种工艺接管等；搅拌机构包括搅拌装置、轴封装置和传动装置等。

1. 釜体

釜体一般包括顶盖、筒体和罐底。容器的封头大多选用标准椭圆形封头，顶盖上装有传动装置以及人孔、视镜等附属设施。筒体一般为钢制圆筒，安装有多种接管，如物料进出口管、监测装置接管等，以满足传热的要求。需要在筒体的外侧安装夹套或在筒体内部安装蛇管结构，釜体通过支座安装在基础或平台上。

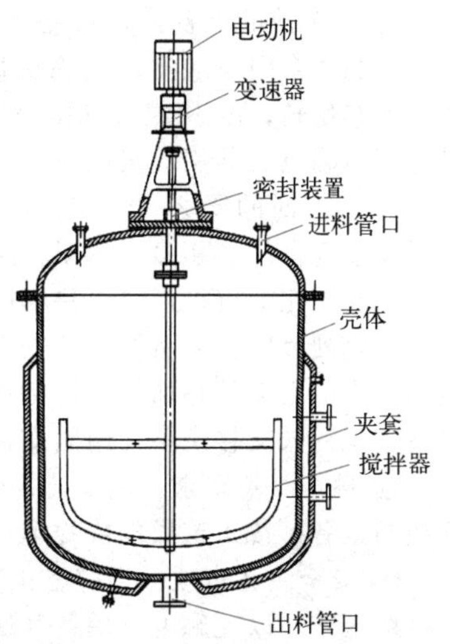

图 4-3　釜式反应器结构

筒体既受内压又受外压，应根据开车、操作和停工时可能出现的最危险状态来设计。当釜内为真空外带夹套时，筒体按外压设计，设计压力为真空容器设计压力加上夹套内设计压力；当釜内为常压操作时，筒体按外压设计，设计压力为夹套内的设计压力；当釜内为正压操作时，则筒体应同时按内压设计和外压校核，其厚度取两者中较大者。

2. 搅拌装置

搅拌装置是反应釜的关键部件，其功能是提供反应过程所需要的能量和适宜的流动状态。釜内的反应物借助搅拌器的机械搅拌，达到物料充分混合、增强物料分子碰撞、加快反应速率、强化传质与传热效果、促进化学反应的目的。

3. 传动装置

反应釜传动装置包括电动机、减速器、支架、联轴器等结构。传动装置通常设置在反应釜顶盖上，一般采用立式布置。传动装置的作用是将电动机的转速通过减速器调整至工艺要求所需的搅拌转速，再通过联轴器带动搅拌轴旋转，从而带动搅拌器工作。

釜式反应器
夹套传热装置

① 电动机的选用。电动机型号应根据电动机功率和工作环境等因素选择。工作环境包括防爆、防护等级及腐蚀情况等。电动机选用主要是确定系列、功率、转速、安装方式等内容。

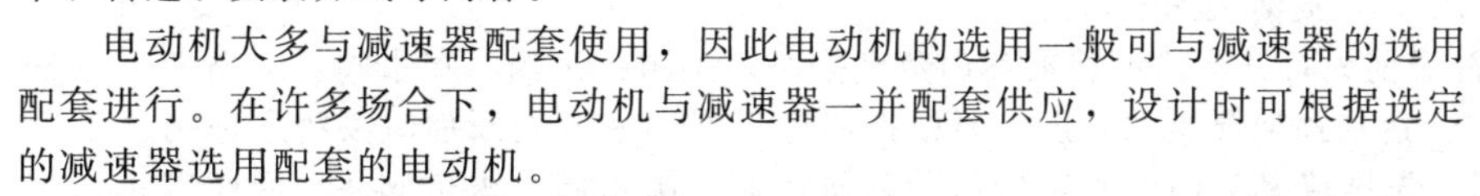
电动机大多与减速器配套使用，因此电动机的选用一般可与减速器的选用配套进行。在许多场合下，电动机与减速器一并配套供应，设计时可根据选定的减速器选用配套的电动机。

反应釜

② 减速器的选用。减速器的作用是传递运动和改变转动速度，以满足工艺条件的要求。目前，我国已制定了相应的标准系列，并由相关厂家定点生产，可根据传动比、转速负荷大小及性质，再结合效率、外廓尺寸、重量、价格和运转费用等各项参数与指标，进行综合分析比较，以选定合适的减速器类型与型号。

反应釜用减速器常用的有摆线针轮行星减速器、两级齿轮减速器、V 带减速器以及圆柱蜗杆减速器等多种标准釜用立式减速器。

反应釜用减速器往往是通过类比方法进行选择的，选择前一般已知搅拌所需转速及功率（或所配电动机功率）和应用场合的特殊要求等条件，在无使用经验的情况下，可参考釜用立式减速机总系列初选，然后再根据现场经验类比确定减速器的类型和特征参数，再查阅相关标准确定具体参数尺寸。

③ 机架。反应釜的传动装置通过机架安装在釜体顶盖上。机架的结构形式要考虑安装联轴

器、轴封装置以及与之配套的减速器输出轴径和定位结构尺寸的需要。

④ 底座。安装底座用于支撑支架和轴封，轴封和机架定位于底座，有一定的同心度，从而保证搅拌轴既与减速器连接又穿过轴封还能顺利运转。视釜内物料的腐蚀情况，底座有不衬里和衬里两种。安装方式分为上装式（传动装置设立在釜体上部）和下装式（传动装置设立在釜体下部）两种形式。

釜式反应器的其他装置，有轴封、法兰和传热装置等。

三、釜式反应器的操作

① 开车前的准备：a. 准备必要的开车工具，如扳手、管钳等；b. 确保减速机、机座轴承、釜用机封油盒内不缺油；c. 确认传动部分完好后，启动电机，检查搅拌轴是否按顺时针方向旋转，严禁反转；d. 用氮气（压缩空气）试漏，检查釜上进出口阀门是否内漏，相关动、静密封点是否有漏点，并用直接放空阀泄压，看压力能否很快泄完。

② 开车时的要求：a. 按工艺操作规程进料，启动搅拌运行；b. 反应釜在运行中严格执行工艺操作规程，严禁超温、超压、超负荷运行；禁止锅内超过规定的液位反应；c. 严格按工艺规定的物料配比加（投）料，并均衡控制加料和升温速度，防止因配比错误或加（投）料过快，引起釜内剧烈反应，而引发设备安全事故；d. 设备升温或降温时，操作动作平稳，以避免温差应力和压力应力突然叠加，使设备产生变形或受损；e. 严格执行交接班管理制度，把设备运行与完好情况列入交接班，杜绝因交接班不清而出现异常情况和设备事故。

③ 停车时的要求：按工艺操作规程处理完反应釜物料后停止搅拌；检查、清洗或吹扫相关管线与设备；按工艺操作规程确认合格后准备下一循环的操作。

④ 安全注意事项：反应釜正常运行中，应随时仔细检查有无异状；不得打开上盖和触及板上接线端子，以免触电；用氮气试压的过程中，仔细观察压力表的变化，达到试压压力，立即关闭氮气阀门开关；升降温速度均不宜太快，加压亦应缓慢进行；釜体加热到较高温度时，不要和釜体接触，以免烫伤。

⑤ 升温：a. 升温前先关闭疏水阀再打开排污阀，排掉夹套内循环水，有盐水的把盐水打回。b. 排循环水时，先打开排污阀，再打开调节站放空阀。c. 打盐水时，先检查盐进阀和盐回阀是否关好，打开盐压回阀，再缓慢开空压阀，压力不超过 0.6MPa；随着压力表压力下降至 0.02MPa 以下时盐水已打完，迅速关闭盐压回阀及空压阀，打开调节站放空阀。d. 排完夹套内循环水，关闭排污阀、放空阀，打开疏水阀，缓慢打开蒸汽阀升温。e. 根据蒸汽压力和升温速度判断何时关蒸汽阀（当关蒸汽后，温度还会有上升，一般要留出一定的富余温度，一般是升到所需温度前的 3～5℃时，提前关闭蒸汽）。

⑥ 降温：a. 降温前先打开蒸汽阀将夹套内蒸汽排净，关闭排污阀、疏水阀。b. 先打开水回阀，再开水进阀。c. 达到预期要求的温度，要根据温度下降的速度判断何时关闭水进阀。d. 选用冷冻盐水降温时，先排掉夹套内的水，然后关闭排污阀、疏水阀、水进阀、水回阀等。e. 检查完毕，先打开盐回阀，再开盐进阀，根据降温速度判断何时压回盐水。f. 使用盐水降温前，先检查各阀门是否关好，防止盐水流失或漏循环水进入盐水池。g. 从 50℃以上降至低温时要先用循环水降至 30℃左右（季节不同略有差异），再用盐水降温。

四、釜式反应器的维护保养

釜式反应器从进料-反应-出料均能够以较高的自动化程度完成预先设定好的反应步骤，对反应过程中的温度、压力、搅拌、反应物浓度、产物浓度等重要参数应进行严格的调控。操作时要注意以下事项。

① 应严格按产品铭牌上标定的工作压力和工作温度操作使用，以免造成危险。

② 严格遵守产品使用说明书中关于冷却、注油等方面的规定，做好设备的维护和保养。

③ 所有阀门使用时，应缓慢转动阀杆（针），压紧密封面，达到密封效果。关闭时不宜用力

过猛，以免损坏密封面。

④ 电气控制仪表应由专人操作，并按规定设置过载保护设施。

⑤ 要经常注意整台设备和减速器的工作情况，减速器润滑油不足应立即补充。对夹套和盖子等部位的安全阀、压力表、温度表、蒸馏孔、电热棒、电器仪表等应定期检查，如有故障要即时调换或修理。

⑥ 设备不用时，用温水将容器内外壁全面清洗，经常擦洗釜体，保持外表清洁和内胆光亮，达到耐用的目的。

釜式反应器具有结构简单、容易清洗、操作弹性大、使用同一反应器可生产多个品种等优点。但由于是间歇操作，在反应过程中必须随时监控参数的变化，不能将参数固定，以免产品质量和收率存在批间差异。

第二节　搅拌器的操作技术

课堂互动

在药品生产过程中涉及各种类型的液体物料，不同类型的液体物料混合时需要选用不同类型的搅拌器，那么，实际生产中我们如何选择合适的搅拌器呢？

一、搅拌器的分类及选用

搅拌器的分类

机械搅拌是将液体、气体或固体粉粒进行混合的一种方法，也是化学制药过程中最常用的搅拌方法。

常用的机械搅拌装置是一个圆筒形罐体，有时罐外装有夹套，或在罐内设有蛇管等换热器件，用以加热或冷却罐内物料。罐壁内侧常装有几条垂直挡板，用以消除液体高速旋转所造成的液面凹陷旋涡，并可强化液流的湍动，以增强混合效果。搅拌器一般装在转轴顶部，通常从罐顶插入液层（也有用底部伸入式的），有时在搅拌器外围设置圆筒形导流筒，促进液体循环，消除短路和死区。对于高径比大的罐体，为使全罐液体都得到良好搅拌，可在同一转轴上安装几组搅拌器。搅拌器轴用电动机通过减速器带动，带动搅拌器的另一种方法是磁力传动，即在罐外施加旋转磁场，使设在罐内的磁性元件旋转，带动搅拌器搅拌液体。

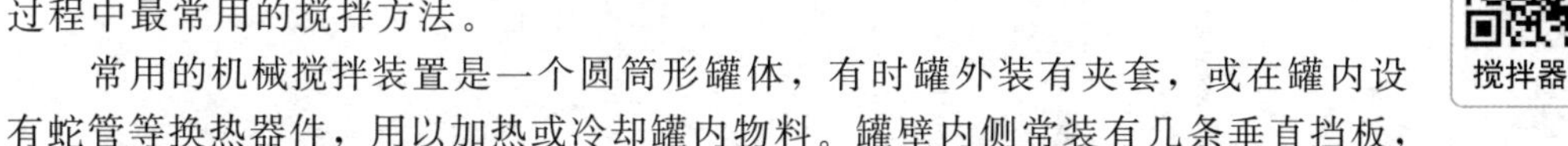

搅拌器的类型主要有下列几种。

1. 桨式搅拌器

有平桨式和斜桨式两种（图 4-4），平桨式搅拌器由两片平直桨叶构成。斜桨式搅拌器的两叶相反折转 45°或 60°，因而产生轴向液流。桨式搅拌器结构简单，常用于低黏度液体的混合以及固体微粒的溶解和悬浮。

2. 旋桨式（推进式）搅拌器

由 2～3 片推进式螺旋桨叶构成（图 4-5），工作转速较高，适用于搅拌低黏度（<2Pa · s）液体、乳浊液及固体微粒含量低于 10%的悬浮液。搅拌器的转轴也可水平或斜向插入罐内，此时液流的循环回路不对称，可增加溢流，可增加湍动，防止液面凹陷。

图 4-4　桨式搅拌器

3. 涡式搅拌器

涡式搅拌器由在水平圆盘上安装平直的或弯曲的叶片构成（图 4-6）。涡轮在旋转时造成高度湍动的径向流动，适用于气体及不互溶液体的分散和液液相反应过程。被搅拌液体的黏度一般不超过 25Pa·s。

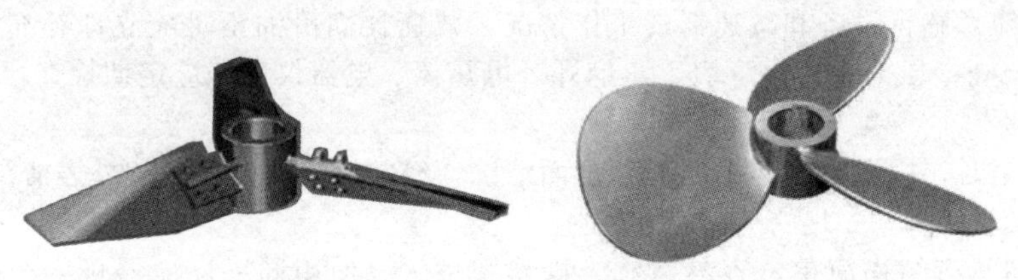

图 4-5 旋桨式搅拌桨

图 4-6 涡式搅拌器

4. 框式、锚式搅拌器

锚式搅拌器结构简单，适用于黏度在 100Pa·s 以下的流体搅拌；当流体黏度在 10～100Pa·s 时，可在锚式桨中间加一横桨叶，即为框式搅拌器，以增加容器中物料的混合。桨叶外缘形状与搅拌罐内壁一致（图 4-7），其间仅有很小间隙，可清除附在罐壁上的黏性反应产物或堆积于罐底的固体物，保持较好的传热效果。

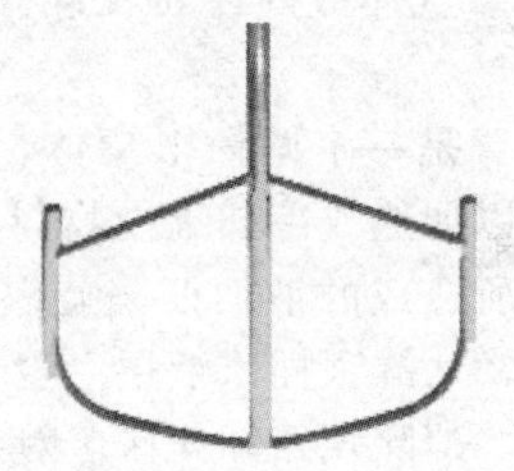

图 4-7 框式、锚式搅拌器

5. 螺杆、螺带式搅拌器

螺杆式搅拌器如图 4-8 所示。螺带一般贴近罐壁，与罐壁形成自然配合操作，而螺杆位于轴心，物料沿容器壁面螺旋上升，再向中心凹穴处汇合，形成上下对流循环。螺带的形式和层数应根据容器的几何形状和液层高度来确定，适用于高黏度或粉状物料。

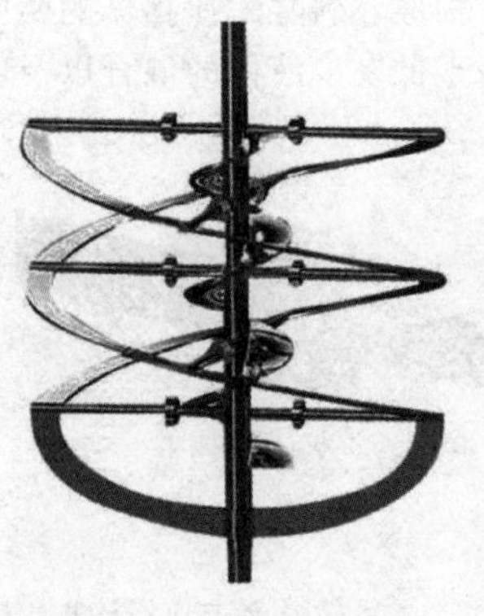

图 4-8 螺杆式搅拌器

6. 磁力驱动搅拌器

磁力驱动搅拌机又称磁力传动搅拌机，在磁力耦合器的基础上，经过技术革新，成功将其运用于化工搅拌器转轴的驱动上，采用“静密封”的密封原理，实现“零泄漏”的保障，彻底解决了机械密封和填料密封难以解决的密封失效和泄漏污染问题。

搅拌器的选型：搅拌作业的目的不同，需要不同的搅拌过程，需要由不同的搅拌器来实现，在设计选型时首先要根据工艺对搅拌作业的目的和要求，确定搅拌器形式、电动机功率、搅拌速度，然后选择减速机、机架、搅拌轴、轴封等部件。具体内容如下：

① 按照工艺条件、搅拌目的和要求，选择搅拌器形式，选择搅拌器形式时应充分掌握搅拌器的动力特性和搅拌器在搅拌过程中所产生的流动状态与各种搅拌目的的因果关系。

② 按照所确定的搅拌器形式及搅拌器在搅拌过程中所产生的流动状态，工艺对搅拌混合时间、沉降速度、分散度的控制要求，通过实验手段和计算机模拟设计，确定电动机功率、搅拌速度、搅拌器直径。

③ 按照电动机功率、搅拌转速及工艺条件，从减速机选型表中选择确定减速机机型。如果按照实际工作扭矩来选择减速机，则实际工作扭矩应小于减速机额定扭矩。

④ 按照减速机的输出轴头和搅拌轴系支承方式选择与输出轴头相同型号规格的机架、联轴器。

⑤ 按照机架搅拌轴头尺寸、安装容纳空间及工作压力、工作温度选择轴封形式。

⑥ 按照安装形式和结构要求，设计选择搅拌轴结构形式，并校验其强度、刚度。

⑦ 按照机架的公称尺寸、搅拌轴的结构形式及压力等级，选择安装底盖、凸缘底座或凸缘法兰。

⑧ 按照支承和抗震条件，确定是否配置辅助支承。

⑨ 配置过程中各部件之间连接关键尺寸是轴头尺寸，轴头尺寸一致的各部件原则上可互换、组合。

二、搅拌器的操作

1. 开机前的准备工作

① 向减速机和轴承内按要求加注润滑油。

② 检查设备有无异常情况，螺栓紧固是否牢固。

③ 点动启动按钮，观察电动机的转向是否正确。

④ 接通电源机运转 2 小时，正常后向罐内注液体至设计高度，继续运行 2～4 小时，观察有无异常振动、减速机升温（不超过 60℃）等情况，正常后即可投入使用。

⑤ 检查减速箱油质、油位是否正常。

2. 操作程序

① 向搅拌罐内注入一定量液体，按下“启动”按钮，搅拌机开始工作，继续向罐内注入液体或其他物料，至液位达到设计高度。

② 搅拌一定时间后，物料混合均匀后，按下“停止”按钮搅拌机停止运转。

③ 运行中注意检查搅拌机运行是否稳定，有无异常及噪声。注意观察搅拌罐液位。

三、搅拌器的维护保养

① 使用过程中应经常检查设备有无异常噪声、螺栓是否松动，并及时处理。

② 减速机最初投入使用时，应按其使用说明书加注润滑油，加至油标中心位置。运转中减速机内储油量必须保持在规定油面高度，不宜过多或过少，按润滑台账要求定期加油。

③ 各轴承在出厂时已加注润滑脂，以后每 3 个月须加注钙基润滑脂进行补充。

④ 视使用情况及时对设备进行保养和更换易损件，并做好防腐工作。

第三节 离心泵的操作技术

一、离心泵的分类及选用

离心泵是指靠叶轮旋转时产生的离心力来输送液体的泵。

1. 离心泵的类型

离心泵按叶轮数目分为单级泵和多级泵；按叶轮吸液方式可分为单吸泵和双吸泵；按输送液体性质和使用条件的不同分为清水泵、油泵、耐腐蚀泵和磁力驱动泵等。

① 清水泵。清水泵是化工生产中最常用的泵型，适用于输送清水以及黏度与水相近且无腐蚀性、不含固体杂质的液体。最普通的清水泵是单级单吸式，其系列代号为“IS”。全系列流量范围为4.5～360m/h，扬程范围为8～98m。

如果要求的压头较高，可采用多级离心泵，结构如图4-9所示。全系列流量范围为10.8～850m/h，扬程范围为14～351m。多级泵即在一根轴上串联多个叶轮，液体在几个叶轮中多次接受能量，故可达到较高的压头。

② 耐腐蚀泵。输送酸、碱等腐蚀性液体时，可选用耐腐蚀泵，其系列代号为“F”。耐腐蚀泵中所有与腐蚀性液体接触的部件都要用耐腐蚀材料制造。

③ 油泵。油泵用于输送不含固体颗粒的石油及其制品。由于油品易燃易爆，因此对油泵的一个重要要求是密封性能良好。当输送200℃以上的热油时，还需有冷却装置，一般在热油泵的轴封装置和轴承处均装有冷却水夹套，运转时通冷水冷却。其系列代号为“Y”。

此外，输送悬浮液及稠厚的浆液等常用杂质泵，系列代号为P，又细分为污水泵PW、砂泵PS、泥浆泵PS等，对这类泵的要求是：不易被杂质堵塞、耐磨、容易拆洗。所以杂质泵的特点是叶轮流道宽，叶片数目少，常采用半闭式或开式叶轮。

④ 磁力驱动泵（如图4-10所示），是将永磁联轴器的工作原理应用于离心泵的新产品。磁力泵以静密封取代动密封，使泵的过流部件处于完全密封状态，彻底解决了其他泵机械密封无法避免的跑、冒、滴、漏之弊病。

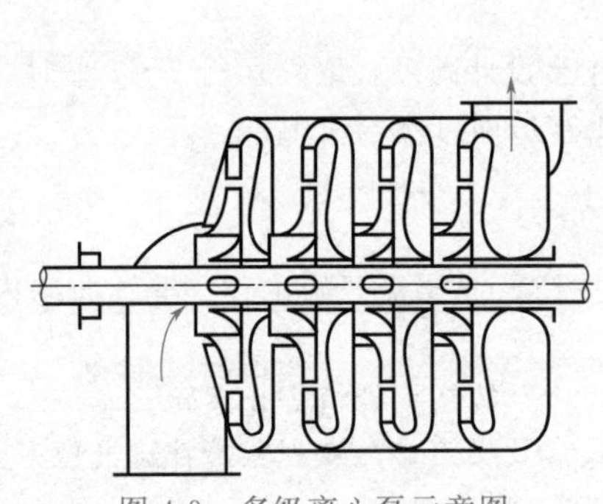

图4-9 多级离心泵示意图

图4-10 磁力驱动泵

磁力泵可选用耐腐蚀、高强度的工程塑料、钢玉陶瓷、工程塑料等作为制造材料，因此它具有良好的抗腐蚀性能。

2. 离心泵的选用

离心泵的选择原则上可按下述步骤进行。

① 根据输送液体的性质和操作条件，确定离心泵的类型。

② 确定输送系统的流量和压头。一般液体的输送量由生产任务决定，若流量在一定范围内变化，应根据最大流量选泵，并根据输送系统管路的安排，利用伯努利方程计算最大流量下的管路所需的压头。

③ 选择泵的型号。根据输送液量和管路所要求的压头，从泵的样本或产品目录中选出合适的型号。在确定泵的型号时，所选泵所能提供的流量 q_v 和压头 H 应留有余地，即稍大于管路需要的流量和压头，并使泵在高效范围内工作。泵的型号选出后，应列出该泵的各种性能参数。

④ 核算泵的轴功率，若输送液体的密度大于水的密度，则要核算泵的轴功率，以选择合适的电机。

二、离心泵的操作

1. 离心泵构造

离心泵的主要部件为叶轮、泵壳和轴封装置。

(1) 叶轮

离心泵的叶轮是使液体接受外加能量的部分，是泵的主要部件，如图 4-11 所示。叶轮内有 6～8 片后弯叶片，通常有三种类型。第一种为开式叶轮，如图 4-11(a) 所示，叶片直接安装在泵轴上，叶片两侧均无盖板，适于输送含有杂质悬浮物的物料，制造简单，清洗方便。第二种为半闭式叶轮，如图 4-11(b) 所示，没有前盖板只有后盖板的叶轮，适于输送易沉淀或含有固体粒状的物料。由于上述两种叶轮与泵体不能很好密合，液体会流回吸液侧，因而效率较低。第三种为闭式叶轮，如图 4-11(c) 所示，是叶片两侧有前、后盖板的叶轮，适于输送不含杂质的清洁液体。闭式叶轮造价虽高些，但效率好，所以一般离心泵大多采用闭式叶轮。

(a) 开式

(b) 半闭式

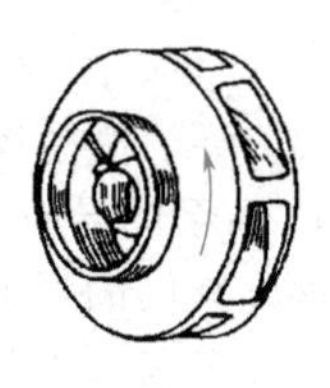

(c) 闭式

图 4-11 离心泵的叶轮

闭式或半闭式叶轮在工作时，离开叶轮的高压液体，有一部分漏入叶轮与泵壳之间的两侧空腔中，而叶轮前侧为入口处的低压液体，由于叶轮前后两侧的压力不等，便产生轴向推力，将叶轮推向入口侧。轴向推力会使叶轮与泵壳接触而产生摩擦，严重时造成泵的震动，为了减小轴向推力，可在叶轮后盖板上钻一些称为平衡孔的小孔，如图 4-12(a) 所示，使部分高压液体漏到低压区，以减小轴向推力，但这样也降低了泵的效率。

按吸液方式不同，叶轮可分为单吸式和双吸式两种，如图 4-12 所示。单吸式叶轮构造简单，液体只能从叶轮一侧被吸入。双吸式叶轮可同时从叶轮两侧对称地吸入液体。显然，双吸式叶轮具有较大的吸液能力，这种叶轮可以消除轴向推力，但叶轮本身和泵壳的结构较复杂。

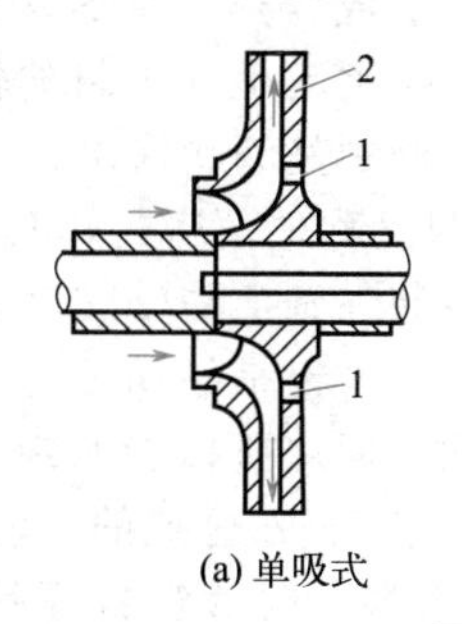

(a) 单吸式

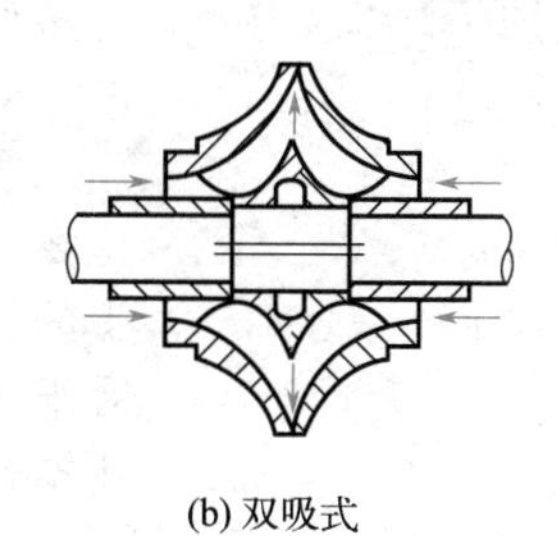

(b) 双吸式

图 4-12 吸液方式

1—平衡孔；2—后盖板

(2) 泵壳

离心泵的泵壳又称蜗壳，因壳内有一个截面逐渐扩大的蜗壳形的通道，如图 4-13 所示。叶轮在壳内顺着蜗形通道逐渐扩大的方向旋转，越接近液体出口，通道截面积越大，如图 4-14 所示。因此，液体从叶轮外缘以高速被抛出后，沿泵壳的蜗形通道向排出口流动，流速便逐渐降低，减少了能量损失，且使大部分动能有效地转变为静压能。一般液体离开叶轮进入泵壳的速度可达 15～25m/s 左右，而到达出口管时的流速仅为 1～3m/s 左右。所以泵壳不仅作为一个汇集由叶轮抛出液体的部件，而且本身又是一个转能装置。

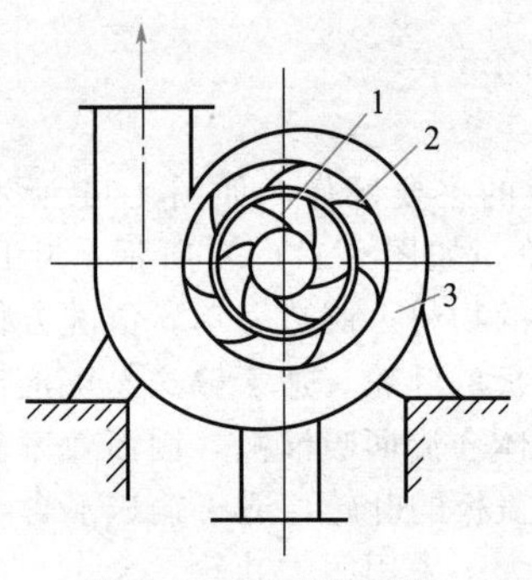

图 4-13 泵壳和导轮

1—叶轮；2—导轮；3—泵壳

图 4-14 流体在泵内流动的情况

对于大型离心泵，为了减少液体直接进入蜗壳时的碰撞造成的能量损失，可在叶轮与泵壳之间装有如图 4-13 所示的导轮，导轮是一个固定在泵壳内不动的、带有前弯形叶片的圆盘，由于导轮具有很多逐渐转向的通道，使高速液体流过时均匀而缓和地将动能转变为静压能，从而减少了能量损失。

(3) 轴封装置

旋转的泵轴与固定的泵壳之间的密封称为轴封。其作用是防止高压液体从泵壳内沿轴漏出，或者外界空气以相反方向漏入泵壳内的低压区。常用的轴封装置有填料密封和机械密封两种。

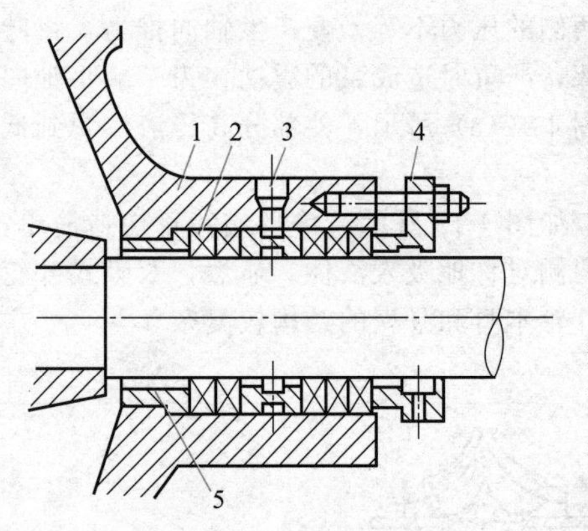

图 4-15 填料密封装置

1—填料函壳；2—软填料；3—液封圈；4—填料压盖；5—内衬套

① 填料密封是离心泵中最常见的密封结构，如图 4-15 所示。主要由填料函壳、软填料和填料压盖等组成。软填料一般采用浸油或涂石墨的石棉绳，将石棉绳缠绕在泵轴上，然后将压盖均匀上紧。填料密封主要靠填料压盖压紧填料，并迫使填料产生变形，来达到密封的目的，故密封程度可由压盖的松紧加以调节。填料不可压得过紧，过紧虽能制止泄漏，但机械磨损加剧，功耗增大，严重时造成发热、冒烟，甚至烧坏零件；也不可压得过松，过松则起不到密封的作用。合理的松紧以液体慢慢从填料函中呈滴状渗出为宜。

② 机械密封又称端面密封，其结构如图 4-16 所示。主要密封元件由装在轴上随轴转动的动环和固定在泵体上的静环所组成，密封是靠动环与静环端面间的紧密贴合来实现的。两端面之所以能始终紧密贴合，是借助于压紧弹簧，通过推环来达到的。动环硬度较大，常用钢、硬质合金等材料，静环用非金属材料，一般由浸渍石墨、酚醛塑料等制成。在正常操作时，通过调整弹簧的压力，可使动、静两环端面间形成一层薄薄的液膜，造成很好的密封和润滑条件，在运行中几乎不漏。

2. 离心泵操作

主要构造是蜗牛形的泵壳内有一个工作叶轮，叶轮上有 6～8 片向后弯曲的叶片，叶片之间构成了液体的通道。叶轮紧固于泵壳内的泵轴上，泵壳中央的吸入口与吸入管相连。液体经底阀和吸入管进入泵内。泵壳侧旁的液体排出口与排出管连接，泵轴一般用电动机带动，如图 4-17 所示。

离心泵工作原理

离心泵在启动前须向泵内灌满被输送的液体，这种操作称为灌泵。启动电

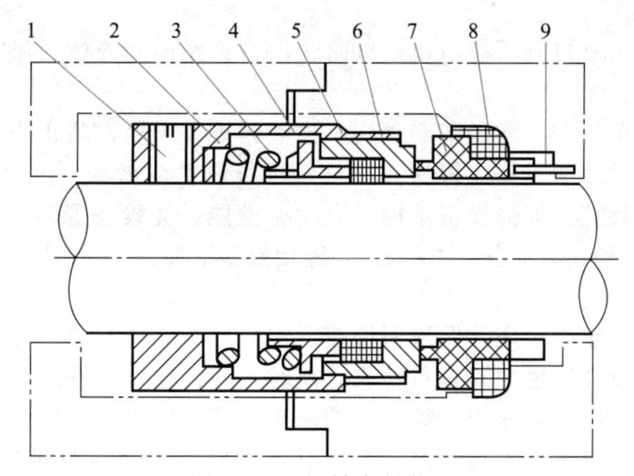

图 4-16 机械密封装置

1—螺钉；2—传动座；3—弹簧；4—推环；5—动环密封圈；6—动环；7—静环；8—静环密封圈；9—防转销

动机后，泵轴带动叶轮一起旋转，充满于叶片之间的液体也随着旋转，在离心惯性力的作用下，液体从叶轮中心被抛向外缘的过程中便获得了能量，使叶轮外缘液体的静压能和动能都增加，流速可达 15～25m/s。液体离开叶轮进入泵壳后，由于泵壳的流道逐渐加宽，液体的流速逐渐降低，又将一部分动能转变为静压能，使泵出口处液体的压力进一步提高，于是液体以较高的压力，从泵的排出口进入排出管路，输送到所需场所，完成泵的排液过程。

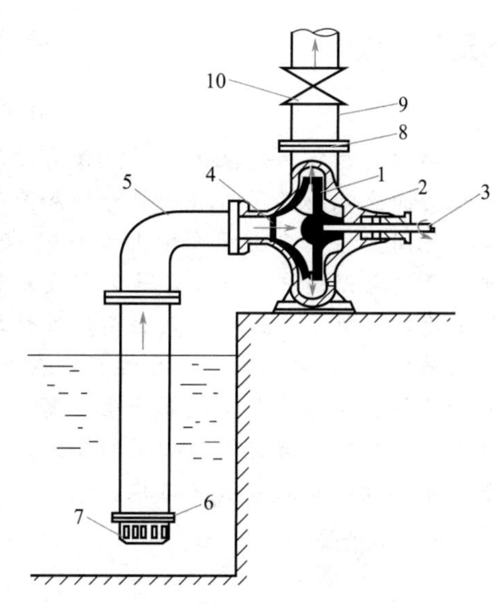

图 4-17 离心泵装置

1—叶轮；2—泵壳；3—泵轴；4—吸入口；5—吸入管；6—底阀；7—滤网；8—排出口；9—排出管；10—调节阀

当泵内液体从叶轮中心被抛向叶轮外缘时，在叶轮中心处形成低压区，由于贮槽液面上方的压力大于泵吸入口处的压力，在压力差的作用下，液体便沿着吸入管连续不断地进入叶轮中心，以补充被排出的液体，完成离心泵的吸液过程。只要叶轮不停地运转，液体就会连续不断地被吸入和排出。

离心泵启动时，如果泵壳与吸入管内没有充满液体，则泵壳内存有空气，由于空气密度远小于液体的密度，产生的离心惯性力小，因而叶轮中心处所形成的低压不足以将贮槽内的液体吸入泵内，此时即使启动泵也不能输送液体，这种现象称为“气缚”，说明离心泵无自吸能力。所以，离心泵启动前必须向壳体内灌满液体，若离心泵的吸入口位于吸液贮槽液面的上方，在吸入管路的进口处应装底阀（单向阀），以防启动前所灌入液体从泵内漏失，底阀下部还装有滤网，可以阻拦液体中的固体物质被吸入而引起管道或泵壳的堵塞。靠近泵出口处的排出管路上装有调节阀，以供开车、停车及调节流量时使用。

三、离心泵的维护保养

泵启动前盘车，检查是否灵活，有无卡阻现象。

泵启动前要灌泵，操作时必须使泵内灌满液体，直至泵壳顶部排气孔冒液为止。

启动前应关闭出口阀，使其在流量为零的情况下启动。

启动后待电机运转正常后，再逐渐打开出口阀调节所需流量。

离心泵在运转中要经常检查轴承是否过热，润滑油情况是否良好，填料或机械密封是否泄漏、发热。

停泵时，首先要关闭出口阀再停电机，以防止出口管路中的液体因压差而使泵叶轮倒转，使叶轮受到冲击而被损坏。

无论短期、长期停车，在严寒季节必须将泵内液体排放干净，防止冻结胀坏泵壳或叶轮。

离心泵运转时的正常维护工作，操作人员对泵运行设备应做到“三会”，即会使用、会维修保养、会排出故障；“四懂”，即懂设备结构、懂设备性能、懂设备原理、懂设备用途；“五字巡回检查法”，即听、摸、测、看、闻；“六定”，即定路线、定人、定时、定点、定责任、定要求地进行检查。

要求操作人员定时、定点、定线路巡回检查。按照“听、摸、测、看、闻”五字检查法对设备的温度、压力、润滑及介质密封等进行检查，及时发现问题。如发现设备不正常要立即检查原因并及时反映，在紧急情况下要采取措施，立即停车，报告值班长，通知相关岗位，在没有查明原因、没有排除故障的情况下，不得擅自开车，正在处理和未处理的问题必须写在操作记录上，并向下班交代清楚。除此之外，操作人员还要做好润滑油具的管理，按照规定及时注油。做好本岗位专责区的清洁卫生，并及时消除跑冒滴漏现象。

知识拓展

离心泵的气蚀现象

离心泵的气蚀现象是一种流体力学的空化作用，与旋涡有关。它是指流体在运动过程中压力降至其临界压力（一般为饱和蒸气压）之下时，局部地方的流体发生汽化，产生微小空泡团。该空泡团发育增大至一定程度后，在外部因素的影响（气体溶解、蒸汽凝结等）下溃灭而消失，在局部地方引发水锤作用，其应力可达到数千个大气压。显然这种作用具有破坏性，从宏观结果上看，气蚀现象使得流道表面受到侵蚀破坏（一种持续的高频打击破坏），引发振动，产生噪声；在严重时出现断裂流动，形成流道阻塞，造成水泵性能的下降。为避免气蚀现象产生，离心泵使用者可采取正确选择吸水条件、减小泵外部的压力下降，即适当选取离心泵的安装高度、增大吸水管管径、减小吸水管长度及避免吸水管路不正确的安装方法等措施。

第四节　离心机的操作技术

课堂互动

离心泵和离心机有何不同？

离心泵和离心机的机械原理基本是一样的，都是采用离心力的原理，但是它们的作用不同，离心泵是用来输送流体的，离心机是用来进行物质分离的。

一、离心机的分类及选用

离心机是利用离心力，分离液体与固体颗粒或液体与液体的混合物中各组分的机械。由于在离心机中可产生强大的惯性离心力，所以，利用离心机可实现在重力场中或旋液分离器中不能有效分离的操作，如非常微细颗粒悬浮液的分离和十分稳定乳状液的分离。

1. 离心机的分类

(1) 过滤式离心机　这种离心机转鼓上开有小孔，在鼓内壁面上覆以滤布，悬浮液加入鼓内并随之旋转，液体受离心力作用通过滤布和鼓上小孔被抛出而颗粒被截留在鼓内。

(2) 沉降式离心机　这种离心机的转鼓没有开孔，故只能用以增浓悬浮液，使密度较大的颗粒沉积于转鼓内壁，清液集于中央并不断引出。

(3) 离心分离机　离心分离机的转鼓上同样不开孔，用以分离乳状液。在转鼓内液体按轻重分层，重者在外，轻者在内，各自从径向的适当位置引出。

根据 K_0 值可将离心机分为：

常速离心机 $K<3000$（一般为 600～1200）

高速离心机 $K=3000\sim50000$

超高速离心机 $K>50000$

最新式的离心机，其 K_0 值可高达 500000 以上，常用来分离胶体颗粒及破坏乳状液。分离因数的极限值取决于转动部件的材料强度。提高分离因数值的基本途径是增加转鼓转速。

在离心机内，由于离心力远大于重力，重力作用可不考虑。

离心机的操作方式也有连续与间歇之分。此外，还可根据转鼓轴线方向将离心机分为立式与卧式。

2. 离心机的选型

离心机选型需要考虑使用场合、物料性质等因素，以达到预期的目的。选型时有以下三个必须重视的问题：

① 防腐性能。化学制药的物料一般都具有一定的腐蚀性，与物料接触部分的材质，必须能够达到耐腐蚀的要求，以保证安全使用。结构件材料种类（304、321、316L、钛板），密封卷、密封垫材质，表面处理措施（衬塑、衬胶、表面涂），以及滤布的材质等均应在选型时确定。

② 防爆性能。离心机所处理的物料中（或环境）可能含有有机溶剂等易燃易爆的物质，所以防爆性应根据生产工艺的防爆要求（等级）确定。近年来，对于物料中含有有机溶剂的场合，大多都提出氮气保护的要求。实际上，离心机要实现真正意义上的防爆，在机械、电控、附件配置等方面要采取多方面的措施，如电控系统、非接触式能耗制动系统、静电接地、防爆自动控制、机械系统、防爆附件等。

③ 分离性能。分离性能是一个最基本的功能，包括分离效果、洗涤效果、处理能力、自动化程度等。因物料性质的差异，包括物料的黏度、粒度、密度、料浆的固液比等因素，很难精确地确定最终分离的效果，一般是用离心机的分离因数来衡量离心机的分离效果。分离因数与转鼓的转速和转鼓直径有关，与转鼓的角速度呈平方关系。

$$F_t=\omega 2r/g$$

式中，F_t 为分离因数；ω 为转角速度，rad/s；r 为转鼓直径，m；g 为重力加速度，m/s^2。

二、三足式离心机的结构和操作

三足式离心机是最早出现的液-固分离设备，目前仍广泛应用于制药工业，是应用转鼓高速回转所产生的离心力使悬浮液或其他脱水物料中的固相与液相分离开来。目前常见的三足式离心机有人工上部卸料、人工下部卸料和机械下部卸料等多种形式。

1. 三足式离心机的结构

三足式离心机机体由底盘、装在底盘上的主轴、转鼓、机壳、电动机及传动装置等组成，整个机体靠三根摆悬挂在三个柱脚上，摆杆上、下端分别以球形垫圈与柱脚和底盘铰接，摆杆上套有缓冲弹簧，这种悬挂支撑方式是三足式离心机的主要结构特征，允许机体在水平方向做较大幅度摆动，使系统自振频率远低于转鼓回转频率，从而减少不均匀负荷对主轴和轴承的冲击，并使振动不致传到基础上。三足式离心机外观见图 4-18，结构见图 4-19。

图 4-18　三足式离心机外观

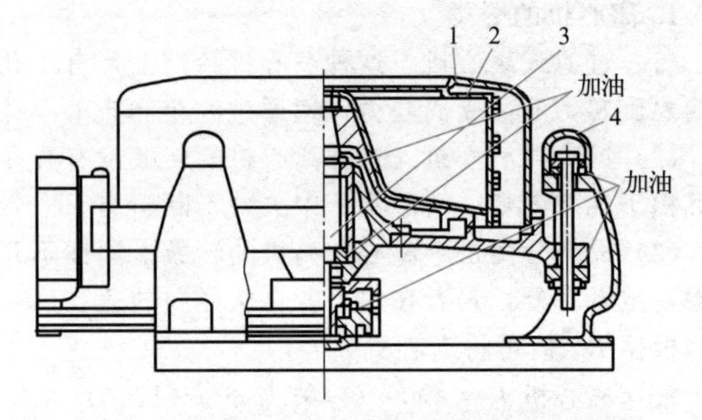

图 4-19　三足式离心机结构

1—机壳；2—转鼓；3—传动部件；4—机架

2. 三足式离心机的操作

(1) 开机前的检查

① 检查各紧固部件连接是否牢固。盘动离心机转鼓，检查转动是否平稳、是否有异响。

② 以上检查无异常后，低速启动离心机，再次确认离心机平稳运行，无异响。确认无误后停机。

③ 按工艺要求铺好双层离心布。离心布的边缘不能超过转鼓的边缘（离心布边缘超过转鼓边缘太多，在高速转动过程中，离心布的边缘可能会摩擦到离心机的外壳造成事故；且离心布边缘超过转鼓边缘太多，在放料过程中可能会造成离心布撕裂、发生跑料现象）。

④ 低速启动离心机，检查离心布是否紧贴转鼓、是否会脱落。

⑤ 离心机的通氮保护。有通氮保护装置的打开氮气阀门，通氮气至氧含量≤15%（视产品而定）后开启离心机；若无通氮保护装置，可打开氮气阀门通氮气5分钟，将离心机内空气置换干净。若物料进入氮气管道，会影响氧含量测定的结果，因此在开机前应进行检查。

(2) 放料操作

① 通氮气至合格后，打开放料阀门，缓慢、匀速放料。放料速度过慢，物料在离心机内分布不均匀，造成下层多、上层少，淋洗不彻底，物料甩不干。放料速度过快，会造成跑料。因此放料时的快慢和离心机的转速需要根据物料的特性而定。

② 放料过程中人员随时观察离心机运转状况及离心机内物料情况，离心机发生抖动时，应停止放料，缓慢停机，待离心机停稳后，检查机内物料情况，将物料重新分布均匀后，通氮气，再次放料。

(3) 甩干操作

放料结束，缓慢提高转速，甩至离心机出口视筒无液体，再甩干5分钟左右，缓慢停机，待离心机停稳后方可出料。离心过程中严禁用铁器敲打物料管道和离心机外壳。严禁在离心机运转过程中用手或工具施加外力强行停机。

三、三足式离心机的维护保养

三足式离心机应定期进行维护保养，以保证离心机的功能和重要零部件以及安全防护措施处在正常工作状态。

① 机器认真清洗后更换润滑脂。本机主要润滑部位有主轴的上、下轴承，离合器轴承，摆杆球面垫圈和制动装置的扁头轴处等。

② 检查制动装置和离合器的摩擦片是否磨损，三角带是否磨损或伸长。

③ 检查轴承有无破损或过度磨损，内、外圈与轴、壳的配合是否松动。

④ 检查摆杆、弹簧、球面垫圈是否有破损、卡死现象。

⑤ 检查出液口是否堵塞，出液口堵塞会使转鼓在液体中转动，从而增大摩擦，加大噪声。

⑥ 检查各连接件是否松动、腐蚀，衬包层是否破裂。

⑦ 检查转鼓是否变形、腐蚀，特别是纵焊缝的腐蚀状况，若出现焊缝明显减薄或呈黑色蜂窝状微孔组织、焊缝与母材界面有明显裂纹、敲击焊缝已无金属声等现象，应立即停止使用。

根据检查结果，决定清洗、换件或修复。若转鼓严重变形或腐蚀，转动部位严重磨损，应进行大修或换件，不得采用表面补焊等应急措施。转鼓是离心机的主要工作部分，在制造过程中经过严格的动平衡检验，转鼓纵焊缝均经 X 射线探伤。在使用过程中，不允许任意开孔、焊接和拆卸转鼓上的零件。拆换转鼓上的零部件后应重新做动平衡。

第五节　换热器的操作技术

课堂互动

传热有哪几种基本方式？其特点是什么？

传热有三种方式：1. 热传导；2. 热辐射；3. 热对流。

传热的特点分别是：

热传导可发生在物体内部或直接接触的物体之间。热传导过程中，没有物质的宏观位移。单纯的导热仅能在密实的固体中发生。

热辐射过程中伴随形式能量转化；热辐射传播不需要任何中间介质；凡是温度高于绝对零度的一切物体，不论其温度高低都在不间断地向外辐射不同波长的电磁波。

热对流指利用流体质点在传热方向上的相对运动来实现热量传递的过程。包括自然对流和强制对流。

一、换热器的分类及选用

换热器是实现将热能从一种流体传至另一种流体的设备，是制药和化工领域的通用设备，换热器的类型多种多样，按照传热用途可分为加热器、冷却器、冷凝器、蒸发器和再沸器等。根据冷、热流体热量交换的方式不同，换热器可以分为三大类，即直接接触式换热器、蓄热式换热器和间壁式换热器。

（1）直接接触式换热器

这类换热器是由冷、热流体直接接触进行热量传递，常用于热气体的直接水冷或热水的直接空气冷却。这种换热器传热面积大，设备简单。但由于冷、热流体直接接触，传热中往往伴有传质，过程机制和单纯传热有所不同，应用也受到工艺要求的限制。

（2）蓄热式换热器

蓄热式换热器主要是由对外充分隔热的蓄热室构成，室内装有热容量大的固体填充物。热流体通过蓄热室时将冷的填充物加热，当冷流体通过时则将热量带走。冷、热流体交替通过蓄热室，利用固体填充物来积蓄或放出热量从而达到热交换的目的。蓄热式换热器结构简单，可耐高温，常用于高温气体热量的利用或冷却。其缺点是设备体积较大，过程是不稳定的交替操作，且不能完全避免两种流体的掺杂，所以这类换热器在制药领域用得不多。

（3）间壁式换热器

其特点是在冷、热流体之间用金属壁（或石墨等导热性能良好的非金属壁）隔开，使两种流体在不发生混合的情况下进行热量传递。

间壁式换热器中最常用的为列管式换热器。其用量约占全部换热设备的 90%。与其他类型换热器相比，列管式换热器的突出优点是单位体积具有的传热面积大，结构紧凑、坚固。传热效果好，而且能用多种材料制造，适用性较强，操作弹性大。在高温、高压和大型装置中使用更为普遍。目前，已有几种不同类型的列管式换热器系列化生产，以满足不同的工艺需要。

① 固定管板式。固定管板式换热器如图 4-20 所示，是结构上最简单的换热设备。所谓固定管板是将安装着管束的两块管板直接固定在外壳上，由于结构所致，壳内管的外表面不易清洗。一般来说，传热管与壳体的材质不同，在换热过程中由于两流体的温度不同，使管束和壳体的温度也不同，因此它们的热膨胀程度也有差别。若两流体的温度差较大，就可能由于过大的热应力而引起设备的变形，甚至弯曲或破裂。因此，当两流体的温度差超过 50℃时，就应采取热补偿的措施。在固定管板式设备中，如图 4-20 所示在外壳的适当部位焊上一个补偿圈（或称膨胀节），当外壳和管束热膨胀不同时，补偿圈发生弹性变形（拉伸或收缩），以适应外壳和管束不同的热膨胀。这种补偿方法简单，但不宜应用于两流体温度差较大和壳程压力较高的场合。为了更好地解决热应力问题，在固定管板式的基础上，又发展了 U 形管式及浮头式换热器。

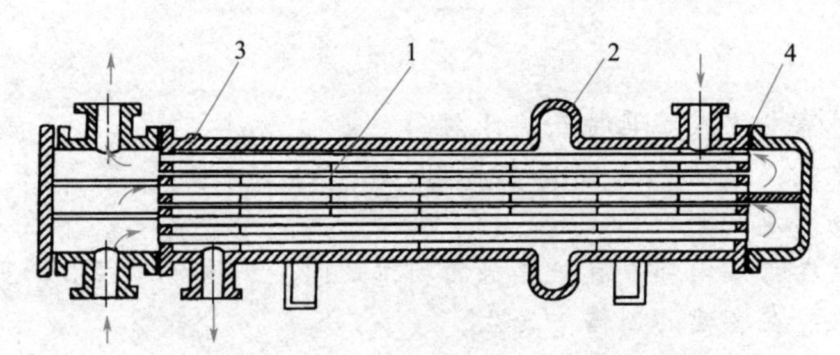

图 4-20 具有膨胀节的固定管板式换热器

1—挡板；2—膨胀节；3—放气嘴；4—管板

② U 形管式换热器。如图 4-21 所示，由于管子弯成 U 形，U 形传热管的两端固定在一块管板上，因此每根管子都可以自由地伸缩，解决了温差补偿的问题。而且整个管束可以拉出壳外进行清洗。

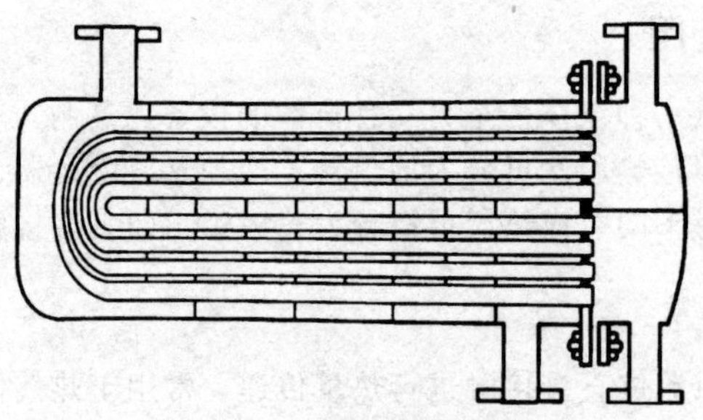

图 4-21 U 形管式换热器

知识拓展

U 形管式换热器的优点

此类换热器的特点是管束可以自由伸缩，不会因管壳之间的温差而产生热应力，热补偿性能好；管程为双管程，流程较长，流速较高，传热性能较好；承压能力强；管束可从壳体内抽出，便于检修和清洗，且结构简单，造价便宜。

③ 浮头式换热器。如图 4-22 所示，浮头式换热器中两端的管板有一端不与壳体连接，这一端

的封头可在壳体内与管束一起自由移动。这种结构不但完全消除了热应力，而且整个管束可从壳体中抽出，便于管内、外的清洗和检修。因此，尽管其结构复杂、造价较高，但应用仍十分广泛。

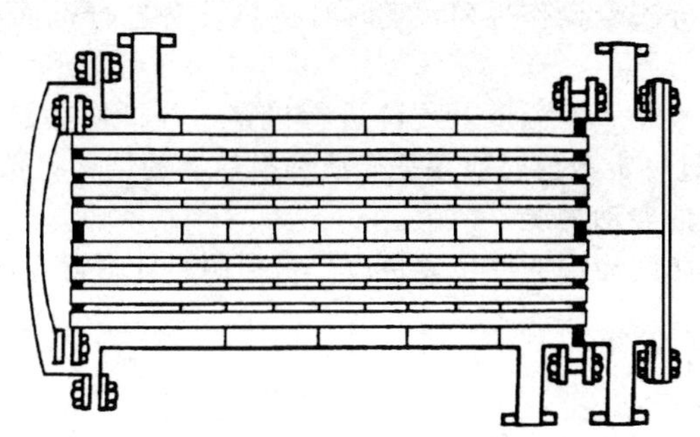

图 4-22　浮头式换热器

列管式换热器选用时应考虑的问题。

① 确定流动路径，根据任务计算传热负荷，确定流体进、出的温度，选定换热器形式，计算定性温度，查取物性，计算平均温差，根据温度校正系数不小于 0.8 的原则，确定壳程数。

② 依据总传热系数经验值范围，或按生产实际选定总传热系数 K 估值，估算传热面积 $A_{估}$。选定换热器的基本尺寸，如管径、管长、管数及排列等。若选用，在标准中选择换热器型号。

③ 计算管程和壳程的压降。根据初选设备规格，计算管程、壳程流体压降，检查结果是否满足工艺要求，若压降不合要求，要调整流速，再确定管程数或挡板间距，或选择另一规格的设备，重新计算压降至满足要求。

④ 计算总传热系数，核算传热面积。计算管程、壳程的给热系数 h_1 和 h_2，确定污垢热阻 R_{s1} 和 R_{s2}，计算总传热系数 $K_{计}$，并计算传热面积 $A_{计}$，比较 $A_{估}$ 和 $A_{计}$，若 $A_{估}/A_{计}=1.15\sim1.25$，则初选的设备合适，否则需另设 $K_{估}$ 值，重复以上步骤。

二、列管式换热器的操作

① 换热器开车前应检查压力表、温度计、液位计以及相关阀门是否正常。

② 输送加热蒸汽前，先打开冷凝水排放阀门，排出积水和污垢；打开放空阀，排出空气及其他不凝性气体。

③ 换热器开车时，要先通入冷流体，缓慢或数次通入热流体，做到先预热、后加热，切忌骤冷骤热。开、停换热器时，不要将阀门开得太猛，否则容易造成管子和壳体受到冲击，以及局部骤然胀缩，产生热应力，使局部焊缝开裂或管子连接口松动脱落。

④ 若进入换热器的流体不清洁，需提前过滤、清除，防止堵塞通道。

⑤ 换热器使用期间，需要巡回检查冷、热流体的进、出口温度和压力，控制在正常工艺指标内。

⑥ 定期分析流体的成分，以确定换热器有无内漏，以便及时处理。

⑦ 巡回检查换热器的阀门、封头、法兰连接处有无渗漏，以便及时处理。

⑧ 换热器定期进行除垢、清洗。

三、列管式换热器的维护保养

① 装置系统蒸汽吹扫时，应尽可能避免对有涂层的冷换设备进行吹扫，工艺上确实避免不了的，应严格控制吹扫温度（进冷换设备）不大于 200℃，以免造成涂层损坏。

② 装置开停工过程中，换热器应缓慢升温和降温，避免造成压差过大和热冲击，同时应遵循停工时“先热后冷”，即先退热介质、再退冷介质；开工时“先冷后热”，即先进冷介质、后进热介质。

③ 在开工前应确认螺纹锁紧环式换热器系统通畅，避免管板单面超压。

④ 认真检查设备运行参数，严禁超温、超压。对按压差设计的换热器，在运行过程中不得超过规定的压差。

⑤ 操作人员应严格遵守安全操作规程，定时对换热设备进行巡回检查，检查基础支座是否稳固及有无设备泄漏等。

⑥ 应经常对管程、壳程介质的温度及压降进行检查，分析换热器的泄漏和结垢情况。在压降增大和传热系数降低超过一定数值时应根据介质和换热器的结构，选择有效的方法进行清洗。

⑦ 应经常检查换热器的振动情况。

⑧ 在操作运行时，有防腐涂层的冷换设备应严格控制温度，避免涂层损坏。

⑨ 保持保温层完好。

常见故障与处理见表 4-1。

表 4-1　常见故障与处理

异常现象	原因	处理方法
传热效率下降	1. 列管结垢或堵塞 2. 管道或阀门堵塞 3. 不凝气或冷凝液增多	1. 清理列管或除垢 2. 清理疏通 3. 排放不凝气或冷凝液
列管和胀口渗漏	1. 列管腐蚀或胀接质量差 2. 壳体与管束温差太大 3. 列管被折流板磨破	1. 更换新管或补胀 2. 补胀 3. 换管
振动	1. 管路振动 2. 壳程流体流速太快 3. 机座刚度较小	1. 加固管路 2. 调节流体流量 3. 加固
内漏或泄漏	1. 腐蚀严重 2. 焊接质量不好 3. 法兰泄漏	1. 鉴定后修补 2. 清理补焊 3. 更换法兰或处理缺陷

第六节　干燥器的操作技术

课堂互动

干燥的作用是什么？

经过浓缩后的液体或固液分离后，含溶液体积变小，但还是不能达到要求，这时就要继续干燥。干燥是将固体、半固体或浓缩液中的水分（或其他溶剂）除去一部分，以获得含水量较少的过程。干燥往往是原料药产品分离的最后一步。

一、干燥器的分类及选用

干燥器：实现物料干燥过程的机械设备。大多数原料药或中间体在生产最后阶段都需要干燥处理，物料需要有特定的湿含量以便加工、成型或制粒。

干燥器可按操作过程、操作压力、加热方式、湿物料运动方式或结构等不同特征进行分类。按操作过程，干燥器分为间歇式（分批操作）和连续式两类；按操作压力，干燥器分为常压干燥器和真空干燥器两类，在真空下操作可降低空间的湿分蒸汽分压而加速干燥过程，且可降低湿分沸点，保护热敏性药物，蒸汽不易外泄，所以真空干燥器适用于干燥热敏性、易氧化，以及湿分蒸汽需要回收等物料。

1. 厢式干燥器

厢式干燥又称室式干燥，一般小型的设备称为烘箱，大型的称为烘房，属于对流干燥，多采用强制气流的方法，为常压间歇操作的典型设备，可用于干燥多种不同形态的物料。

按气体流动方式可分为平行流式、穿流式、真空式等。

厢式干燥器的优点：构造简单，设备投资少；适应性强，物料损失小，干燥盘易清洗。

厢式干燥器的缺点：干燥时间长；若物料量大，所需的设备容积也大；工人劳动强度大；热利用率低；产品质量不均匀。

适用范围：尤其适用于需要经常更换产品或小批量物料的干燥。

2. 气流干燥器

气流干燥装置是一种连续操作的干燥器，见图 4-23。主要由空气加热器、加料器、干燥管、旋风分离器和风机等设备组成。其主要设备是直立圆筒形的干燥管，长度一般为 10～20m，热空气（或烟道气）进入干燥管底部，将加料器连续送入的湿物料吹散，并悬浮在其中，气、固间进行传热传质。一般物料在干燥管中的停留时间约为 0.5～3s，干燥后的物料随气流进入旋风分离器，产品由下部收集，湿空气经袋式过滤器（或湿法、电除尘等）回收粉尘后排出。

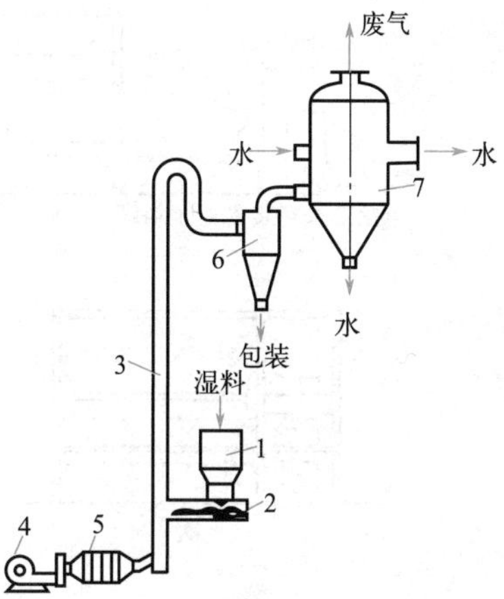

图 4-23　气流干燥器

1—加料斗；2—螺旋加料器；3—干燥管；4—风机；5—预热器；6—旋风分离器；7—湿式除尘器

双级气流干燥是一种改进的气流干燥装置，如图 4-24 所示。这种装置是将湿物料的干燥分为两步完成，原料先进行一级干燥，干燥后的半成品由新鲜的热空气进行二级干燥，使用过的高温低湿尾气也可用作一级干燥的干燥介质。

气流干燥器的优点：气、固间传递表面积大，干燥速率高，接触时间短；气流干燥器结构相对简单，占地面积小，运动部件少，易于维修，成本费用低。

气流干燥器的缺点：必须有高效能的粉尘收集装置，否则尾气携带的粉尘将造成很大的浪费，也会形成对环境的污染；对结块、不易分散的物料，需要性能好的加料装置，有时还需附加粉碎过程；气流干燥系统的动力消耗较大。

适用范围：气流干燥器适宜处理含非结合水及结块不严重又不怕磨损的粒状物料，尤其适宜干燥热敏性物料或临界含水量低的细粒或粉末物料。对黏性和膏状物料，采用干料返混方法和适宜的加料装置，如螺旋加料器等，也可正常操作。

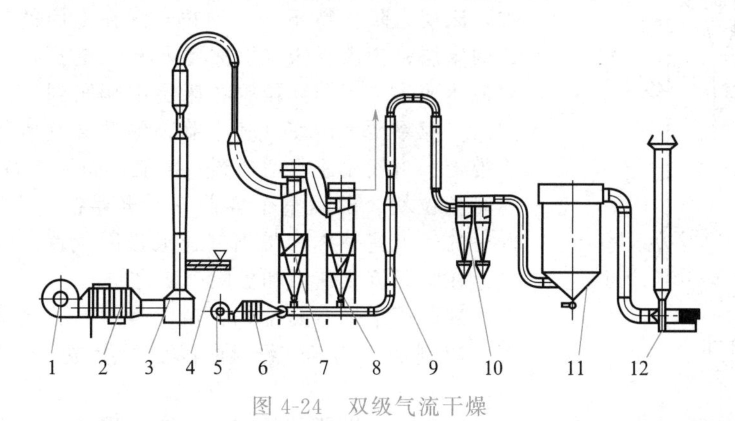

图 4-24　双级气流干燥

1,5—鼓风机；2,6—加热器；3—一级干燥主管；4—螺旋进料机；7,10—旋风收集器；8—星形出料机；9—二级干燥主管；11—布袋除尘器；12—引风机

3. 带式干燥器

带式干燥器指在长方形的干燥室或隧道内，安装带状输送设备。传送带多为网状，气流与物料错流，带子在前移的过程中，不断地与热空气接触而被干燥。传送带可以是多层的。通常物料运动方向由若干个独立的单元段所组成。每个单元段包括循环风机、加热装置、单独或公用的新鲜空气抽入系统和废气排出系统。由此可对干燥介质数量、温度、湿度和空气循环量等操作参数进行独立控制，从而保证带式干燥器工作的可靠性和操作条件的优化。

带式干燥器的优点：操作灵活，湿物料进料、干燥过程在完全密封的箱体内进行，劳动条件较好，避免了粉尘的外泄；带式干燥器中的被干燥物料随同输送带移动时，物料颗粒间的相对位置比较固定，具有基本相同的干燥时间。带式干燥器结构不复杂，安装方便，能长期运行，发生故障时进入箱体内部检修方便。但占地面积广，运行时噪声较大。

适用范围：适用于颗粒状、块状和纤维状的物料；适用于对干燥物料色泽变化或湿含量均至关重要的某些干燥过程。见图 4-25。

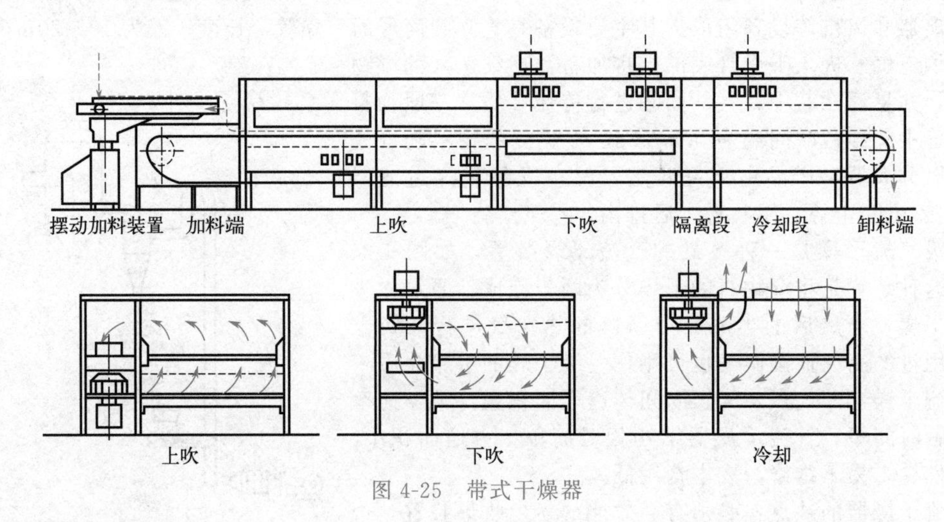

图 4-25　带式干燥器

4. 沸腾床干燥器

在一个长形的容器内装入一定量的固体颗粒，工业上称这一固体层为固定床层，简称床。气体由容器的底部进入，通过分布板进入床层，当气体速度较低时，就像穿流式干燥器那样，固体颗粒不发生运动，这时的床层高度为静止高度。随着气流速度的增大，颗粒开始松动，这时床层略有膨胀，颗粒也开始在一定的区间变换位置，在一定范围内，气体的流速和压降呈直线关系上升。各气体速度继续增加，床层压降保持不变，颗粒悬浮在上面的气流中，此时形成的床层称为沸腾床（也称流化床），这时的气流速率称为临界流化速率。当同样颗粒在床层中膨胀到一定高度时，因床层的空隙率增大而使气速下降，颗粒又重新落下而不致被气流带走。当气流速率增加到一定值，固体颗粒开始吹出容器，这时颗粒就会散满整个容器，不再存在一个颗粒层的界面，此时的气流速率称为带出气速或极限气速。故流化床适宜的气速在临界流化速率和极限气速之间。

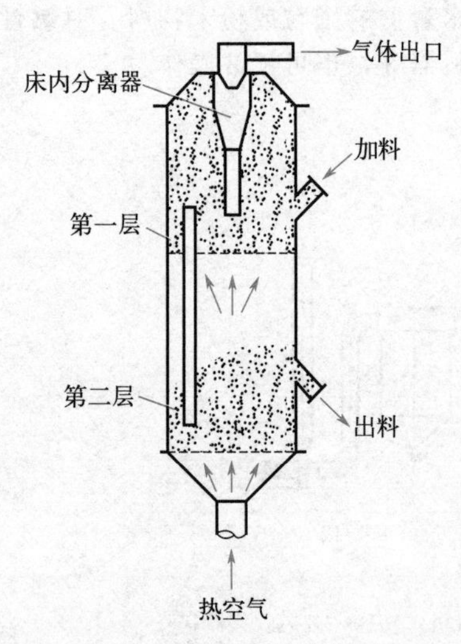

图 4-26　沸腾床干燥器

沸腾床干燥器的结构：由干燥室、加热器、风机、过滤器、加料器、分布器、除尘器等组成。其结构如图 4-26 所示。

沸腾床干燥器的优点：①气流阻力小，物料磨损轻，热利用率较高；②蒸发面积比较大，干燥速度快，产品质量好；

③一般湿颗粒流化干燥的时间为20分钟左右；④干燥时不需要翻料并且能自动出料，节省劳力。

流化床干燥器的缺点：由于流速大，压力损失大，物料颗粒容易受到磨损；能耗消耗大，设备清扫比较麻烦。

适用范围：单层沸腾床干燥器仅适用于易干燥、处理量较大且对干燥产品的要求又不太高的场合。对于干燥要求较高或所需干燥时间较长的物料，一般可采用多层（或多室）流化床干燥器。对晶体有一定要求的物料不适用。

5. 喷雾干燥器

喷雾干燥是指单独一次工序，就可将溶液、乳浊液、悬浮液或膏糊液等各种物料干燥成粉体、颗粒等固体的单元操作。通常的喷雾干燥装置由雾化器、干燥塔、空气加热系统、供料系统、气固分离和干粉收集系统等部分组成。其结构如图4-27所示。

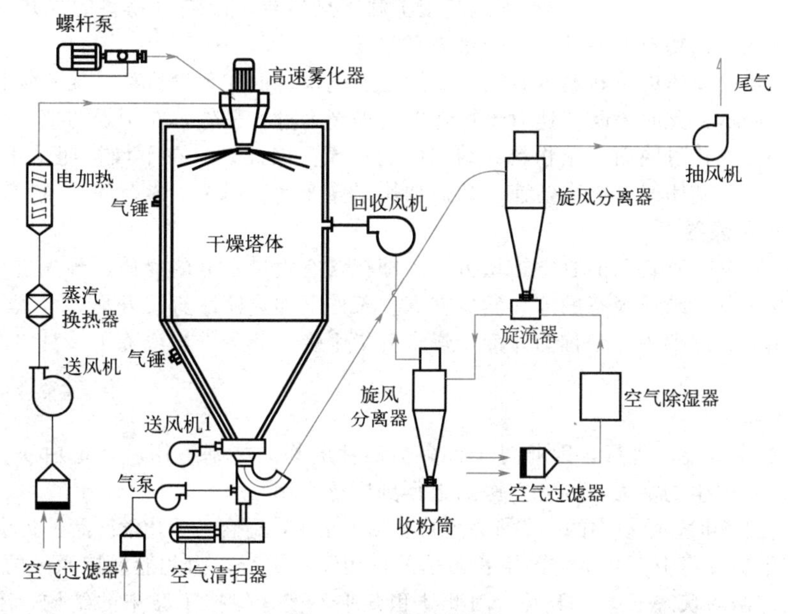

图4-27　喷雾干燥器

由送风机将通过初效过滤器后的空气送至中效、高效过滤器，再通过蒸汽加热器和电加热器将净化的空气加热后，由干燥器底部的热风分配器进入装置内，通过热风分配器的热空气均匀进入干燥塔并呈螺旋转动的运动状态，同时由供料输送泵将物料送至干燥器顶部的雾化器，物料被雾化成极小的雾状液滴，使物料和热空气在干燥塔内充分接触，水分迅速蒸发，并在极短的时间内将物料干燥成产品，成品粉料经旋风分离器分离后，通过出料装置收集装袋，湿空气则由引风机引入湿式除尘器后排出。

喷雾干燥器的优点：干燥过程极快；处理物料种类（溶液、悬浮液、浆状物料等）广泛；可直接获得干燥产品，如速溶的粉末或空心细颗粒等；过程易于连续化、自动化。

喷雾干燥器的缺点：热效率低；设备占地面积大、成本费用高；粉尘回收麻烦，回收设备投资大，固体颗粒易粘壁等。

适用范围：适用于各类细粉、超细粉、无粉尘粉剂及空心颗粒剂、热敏性药物及微囊。

6. 双锥真空干燥器

双锥真空干燥机主要由罐体（结构见图4-28）、真空系统、加热系统、冷凝器、冷却系统、除尘器、电控系统等组成。双锥真空干燥机工作状态下，罐内保持真空状态，将蒸汽或热水通入夹套内进行加热，湿物料通过与罐体内壁接触受热，蒸发的水汽通过真空系统进入冷凝器，冷凝液回收。双锥真空干燥机由于罐体内处于真空状态，且罐体不停回转，带动物料不断地翻动，加速了物料干燥。

图 4-28　双锥真空干燥机罐体外观

影响双锥真空干燥器干燥的因素主要有：干燥温度、真空度、干燥时间、待干燥物料的运动状态等。

一般情况下，对于浓缩液的稠膏，真空干燥温度一般不高于 70℃，常控制在 60℃左右；真空度一般控制在 −0.08MPa 左右。

容许温度是物料所能承受的最高温度，超过该温度将导致物料效价改变、分解破坏或变色。热敏性药品一般可采用≤60℃。加热温度应低于湿物料溶剂含量下的熔融点，在加热温度下物料要保持化学稳定性。

真空度越高，越利于水分在较低温度下汽化，但真空度过高则不利于热传导，影响对物料的加热效果。为提高物料干燥速度，应根据物料的特性，综合考虑真空度。

双锥真空干燥机筒体的旋转速度越快，干燥速度越快。但在干燥后期，随着物料湿含量的下降，干燥速度也降低，此时提高转速对干燥速度的提高无益。另外，在干燥初期，较快的旋转速度，容易导致湿分汽化过快而产生物料黏结成团的现象。因此，应在干燥初期采用较低的转速，待物料表面较干、不结团时再提高转速，从而加快干燥速度、缩短干燥时间。

7. 真空冷冻干燥器

真空冷冻干燥是一种特殊的真空干燥方法，即把含有大量水分的物质，预先进行降温冷冻至冰点以下，使其水分冻结成固态的冰，然后在真空条件下加热使冰直接升华为水蒸气排出，而物质本身留在冻结时的冰架中。又称为冰冷干燥、升华干燥、分子干燥或冻干。真空冷冻干燥后体积不变，疏松多孔。

冷冻干燥的特点：

① 冷冻干燥在低温下进行，因此对于许多热敏性的物质特别适用。如蛋白质、微生物之类不会发生变性或失去生物活力，因此在医药上得到广泛应用。

② 在低温下干燥时，物质中的一些挥发性成分损失很小，适合一些化学产品、药品和食品干燥。

③ 在冷冻干燥过程中，微生物的生长和酶的作用无法进行，因此能保持原来的形状。

④ 由于在冻结的状态下进行干燥，因此体积几乎不变，保持了原来的结构，不会发生浓缩现象。

⑤ 干燥后的物质疏松多孔，呈海绵状，加水后溶解迅速而完全，几乎立即恢复原来的性状。

⑥ 由于干燥在真空下进行，氧气极少，因此一些易氧化的物质得到了保护。

⑦ 干燥能排除 95%以上的水分，使干燥后的产品能长期保存而不致变质，因此，冷冻干燥目前在生物制品、医药、食品、化工等行业得到广泛应用。

真空冷冻干燥机（简称冻干机）按系统分，由制冷系统、真空系统、加热系统和控制系统四部分组成；按结构，由冻干箱（或称干燥箱、物料箱）、冷凝器（或称水汽凝集器、冷阱）、真空泵组、制冷压缩机组、加热装置、控制装置等组成，如图 4-29 所示。

真空冷冻干燥器的优点：在低温下干燥时，保护热敏性药物的生物活性；物质中的一些挥发性成分损失很小；避免一般干燥方法中因物料内部水分向表面迁移所携带的无机盐在表面析出而造成的表面硬化现象；干燥能排除 95%以上的水分，使干燥后的产品能长期保存。

真空冷冻干燥器的缺点：设备投资大；冷冻干燥时间长，生产周期长。

适用范围：适用于生物制品、冻干粉针和热敏性药物。

二、气流干燥器的操作

1. 开机程序

开机前检查各设备控制点，所有传动设备经盘动灵活、正常，各岗位安全就绪方可准备启动开车。

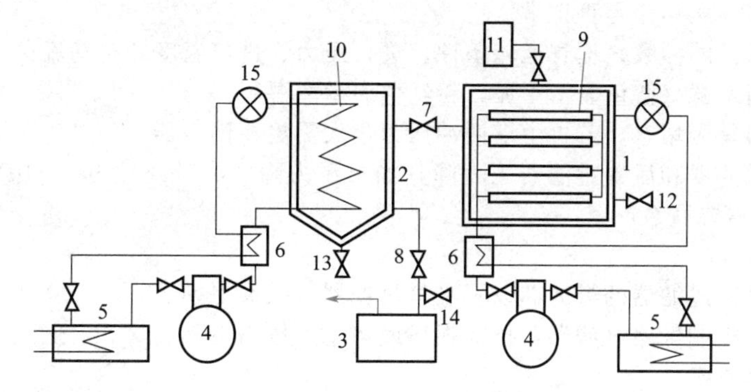

图 4-29 真空冷冻干燥机

1—冷冻干燥箱；2—冷凝器；3—真空泵；4—制冷压缩机；5—水冷却器；6—热交换器；7—冷冻干燥箱冷凝器阀门；8—冷凝器真空泵阀门；9—板温指示；10—冷凝温度指示；11—真空计；12—冷冻干燥箱放气阀门；13—冷凝器放出口；14—真空泵放气阀；15—膨胀阀

① 首先启动引风机，引风机启动完全，保证气体流量。

② 启动鼓风机，控制调节多路压缩气体在设计压力工艺条件下作业。

③ 开启布袋脉冲控制器反吹系统，并调节反吹频率，保证气体进口压力在 0.5～0.6MPa 之间工作。

④ 开启加料机，湿物料投入前必须先测定出含水量，再启动螺旋进料器。

⑤ 开启加热，进风温度逐渐上升，当进风温度超过 120℃时，启动螺旋进料器，控制加料速度，出风温度控制在 60℃左右时稳定。控制干燥机进口、出口温度在设计温度工艺条件下作业。

⑥ 设备运转正常，取样检测干粉料质量合格后包装、入库。

2. 关机程序

① 首先关停加料器。

② 设备继续运行，至吹干干燥管中余料，并带出机外，然后停掉热风炉。停止引风机。

③ 停止空气压缩机，停止布袋除尘器反吹系统。

④ 停止仪表控制。

3. 注意事项

① 在气体进口温度一定，其他条件正常下，气体出口温度高时，缓慢提高加料器转速以增加进料量，使气体出口温度降至需要的温度；反之，气体出口温度低时，影响干品水分含量，便降低螺旋加料器转速，减少进料量，使气体出口温度升至需要的温度。

② 干燥机气体进口温度高时，当干燥塔内负压低时须降低加料速度待塔内负压回升稳定后再重新调节加料速度，保证出口温度为设计值。

③ 系统压力不平衡时，检查系统是否有漏气或堵塞，及测压管是否有堵塞。

④ 布袋除尘器气体出口冒粉料时，检查布袋是否脱落或破损，及时更换、维修。

⑤ 突然长时间停电时，干燥机内要进行清洗，以防机内湿料干硬堵塞干燥机环隙，以及再开车时影响产品质量。

⑥ 如系统压力突然骤增，而又无法消除时，要马上切断电源，操作人员迅速离开操作现场，以防泄爆时伤害人身。

⑦ 操作过程中如泄爆阀突然打开，必须在第一时间内疏散人员并首先关掉引风机再关掉进料器。

三、气流干燥器的维护保养

1. 每日保养内容

① 启动前，检查前置空气过滤装置上的自动排污阀、滤网等。

② 确认换塔和升压动作是否正常。

③ 查看设备预设的参数，检查运转条件、进口压力、进口温度和空气流量。

④ 检查水分指示器（蓝色表示干燥，粉红色表示潮湿）。

⑤ 检查消声器是否堵塞，若再生塔回冲压力过大需更换消声器。

⑥ 检查前置过滤器和后置过滤器压力降，如果压力降≥0.5bar（$1bar=10^5Pa$），更换滤芯。如果仍然不正常，需要联系厂家。

2. 每月保养内容

① 定时清理导向过滤器的过滤芯以及吸气过滤器，按需更换。

② 检查设备的控制气路过滤器，排除损坏或堵塞，按需更换。

3. 每季度保养内容

① 使用压缩空气彻底吹扫安全阀。

② 检查电动机运行情况。

③ 检查输出的露点状态。

四、双锥真空干燥器的操作

开车前检查：

① 开车前，真空度检查，如：进出料口密封是否良好、管道连接处是否泄漏、真空表是否正常、加热管道连接是否良好，填料函是否泄漏等。

② 检查各仪表、按钮、指示表是否正常，电源线路是否正常。

③ 空车运转，检查异响，若不正常，应检查噪声来源，加以排除。

启动：

④ 准备就绪后，投入物料（细小粒状、粉状等采用真空进料），装料要适量。装上进料孔盖，且保证其密封性。开机前罐体内过滤器位置一定要向上。

⑤ 按下工作按钮，干燥机容器不断地绕水平轴线旋转。开启真空管路阀门，使罐内达到一定的真空度。

⑥ 开启热媒进口阀门，对物料进行加热，按工艺要求控制温度。

⑦ 根据工艺、容器内温度和溶剂的回收量等情况，确认是否结束物料干燥过程，关闭热媒进口阀门，打开冷却水阀门，向夹层内注入冷却水，待物料降至40℃左右，关闭真空泵，开启排空阀，关闭电机、停止干燥旋转，打开放料孔盖卸料。

⑧ 卸完料后，清扫罐内残留物料，关闭放料孔盖。

注意：干燥过程中，若需取样检测时，先关闭真空泵，开启真空管路阀门，打开真空系统的放空阀，待压力表指针归零，主机先停车，然后按规定取样，取样完毕重新开车。

五、双锥真空干燥器的维护保养

① 机器运行过程中，操作人员巡回检查锥体及夹套温度、压力、真空度等参数，确保参数维持在要求范围内。

② 机器运行过程中，操作人员时常关注电机、减速机的运行声音，如有异响，及时处理。

③ 滚动轴承定期添加润滑油（通常为复合钙基润滑脂），发现润滑油变干时，应立即更换。

④ 传动链条，定期加油一次。

⑤ 减速机、圆柱涡轮蜗杆减速箱（或无级变速箱）等定期更换润滑机油。

⑥ 每次干燥后，过滤器拆除清洗，即清除吸着的粉末，保持过滤器畅通。

⑦ 定期检查皮带轮、电机、链轮、涡轮减速机、轴承座等的连接，使之保持紧固状态。

⑧ 定期检查各管路密封圈，发现漏气时，应立即更换。

⑨ 机器根据运行时间进行整体原位置拆装、检修。

自测习题

一、单选题

1. 可在反应器内设置搅拌器的是（　　）。

A. 套管　　B. 釜式　　C. 夹套　　D. 热管

2. 在恒定操作条件下，能使反应器内反应速率始终保持不变的反应器只有（　　）。

A. 间歇搅拌釜（IBR）　　B. 全混流反应器（CSTR）

C. 活塞流反应器（PFR）　　D. 固定床反应器

3. 物料微粒在反应器内停留时间都相同的反应器是（　　）。

A. 间歇反应器　　B. 活塞流反应器

C. 全混流反应器　　D. 多釜串联反应器

4. 在下列反应器中进行恒温反应，在反应器内反应速率不随时间和空间而变化的只有（　　）。

A. 间歇反应器　　B. 活塞流反应器

C. 全混流反应器　　D. 多级全混流反应器

5. 在给定操作条件下，能使反应器内反应物浓度始终保持不变的反应器只有（　　）。

A. 间歇操作搅拌釜　　B. 全混流反应器

C. 活塞流反应器　　D. 固定床反应器

6. 搅拌的作用是强化（　　）。

A. 传质　　B. 传热　　C. 传质和传热　　D. 流动

7. 搅拌器混合几种不容易混合的液体，以求获得一种（　　）。

A. 混合液　　B. 溶液　　C. 混浊液　　D. 乳浊液

8. 以下哪种搅拌桨可用于中高黏度液体的混合？（　　）

A. 锚式搅拌器　　B. 弯叶涡轮

C. 推进式搅拌器　　D. 直叶涡轮

9. 动态多功能提取罐中搅拌桨的作用是（　　）。

A. 降低药物周围溶质浓度，降低扩散推动力

B. 降低药物周围溶质浓度，增加扩散推动力

C. 增加药物周围溶质浓度，增加扩散推动力

D. 增加药物周围溶质浓度，降低扩散推动力

10. 离心泵（　　）灌泵，是为了防止气缚现象发生。

A. 停泵前　　B. 停泵后　　C. 启动前　　D. 启动后

11. 离心泵吸入管路中（　　）的作用是防止启动前灌入泵内的液体流出。

A. 底阀　　B. 调节阀　　C. 出口阀　　D. 旁路阀

12. 离心泵最常用的调节方法是（　　）。

A. 改变吸入管路中阀门开度　　B. 改变排出管路中阀门开度

C. 改变旁路阀门开度　　D. 撤销离心泵的叶轮

13. 离心泵的工作点（　　）。

A. 由泵的特性所决定

B. 是泵的特性曲线与管路特性曲线的交点

C. 由泵铭牌上的流量和扬程所决定

D. 即泵的最高效率所对应的点

14. 当一个粒子在高速旋转下受到离心力作用时（　　）。

A. 粒子下沉　　B. 粒子上浮　　C. 粒子不动　　D. 均有可能

15. RCF 是指（　　）。

A. 每分钟转数　　B. 重力加速度

C. 转头的角速度　　D. 相对离心加速度

16. 应用离心沉降进行物质分析和分离的技术称为（　　）。

A. 向心现象　　B. 离心现象　　C. 离心技术　　D. 向心技术

17. 实现离心技术的仪器是（　　）。

A. 电泳仪　　B. 离心机　　C. 色谱仪　　D. 生化分析仪

18. 当物体所受外力小于圆周运动所需要的向心力时，物体将作（　　）。

A. 向心运动　　B. 匀速圆周运动

C. 离心运动　　D. 变速圆周运动

19. 高压容器的设计压力范围 p 为（　　）。

A. $p \geqslant 10\text{MPa}$　　B. $1.6\text{MPa} \leqslant p < 10\text{MPa}$

C. $10\text{MPa} \leqslant p < 100\text{MPa}$　　D. $p \geqslant 100\text{MPa}$

20. 容器标准化的基本参数有（　　）。

A. 压力 Pa　　B. 公称直径 DN　　C. 内径　　D. 外径

21. 下列哪一种换热器在温差较大时可能需要设置温差补偿装置？（　　）

A. 填料函式换热器　　B. 浮头式换热器

C. 固定管板式换热器　　D. U 形管换热器

22. 管壳式换热器属于下列哪种类型的换热器？（　　）

A. 混合式换热器　　B. 间壁式换热器

C. 蓄热式换热器　　D. 板面式换热器

23. U 形管换热器的公称长度是指（　　）。

A. U 形管的抻开长度　　B. U 形管的直管段长度

C. 壳体的长度　　D. 换热器的总长度

24. 换热管规格的书写方法为（　　）。

A. 内径×壁厚　　B. 外径×壁厚

C. 内径×壁厚×长　　D. 外径×壁厚×长

25. 干燥是（　　）过程。

A. 传质　　B. 传热　　C. 传热和传质　　D. 分离

26. 空气的湿含量一定时，其温度愈高，则它的相对湿度（　　）。

A. 愈低　　B. 愈高　　C. 不变　　D. 不确定

27. 当空气的 $t=t_w=t_d$ 时，说明空气的相对湿度 ϕ（　　）。

A. $=100\%$　　B. $>100\%$　　C. $<100\%$　　D. $=90\%$

28. 影响恒速干燥速率的主要因素是（　　）。

A. 物料的性质　　B. 物料的含水量

C. 空气的状态　　D. 温度

29. 影响降速干燥阶段干燥速率的主要因素是（　　）。

A. 空气的状态　　B. 空气的流速和流向

C. 物料性质与形状　　D. 温度

二、简答题

1. 制药工业中常见化学反应设备的类型有哪些？
2. 我国规定搅拌器标准包括哪些内容？如何选择合适的搅拌器？
3. 什么是管式反应器？具有哪些特点？
4. 简述固定床反应器的工作原理。
5. 化学制药反应设备和生物制药反应设备的主要区别是什么？

实训项目

实训项目 15　搪瓷反应釜的使用与维护

一、实训目的

1. 掌握搪瓷反应釜的操作规程。
2. 了解搪瓷反应釜的维护。

二、搪瓷反应釜耐腐蚀原理

搪瓷反应釜是将含高二氧化硅的耐酸瓷釉涂敷在钢制容器内，经过高温煅烧，形成致密、牢固的耐腐蚀玻璃质薄层，成为金属和瓷釉的复合材料制品，因而兼具瓷釉的耐腐蚀性能和金属设备的力学性能双重优点，是一种优良的耐腐蚀设备（除氢氟酸和含氟离子）。搪瓷反应釜表面光滑易清洗，并具有防止金属离子影响化学反应和重金属残留等作用，因此广泛应用于化工、制药等领域。

符合标准的搪瓷反应釜在强腐蚀介质中一般使用 2～3 年，在弱腐蚀的反应条件下一般使用 5～10 年。

三、操作过程

1. 启动前检查

① 设备检查。目视设备及附件的外观无异常；确保各连接紧固，螺栓连接紧固，管路及接口依要求密封良好；盘动电机，带动搅拌器转动至少一圈，确认搅拌器无异响，且不与釜内件碰撞。

② 管路系统检查。检查各连接管路上的阀门、管路、管件和保温层是否完好，阀门是否处于关闭状态，阀门的开启和闭合是否顺畅，安全阀是否处于关闭状态，所需用的公用工程是否已准备好。

③ 润滑系统检查。目视检查填料密封处填料压盖是否已到底、单端面机械密封的油杯内是否有油、双端面机械密封的润滑系统中油量是否充足、减速机内油量是否到达油视窗 1/3 处、各润滑系统有无漏油处。

④ 仪表系统检查。检查并确认温度计、液位、压力表及其他仪表的显示处于正常状态，相关指示正确。

⑤ 电气检查。目视电源线完整、电机外观完好、接地线连接正常、搅拌电机间的静电接线完好、釜盖与釜体间及减速机连接正常。使用易燃易爆物时，按防爆要求使用防爆电机并配置防爆开关，否则严禁使用。

2. 启动操作

点动搅拌器，确认搅拌器运转正常、方向正确。

按工艺要求将物料投入釜内（一般物料不超过全釜容积的 2/3，搅拌状态液面不高于釜体与上封头的法兰面）。

启动搅拌电机，按工艺要求向夹套通入热媒或冷媒，控制温度、压力和反应时间，同时进行其他相关操作。

3. 出料

反应完毕后，按工艺要求向夹套通入热媒或冷媒，将物料的温度控制在工艺要求后，出料。

四、注意事项

1. 搪瓷反应釜使用过程中严禁温度骤冷、骤热，即反应釜避免热冲击和冷冲击，以免损坏搪瓷表面。

2. 避免外力冲击搪瓷面或其外壳，投料时应防止硬物掉入釜内损坏搪瓷面。

3. 出料时如发现有搪瓷碎屑，应立即开罐检查，修补后再用。

4. 搪瓷反应釜外壳避免与酸、碱等腐蚀性液体接触，一旦有物料接触应及时用抹布擦洗干净。禁止用水冲洗设备，避免保温层损坏。

5. 操作过程中应经常观察温度计套管是否与物料接触。由于搪瓷管的热阻较大，一般罐内的温度显示与实际温度有一定程度的滞后，升温、降温操作时应考虑到热惯性和显示滞后因素的影响。

6. 对于装配有机械密封的反应釜，密封部位应保持清洁。

五、探索与思考

1. 哪些介质或物料的反应不适用于搪瓷设备？

2. 搪瓷反应釜出料时如遇釜底堵塞能否用大力击打罐体？一般如何处理？

3. 进入搪瓷反应釜内的工作人员应穿哪种材质的鞋？

实训项目 16　搅拌器的安装与使用

一、实训目的

1. 掌握搅拌器的安装方案。

2. 了解搅拌器的巡检维护。

二、搅拌器的操作过程

1. 搅拌器在安装前必须测量各装配点的尺寸公差是否达到其装配要求。

2. 反应釜釜盖在拆卸后，校正反应釜口的水平（粗校）。在这个过程中，釜口法兰与釜体的不垂直度存在误差，在粗校中必须两者兼顾。

3. 搅拌器放入釜内过程中，必须在釜底铺好草包或纸板包装箱等类似比较柔软的物品，防止釜底和搅拌器碰伤。

4. 釜盖盖好后，根据釜盖尺寸，必须用 16＃槽钢制作“井”字形支架，用 8 枚≥16mm 螺栓固定。

5. SJ 或 DJ 搅拌机架在槽钢支架上的安装，必须配有≥20mm 的过渡板与≥16mm 调节螺栓，才能增强槽钢支架的强度和保证搅拌不垂直度的精度。精度方法有：①用水准仪测量搅拌轴径基面，90°两点测量校至轴径测量的垂直基面，不垂直度≤±1°。②用 0.02mm/m 水平仪放在搅拌联轴器平面或机架顶部基面，进行横纵放置，校至不平面度≤0.04mm，从而得到搅拌轴线垂直度。

6. 摆线减速器加油。安装结束后一定要及时加油，不可遗忘。推荐使用 70＃至 90＃极压工业齿轮油或 68＃以上机械油。

7. 搪瓷反应釜除以上安装方案外，另加釜口填料箱的密封装置。该釜能经受正负压力，但对搅拌轴径磨损过大，要根据工艺要求酌情考虑。

8. 在调试中若发生不同程度的径向跳动，可能由以下方面引起：①环氧玻璃钢釜口法兰强度的问题；②搅拌在加工过程中的不直度是否超差；③搅拌桨叶角度与等分是否存在误差，动平衡是否达到要求（尤其是涂层以后）；④轴径配合中是否存在超差。

三、搅拌设备日常巡检维护

搅拌设备日常巡检维护标准如表 4-2 所示。

表 4-2　搅拌设备日常巡检维护标准

部位	项目	方法	标准	周期
工艺操作情况	进/出料	操作、观察	进/出料顺畅无堵塞，无异物进出	每次操作过程中
	换热		换热良好，物料升/降温正常。操作过程中还要注意无异常升温情况	
	升压情况		压料/抽真空正常，操作过程中还要注意无异常升压情况	
电气仪表元件	电气元件(变频器)	操作、观察	开关机正常，变频调速灵敏可靠	
	计量仪表		灵敏完好，在检定有效期内	
搅拌系统	罐内/外噪声(电机、减速机、罐内搅拌器)	耳听	罐内/外噪声均匀(无冲击声和摩擦声)，噪声无异常升高	
	温度(电机、减速机)	手摸	电机通风良好、无异常升温。减速机无异常升温	
	润滑油泵情况(可选)	观察、手感	油泵电机风扇在旋转，手感通风良好。润滑油在油管内连续输送	
设备、管道	跑冒滴漏(如漏油、漏气、漏液)	观察、扳手	无跑冒滴漏。消除一般性跑冒滴漏	
搪玻璃、罐体附件	搪玻璃(可选)	检查	无搪瓷脱落、罐壁腐蚀情况，物料不被污染	清洗时、定期检查
	罐内/外附件(如罐内换热器、搅拌器、中间拉筋及滤芯等，罐外换热器、过滤器及阀门等)	检查	罐内/外附件齐全、紧固、完好	
其他	卫生	擦拭	清洁，无料迹、油污、锈迹及灰尘	每次操作过程中
	人孔密封	观察、扳手	螺栓齐全、紧固、完好	
	静电接地	观察	完好、无松脱	

四、注意事项

1. 搅拌机应设置在平坦的位置，以免在运行时发生抖动。

2. 搅拌机应实施二级漏电保护，上班前电源接通后，必须仔细检查，经空车试转认为合格，方可使用。试运转时应检验转速是否合适，一般情况下，空车速度比重车（装料后）稍快 2～3 转，如相差较多，应检查传动装置。

3. 开机后，经常注意搅拌机各部件的运转是否正常。停机时，经常检查搅拌机叶片是否打弯，螺丝有否打落或松动。

4. 搅拌器应保持清洁干燥

5. 下班后及停机不用时，应拉闸断电，并锁好开关箱。

五、探索与思考

1. 哪种搅拌器主要产生径向流，哪种搅拌器主要产生轴向流？
2. 锚式和框式搅拌器的特点是什么？
3. 影响搅拌轴直径的四个因素是什么？

实训项目 17　螺旋板换热器的使用与维护

一、实训目的

1. 掌握螺旋板换热器的操作规程。
2. 了解螺旋板换热器的维护。

二、螺旋板换热器的换热原理

螺旋板换热器是由两张薄金属板卷制而成，两板之间焊有定距柱以维持流道的间距，螺旋板的两端焊有盖板。换热器形成了两个均匀的螺旋通道，通道窄小而曲折，两种传热介质可进行全逆流流动，两种传热介质温差可小于1℃，热回收效率可达99%以上。

螺旋板换热器的结构及换热原理决定了其具有结构紧凑、占地面积小、传热效率高、操作灵活性大、应用范围广、热损失小、安装和清洗方便等特点。在相同压力损失情况下，螺旋板式换热器的传热是列管式换热器的3～5倍，占地面积为其1/3，金属耗量只有其2/3。所以目前已广泛用于化学、石油、纺织、医药、食品、机械、集中供热、冶金、核工业和海水淡化等工业领域，可满足各类冷却、加热、冷凝、浓缩、消毒和余热回收等工艺的要求。

三、操作过程

（一）安装使用

① 设备安装。在安装中，管道连接确保两传热介质完全呈逆流状态。设备安装要对正、水平，尽量利用管路的走向吸收热应力。

② 安装之前检查设备无损坏并应清理管道系统，不得有泥沙、杂物等存留。

③ 设备安装完毕后，按1.25倍的操作压力分别对热侧和冷侧进行水压试验。保压20分钟（试验压力及时间可按系统规定执行，但试验压力不得超过铭牌试验压力数值），确认设备无泄漏方可投入使用。

④ 循环水必须软化或加药处理。由于水处理不当造成结垢，可用化学清洗除垢。

（二）操作运行

① 开机时，先打开冷侧介质阀门，并排出空气，再打开热侧介质阀门，关时反之。开关阀门应慢速进行；对于通过减压阀之后再进入换热器的系统，开机时，应打开减压阀后的阀门，关机时相反。

② 对于可拆式换热器，在温度上升后至正常操作期间，对端盖螺栓应重新紧固一遍，注意紧固顺序，防止偏斜。

③ 严格按照产品铭牌规定在相应参数以下运行，不得超压超温使用。

④ 停机期间，应将换热器内清洗干净并充入除氧水封存保养。

四、注意事项

1. 组装螺旋板换热器时，板片和密封垫应干净，板片要摆放整齐，并遵照产品组装图进行板片的组装。压紧时，螺柱应对角收紧，受力均匀，防止个别螺柱过紧而损坏了螺柱和板片。

2. 已老化的密封垫要及时更换。当板片与密封垫有脱落时，应用稀料洗去黏结剂，待清洗干净后，再用适合的黏结剂涂好并重新粘牢。

3. 在冬季，已经停止运行的换热器应将内部介质放掉，防止冻裂。

4. 螺旋板换热器经过长期运行后，板片的表面会产生一些水垢或是沉积物，因此，设备应根据水质、温度等情况，定期拆开检查并清除污垢。清理方法：碳酸钠溶液，用棕刷清洗；不可用金属刷子，以免划伤板片表面。

五、探索与思考

1. 螺旋板换热器的优点有哪些？
2. 传热的基本方式有哪些？有何特点？

实训项目 18　结晶釜操作规程

一、实训目的

1. 掌握结晶釜的操作规程。
2. 了解结晶釜的维护。

二、结晶釜的操作过程

（一）开机前检查

1. 检查设备是否完好，是否有“已清洁”标志牌。

2. 检查开关、电机接地及真空管道上静电连接是否牢固，若有松动或脱落，要立即接牢。

3. 检查减速机润滑油是否充足，搅拌桨的旋转方向是否正确。

4. 看真空表是否在零位。同时看校验日期是否到期，若不在零位或表的校验将要到期，交仪表组校验。

5. 检查减速机油镜内，油位应处在 1/2～2/3 处，若低于 1/2 应立即加油至 2/3 处。

6. 检查各罐口、底阀、密封是否有泄漏，各接管是否连接完好。

7. 检查各仪表是否指示正常。

8. 接料前先检查结晶罐上进料阀、压缩空气阀、夹套蒸汽进出阀、釜底出料阀应处于关闭状态，夹套冷却水进出阀、排空阀、真空阀应处于开启状态。

（二）开机及操作要求

1. 按工艺要求配比进行投料，应尽量避免酸碱介质交替使用（除中和反应外）。

2. 按工艺要求进行控温，结晶釜夹套压力不超过夹套的最高工作压力 0.25MPa，温度不超过 143.4℃；釜内的最高工作压力为 0.20MPa，最高温度为 127℃。

3. 打开釜盖时，绝对注意釜内压力，使之在常压状态。

4. 根据生产操作要求，严格控制各阀门的启闭情况。

5. 生产时，注意物料的反应热点。

6. 放料阀不能用铁棍、杆将手轮硬扳紧，以免损坏零件。

7. 出料受阻或黏结在搪玻璃表面时，禁止用金属杆或硬性工具疏通。

8. 反应釜要用防爆灯，在查看釜内情况时打开，查看结束立即关闭，避免浪费。

9. 反应釜加热或冷却时，要控制通入蒸汽量和水量，尽可能利用热能，同时要特别注意夹套的压力和釜内的温度情况。

三、注意事项

1. 应严格按产品铭牌上标定的工作压力和工作温度操作使用，以免造成危险。

2. 严格遵守产品使用说明书中关于冷却、注油等方面的规定，做好设备的维护和保养。

3. 所有阀门使用时，应缓慢转动阀杆（针），压紧密封面，达到密封效果。关闭时不宜用力过猛，以免损坏密封面。

4. 电气控制仪表应由专人操作，并按规定设置过载保护设施。

5. 巡检过程中，避免碰到蒸汽管路上，以免烫伤。

6. 冲罐及放料时，登高要抓稳、站牢，戴眼镜的同志要将眼镜戴好，以防落入结晶罐内。

7. 开启真空阀后，若罐盖处漏气则立即关闭真空进气阀，打开排空阀泄压后，重新上紧。

四、探索与思考

1. 结晶操作的特点有哪些？

2. 什么是结晶过程？

3. 工业中常用的结晶设备有哪些？

4. 温度快速降低和缓慢降低对结晶过程有何影响？

第五章　化学制药生产技术

❖ 知识目标

1. 熟悉典型药物的合成路线及其选择。
2. 掌握典型药物的生产工艺流程、工艺原理及工艺控制点。
3. 熟悉典型药物生产过程中的反应条件及控制和操作注意事项。
4. 熟悉生产指令单、物料领取、开工前检查、称量配料、清场要求、清场效果评价方法。

❖ 能力目标

1. 会比较分析典型药物合成路线的优缺点。
2. 能根据典型药物生产工艺过程找出主要工艺控制点。
3. 能看懂生产工艺流程图。
4. 能分析生产中出现的常见问题，并能提出解决方案。

第一节　生产前准备

课堂互动

化学原料药在经过实验室小试、中试进入工业化生产前需要做哪些准备工作？

化学原料药在工业化生产前需根据生产指令单对开工前生产现场进行复核检查，然后根据生产指令单进行物料领取（备料）、配料等准备工作。

化学原料药在经过实验室小试、中试，进入工业化试生产和工业化生产环节时，需要根据下发的生产指令进行开工前清场复查、设备确认检查、器具状态完好等检查，以及根据生产指令单进行物料领取（备料）、配料等准备工作。

一、接受生产指令

生产指令又称生产订单，是计划部门下发给车间，用于指导车间生产安排的报表。生产指令以批为单位，以工艺规程和产品的主配方为依据，对该批产品的批号、批量、生产起止日期等项目作出的一个具体规定。

生产指令的下达是以“生产指令单”的形式实现的。生产指令单是生产安排的计划和核心，不同企业的生产指令各不相同，其基本内容包含生产指令号、产品名称、产品批号、产品批量、生产时间，设计上还可加上原辅料的名称、内部代号、用量等，如表 5-1 所示。生产指令单由生产部负责编制，一式两份，经生产管理部门负责人审核，于生产前下达给仓库与生产车间。仓库保管员接到生产指令后立即进行备料准备，并对物料进行核查，然后车间专人负责接受生产指令，接受过程中对指令的数量和内容准确性进行确认，确认无误后分发到各工段、班组。

表 5-1　生产指令单

品名		岗位流水号	
批准人		投料日期	
发放人		发放日期	
接受人		接受日期	

投料明细

物料名称	物料配比	岗位流水号或批号	理论需用量	实际加料量	单位	QA 审核

生产用主要设备	设备名称						
	工艺编号						

备注：
异常情况说明：
物料需用量的计算过程：

计算者/复核者/日期	

用于包装岗位的指令称为包装指令，该指令是由生产管理部门根据中间产品检验合格报告单及生产计划编制，一式两份，经生产管理部门负责人审查，于包装前下达到仓库与生产车间，该指令下达的同时附上批生产记录和批包装记录。

二、开工前检查

生产前检查

为了防止差错、污染和混淆，在生产操作前应进行开工前现场检查，确保设备和工作场所没有上批残留的产品、文件或与本批产品无关的物料，设备处于已清洁或待用状态。生产操作人员需对工艺卫生、设备状况、管理文件和工作场所等进行检查，并记录检查结果，见表 5-2。主要检查内容如下：

① 检查是否有上一批次的“清场合格证”（见图 5-1），是否在有效期内。

② 检查生产场所的环境、设施卫生是否符合该区域清洁卫生要求。

③ 检查仪器设备是否已清洁，是否悬挂设备状态标志，是否在清洁有效期内。

④ 检查生产用计量器具、度量衡器以及所用仪器、仪表是否有“校准或检定合格证”，并在检定周期内，超过检定周期的不得使用。

⑤ 检查物料或中间产品的名称、代码、批号和标识，确保生产所用物料或中间产品正确且符合要求，核对准确无误后方可使用。

⑥ 检查与生产相适应的相关文件，记录如工艺规程、质量标准、岗位 SOP、生产记录、清洁规程等是否齐全，是否为现行文件。

⑦ 生产条件的检查，如蒸汽、油浴、冷却水和盐水是否通畅，阀门开关是否符合要求。

表 5-2　开工前现场检查表

检查日期：　　年　　月　　日

原生产产品		批号	
待生产产品		批号	

检查项目	检查情况(打"√")	
	合格	不合格
检查操作人员是否按规定穿戴工作服、帽、鞋、防毒口罩、胶皮手套	□	□
检查是否有上一批产品的清场合格证："待用、已清洁"标志	□	□
门窗、天花板、墙面、地面是否清洁、明亮、无剥落物	□	□
台面、物料外包装是否清洁	□	□
检查仪器设备是否已清洁，是否悬挂设备状态标志，是否在清洁有效期内	□	□
检查衡器是否有"校准或检定合格证"，是否在检定周期内	□	□
生产现场水、电是否达到生产要求	□	□
现场是否无上次生产遗留物	□	□

检查结果	经检查符合生产要求，同意开工	□
	不符合生产要求，请按"检查项目"要求重新整理	□
备注		

生产管理员：　　　　　　　　QA 检查员：

清场合格证

原品名：　　　　　　　　批号：

本品名：　　　　　　　　批号：

清场班组(岗位)：　　　　清场人：

清场日期：　年　月　日

QA：　　签发日期：　年　月　日　　有效日期至：　年　月　日

图 5-1　清场合格证

三、物料领取（备料）

物料领取（备料）是领取生产所需材料的过程。物料领取的一般程序为车间主任根据生产部下发的生产指令开出"领料单"（见表 5-3）→领料员按《领料标准操作规程》（见表 5-4）到仓库领料→仓库管理员按"领料单"称量限额发料，领料员复核无误后办理交接手续→仓库管理员填写出库记录→领料员用小推车将物料取回外包间→领料员拆包后将物料放入周转桶→领料员打电话通知车间人员来取料→车间人员与领料员交接复核无误后收料。其中"领料单"是由领用材料的部门或者人员（简称领料员）根据所需领用材料的数量填写的单据；《领料标准操作规程》是为使操作者按领料单正确领取物料而建立的领料标准操作规程；领料时须核对品名、规格、批号、生产厂家、数量及检验合格报告单等，并填写领料记录，物料领取记录如表 5-5 所示。

表 5-3 领料单

领料部门　　　　　　　　　　　　　　　　　　　　　　　　　　　　年　　月　　日

产品型号		生产数量			生产日期	
产品名称		入库数量			生产批号	
原料名称	规格	数量	实用量	单价	金额	备注
工艺要求						
损耗数量		包装类型			制单人	

付料：　　　　　　领料：　　　　　　配料：　　　　　　复核：

注：一式三联。一联生产部存根，一联交原料库，一联交生产班组。

表 5-4 领料标准操作规程

题目	领料标准操作规程			编码：	页码：
制定人		审核人		批准人	
制定日期		审核日期		批准日期	
颁发部门		颁发数量		生效日期	
分发单位	生产部合成药单元反应岗位群　合成药单元操作岗位群				

目的：建立领料标准操作规程，使操作者按领料单正确领取物料。

适用范围：车间合成药单元反应岗位群、合成药单元操作岗位群的领料岗位。

责任者：QA 质监员、领料操作人员。

操作法：

1. 按生产指令，将原辅料领回岗位，待用。
2. 领料时要按《复核制度》的相关条款认真检查所领物料的品名、批号、规格、数量、产地。
3. 发现下列问题时，领料不得进行：

(1) 未经检验或检验不合格的原辅料；

(2) 包装容器内无标签或盛装单、合格证的原辅料；

(3) 因包装被损坏、内容物已受到污染的原辅料；

(4) 已霉变、生虫、鼠咬烂的原辅料；

(5) 在仓库存放已过复检期，未按规定进行复检的原辅料；

(6) 其他有可能给产品带来质量问题和异常现象的原辅料。

4. 做好物料领用记录，操作者、复核者必须在领料记录上签字。
5. 将原辅料推进脱包室。
6. 领料员、发料员交接清楚并签名。

表 5-5 物料领取记录

序号	物料名称	批号	生产厂家	结存量	领取量	本批使用量	本批结存量	领料人	领料日期

四、称量配料

称量是根据生产指令及领料单称取所需物料。配料是在生产过程中，把某些原料按一定比例混合在一起。根据各种物料配料量，按“称料的先后原则”依次称量。表 5-6 为碱液配制原始记录，称量配料的操作过程如下：

① 称量前认真检查磅秤或电子秤等工具是否清洁，将磅秤或电子秤开机预热 15～20 分钟，按“置零”键，用标准砝码校验，并填写校验记录。

② 将计量器具空载，调至水平并调零。根据生产指令、批生产记录进行配料。

③ 根据配料量选取合适的计量器具，称量时一人称量，另一人复核品名、数量、规格、批号等信息，同时将称量数据填入批生产记录。

④ 称量用的容器、取料工具应清洁（每次称量时取料工具应每料一个，不得混用），容器外无原有的任何标记。

⑤ 将配好的物料转移至指定的位置，挂上相应的状态标示，方可进行下一物料的配料。

⑥ 配料完毕，称量器具归零。将称量好的物料用洁净容器盛装，填写好盛装单，交下一工序。

⑦ 配料过程出现偏差，执行《偏差处理管理程序》。

表 5-6 碱液配制原始记录

生产批号：　　　　　　　　　　　　　　　　　　　　　　　　　年　　月　　日

<table>
<tr><td>原料名称</td><td>异辛酸钠</td><td>配制量</td><td>kg</td></tr>
<tr><td>原料规格</td><td>kg/桶</td><td rowspan="3">主要设备</td><td>配碱罐</td></tr>
<tr><td>原料产地</td><td></td><td>无水乙醇贮罐</td></tr>
<tr><td>原料批号</td><td></td><td>电子秤</td></tr>
</table>

<table>
<tr><td colspan="2">操作指令</td><td colspan="6">操作记录</td></tr>
<tr><td rowspan="3">操作前检查</td><td>检查设备情况，试运行</td><td colspan="6">□ 已检查和试运行，符合要求。检查人：</td></tr>
<tr><td rowspan="2">校电子秤；
误差范围：</td><td colspan="6">□ 已校正电子秤，并在有效期内</td></tr>
<tr><td>使用前误差</td><td></td><td>使用后误差</td><td></td><td>检查人</td><td></td></tr>
<tr><td rowspan="2">操作前准备</td><td>称取异辛酸钠，置规定位置</td><td colspan="6">已称：　（桶），　重量(kg)
称量人：　　；复核人：</td></tr>
<tr><td>检查罐内无水、无异物。关闭罐底阀，从无水乙醇贮罐将 1000L 无水乙醇空压至配碱罐</td><td colspan="6">碱液配制体积：　L
□ 罐底阀已关，罐内无水、无异物
无水乙醇量：　L
配碱前配碱罐内无水乙醇温度：　℃
操作人：　；复核人：</td></tr>
<tr><td rowspan="2">操作</td><td>戴好手套和防护眼镜，开启配碱罐搅拌，向罐内匀速倒入称好的固体异辛酸钠</td><td colspan="6">□ 手套和防护眼镜已戴好
操作人：</td></tr>
<tr><td>搅拌 30 分钟以上，查看料液溶解情况</td><td colspan="6">□ 溶解液应接近澄清透明</td></tr>
</table>

工序审核：　　　　年　　月　　日

第二节 典型药品生产技术

课堂互动

化学合成原料药制备的一般流程是怎样的？

化学合成原料药制备的一般流程为：备料→配料→合成反应→粗品→分离纯化→干燥包装→成品。

一、对乙酰氨基酚的生产技术

（一）简介

对乙酰氨基酚又名扑热息痛，化学名为 *N*-(4-羟基苯基）乙酰胺，分子式为 $C_8H_9NO_2$，分子量为 151.16，其化学结构如下：

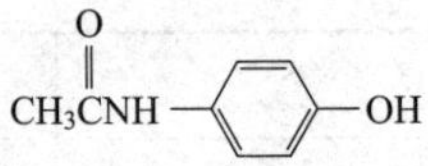

$CH_3C(=O)NH$—⟨苯环⟩—OH

对乙酰氨基酚为白色结晶或结晶性粉末，无臭，味微苦。在热水或乙醇中易溶，在丙酮中溶解，在水中略溶，熔点为 168～172℃。

对乙酰氨基酚属于乙酰苯胺类解热镇痛药，是目前临床上常用的一种药物。它的作用机制是通过选择性抑制下丘脑体温调节中枢前列腺素的合成，使外周血管扩张、出汗从而达到解热作用，其解热作用缓慢而持久，与阿司匹林相当，几乎没有抗炎抗风湿作用，对血小板和凝血时间无明显影响，对胃肠道无明显刺激，尤其适用于胃溃疡病人及儿童，是世界卫生组织推荐的小儿首选退热药，也是目前临床多种抗感冒复方制剂的活性成分。

自 20 世纪 40 年代以来，因发现非那西丁对肾小球及视网膜有严重毒副作用，故逐渐形成以对乙酰氨基酚代替非那西丁的局面。经过 100 多年的发展，其现已是我国原料药产量最大的品种之一，也成为全世界应用较为广泛的药物之一，是国际医药市场上的头号解热镇痛药。我国含对乙酰氨基酚的制剂达 30 多种，如对乙酰氨基酚片、对乙酰氨基酚咀嚼片、对乙酰氨基酚注射液、对乙酰氨基酚栓、对乙酰氨基酚胶囊、对乙酰氨基酚颗粒、小儿速效感冒冲剂、小儿对乙酰氨基酚异丙嗪片、复方对乙酰氨基酚片、复方氨酚烷胺胶囊等。

（二）合成路线及其选择

对乙酰氨基酚的合成路线有多条，但其核心是制备对氨基苯酚，对氨基苯酚是多种合成路线制备对乙酰氨基酚的共同中间体，是制备对乙酰氨基酚的关键产物，该中间体再经乙酰化反应即可得到对乙酰氨基酚。无论用哪条合成路线制备对乙酰氨基酚，最后一步乙酰化反应是相同的。

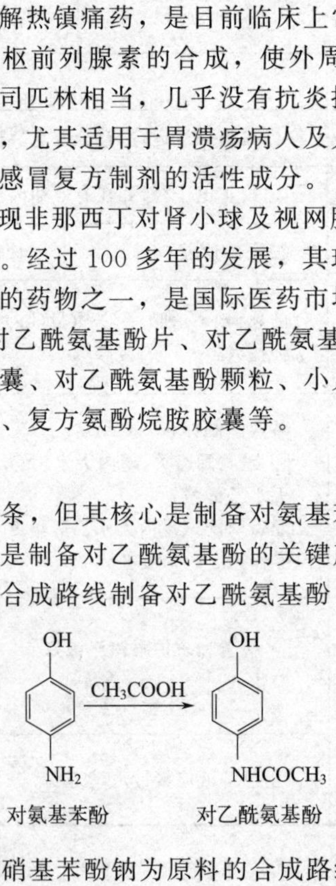

$$HO{-}C_6H_4{-}NH_2 \xrightarrow{CH_3COOH} HO{-}C_6H_4{-}NHCOCH_3$$

对氨基苯酚　　　　对乙酰氨基酚

对氨基苯酚的合成路线有以对硝基苯酚钠为原料的合成路线；以苯酚为原料的合成路线；以

硝基苯为原料的合成路线。

1. 以对硝基苯酚钠为原料的合成路线

对硝基苯酚钠是染料或农药的中间体，产量大、成本低，广泛用于制药工业生产。以对硝基苯酚钠为原料的工艺路线较成熟，是以氯苯为起始原料经硝化和碱水解等反应制得。对硝基苯酚钠再经盐酸酸化、铁屑-盐酸还原和醋酸的乙酰化反应而制得对乙酰氨基酚。

$$\text{Cl} \xrightarrow{HNO_3,\ H_2SO_4} \text{Cl, } NO_2 \xrightarrow{NaOH} \text{ONa, } NO_2 \xrightarrow{HCl} \text{OH, } NO_2 \xrightarrow{Fe,\ HCl} \text{OH, } NH_2 \xrightarrow{CH_3COOH} \text{OH, } NHCOCH_3$$

对硝基苯酚钠　　对氨基苯酚　　对乙酰氨基酚

该路线较为简捷，适合大规模生产，但原料供应常常受染料和农药生产的制约，有时很紧张；制备对硝基苯酚钠的中间体对硝基氯苯毒性很大，且用铁屑-盐酸还原后，产生大量的铁泥，在“三废”防治和处理上也存在困难。因此，改变原料来源，改革生产工艺是当前对乙酰氨基酚生产中迫切需要解决的问题。

2. 以苯酚为原料的合成路线

（1）苯酚亚硝化法

苯酚在冷却下（0～5℃）与亚硝酸钠和硫酸作用生成对亚硝基苯酚，再经硫化钠还原可得对氨基苯酚。

$$\text{OH} \xrightarrow[0\sim5^{\circ}C]{NaNO_2(HNO_2),\ H_2SO_4} \text{OH, NO} \xrightarrow{Na_2S} \text{OH, } NH_2$$

该合成路线较成熟，有一定的应用价值，收率为80%～85%，但使用硫化钠作还原剂成本较高，同时产生大量碱性废水，污染环境。

（2）苯酚硝化法

由苯酚硝化法可得对硝基苯酚，还原得对氨基苯酚。苯酚硝化反应时需冷却（0～5℃），且有二氧化氮气体产生。因此要求有废气吸收装置，设备也需耐酸。

$$\text{OH} \xrightarrow{HNO_3} \text{OH, } NO_2 \xrightarrow{\text{还原}} \text{OH, } NH_2$$

由对硝基苯酚还原为对氨基苯酚有两种方法：铁屑还原法和加氢还原法。

① 铁屑还原法。本法为还原硝基成氨基的经典方法。是以活泼金属铁为还原剂，在酸性介质（盐酸、硫酸或醋酸）中进行，同时加入一定量的电解质（如氯化铵）。

此法在后处理时应将对氨基苯酚制成钠盐使其溶于水中而与铁泥分离，但对氨基苯酚钠在水中极易氧化，所得产品质量差，必须精制；且排出的废渣、废液量大，几乎每生产1t对氨基苯酚就有2t铁泥产生，环境污染严重。因此本法生产上基本不用，已被淘汰，现已被加氢法取代。

$$\text{OH} \xrightarrow[0\sim5^{\circ}C]{HNO_3,\ H_2SO_4} \text{OH, } NO_2 \xrightarrow{Fe,\ HCl} \text{OH, } NH_2$$

② 加氢还原法。该法是目前工业上优先采用的方法。因铁屑还原法有诸多缺点，促进了工业上对加氢还原工艺的研究和应用。工业上实现加氢还原有两种不同的工艺，即气相加氢法与液相加氢法。前者仅适用于沸点较低、容易汽化的硝基化合物的还原；后者则不受硝基化合物沸点的限制，其适用范围更广。一般用水作溶剂并添加无机酸、氢氧化钠或碳酸钠，催化剂可采用骨架镍，贵金属铂、钯、铑（以活性炭为载体）或其氧化物。为了缩短反应时间、催化剂易于回收、降低能量消耗，并提高产品质量，可添加一种不溶于水的惰性溶剂如甲苯，反应后成品在水层中，催化剂则留在甲苯层中。

OH, NO_2 $\xrightarrow{Pd/C,H_2}$ OH, NH_2

催化剂反应可在常压或低压下进行，氢压一般在 0.5MPa 以下，反应温度在 60～100℃之间，产率在 85%以上，高者可接近理论量。加氢还原法的优点是产品质量较高，催化剂可回收且“三废”少。

（3）苯酚偶合法

苯酚与苯胺重氮盐在碱性环境中偶合，然后将混合物酸化得对羟基偶氮苯，再用钯/碳为催化剂在甲醇溶液中氢解得对氨基苯酚。

OH $\xrightarrow{PbN_2Cl,NaOH}$ OH, N═N $\xrightarrow[0.15\sim0.3MPa]{H_2,Pd/C}$ OH, NH_2

本法原料易得、工艺简单，收率也很高（95%～98%），氢解后生成的苯胺可回收套用。但其中间体对羟基偶氮苯需在甲醇中氢解，并需用昂贵的钯/碳作催化剂，从成本考虑，这条路线并不理想。

3. 以硝基苯为原料的合成路线

硝基苯是一种价廉易得的基本化工原料，它可由铝屑还原或电解还原或催化氢化还原等方法直接制成中间体对氨基苯酚。此工艺路线较短，收率高，产品质量好。

（1）铝屑还原法

硝基苯在硫酸中经铝屑还原得苯胲，不经分离，经 Bamberger 重排得对氨基苯酚。此工艺路线短，所得对氨基苯酚质量好，副产物氢氧化铝可通过加热过滤回收，缺点是消耗大量的铝粉。

NO_2 $\xrightarrow{Al,H_2SO_4}$ [NHOH 苯胲] $\xrightarrow[\triangle]{[Bamberger重排]}$ NH_2, OH

（2）电解还原法

该法由硝基苯经电化学还原得苯胲，再经重排得对氨基苯酚。还原时一般以硫酸为阳极溶剂，铜作阴极，铅作阳极，反应温度 80～90℃。

NO_2 $\xrightarrow{电解,还原}$ [NHOH 苯胲] $\xrightarrow[\triangle]{[Bamberger重排]}$ NH_2, OH

除日本某些公司采用外，本法在工业化生产中应用不多，一般仅限于实验室或中型规模生产。原因是电解设备要求较高，电解槽需密闭以防止有毒的硝基苯蒸气溢出，同时电极腐蚀严重，耗电较多。但在电力资源充足、成本可进一步降低的情况下，用该法是可行的。该法的优点是收率高，副产物少，产品质量好。

（3）催化氢化法

本法是以载体铂、钯、铑或其他贵金属等为催化剂，以活性炭为载体，在酸性溶液中加氢还原得苯胲，再以十二烷基三甲基氯化铵为分散剂，在10%～20%硫酸水溶液中重排得对氨基苯酚。但苯胲能在酸性介质中继续加氢生成苯胺，为本法的主要副反应，其副产物生成量约达10%～15%。铁、镍、钴、锰、铬等金属有利于苯胲转化成苯胺，而铝、硼、硅等元素及其卤化物可使硝基苯加速转化成对氨基苯酚，并使苯胲生成苯胺的反应降至最低程度。生成的苯胺等副产物可加少量氯仿、氯乙烷处理除去。

$$C_6H_5NO_2 \xrightarrow{Pt/C,H_2,H_2SO_4} \left[C_6H_5NHOH \right] \xrightarrow[\text{十二烷基三甲基氯化铵}]{H_2SO_4} p\text{-}H_2NC_6H_4OH$$

苯胲

国内曾对硝基苯催化氢化制备对氨基苯酚的工艺路线进行过系统研究，分别选用钯、铂、镍等催化剂进行实验，发现其在温和条件下，用镍催化剂也可获得较好效果，收率可达70%。镍催化剂的实验成功，为对氨基苯酚的生产提供了十分有价值的工艺。

该法的优点是收率高，产品质量好，环境污染少，价格便宜，不易中毒，可多次循环使用。

4. 合成路线比较

在以上合成路线中，以对硝基苯酚钠为原料，先酸化再铁粉还原，乙酰化而制得对乙酰氨基酚。

以苯酚为原料，经苯酚亚硝化法、苯酚硝化法、苯酚耦合法制备中间体对氨基苯酚，再经乙酰化得到对乙酰氨基酚。其中苯酚亚硝化法的还原方法为硫化钠还原；苯酚硝化法中还原方法为铁屑还原、加氢还原两种方法。硫化钠还原成本较高，且产生大量碱性废水；铁屑-盐酸还原成本低，收率低、质量差，含大量芳胺的铁泥和废水污染环境，“三废”处理成本高，国外较少采用；催化加氢还原法收率高，产品质量好，环境污染少，是生产的首选方法。

以硝基苯为原料，通过铝屑化学还原、电解化学还原、催化氢化还原制备中间体苯胲再经重排得对氨基苯酚，最后经乙酰化得到对乙酰氨基酚。国外大多采用以活性炭为载体和贵金属催化的催化氢化还原法，如美国 Mallinckrodt 公司、英国 Winthroy 等。

制备对乙酰氨基酚的合成路线如图5-2所示。

（三）生产工艺流程

对乙酰氨基酚的工业化生产路线主要有两条：一条为以对硝基苯酚钠为原料，先酸化再催化加氢还原、乙酰化而得；另一条为以苯酚为原料，经亚硝化、硫化钠还原和乙酰化而得。以对硝基苯酚钠为原料生产对乙酰氨基酚的工艺流程图如图5-3所示。

（四）主要生产设备

对乙酰氨基酚生产中主要用到的设备有酸化罐、离心机、高位槽、加氢釜、酰化罐、结晶罐、母液贮罐、醋酸计量罐、旋风分离器、干燥器等。

（五）生产工艺原理及过程

下面以对硝基苯酚钠为原料的生产路线为例讲述对乙酰氨基酚的工业化生产。

1. 对硝基苯酚的制备

（1）工艺原理

对硝基苯酚钠为强碱弱酸盐，用酸中和即析出对硝基苯酚。这是一个酸化反应，也是一个中

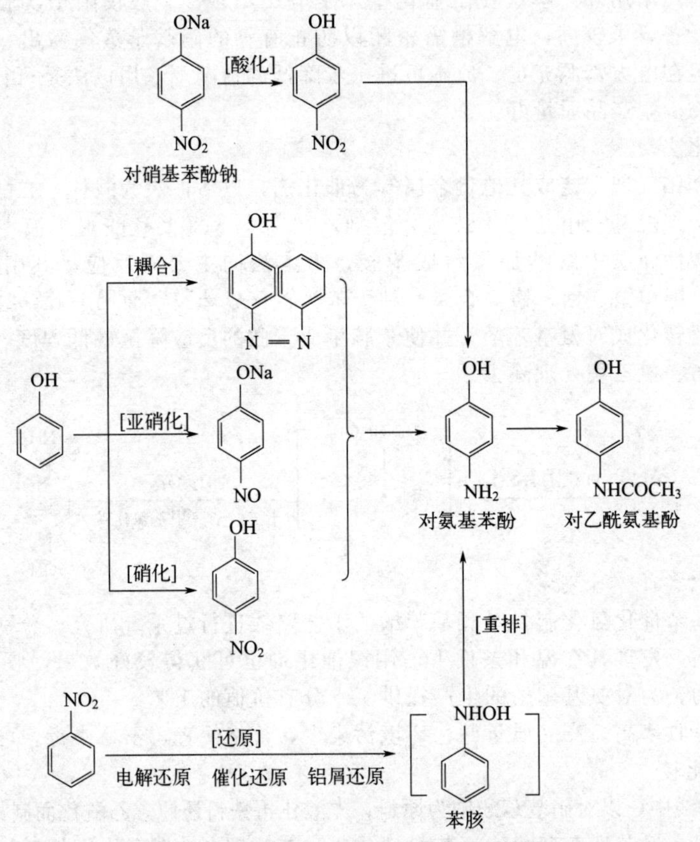

图 5-2 制备对乙酰氨基酚的合成路线

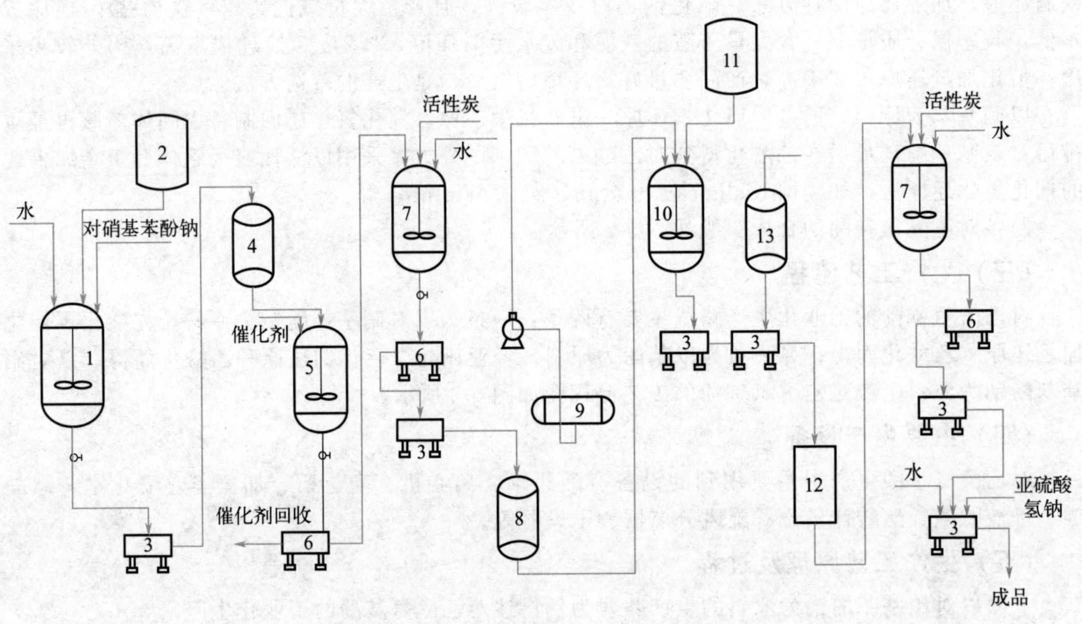

图 5-3 以对硝基苯酚钠为原料生产对乙酰氨基酚的工艺流程图

1—酸化罐；2—盐酸高位槽；3—离心机；4—对硝基苯酚贮罐；5—加氢釜；6—压滤机；7—精制釜；8—对氨基苯酚；9—母液槽；10—酰化釜；11—冰醋酸高位槽；12—对乙酰氨基酚粗品；13—洗水罐

和反应。在对硝基苯酚钠水溶液中加入强酸，中和到 pH<3，放置冷却，使对硝基苯酚结晶析出。生产上一般用盐酸而不用硫酸，若用硫酸中和因生成的硫酸钠在冷却时溶解度较小，易伴随对硝基苯酚一同析出，影响产品质量。而用盐酸中和，产生的氯化钠溶解度大，留在母液中不会析出。

$$\text{ONa-C}_6\text{H}_4\text{-NO}_2 \xrightarrow{\text{HCl}} \text{OH-C}_6\text{H}_4\text{-NO}_2$$

（2）工艺过程

配料比为对硝基苯酚钠（65%）∶盐酸（工业）∶水＝1∶0.6∶1.9（质量比）。在酸化罐中，先加入常水，再加配量对硝基苯酚钠，开动搅拌并加热至溶解（48～50℃），然后滴加盐酸调 pH 值至 2～3，继续升温至 75℃，复调 pH 值至 2～3，保温 30min，冷却至 25℃。为防止结晶时出现挂壁现象，应逐渐冷却。放料、甩滤得对硝基苯酚。其酸化岗位生产记录如表 5-7 所示，其酸化岗位收率计算公式如下：

$$\text{酸化收率(\%)}=\frac{\text{对硝基苯酚重量}\times\text{含量}}{\text{对硝基苯酚钠重量}\times\dfrac{\text{对硝基苯酚分子量}}{\text{对硝基苯酚钠分子量}}}\times 100\%$$

表 5-7 酸化岗位生产记录

生产批号：		生产日期：		
操作步骤	工艺要求	操作记录	操作人	复核人
检查环境、反应罐	干净无异物	日 时 分 结果：		
备料	对硝基苯酚钠（65%）∶盐酸∶水＝1∶0.6∶1.9	日 时 分 对硝基苯酚钠 kg 日 时 分 盐酸 L 日 时 分 水 kg		
开搅拌、加热溶解	开动搅拌并加热至对硝基苯酚钠溶解（48～50℃）	日 时 分 开搅拌 日 时 分 $T=$ ℃ 日 时 分 检查溶解情况		
调 pH、升温、复调 pH、保温、冷却	滴加盐酸调 pH 值至 2～3，继续升温至 75℃，复调 pH 值至 2～3，保温 30min，冷却至 25℃	日 时 分 pH＝ 日 时 分 $T=$ ℃ 日 时 分 $T=$ ℃ 日 时 分 pH＝ 日 时 分 保温＝ min 日 时 分 $T=$ ℃ 日 时 分 检查终点 日 时 分 关搅拌		
放料、甩滤	放料、甩滤	日 时 分 放料 日 时 分 甩滤		
取样化验		日 时 分 化验		
称重、计算收率	称重、计算对硝基苯酚收率	日 时 分 湿品 kg 日 时 分 收率 %		
备注：				
生产管理员：		QA 检查员：		

(3) 工艺流程图

对硝基苯酚的制备工艺流程见图 5-4。

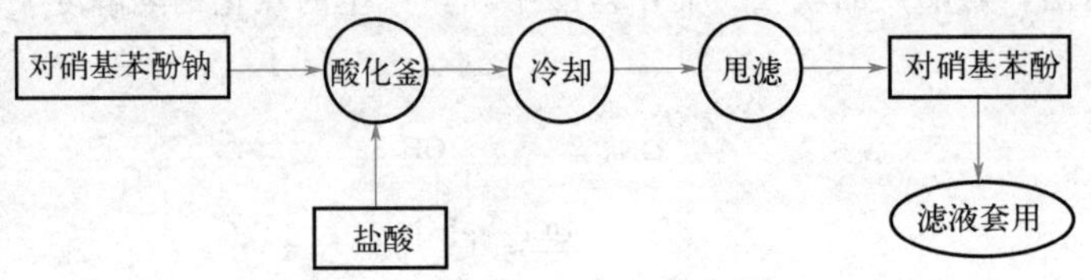

图 5-4　对硝基苯酚的制备工艺流程图

(4) 反应条件及控制

pH 的影响：酸化反应的 pH 应控制在 2～3 之间，这样有利于对硝基苯酚钠转化为对硝基苯酚。

(5) 操作注意事项

为了防止结晶时出现挂壁现象，从 75℃冷却至 25℃时应逐渐冷却。

2. 对氨基苯酚的制备

(1) 工艺原理

对硝基苯酚在催化剂催化下加氢还原得对氨基苯酚。

$$HO-C_6H_4-NO_2 \xrightarrow[H_2]{\text{催化剂}} HO-C_6H_4-NH_2$$

(2) 工艺过程

向加氢釜中投入配量对硝基苯酚溶液及催化剂，加氢还原至终点（薄层色谱显示原料已基本转化成产品）。加氢结束，压滤，滤液浓缩，加热水溶解，加活性炭脱色，压滤，滤液冷却，结晶，甩干得产品对氨基苯酚。将对氨基苯酚贮于容器中，称重，待取样检测后，移交至酰化工序。还原岗位生产记录如表 5-8 所示，还原岗位收率计算公式如下：

$$\text{还原收率（\%）}=\frac{\text{对氨基苯酚重量}\times\text{含量}}{\text{对硝基苯酚折纯量}\times\dfrac{\text{对氨基苯酚分子量}}{\text{对硝基苯酚分子量}}}\times 100\%$$

表 5-8　还原岗位生产记录

生产批号：		生产日期：		
操作步骤	工艺要求	操作记录	操作人	复核人
检查环境、反应罐	干净无异物	日　时　分　结果：		
备料	向加氢釜中投入配量对硝基苯酚溶液及催化剂	日　时　分　对硝基苯酚　　kg 日　时　分　催化剂　　kg		
加氢还原、薄层色谱检测	加氢还原至终点（薄层色谱检测），加氢结束	日　时　分　加氢 日　时　分　薄层色谱检测 日　时　分　还原反应结束 日　时　分　停止加氢		

续表

操作步骤	工艺要求	操作记录	操作人	复核人
压滤，浓缩，热水溶解，活性炭脱色，压滤，滤液冷却	压滤，滤液浓缩，加热水溶解，加活性炭脱色，压滤，滤液冷却	日　时　分　压滤 日　时　分至　时　分　滤液浓缩 日　时　分　加热水溶解 日　时　分　加活性炭脱色 日　时　分　压滤 日　时　分　滤液冷却		
结晶、甩干	结晶、甩干	日　时　分　结晶 日　时　分　甩干		
取样化验		日　时　分　化验		
称重、计算收率	称重、计算对氨基苯酚收率	日　时　分　湿品　　kg 日　时　分　收率　　%		

备注：

生产管理员：　　　　　　　　　　　　QA检查员：

（3）工艺流程图

对氨基苯酚的制备工艺流程见图5-5。

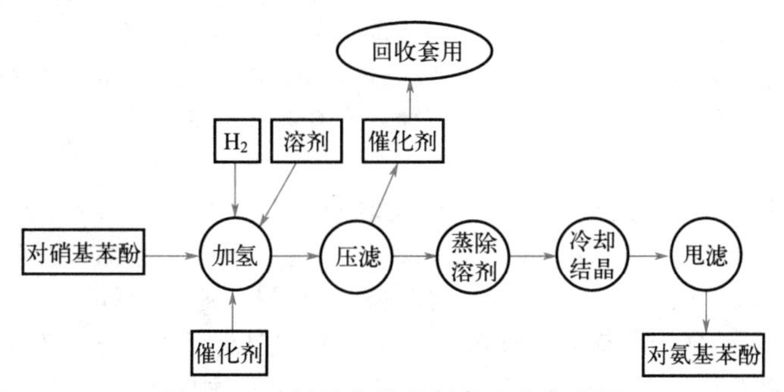

图5-5　对氨基苯酚的制备工艺流程图

（4）操作注意事项

加氢前一定要试压防漏，然后用氮气赶尽空气，用氢气赶氮气3遍，再加氢气至反应压力。反应结束同样要用氮气赶氢气。反应终点用薄层色谱法检测原料是否反应完。

3. 对乙酰氨基酚的制备

（1）工艺原理

对氨基苯酚与醋酸或醋酸酐在加热下脱水，反应生成对乙酰氨基酚。

$$HO\text{-}C_6H_4\text{-}NH_2 + CH_3COOH\text{或}(CH_3CO)_2O \underset{\text{水解}}{\overset{\text{乙酰化}}{\rightleftharpoons}} HO\text{-}C_6H_4\text{-}NHCOCH_3$$

这是一个可逆反应，通常采用蒸去水的方法，使反应趋于完全，以提高收率。

由于该反应在较高温度（达148℃）下进行，未乙酰化的对氨基苯酚有可能与空气中的氧气作用，生成亚胺醌及其聚合物等，致使产品变成深褐色或黑色，故通常需加入少量抗氧剂（如亚硫酸氢钠等）。此外，对氨基苯酚也能缩合，生成深灰色的4,4′-二羟基二苯胺。

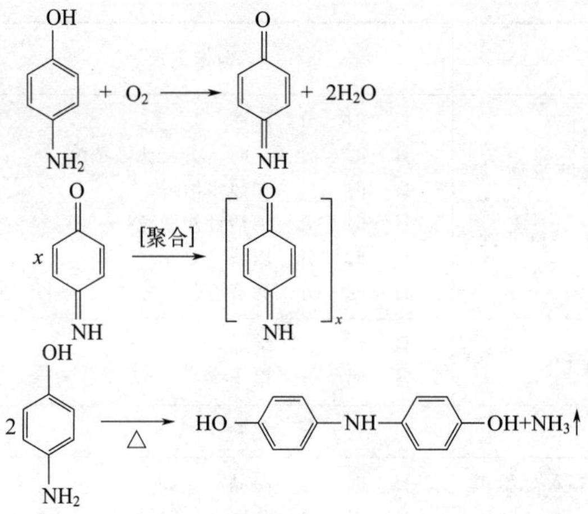

上述副反应均是由于对氨基苯酚在较高温度下反应所引起的。如用醋酸酐为乙酰化剂，反应可在较低温度下进行，易于控制副反应。例如用醋酸酐-醋酸作酰化剂，可在 80℃下进行反应；用醋酸酐-吡啶作酰化剂，在 100℃下可以进行反应；用乙酰氯-吡啶-甲苯为酰化剂，反应在 60℃以下就能进行。当然，由于醋酸酐价格较贵，生产上一般采用稀醋酸（35%～40%）与之混合使用，即先套用回收的稀醋酸，蒸馏脱水，再加入冰醋酸回流去水，最后加醋酸酐减压，蒸出稀醋酸。反应终点要取样测定对氨基苯酚的剩余量和反应液的酸度。该工艺充分利用了原辅料醋酸，节约了开支，避免了氧化等副反应的发生，反应前可先加入少量抗氧剂。

另外，乙酰化时，采用适量的分馏装置严格控制蒸馏速度和脱水量是反应的关键，也可利用三元共沸的原理把乙酰化生成的水及时蒸出，使乙酰化反应完全。

（2）工艺过程

配料比为对氨基苯酚∶冰醋酸∶母液（含醋酸 50%以上）＝1∶1∶1（质量比）。将对氨基苯酚、冰醋酸、母液（含醋酸 50%以上）投入酰化釜内，开夹层蒸汽，打开反应罐上回流冷凝器的冷凝水，加热回流反应 4h 后，改蒸馏，控制蒸出稀醋酸速率为每小时蒸出总量的 1/10，待内温升至 130℃以上，从底阀取样，检查对氨基苯酚残留量低于 2.5%时为反应终点。如未到反应终点，允许补加醋酸酐继续反应到终点。反应结束，加入稀酸（含量 50%以上），转入结晶罐冷却结晶。甩滤，先用少量稀酸洗涤，离心全速甩干 10min 以上，关离心机，再用大量水洗涤粗品，至洗水基本无酸味，再离心全速甩干 20min 以上，关离心机，得对乙酰氨基酚粗品。将粗产品贮于容器中，称重，取样化验合格后送精制工序，要求含水量小于 3%。其酰化岗位生产记录如表 5-9 所示，酰化岗位收率计算公式如下：

$$\text{酰化收率}(\%)=\frac{\text{粗产品重量}\times\text{含量}}{\text{对氨基苯酚折纯量}\times\dfrac{\text{对乙酰氨基酚分子量}}{\text{对氨基苯酚分子量}}}\times 100\%$$

表 5-9 酰化岗位生产记录

生产批号：		生产日期：		
操作步骤	工艺要求	操作记录	操作人	复核人
检查环境、反应罐	干净无异物	日 时 分 结果：		
备料	对氨基苯酚∶冰醋酸∶母液（含醋酸 50%以上）＝1∶1∶1	日 时 分 对氨基苯酚 kg 日 时 分 冰醋酸 L 日 时 分 母液 L		

续表

操作步骤	工艺要求	操作记录	操作人	复核人
开蒸汽，开冷凝水，加热回流，蒸酸	开夹层蒸汽，打开反应罐冷凝水，加热回流反应4h后，改蒸馏稀醋酸	日　时　分　开夹层蒸汽 日　时　分　开冷凝水 日　时　分至　时　分　加热回流　　h 日　时　分　　蒸酸		
取样化验	待内温升至130℃以上，取样检查对氨基苯酚残留量应低于2.5%	日　时　分　$T=$　　℃ 氨基苯酚残留量　　%		
加稀酸，冷却结晶	加入稀酸，转入结晶罐冷却结晶	日　时　分　加稀酸 日　时　分　$T=$　　℃ 日　时　分　结晶		
甩滤，酸洗，离心，水洗，离心	甩滤，先用少量稀酸洗涤，离心甩干10min以上，再用水洗粗品至洗水基本无酸味，再离心甩干20min以上，关离心机	日　时　分　甩滤 日　时　分　稀酸洗涤 日　时　分至　日　时　分　离心　　min 日　时　分　水洗 日　时　分　洗水基本无酸味 日　时　分至　日　时　分　离心　　min 日　时　分　关离心机		
称重	要求含水量小于3%	日　时　分　湿品　　kg 日　时　分　含水量　　%		
计算收率	计算对乙酰氨基酚收率	日　时　分　收率　　%		

备注：

生产管理员：　　　　　　　　　　QA检查员：

(3) 工艺流程图

对乙酰氨基酚粗品的制备工艺流程见图5-6。

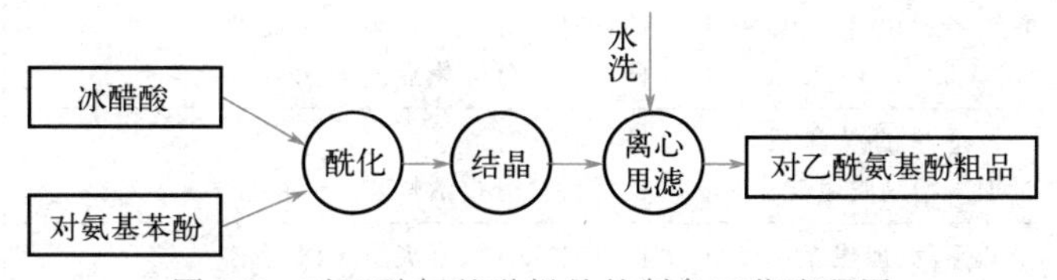

图5-6　对乙酰氨基酚粗品的制备工艺流程图

(4) 反应条件及控制

① 反应终点。当对氨基苯酚的剩余量低于2.5%时，才能确保对乙酰氨基酚成品的质量和收率。

② 蒸酸时蒸汽压力的控制。酰化反应蒸酸时反应釜夹层蒸汽压力需要稳步上升，尽量避免波动。这样蒸出的醋酸浓度由低至高，能够带出较多的水分使得反应进行完全。

③ 对乙酰氨基酚粗品洗涤。对乙酰氨基酚粗品洗涤时需将离心机关闭，使水浸润结晶，再开启离心机脱水，至洗水脱尽再停机洗涤第二次。如果离心机运转时水喷淋洗涤结晶，会导致洗水和结晶接触时间太短，洗涤效果很差。

(5) 操作注意事项

① 投料中添加醋酸母液和稀醋酸的目的是降低冰醋酸的消耗，提高生产工艺的经济性。工艺规定醋酸母液可以循环使用两次，母液中的对乙酰氨基酚粗品也可回收。

② 酰化工艺反应接近终点时回流的目的是将仍未被酰化的对氨基苯酚与剩余的醋酸进行反应，使反应更加完全。

③ 反应结束后加稀酸的作用：酰化反应的大部分时间都消耗在蒸馏醋酸除去反应生成的水。如果终点时不加入稀醋酸，由于物料浓度太高，冷却时会有大量结晶析出，使得母液太少可能板结，造成出料困难；另一方面粗品结晶中容易夹杂杂质，加入稀醋酸可降低母液中的杂质浓度，提高粗品质量。

4. 对乙酰氨基酚精品的制备

(1) 工艺原理

对乙酰氨基酚在冷水中的溶解度较小（1∶70），但在热水中溶解度较大（1∶20），二者之间差异较大，而杂质在水中的溶解度也比较大。因此，水是对乙酰氨基酚重结晶较为理想的溶剂。对乙酰氨基酚粗品溶解在适量热水中，用活性炭脱色，滤除活性炭后再将滤液冷却，对乙酰氨基酚就会再次结晶出来。在这个过程中，粗品中所含的杂质部分被吸附除去，部分溶解在水中。重新结晶出来的对乙酰氨基酚产品质量较粗品有很大提高。

(2) 工艺过程

配料比为对乙酰氨基酚粗品∶水∶活性炭∶焦亚硫酸钠＝1800∶4000∶160∶52（质量比）。按照投料比将适量的水和活性炭加入精制脱色罐中。开启脱色罐夹层蒸汽，加热至沸腾后停止加热。打开加料盖，将对乙酰氨基酚粗品加入精制脱色罐中。盖上加料盖，加热至沸腾，保证对乙酰氨基酚粗品全部溶解。用1∶1盐酸调节pH值为5.5。然后升温至95℃趁热压滤，滤液冷却结晶，再加入焦亚硫酸钠，冷却结束，甩滤，滤饼用大量水洗，甩干，干燥得对乙酰氨基酚成品。滤液经浓缩、结晶、甩滤后得对乙酰氨基酚精品，其精制岗位生产记录如表5-10所示。

表5-10 对乙酰氨基酚精制岗位生产记录

生产批号：		生产日期：		
操作步骤	工艺要求	操作记录	操作人	复核人
检查环境、设备	干净无异物	日 时 分 结果：		
备料	对乙酰氨基酚粗品∶水∶活性炭∶焦亚硫酸钠＝1800∶4000∶160∶52	日 时 分 对乙酰氨基酚粗品 kg 日 时 分 水 L 日 时 分 活性炭 kg 日 时 分 焦亚硫酸钠 kg		
投料	将适量的水和活性炭加入精制脱色罐中	日 时 分 水 L 日 时 分 活性炭 kg		
开蒸汽，加热沸腾，停止加热，加粗品，加热至沸腾	开蒸汽，加热至沸腾后停止加热。将粗品加入精制脱色罐，加热至沸腾，保证粗品全部溶解	日 时 分 开夹层蒸汽 日 时 分 加热至沸腾 日 时 分 停止加热 日 时 分 加热至沸腾 日 时 分 观察溶解情况		
调pH值，升温，压滤，滤液冷却结晶，再加入焦亚硫酸钠	用1∶1盐酸调节pH值为5.5，升温至95℃趁热压滤，滤液冷却结晶，再加入焦亚硫酸钠，冷却结束	日 时 分 pH值＝ 日 时 分 T＝ ℃ 日 时 分 压滤 日 时 分 结晶 日 时 分 焦亚硫酸钠 kg 日 时 分 冷却结束		

续表

操作步骤	工艺要求	操作记录	操作人	复核人
甩滤,水洗,甩干	甩滤,滤饼用大量水洗,甩干	日 时 分 甩滤 日 时 分 水洗 日 时 分 甩干		
浓缩,结晶,甩滤	滤液浓缩,结晶,甩滤	日 时 分 浓缩 日 时 分 结晶 日 时 分 甩滤		
称重	制得对乙酰氨基酚精品	日 时 分 精品 kg 日 时 分 含水量 %		

备注：

生产管理员： QA检查员：

(3) 工艺流程图

对乙酰氨基酚精品的制备工艺流程见图5-7。

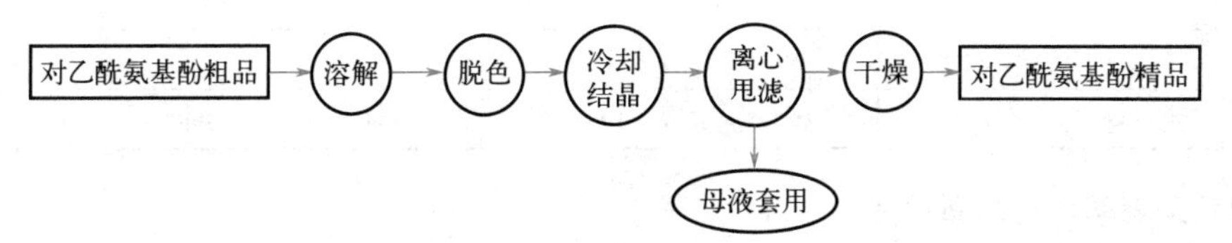

图5-7 对乙酰氨基酚精品的制备工艺流程图

(4) 反应条件及控制

① 温度。对乙酰氨基酚遇水会水解，所以精制时蒸汽要足，要先把水加热后投粗产品，以避免长时间的加热造成水解。

② 焦亚硫酸钠加入量。为了防止对乙酰氨基酚水解氧化，重新带上色泽，滤液冷却结晶过程中加入焦亚硫酸钠，焦亚硫酸钠不可加入太多，否则将作为一种杂质带入成品，造成成品澄清度不好。

③ 脱色剂用量。在对乙酰氨基酚精制过程中，活性炭的主要作用是吸附有色氧化物和少量缩合产物，从而得到无色纯产品，一般用量为1%～2%。

④ 重结晶溶剂用量。对乙酰氨基酚粗品和水的比例控制为(1∶2)～(1∶3)。水量过大导致母液量增加，一次回收率降低；水量过小，杂质在母液中浓度过高，容易跟随产品析出，导致成品质量不合格，此外还会加大热过滤去除活性炭的难度，容易稍有冷却就析出结晶，堵塞设备或管道。

(5) 操作注意事项

在精制时，为保证对乙酰氨基酚的质量要加入焦亚硫酸钠防止氧化发生。精制工艺控制点是脱色外观质量、活性炭洗涤和结晶粒度。

(六) 质量检验

1. 对乙酰氨基酚质量指标(见表5-11)

表5-11 对乙酰氨基酚质量指标

项目		标准
性状	外观	本品为白色结晶或结晶性粉末;无臭
	溶解度	本品在热水或乙醇中易溶,在丙酮中溶解,在水中略溶
	熔点	168～172℃

续表

项目		标准
鉴别	显色反应	应呈正反应
	红外光谱鉴别	本品的红外光吸收图谱应与对照的图谱一致
检查	酸度	pH值应为5.5～6.5
	乙醇溶液的澄清度与颜色	应澄清无色;如显浑浊,不得浓于1号浊度标准液;如显色,不得深于棕红色2号或橙红色2号标准比色液
	氯化物	与标准氯化钠对照液比较,不得更浓(0.01%)
	硫酸盐	与标准硫酸钾对照液比较,不得更浓(0.02%)
	有关物质	含对氨基酚不得过0.005%,其他单个杂质峰面积不得大于对照溶液中对乙酰氨基酚峰面积的0.1倍(0.1%),其他各杂质峰面积的和不得大于对照溶液中对乙酰氨基酚峰面积的0.5倍(0.5%)
	对氯苯乙酰胺	不得过0.005%
	干燥失重	不得过0.5%
	炽灼残渣	不得过0.1%
	重金属	不得过百万分之十
含量测定		按干燥品计算,含对乙酰氨基酚($C_8H_9NO_2$)应为98.0%～102.0%

2. 对乙酰氨基酚的质量检验

(1) 性状

① 本品为白色结晶或结晶性粉末；无臭。本品在热水或乙醇中易溶，在丙酮中溶解，在水中略溶。

② 熔点。本品的熔点（通则[1] 0612）为168～172℃。

(2) 鉴别

色谱图及相关术语

① 本品的水溶液加三氯化铁试液，即显蓝紫色。

② 取本品约0.1g，加稀盐酸5ml，置水浴中加热40分钟，放冷；取0.5ml，滴加亚硝酸钠试液5滴，摇匀，用水3ml稀释后，加碱性β-萘酚试液2ml，振摇，即显红色。

③ 本品的红外光吸收图谱应与对照的图谱（光谱集131图）一致。

(3) 检查

① 酸度。取本品0.10g，加水10ml使溶解，依法测定（通则0631），pH值应为5.5～6.5。

② 乙醇溶液的澄清度与颜色。取本品1.0g，加乙醇10ml溶解后，溶液应澄清无色；如显浑浊，与1号浊度标准液（通则0902第一法）比较，不得更浓；如显色，与棕红色2号或橙红色2号标准比色液（通则0901第一法）比较，不得更深。

③ 氯化物。取本品2.0g，加水100ml，加热溶解后，冷却，滤过，取滤液25ml，依法检查（通则0801），与标准氯化钠溶液5.0ml制成的对照液比较，不得更浓（0.01%）。

④ 硫酸盐。取氯化物项下剩余的滤液25ml，依法检查（通则0802），与标准硫酸钾溶液1.0ml制成的对照液比较，不得更浓（0.02%）。

⑤ 有关物质。照高效液相色谱法（通则0512）测定。临用新制。

溶剂　甲醇-水（4∶6）。

供试品溶液　取本品适量，精密称定，加溶剂溶解并定量稀释制成每1ml中约含20mg的

[1] 本书中的通则指《中华人民共和国药典》2020年版四部中的通则。

溶液。

对照品溶液　取对氨基酚对照品适量，精密称定，加溶剂溶解并定量稀释制成每1ml中约含0.1mg的溶液。

对照溶液　精密量取对照品溶液与供试品溶液各1ml，置同一100ml量瓶中，用溶剂稀释至刻度，摇匀。

色谱条件　用辛基硅烷键合硅胶为填充剂；以磷酸盐缓冲液（取磷酸氢二钠8.95g、磷酸二氢钠3.9g，加水溶解至1000ml，加10%四丁基氢氧化铵溶液12ml)-甲醇（90∶10）为流动相；检测波长为245nm；柱温为40℃；进样体积20μl。

系统适用性要求　理论板数按对乙酰氨基酚峰计算不低于2000。对氨基酚峰与对乙酰氨基酚峰之间的分离度应符合要求。

测定法　精密量取供试品溶液与对照溶液，分别注入液相色谱仪，记录色谱图至主峰保留时间的4倍。

限度　供试品溶液色谱图中如有与对氨基酚保留时间一致的色谱峰，按外标法以峰面积计算，含对氨基酚不得过0.005%，其他单个杂质峰面积不得大于对照溶液中对乙酰氨基酚峰面积的0.1倍（0.1%），其他各杂质峰面积的和不得大于对照溶液中对乙酰氨基酚峰面积的0.5倍（0.5%）。

⑥ 对氯苯乙酰胺。照高效液相色谱法（通则0512）测定。临用新制。

溶剂与供试品溶液见有关物质项下。

对照品溶液　取对氯苯乙酰胺对照品与对乙酰氨基酚对照品各适量，精密称定，加溶剂溶解并定量稀释制成每1ml中约含对氯苯乙酰胺1μg与对乙酰氨基酚20μg的混合溶液。

色谱条件　用辛基硅烷键合硅胶为填充剂；以磷酸盐缓冲液（取磷酸氢二钠8.95g、磷酸二氢钠3.9g，加水溶解至1000ml，加10%四丁基氢氧化铵12ml)-甲醇（60∶40）为流动相；检测波长为245nm；柱温为40℃；进样体积20μl。

系统适用性要求　理论板数按对乙酰氨基酚峰计算不低于2000。对氯苯乙酰胺峰与对乙酰氨基酚峰之间的分离度应符合要求。

测定法　精密量取供试品溶液与对照品溶液，分别注入液相色谱仪，记录色谱图。

限度　按外标法以峰面积计算，含对氯苯乙酰胺不得过0.005%。

⑦ 干燥失重。取本品，在105℃干燥至恒重，减失重量不得过0.5%（通则0831）。

⑧ 炽灼残渣。不得过0.1%（通则0841）。

⑨ 重金属。取本品1.0g，加水20ml，置水浴中加热使溶解，放冷，滤过，取滤液加醋酸盐缓冲液（pH3.5）2ml与水适量使成25ml，依法检查（通则0821第一法），含重金属不得过百万分之十。

（4）含量测定

照紫外-可见分光光度法（通则0401）测定。

供试品溶液　取本品约40mg，精密称定，置250ml量瓶中，加0.4%氢氧化钠溶液50ml溶解后，用水稀释至刻度，摇匀，精密量取5ml，置100ml量瓶中，加0.4%氢氧化钠溶液10ml，用水稀释至刻度，摇匀。

测定法　取供试品溶液，在257nm的波长处测定吸光度，按$C_8H_9NO_2$的吸收系数（$E_{1cm}^{1\%}$）为715计算。按干燥品计算，含$C_8H_9NO_2$应为98.0%～102.0%。

二、氯霉素的生产技术

（一）简介

氯霉素为一种抑菌性广谱抗生素，临床上主要用于治疗伤寒、副伤寒、斑疹伤寒等。其分子式为$C_{11}H_{12}Cl_2N_2O_5$，化学名为D-苏式-(－)-*N*-(*α*-羟基甲基-*β*-羟基对硝基苯乙基)-2，2-二氯乙酰胺。化学结构式为：

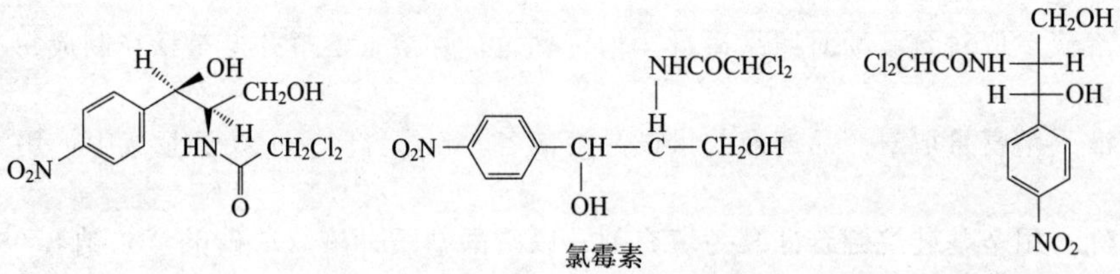

氯霉素

氯霉素为白色至微带黄绿色的针状、长片状结晶或结晶性粉末；味苦。在甲醇、乙醇、丙酮或丙二醇中易溶，在水中微溶，其熔点为149～153℃，其用无水乙醇溶解后制成的溶液比旋度为+18.5°至+21.5°。氯霉素分子中有2个手性碳原子，故有4个光学异构体，其中只有D-(−)-苏阿糖型异构体具有抗菌能力。

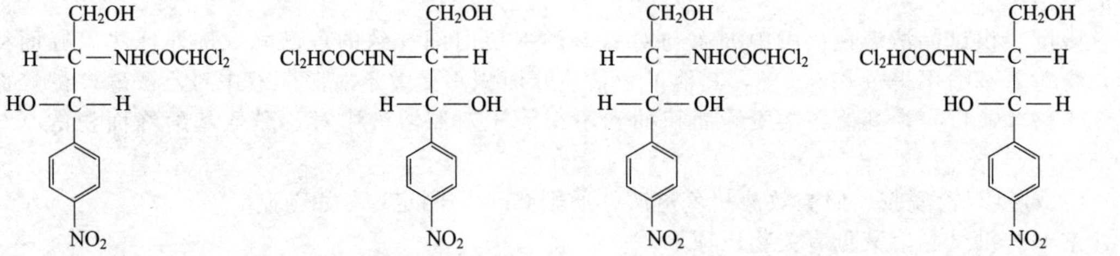

L-(+)-苏阿糖型　　D-(−)-苏阿糖型　　D-(−)-赤藓糖型　　L-(+)-赤藓糖型

我国于1951年开始研究氯霉素的合成技术，并建成氯霉素生产车间。自20世纪60年代投入工业生产以来，科学工作者经过几十年的生产实践，在其合成路线、生产工艺及副产物综合利用等方面做了大量的研究工作，使生产技术水平有了大幅度的提高。目前医用的氯霉素大多采用化学合成法制造，至今其加工的剂型有片剂、胶囊剂、滴眼液、滴耳液、眼膏剂等多种。

（二）合成路线及其选择

从对氯霉素化学结构的分析可以看出，它的基本骨架是连接3个碳原子的苯环。功能基则除苯环上的硝基外，C1及C3上各有一个羟基，C2上有二氯乙酰氨基。因此可用苯或其衍生物为原料进行合成。

氯霉素的生产已有几十年，其合成路线文献报道较多。有些合成路线存在试剂的来源不易解决、某些原料的消耗量过大、对设备要求过高、安全操作性差和某些中间体难分离等缺点，因此生产上无法采用。目前国际通用的工艺路线有三种：①对硝基苯乙酮法；②苯乙烯法；③肉桂醇法。下面仅就这三种工艺路线加以讨论。

1. 对硝基苯乙酮法

本法是我国目前生产上采用的路线。该路线最初是由我国药物化学家沈家祥等设计的，后经改进和提高，迄今仍是世界上具有竞争力的工艺路线。该法以乙苯为起始原料，经硝化、氧化、溴化、成盐、水解、乙酰化、羟甲基化（缩合）、还原、拆分、二氯乙酰化等反应（或操作）得到氯霉素。其合成路线如下：

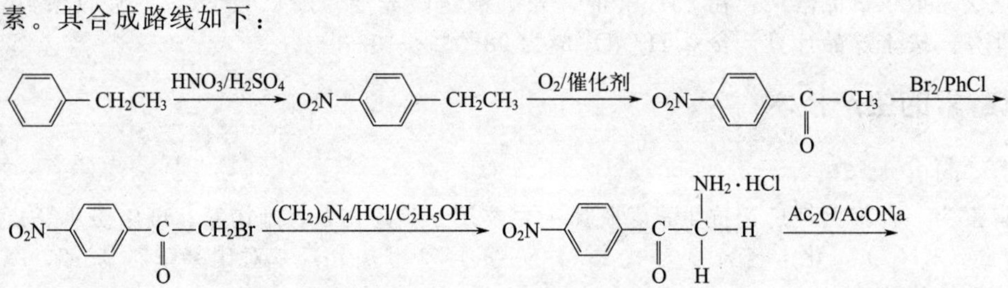

$C_6H_5CH_2CH_3 \xrightarrow{HNO_3/H_2SO_4} O_2N{-}C_6H_4{-}CH_2CH_3 \xrightarrow{O_2/\text{催化剂}} O_2N{-}C_6H_4{-}COCH_3 \xrightarrow{Br_2/PhCl}$

$O_2N{-}C_6H_4{-}COCH_2Br \xrightarrow{(CH_2)_6N_4/HCl/C_2H_5OH} O_2N{-}C_6H_4{-}CO{-}CH_2{-}NH_2\cdot HCl \xrightarrow{Ac_2O/AcONa}$

$$O_2N\text{-}C_6H_4\text{-}CO\text{-}CH_2\text{-}NHCOCH_3 \xrightarrow{HCHO/OH^-} O_2N\text{-}C_6H_4\text{-}CO\text{-}CH(NHCOCH_3)\text{-}CH_2OH \xrightarrow{Me_2CHOH/Al(OCHMe_2)_3}$$

$$O_2N\text{-}C_6H_4\text{-}CH(OH)\text{-}CH(NHCOCH_3)\text{-}CH_2OH \xrightarrow{H^+/H_2O} O_2N\text{-}C_6H_4\text{-}CH(OH)\text{-}CH(NH_2)\text{-}CH_2OH \xrightarrow{[拆分]}$$

$$O_2N\text{-}C_6H_4\text{-}CH(OH)\text{-}CH(NH_2)\text{-}CH_2OH \xrightarrow{Cl_2CHCOOCH_3} O_2N\text{-}C_6H_4\text{-}CH(OH)\text{-}CH(NHCOCHCl_2)\text{-}CH_2OH$$

本路线的优点是原料廉价易得，各步反应收率都比较高，技术条件要求不高。虽然反应步骤多，但中间有 5 步反应（溴化、成盐、水解、乙酰化、羟甲基化）可以连续进行，不需要分离中间体，大大简化了操作。缺点是硝化、氧化两步安全操作的要求高，产生的硝基化合物毒性较大，对劳动保护和“三废”治理要求高。

2. 苯乙烯法

以苯乙烯为原料的合成路线有两条。

(1) 以苯乙烯为原料经 α-羟基对硝基苯乙胺的合成路线

在氢氧化钠的甲醇溶液中，苯乙烯与氯气反应生成氯代甲醚化物，硝化后用氨处理得 α-羟基对硝基苯乙胺，再经酰化、氧化等反应得乙酰基酮化物，最后经多伦斯缩合、还原、拆分、酰化等制成氯霉素。具体合成路线如下：

$$C_6H_5\text{-}CH{=}CH_2 \xrightarrow{Cl_2/CH_3OH} C_6H_5\text{-}CH(OCH_3)\text{-}CH_2Cl \xrightarrow{HNO_3/H_2SO_4} O_2N\text{-}C_6H_4\text{-}CH(OCH_3)\text{-}CH_2Cl \xrightarrow{NH_3}$$

$$O_2N\text{-}C_6H_4\text{-}CH(OH)\text{-}CH_2NH_2 \xrightarrow{Ac_2O/AcOH} O_2N\text{-}C_6H_4\text{-}CH(OH)\text{-}CH_2\text{-}NHCOCH_3 \xrightarrow{Na_2Cr_2O_7} O_2N\text{-}C_6H_4\text{-}CO\text{-}CH_2\text{-}NHCOCH_3$$

以后各步与对硝基苯乙酮法路线相同。

这条路线的优点是苯乙烯原料价廉易得，合成路线较简单且各步收率高。若硝化反应采用连续化工艺，则收率高、耗酸少、生产过程安全。缺点是胺化一步收率不够理想。国外有用此法生产氯霉素的。

(2) 以苯乙烯为原料经 β-苯乙烯通过 Prins 反应的合成路线

本路线生产中采用了 Prins 反应，即烯烃与醛（通常是甲醛）在酸的催化下生成 1,3-丙二醇及其衍生物。反应结果不仅在碳链上增加了一个碳原子，而且处理后还能同时在 C1 及 C3 上各引入一个羟基。意大利曾采用这条路线，其工艺路线如下：

$$C_6H_5\text{-}CH{=}CH \xrightarrow{Br_2/H_2O} C_6H_5\text{-}CH(OH)\text{-}CH_2Br \longrightarrow C_6H_5\text{-}CH{=}CHBr \xrightarrow{HCHO/H^+}$$

$$\text{4-苯基-5-溴-1,3-二噁烷} \xrightarrow{NH_3} \text{4-苯基-5-氨基-1,3-二噁烷} \xrightarrow{H^+/H_2O} C_6H_5\text{-}CH(OH)\text{-}CH(NH_2)\text{-}CH_2OH \xrightarrow{拆分}$$

$\xrightarrow{HNO_3/H_2SO_4}$ $\xrightarrow{Cl_2CHCOOCH_3}$

这条路线的优点是合成路线较短，前 4 步的中间体均为液体，可节省大量固体中间体分离、干燥及输送的设备，有利于实现连续化、自动化生产等。缺点是需要高压反应设备及真空蒸馏设备。国内曾花费许多精力探索试制，最后发现这条路线中的有些反应需要在 250℃以上高温进行，还有些反应需要在 10MPa 压强下进行，有些中间体要求在高真空下减压蒸馏，这样的“三高”要求，限制了这条路线在生产上的应用。近年来，我国对该路线进行了工艺改进。

3. 肉桂醇法

该路线是以苯甲醛为起始原料，将苯甲醛与乙醛进行羟醛缩合得肉桂醛后，采用选择性还原剂将肉桂醛还原成肉桂醇，然后从肉桂醇出发经与溴水加成、缩酮化、拆分、硝化等步骤而得氯霉素。其具体合成路线如下：

$C_6H_5CHO + CH_3CHO \xrightarrow[CH_3OH,KOH]{(CH_3CO)_2O} C_6H_5CH{=}CH{-}CHO \xrightarrow{NaBH_4}$

肉桂醛

$C_6H_5CH{=}CH{-}CH_2OH \xrightarrow{Br_2/H_2O} C_6H_5CH(OH){-}CHBr{-}CH_2OH \xrightarrow{CH_3COCH_3}$ (缩酮，含 Br) $\xrightarrow{NH_3}$

肉桂醇

(缩酮，含 NH_2) $\xrightarrow[② Cl_2CHCOCl]{① 拆分}$ (缩酮，含 $NHCOCHCl_2$) $\xrightarrow{HNO_3}$

缩酮化物

$O_2N{-}C_6H_4{-}CH(ONO_2){-}CH(NHCOCHCl_2){-}CH_2ONO_2 \xrightarrow{Fe^{2+}/H_2O} O_2N{-}C_6H_4{-}CH(OH){-}CH(NHCOCHCl_2){-}CH_2OH$

氯霉素

这条路线的优点是最后引入硝基，由于缩酮化物分子中缩酮基的空间掩蔽效应的影响，有利于硝基进入对位，故硝化反应的产物中对位体的收率高达 88%。缺点是硝化反应需在－20℃低温下进行，需要深度冷却设备。

综上所述，氯霉素的合成路线可根据原料来源、资金设备及技术条件等因素，因地制宜地选用。下面主要以对硝基苯乙酮法生产氯霉素为例叙述其生产工艺流程、主要生产设备、生产工艺原理及过程、质量检测。

（三）生产工艺流程

我国主要采用以乙苯为起始原料的对硝基苯乙酮法生产氯霉素，乙苯需经硝化、氧化、溴化、成盐、水解、乙酰化、羟甲基化（缩合）、还原、拆分、二氯乙酰化等反应（或操作）得到氯霉素。其工艺流程如图 5-8 和图 5-9 所示。

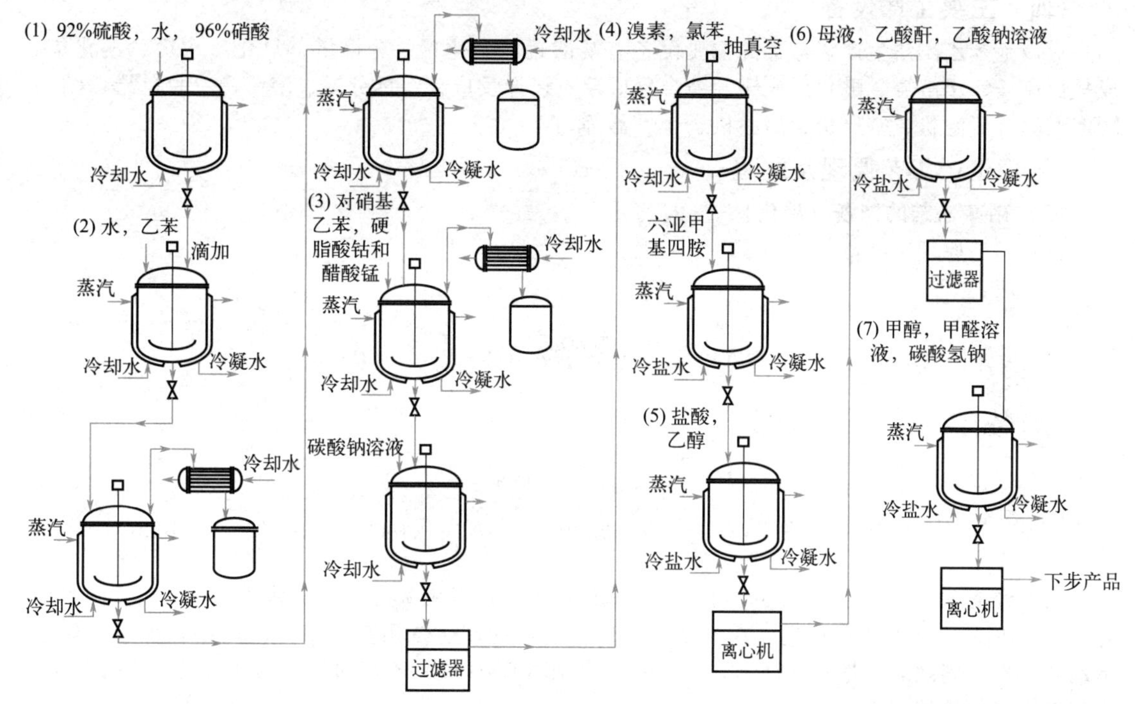

图 5-8　氯霉素生产工艺流程图（一）

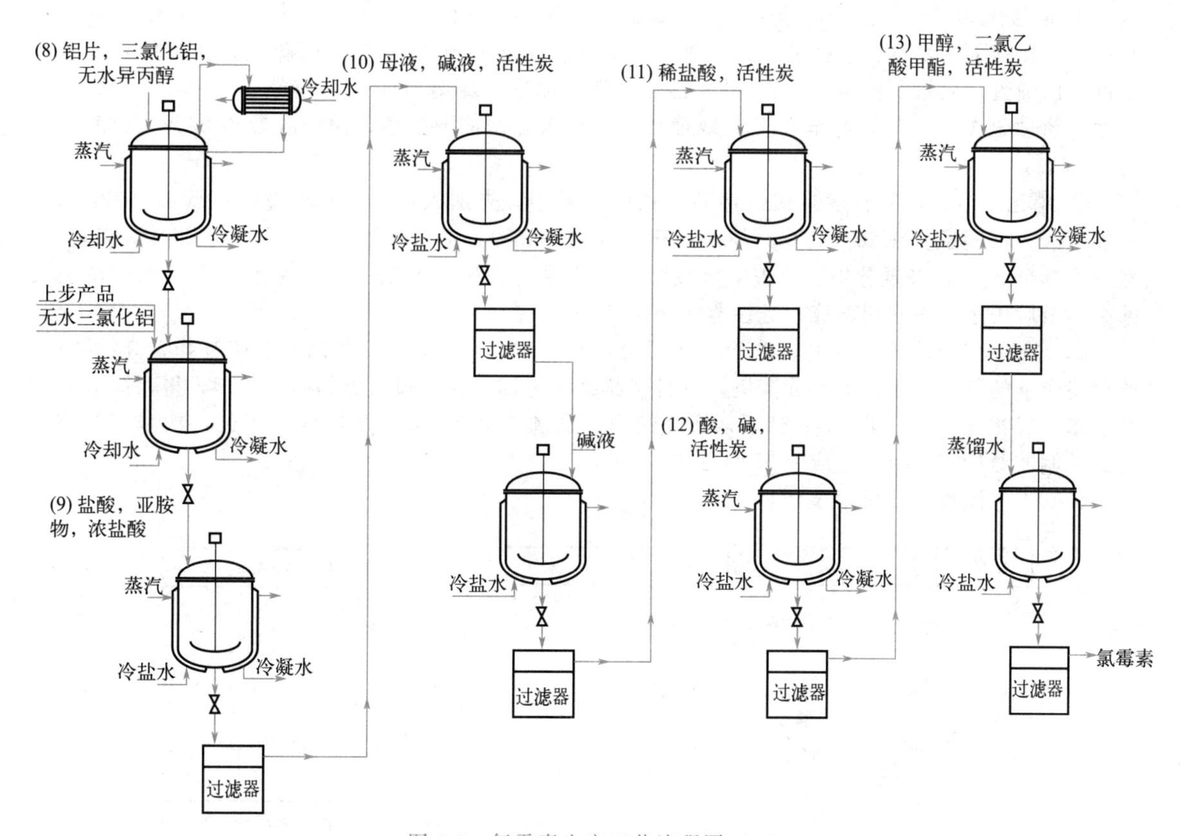

图 5-9　氯霉素生产工艺流程图（二）

(四) 主要生产设备

对硝基苯乙酮法生产氯霉素的主要设备有混酸罐、硝化罐、分馏塔、氧化反应塔、溴化釜、成盐反应釜、水解罐、酰化反应罐、缩合反应罐、还原反应罐、拆分罐、溶解罐、脱色罐、结晶罐、贮罐、压滤机、空压机、离心机、干燥器等。

(五) 生产工艺原理及过程

1. 对硝基乙苯的制备（硝化）

(1) 工艺原理

主反应：

$$C_6H_5\text{—}CH_2CH_3 \xrightarrow{HNO_3/H_2SO_4} O_2N\text{—}C_6H_4\text{—}CH_2CH_3$$

副反应：

$$C_6H_5\text{—}CH_2CH_3 \xrightarrow{HNO_3/H_2SO_4} \text{(邻位}NO_2\text{)}C_6H_4\text{—}CH_2CH_3 + \text{(间位}O_2N\text{)}C_6H_4\text{—}CH_2CH_3 + O_2N\text{—}C_6H_3(NO_2)\text{—}CH_2CH_3$$

乙苯经混酸发生硝化反应制备对硝基乙苯过程中，以对硝基乙苯和邻硝基乙苯为主，同时仍有6%～8%的间硝基乙苯产生，在制备过程中，还可能产生二硝基乙苯等副产物。为避免二硝基乙苯产生，硝酸的用量不宜过多，硫酸的脱水值（DVS值）不能过高，应控制在2.56。本反应需有良好的搅拌及冷却设备。

(2) 工艺过程

① 混酸配制。配料比为乙苯：硝酸：硫酸：水＝1：0.618：1.219：0.108（质量比）。在装有推进式搅拌的不锈钢（或搪玻璃）混酸罐内，先加入浓度在92%以上的硫酸，在搅拌及冷却下慢慢以细流加入水，控制温度在40～45℃之间。加毕，降温至35℃，继续加入96%的硝酸，温度不超过40℃，加毕，冷至20℃。取样化验，要求配制的混酸中，硝酸含量约32%，硫酸含量约56%。

② 硝化反应。在装有旋桨式搅拌的铸铁硝化罐中，先加入乙苯，开动搅拌，调温至28℃，滴加混酸，控制温度在30～35℃。加毕，升温至40～45℃，继续搅拌保温反应1h，使反应完全。然后冷却至20℃，静置分层。分去下层废酸后，用水洗去硝化产物中的残留酸，再用碱液洗去酚类，最后用水洗去残留碱液，送往蒸馏岗位。

③ 对硝基乙苯的分离纯化。先经减压粗馏，分去水、未反应的乙苯以及多硝基物、高沸物；然后将余下的部分送往高效率分馏塔，进行连续减压分馏，在塔顶馏出邻硝基乙苯，得粗品对硝基乙苯（气相含量85%以上）；然后从塔底馏出的高沸物再在150℃/0.1MPa下经一次减压精馏得到精制的对硝基乙苯。反应收率为52.5%～53%。

(3) 工艺流程图（见图5-10）

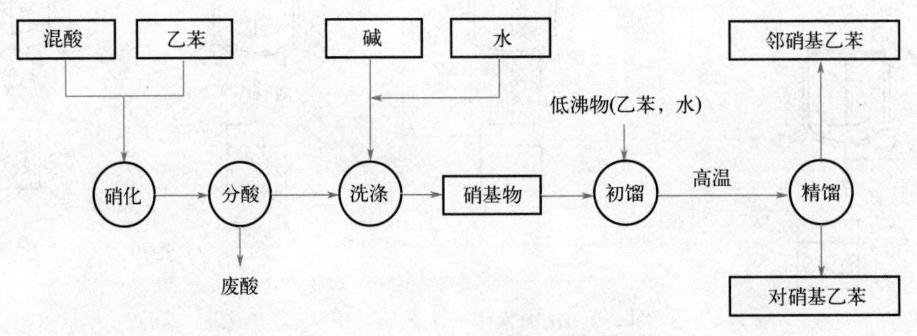

图5-10　对硝基乙苯的制备工艺流程图

(4) 反应条件及控制

① 温度。一般情况下，温度升高，反应速率加快。但在乙苯硝化反应中，若温度过高会有大量副产物生成，严重时有发生爆炸的可能性。乙苯的硝化为激烈的放热反应，温度控制不当，会产生二硝基化合物，并有利于酚类的生成。所以在硝化过程中，要有良好的搅拌和有效的冷却，及时把反应热除去，控制好反应温度。

② 配料比。为避免产生二硝基乙苯，硝酸的用量不宜过多，可接近理论量。

③ 乙苯的质量。乙苯的含量应高于95%，其外观、水分等各项指标应符合质量标准。乙苯中若水分过多，色泽不佳，会使硝化反应速率变慢，而且产品中对硝基乙苯的含量降低，致使硝化收率下降。

(5) 操作注意事项

① 在配制混酸以及进行硝化反应时，因有大量反应热放出，故中途不得停止搅拌及冷却。如发生停电事故，应立即停止加酸。

② 精馏完毕，不得在高温下解除真空、放进空气，以免热的残渣（含多硝基化合物）氧化爆炸。

③ 浓硫酸、浓硝酸均具有强的腐蚀性，应注意防护。

2. 对硝基苯乙酮的制备（氧化）

(1) 工艺原理

主反应：

$$O_2N-C_6H_4-CH_2CH_3 + O_2 \xrightarrow{\text{硬脂酸钴，醋酸锰}} O_2N-C_6H_4-\overset{O}{\overset{\|}{C}}CH_3 + H_2O$$

副反应：

$$O_2N-C_6H_4-CH_2CH_3 + O_2 \xrightarrow{\text{硬脂酸钴，醋酸锰}} O_2N-C_6H_4-COOH + HCOOH + H_2O$$

本反应是对硝基乙苯在催化剂作用下与氧气进行的自由基反应。催化剂硬脂酸钴的作用是降低反应的活化能，缩短反应时间和降低反应温度。

(2) 工艺过程

① 氧化反应。配料比为对硝基乙苯：空气：硬脂酸钴＝1：适量：5.33×10^{-5}（质量比）。对硝基乙苯自计量槽加入氧化反应塔，同时加入硬脂酸钴及醋酸锰催化剂（内含载体碳酸钙90%，其量各为对硝基乙苯重量的十万分之五），用空压机压入空气使塔内压强为0.5MPa，开始搅拌，逐渐升温至150℃以激发反应。反应开始后，随即发生连锁反应并放热。这时适当地往反应塔夹层通水使反应温度平稳下降，维持在135℃左右进行反应。收集反应生成的水，并根据汽水分离器分出的冷凝水量判断和控制反应进行的程度。当反应产生热量逐渐减少，生成水的速度和数量降到一定程度时停止反应，稍冷，将物料放出。

② 产物的分离。反应物中含对硝基苯乙酮、对硝基苯甲酸、未反应的对硝基乙苯、微量过氧化物以及其他副产物等。在对硝基苯乙酮未析出之前，根据反应物的含酸量加入碳酸钠溶液，使对硝基苯甲酸转变为钠盐。然后充分冷却，使对硝基苯乙酮尽量析出。过滤，洗去对硝基苯甲酸钠盐后，干燥，便得对硝基苯乙酮。对硝基苯甲酸的钠盐溶液经酸化处理后，可得副产物对硝基苯甲酸。

分出对硝基苯乙酮后所得的油状液体仍含有未反应的对硝基乙苯。用亚硫酸氢钠溶液分解除去过氧化物后，进行水蒸气蒸馏，回收的对硝基乙苯可再用于氧化。

(3) 工艺流程图

对硝基苯乙酮的制备工艺流程见图5-11。

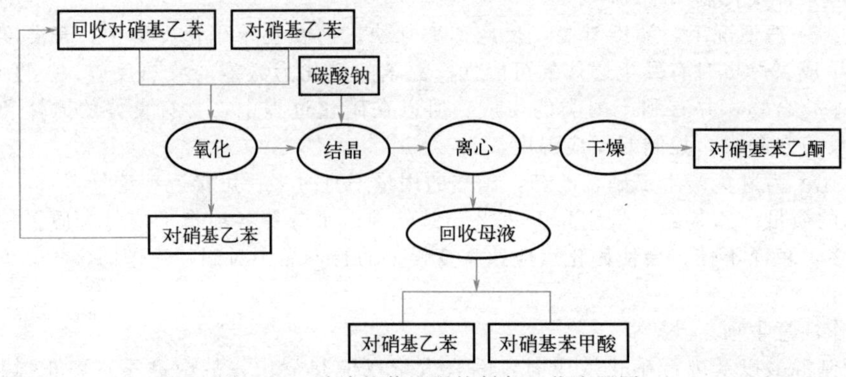

图 5-11　对硝基苯乙酮的制备工艺流程图

(4) 反应条件及控制

① 催化剂。大多数变价金属（如钴、锰、铬、铜等）的盐类对本反应均有催化作用。铜盐和铁盐对过氧化物作用过于猛烈，故不宜采用，且反应中应注意防止微量 Fe^{3+} 和 Cu^{2+} 的混入。醋酸锰的催化作用较为缓和，能提高氧化收率，同时用碳酸钙作载体，可使反应平稳进行，但反应周期长。后来研究人员发现催化剂硬脂酸钴的催化性能好、选择性高，可在反应温度比单纯醋酸锰低 10℃左右的温度进行，收率较醋酸锰催化收率提高 8%～10%，反应时间比之前减少一半以上，而且催化剂的用量仅为之前的 1/15，故采用硬脂酸钴与醋酸锰-碳酸钙混合催化剂。

② 反应温度。该反应是强烈的放热反应，虽然开始需要供给一定的热量使产生游离基，但当反应引发后便进行连锁反应而放出大量热，此时若不将产生的热量移去，则产生的游离基越来越多，温度急剧上升，就会发生爆炸事故。但若冷却过度，又会造成连锁反应中断，使反应过早停止。因此，当反应激烈后必须适当降低反应温度，使反应维持在既不过分激烈而又能均匀出水的程度。

③ 反应压力。用空气作氧化剂较氧气安全，所以生产上采用空气氧化法。但空气中的氧含量只占 21%，提高反应系统的压力，增大氧气的浓度，有利于氧化反应的进行。因反应压力超过 0.5MPa 时产物对硝基苯乙酮的含量并不显著增加，故生产上采用 0.5MPa 压力的空气进行氧化。

④ 抑制物。若有苯胺、酚类和铁盐等物质存在时，会使对硝基乙苯的催化氧化反应受到强烈抑制，故应防止这类物质混入。

(5) 操作注意事项

硬脂酸钴质轻，为防止投料飞扬损失，预先将其与等量的硝基乙苯拌和，然后加入反应塔中。

3. 对硝基-α-溴代苯乙酮的制备（溴化）

(1) 工艺原理

主反应：

$$O_2N-C_6H_4-\overset{O}{\overset{\|}{C}}CH_3 + Br_2 \xrightarrow{C_6H_5Cl} O_2N-C_6H_4-\overset{O}{\overset{\|}{C}}CH_2Br + HBr\uparrow$$

溴化物

副反应：

$$O_2N-C_6H_4-\overset{O}{\overset{\|}{C}}CH_3 + 2Br_2 \xrightarrow{C_6H_5Cl} O_2N-C_6H_4-\overset{O}{\overset{\|}{C}}CHBr_2 + 2HBr\uparrow \quad (I)$$

双溴酮

$$O_2N-C_6H_4-\overset{O}{\overset{\|}{C}}CHBr_2 + O_2N-C_6H_4-\overset{O}{\overset{\|}{C}}CH_3 \xrightarrow{HBr} 2O_2N-C_6H_4-\overset{O}{\overset{\|}{C}}CH_2Br \quad (\text{Ⅱ})$$

第（Ⅱ）步副反应对生产有利。

溴化反应属于离子型反应，溴对对硝基苯乙酮烯醇式双键进行加成，再脱去1mol溴化氢而得到所需产物。

（2）工艺过程

配料比为对硝基苯乙酮：溴素：氯苯＝1：0.96：9.53（质量比）。将氯苯（溶剂，含水量低于0.2%，可反复套用）加入干燥洁净的溴化釜内，在搅拌下通过抽真空抽入对硝基苯乙酮，用温水调温至25℃左右溶解对硝基苯乙酮约30分钟，然后在搅拌下先加入少量的溴（占全量的2%～3%）进行诱导反应。当有大量溴化氢气体产生且红棕色的溴素消失时，表示反应开始。保持温度在（27±1）℃，逐渐将余下的溴滴入釜内。溴的用量稍超过理论量。反应产生的溴化氢用真空抽出，用水吸收，制成氢溴酸回收。真空度不宜过大，只要使溴化氢不从他处逸出即可。溴加毕后，继续反应1小时。然后升温至35～37℃，通压缩空气以尽量排走反应液中的溴化氢，否则将影响下一步成盐反应。静置0.5小时后，将澄清的反应液送至下一步进行成盐反应。罐底的残液可用氯苯洗涤，洗液可套用。

（3）工艺流程图

对硝基-α-溴代苯乙酮的制备工艺流程见图5-12。

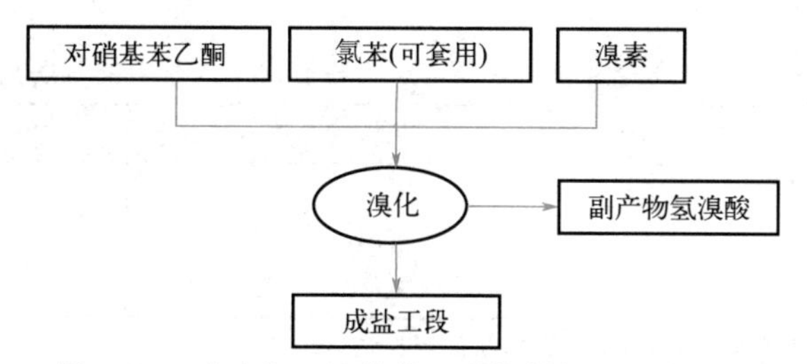

图5-12　对硝基-α-溴代苯乙酮的制备工艺流程图

（4）反应条件及控制

① 水分。对硝基苯乙酮溴化反应时，水分的存在对反应不利（导致诱导期延长甚至不发生反应），因此必须严格控制溶剂的水分。

② 金属离子。金属离子的存在能引起苯环上的溴化反应，因此反应中应避免与金属接触。

③ 对硝基苯乙酮的质量。对硝基苯乙酮质量应达标，应控制其熔点、水分、含酸量、外观等几项质量指标。如使用不合格的对硝基苯乙酮进行溴化反应，会造成溴化物残渣过多、收率低，甚至影响下一步的成盐反应，使成盐物质量下降、料黏。

（5）操作注意事项

① 溶解对硝基苯乙酮、调温时严禁直接使用蒸汽。

② 釜内无母液时不得先投对硝基苯乙酮或溴素。

③ 本反应忌金属杂质，过量的铁可导致不必要的副反应。

4. 对硝基-α-溴代苯乙酮六亚甲基四胺盐（简称成盐物）的制备（成盐）

（1）工艺原理

$$O_2N-C_6H_4-\overset{O}{\overset{\|}{C}}CH_2Br + \underset{\text{乌洛托品}}{(CH_2)_6N_4} \xrightarrow{C_6H_5Cl} \underset{\text{成盐物}}{O_2N-C_6H_4-\overset{O}{\overset{\|}{C}}CH_2Br\cdot(CH_2)_6N_4}$$

(2) 工艺过程

配料比为溴化物：乌洛托品（六亚甲基四胺）＝1：0.86（质量比）。将合格的成盐母液加入干燥的反应罐内，在搅拌下加入干燥的乌洛托品，用冷盐水冷却至5～15℃，将除净残渣的溴化液抽入成盐反应釜，33～38℃反应1小时，测定反应终点。成盐物无需过滤，用冷盐水冷却至18～20℃后，送下一步水解反应岗位。

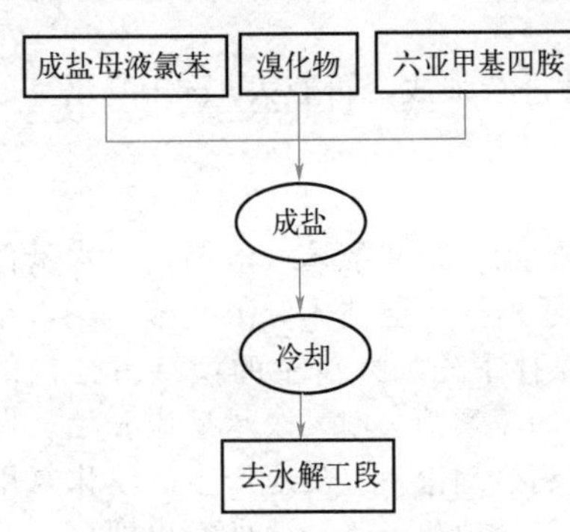

图5-13 对硝基-α-溴代苯乙酮六亚甲基四胺盐的制备工艺流程图

(3) 工艺流程图

对硝基-α-溴代苯乙酮六亚甲基四胺盐的制备工艺流程见图5-13。

(4) 反应条件及控制

① 水和酸。水和酸的存在能使乌洛托品分解成甲醛。因此乌洛托品应事先干燥。

② 温度。成盐反应的最高温度不得超过40℃。

③ 成盐反应终点的控制。根据两种原料和产物在氯仿及氯苯中溶解度不同的原理进行控制，如表5-12所示。取成盐反应液适量，过滤（若未反应完，滤液中有对硝基-α-溴代苯乙酮），往1份滤液中加入2份乌洛托品氯仿饱和溶液，混合加热至50℃，再降至常温，放置3～5分钟。若溶液呈透明状，表示已到终点；若溶液混浊，则未到终点，应适当补加乌洛托品。

表5-12 成盐反应的原料与产物在氯仿、氯苯中的溶解度

物料	氯仿	氯苯
对硝基-α-溴代苯乙酮	溶解	溶解
乌洛托品	溶解	不溶
成盐物	不溶	不溶

注：表中所写“不溶”是指溶解度很小。按此方法测定，到达终点时氯苯中所含未反应的对硝基-α-溴代苯乙酮的量在0.5%以下。

(5) 操作注意事项

残渣应除尽；成盐最高温度不得超过40℃；反应中忌水、忌酸。

5. 对硝基-α-氨基苯乙酮盐酸盐（简称水解物）的制备（水解）

(1) 工艺原理

用盐酸水解对硝基-α-溴代苯乙酮六亚甲基四胺盐，得到了伯胺的盐酸盐，即对硝基-α-氨基苯乙酮盐酸盐。

$$O_2N-C_6H_4-\overset{O}{\overset{\|}{C}}CH_2Br\cdot C_6H_{12}N_4 + HCl + 12C_2H_5OH \longrightarrow$$

成盐物

$$O_2N-C_6H_4-\overset{O}{\overset{\|}{C}}CH_2NH_2\cdot HCl + 6CH_2(OC_2H_5)_2 + NH_4Br + 2NH_4Cl$$

水解物

(2) 工艺过程

配料比为成盐物：盐酸：乙醇＝1：2.44：3.12（质量比）。将盐酸加入搪玻璃水解罐内，降温至7～9℃，搅拌下加入“成盐物”。继续搅拌至“成盐物”转变为颗粒状后，停止搅拌，静置，分出氯苯。然后加入乙醇，搅拌升温，在32～34℃反应5小时。3小时后开始测酸含量，并

使其保持在 2.5%左右（确保反应在强酸下进行）。反应完毕，降温，分去酸水，加入常水洗去酸后，加入温水搅拌得二乙醇缩醛，反应后停止搅拌将缩醛分出。再加入适量水，搅拌，冷却至−3℃，离心分离，得到对硝基-α-氨基苯乙酮盐酸盐。分离出的氯苯用水洗去酸，经干燥后，循环用于溴化及成盐反应。

（3）工艺流程图

对硝基-α-氨基苯乙酮盐酸盐的制备工艺流程见图 5-14。

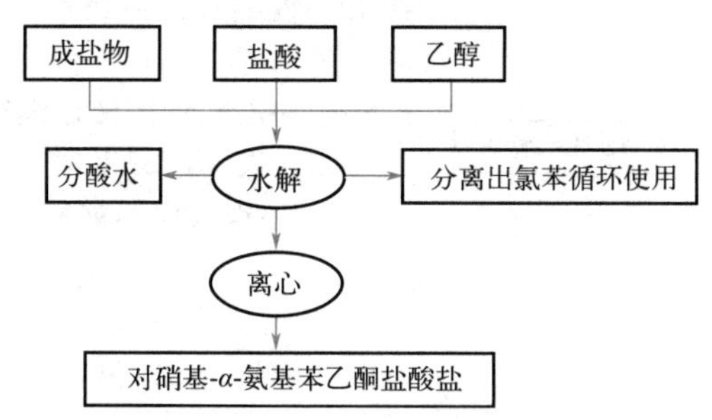

图 5-14　对硝基-α-氨基苯乙酮盐酸盐的制备工艺流程图

（4）反应条件及控制

酸浓度和用量。“成盐物”必须在强酸性下才能转变成伯胺，并且水解产物在强酸性下才较稳定。

（5）操作注意事项

① 盐酸量及反应酸度应严格控制，如遇成盐岗位补加乌洛托品，应适量补加盐酸（按 1∶1 补加）。

② 若反应中母液的量少，可采取加盐盐析的办法或增加洗涤次数。

③ 水解物中铵盐、盐酸、缩醛等含量过多会直接影响下一步乙酰化反应。

6. 对硝基-α-乙酰氨基苯乙酮（简称乙酰化物）的制备（乙酰化）

（1）工艺原理

用乙酸酐作为酰化剂对氨基进行乙酰化反应，该反应需在低温下进行。

$$O_2N-C_6H_4-C(=O)-CH_2NH_2\cdot HCl + (CH_3CO)_2O + CH_3COONa \xrightarrow[0\sim7℃]{H_2O}$$

水解物

$$O_2N-C_6H_4-C(=O)-CH_2NHCOCH_3 + 2CH_3COOH + NaCl$$

酰化物

（2）工艺过程

配料比为水解物∶乙酸酐∶乙酸钠＝1∶1.08∶3.8（质量比）。向乙酰化反应罐中加入母液，冷至 0～3℃，加入上步水解物，开动搅拌，将结晶打成浆状，并检查其 pH 值应为 3.5～4.5，然后加入乙酸酐，搅拌均匀后，先慢后快地加入 38%～40%的乙酸钠溶液。这时温度逐渐上升，加完乙酸钠时温度不要超过 22℃。于 18～20℃反应 1 小时，测定反应终点。终点到达后，将反应液冷至 10～13℃即析出晶体，过滤，先用常水洗涤，再以 1%～1.5%的碳酸氢钠溶液洗结晶液至 pH 为 7，甩干称重交缩合岗位。滤液回收乙酸钠。

（3）工艺流程图

对硝基-α-乙酰氨基苯乙酮的制备工艺流程见图 5-15。

（4）反应条件及控制

① pH。水解物打浆时 pH 控制在 3.5～4.5 最好。

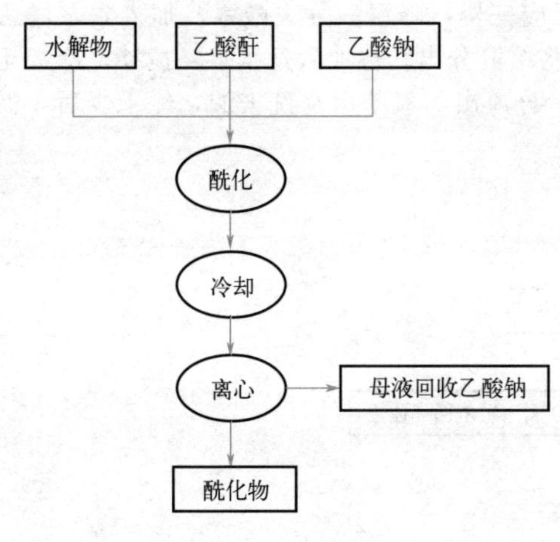

图 5-15　对硝基-α-乙酰氨基苯乙酮的制备工艺流程图

② 加料次序。本反应严格遵守先加入乙酸酐后加入乙酸钠的顺序，绝不能颠倒，并严格控制乙酸钠的加料速度。在整个反应过程中应保证乙酸酐过量。

③ 反应终点。终点测定方法为：取少量反应液，过滤，往滤液中加入碳酸氢钠溶液中和至碱性，在40℃左右加热后放置15分钟，滤液澄清不显红色表示终点到达；若滤液显红色或混浊，应适当补加乙酸酐和乙酸钠溶液，继续反应。

（5）操作注意事项

① 加料次序不能颠倒，先加入乙酸酐再加入乙酸钠。

② 酰化物中和后的酸碱度将影响下一步缩合反应碱的用量及 pH 值，因此必须保证酰化物为中性，且不应混有水解物。酰化物应避光贮存。

7. 对硝基-α-乙酰氨基-β-羟基苯丙酮（简称缩合物）的制备（缩合）

（1）工艺原理

主反应：

$$O_2N-C_6H_4-\overset{\displaystyle O}{\overset{\|}{C}}-CH_2NHCOCH_3+HCHO\xrightarrow[36\sim44^\circ C,\ pH=7.5\sim8]{NaHCO_3}O_2N-C_6H_4-\overset{\displaystyle O}{\overset{\|}{C}}-\overset{\displaystyle CH_2OH}{\overset{|}{C}}HNHCOCH_3$$

乙酰化物　　　　缩合物

副反应：

$$O_2N-C_6H_4-\overset{\displaystyle O}{\overset{\|}{C}}-CH_2NHCOCH_3+2HCHO\longrightarrow O_2N-C_6H_4-\overset{\displaystyle O}{\overset{\|}{C}}-\underset{\underset{\displaystyle CH_2OH}{|}}{\overset{\displaystyle CH_2OH}{\overset{|}{C}}}NHCOCH_3$$

双缩合物

本反应是在碱性催化剂作用下，乙酰化物中的 α-氢以质子形式脱去，生成碳负离子，然后进攻甲醛分子中正电荷的碳原子发生羟醛缩合反应，生成对硝基-α-乙酰氨基-β-羟基苯丙酮。如果碱性太强，缩合物中另一个 α-氢也易脱去，生成碳负离子，与甲醛分子继续作用，生成双缩合物。在酸性和中性条件下可阻止这一副反应的进行。所以酸碱度是本反应的主要因素，反应必须保持在弱碱性条件下进行（pH＝7.5～8）。

本反应的溶剂是醇-水混合溶剂，醇浓度维持在60%～65%为好。在该反应中合成了氯霉素的第一个手性中心，在反应中没有加入任何控制因素，所以缩合产物是DL-外消旋混合物。

（2）工艺过程

配料比为酰化物∶甲醛∶甲醇＝1∶0.51∶1.25（质量比）。将对硝基-α-乙酰氨基苯乙酮（氯霉素中间体C4）加水调成糊状，测 pH 为 7。将甲醇加入反应罐内，升温至28～33℃，加入甲醛溶液，随后加入对硝基-α-乙酰氨基苯乙酮及碳酸氢钠，测 pH 应为 7.5。反应放热，温度逐渐升高。此时可不断地取反应液于玻璃片上，用显微镜观察，可以看到对硝基-α-乙酰氨基苯乙酮的针状结晶不断减少，而对硝基-α-乙酰氨基-β-羟基苯丙酮的长方柱状结晶不断增多。经数次观察，确认针状结晶全部消失，即为反应终点。

反应完毕，降温至0～5℃，离心过滤，滤液可回收甲醇，产物经洗涤，干燥至含水量0.2%以下，可送至下一步还原反应岗位。

（3）工艺流程图

对硝基-α-乙酰氨基-β-羟基苯丙酮的制备工艺流程见图 5-16。

以上由对硝基苯乙酮的溴化反应开始，到成盐、水解、乙酰化、缩合，这 5 步反应无需分离出中间体，可连续地“一勺烩”完成。5 步收率 84%～85.5%。

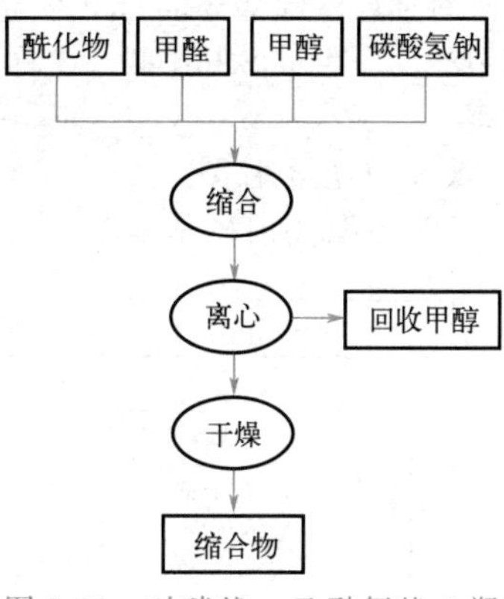

图 5-16　对硝基-α-乙酰氨基-β-羟基苯丙酮的制备工艺流程图

（4）反应条件及控制

① 酸碱度。酸碱度为本反应的主要影响因素。反应必须在弱碱性条件下进行，pH 以 7.5～8.0 为佳，pH 过低反应不易进行，pH 大于 8.0 时反应有可能与两分子甲醛形成双缩合物。

② 反应温度。温度过高则甲醛挥发，过低则甲醛聚合，因此控制温度要适当。

③ 甲醛用量。如甲醛过量太多，有利于双缩合物的形成；用量过少，可导致一分子甲醛与两分子乙酰化物缩合。为减少副反应发生，甲醛的用量以控制在过量 40%左右为宜。当甲醛含量在 36%以上时为无色透明液体；如发现混浊现象，表示有部分聚醛存在，必须将其回流解聚后，方能使用。

（5）操作注意事项

① 反应温度自然上升，终点温度不得低于 38℃。

② 测反应终点不到时应酌情补加甲醛。

8. DL-苏型-1-对硝基苯基-2-氨基-1，3-丙二醇（简称混旋氨基物）的制备（还原）

（1）工艺原理

$$O_2N-C_6H_4-\overset{O}{\overset{\|}{C}}-\underset{NHCOCH_3}{\underset{|}{CH}}-CH_2OH \xrightarrow[\text{② }HCl\cdot H_2O\ \text{③ }NaOH]{\text{① 异丙醇铝-异丙醇}} O_2N-C_6H_4-\overset{OH}{\overset{|}{CH}}-\underset{NH_2}{\underset{|}{CH}}CH_2OH$$

本反应采用的异丙醇铝-异丙醇还原法有较高的选择性，其反应产物是占优势的一对苏型立体异构体（用别的还原方法可能得到 4 种立体异构体），而且分子中的硝基不受影响。

（2）工艺过程

配料比为缩合物∶铝片∶异丙醇∶三氯化铝∶盐酸∶水∶10%NaOH＝1∶0.23∶3.62∶0.19∶4.76∶1.26∶适量（质量比）。

① 异丙醇铝-异丙醇的制备。将洁净干燥的铝片加入干燥的反应罐内，加入少许三氯化铝及无水异丙醇，升温使反应液回流。此时放出大量热和氢气，温度可达 110℃左右。当回流稍缓和后，在保持不断回流的情况下，缓缓加入其余的异丙醇。加毕回流至铝片全部溶解不再放出氢气为止。冷却后，将异丙醇铝-异丙醇溶液压至还原反应罐中。

② 还原反应。将异丙醇铝-异丙醇溶液冷至 35～37℃，加入无水三氯化铝，升温至 45℃左右反应 0.5 小时，使部分异丙醇转变为氯代异丙醇铝。然后加入“缩合物”于 60～62℃反应 4 小时。

③ 水解。还原反应完毕后，将反应液压至盛有水及少量盐酸的水解罐中，在搅拌下蒸出异丙醇。蒸完后，稍冷，加入上批的“亚胺物”及浓盐酸，升温至 76～80℃，反应 1 小时左右，同时减压回收异丙醇。然后，将反应物冷至 3℃，使“氨基物”盐酸盐结晶析出，过滤得“氨基物”盐酸盐。母液含有大量铝盐，可回收用于制备氢氧化铝。

④ 中和。将“氨基醇”盐酸盐加少量母液溶解，溶解液表面有红棕色油状物，分离除去后，加碱液中和至 pH7.0～7.8，使铝盐变成氢氧化铝析出。加入活性炭于 50℃脱色，过滤，滤液用

碱中和至 pH9.5～10.0，“混旋氨基物”析出。冷至近 0℃，过滤，产物（湿品）直接送至下步拆分。母液套用于溶解“氨基物”盐酸盐。

每批母液除部分供套用外还有剩余。向剩余的母液中加入苯甲醛，使母液中的“氨基物”与苯甲醛反应生成 Schiff 碱（或称“亚胺物”），过滤，在下批反应物加盐酸水解前并入，可提高收率。

（3）工艺流程图

DL-苏型-1-对硝基苯基-2-氨基-1,3-丙二醇的制备工艺流程见图 5-17。

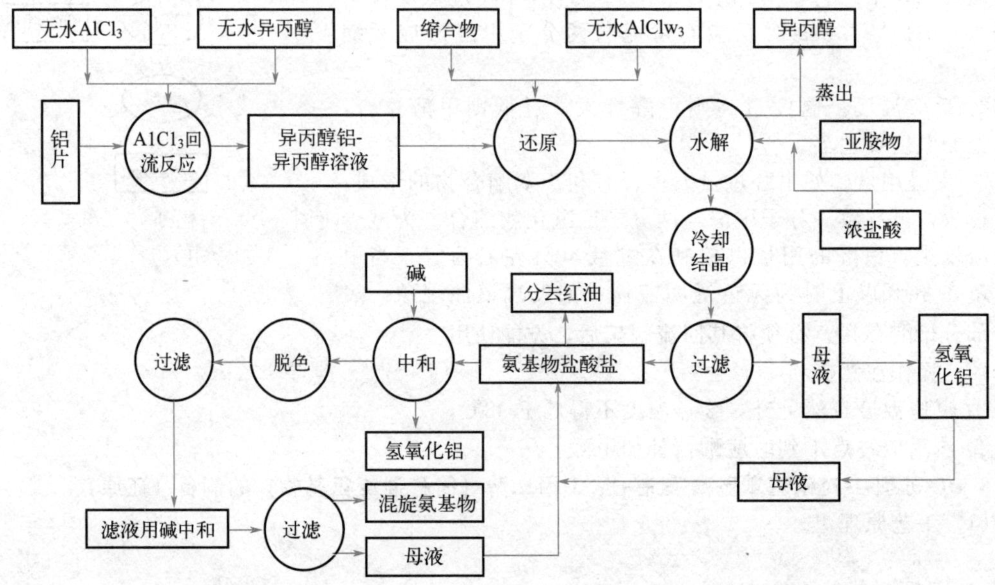

图 5-17　DL-苏型-1-对硝基苯基-2-氨基-1,3-丙二醇的制备工艺流程图

（4）反应条件及控制

① 水分。异丙醇铝的制备及还原反应必须在无水条件下进行，异丙醇铝的水分含量应在 0.2%以下。

② 异丙醇用量。该还原反应为可逆反应，为使反应向还原反应方向进行，异丙醇大大过量，同时在本反应中，异丙醇还起溶剂的作用。

（5）操作注意事项

① 异丙醇铝-异丙醇溶液不需要精制，但必须新鲜配制，否则影响收率。

② 三氯化铝吸水性极强，放热强烈，严禁一次倒入釜内，以免造成喷料伤人。

③ 在制备异丙醇铝和还原反应过程中，必须无水并严格控制温度。因为水能引起异丙醇铝水解，有碍还原反应进行；而温度过高使反应过分激烈，罐内产生大量氢气，易引起爆炸着火。

④ 异丙醇铝-异丙醇溶液静置前必须保持正常回流，温度不得低于 80℃，静置后抽料温度不得低于 70℃。

9. D-(－)-苏型-1-对硝基苯基-2-氨基-1,3-丙二醇的制备（拆分）

（1）工艺原理

$O_2N-C_6H_4-CH(OH)-CH(NH_2)CH_2OH$ —拆分→ 1*R*,2*R* + 1*S*,2*S*

混旋氨基物　　　　1*R*,2*R*　　　　1*S*,2*S*

DL-氨基物的拆分有两种方法，这两种方法在生产上都有应用。一种是利用形成非对映异构体的拆分法，即用一种旋光物质（如酒石酸）与 D-及 L-氨基物生成非对映体的盐，并利用它们在溶剂中溶解度的差异加以分离。然后分别脱去拆分剂，便可得到 D-异构体和 L-异构体。生产上常用酒石酸法。该方法的优点是拆分出来的旋光异构体光学纯度高，且操作方便，易于控制；缺点是生产成本较高。

另一种方法为诱导结晶拆分法。即在氨基物消旋体的饱和水溶液中加入其中任何一种较纯的单旋体结晶作为晶种，结晶成长并析出同种单旋体的结晶，迅速过滤；滤液再加入消旋体使成为适当过饱和溶液，冷却便析出另一种单旋体结晶。如此交叉循环拆分多次，达到分离目的。该法的优点是原材料消耗少，设备简单，拆分收率较高，成本低廉；缺点是拆分所得的单旋体的光学纯度较低，工艺条件控制较麻烦。

（2）工艺过程

配料比为混旋氨基物∶L-氨基物∶36%盐酸＝1∶0.14∶0.45（质量比）。在稀盐酸中加入一定比例的 DL-氨基物及 L-氨基物，升温至 60℃左右待全溶后，加活性炭脱色，过滤，滤液降温至 35℃析出 L-氨基物，滤出。母液经调整旋光含量后，加入一定量的盐酸和 DL-氨基物，同法操作，再进行拆分，可依次制得 D-氨基物和 L-氨基物。母液循环套用。粗制 D-氨基物经酸碱处理、脱色精制，于 pH9.5～10.0 析出精制品，甩滤、洗涤、干燥后储存。收率为 94.5%～95%。

（3）工艺流程图

D-(－)-苏型-1-对硝基苯基-2-氨基-1,3-丙二醇的制备工艺流程见图 5-18。

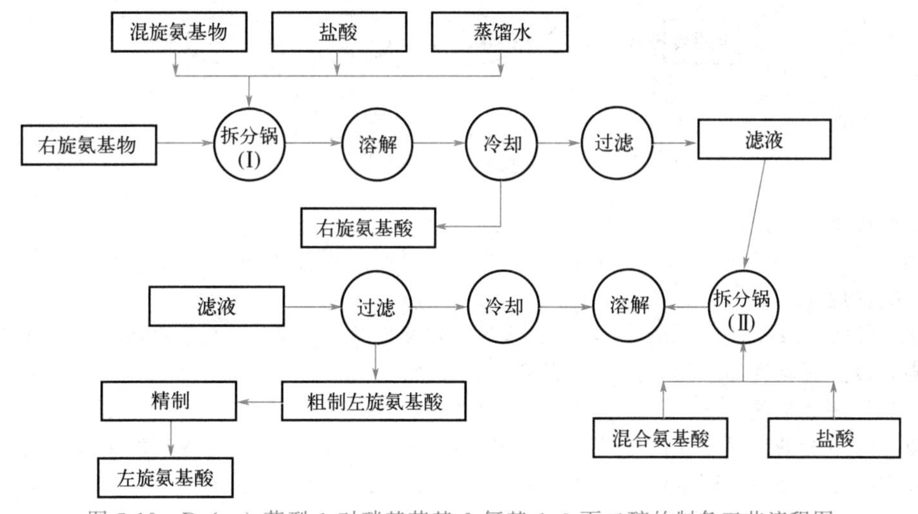

图 5-18　D-(－)-苏型-1-对硝基苯基-2-氨基-1,3-丙二醇的制备工艺流程图

（4）反应条件及控制

① 拆分母液配制对拆分的影响。拆分母液配制很关键，一定要选用含量高、结晶好、色泽好的氨基物盐酸盐或混旋氨基物、右旋氨基物。

② 连续拆分次数对拆分的影响。连续拆分 60～80 次脱色 1 次并调整配比，以保证拆分正常进行。

（5）操作注意事项

① 拆分时要控制好真空度、蒸气压，内温不得高于 68℃。

② 氨基物不稳定，遇空气易被氧化，不得混入金属杂质。

10. 氯霉素的制备

（1）工艺原理

本反应是左旋 D-氨基物经过二氯乙酰化后制得氯霉素。

$$\text{D-氨基物}(1R,2R) + Cl_2CHCOOCH_3 \longrightarrow \text{氯霉素} + CH_3OH$$

(2) 工艺过程

将甲醇置于干燥的反应罐内，加入二氯乙酸甲酯，在搅拌下加入 D-氨基物，于 60℃左右反应 1 小时。加入活性炭脱色，过滤。在搅拌下往滤液中加入蒸馏水，使氯霉素析出。冷至 15℃，过滤、洗涤、干燥，得氯霉素成品。

(3) 工艺流程图

氯霉素的制备工艺流程见图 5-19。

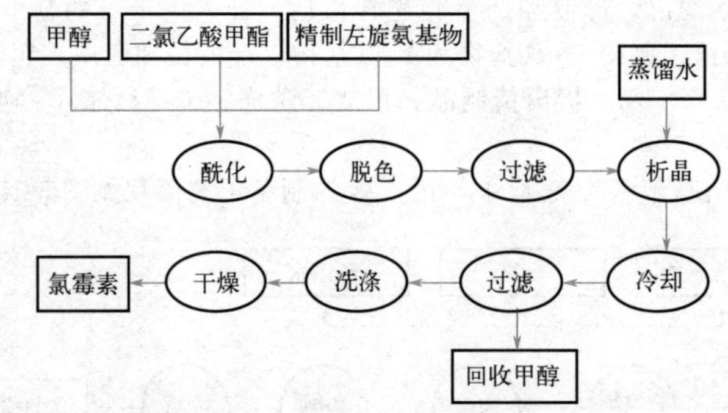

图 5-19 氯霉素的制备工艺流程图

(4) 反应条件及控制

① 水分。本反应应无水操作。有水存在时，二氯乙酸甲酯水解生成的二氯乙酸会与氨基物成盐，影响反应正常进行。

② 配料比。二氯乙酸甲酯的用量应比理论量稍多一些，以保证反应完全。溶剂甲醇的用量也应适当，过少影响产品质量，过多则影响产品收率。

(5) 操作注意事项

二氯乙酸甲酯的质量直接影响产品的质量。如有一氯乙酸甲酯或三氯乙酸甲酯存在，同样能与氨基物发生酰化反应，形成的副产物带入产品，导致熔点偏低。

(6) 氯霉素的收率计算

$$\text{溴-缩收率}(\%)=\frac{\text{缩合物得量}}{\text{对硝基苯乙酮投料量}\times 1.5273}\times 100\%$$

$$\text{还原收率}(\%)=\frac{\text{混旋氨基物得量}}{\text{缩合物投料量}\times 0.8413}\times 100\%$$

$$\text{拆分收率}(\%)=\frac{\text{左旋氨基物得量}}{\text{混氨投料量}\times 0.5000}\times 100\%$$

$$\text{成品收率}(\%)=\frac{\text{成品得量}}{\text{左旋氨基物投料量}\times 1.5228}\times 100\%$$

$$\text{氯霉素总收率}(\%)=\text{溴-缩收率}\times\text{还原收率}\times\text{拆分收率}\times\text{成品收率}$$

（六）质量检验

1. 氯霉素质量指标（见表 5-13）

表 5-13　氯霉素质量指标

项目		标准
性状	外观	本品为白色至微带黄绿色的针状、长片状结晶或结晶性粉末
	溶解度	本品在甲醇、乙醇、丙酮或丙二醇中易溶，在水中微溶
	熔点	149～153℃
	比旋度	＋18.5°至＋21.5°
鉴别	显色反应	应呈正反应
	高效液相色谱鉴别	供试品溶液主峰的保留时间应与对照品溶液主峰的保留时间一致
	红外光谱鉴别	本品的红外光吸收图谱应与对照的图谱一致
检查	结晶性	应符合规定
	酸碱度	pH 值应为 4.5～7.5
	有关物质	含氯霉素二醇物不得过 1.0％，含对硝基苯甲醛不得过 0.5％
	残留溶剂	乙醇的残留量不超过 0.5％，氯苯的残留量不超过 0.036％
	干燥失重	减失重量不得过 0.5％
	炽灼残渣	不得过 0.1％
含量测定		按干燥品计算，含氯霉素（$C_{11}H_{12}Cl_2N_2O_5$）应为 98.0％～102.0％

2. 氯霉素的质量检验

（1）性状

① 本品为白色至微带黄绿色的针状、长片状结晶或结晶性粉末。本品在甲醇、乙醇、丙酮或丙二醇中易溶，在水中微溶。

② 熔点。本品的熔点（通则 0612）为 149～153℃。

③ 比旋度。取本品，精密称定，加无水乙醇溶解并定量稀释制成每 1ml 中约含 50mg 的溶液，依法测定（通则 0621），比旋度为＋18.5°至＋21.5°。

（2）鉴别

① 取本品 10mg，加稀乙醇 1ml 溶解后，加 1％氯化钙溶液 3ml 与锌粉 50mg，置水浴上加热 10 分钟，倾取上清液，加苯甲酰氯约 0.1ml，立即强力振摇 1 分钟，加三氯化铁试液 0.5ml 与三氯甲烷 2ml，振摇，水层显紫红色。如按同一方法，但不加锌粉试验，应不显色。

② 在含量测定项下记录的色谱图中，供试品溶液主峰的保留时间应与对照品溶液主峰的保留时间一致。

③ 本品的红外光吸收图谱应与对照的图谱（光谱集 507 图）一致。

（3）检查

① 结晶性。取本品少许，依法检查（通则 0981），应符合规定。

② 酸碱度。取本品，加水制成每 1ml 中含 25mg 的混悬液，依法测定（通则 0631），pH 值应为 4.5～7.5。

③ 有关物质。照高效液相色谱法（通则 0512）测定。

供试品溶液　取本品适量，精密称定，加甲醇适量（每 10mg 氯霉素加甲醇 1ml）使溶解后，用流动相定量稀释制成每 1ml 中含 0.5mg 的溶液。

杂质对照品溶液　取氯霉素二醇物对照品与对硝基苯甲醛对照品适量，精密称定，加甲醇适量（每 10mg 氯霉素二醇物加甲醇 1ml）使溶解，用流动相定量稀释制成每 1ml 中含氯霉素二醇物 5μg 与对硝基苯甲醛 3μg 的混合溶液。

系统适用性溶液　取氯霉素对照品、氯霉素二醇物对照品与对硝基苯甲醛对照品各适量，加甲醇适量（每 10mg 氯霉素加甲醇 1ml）使溶解，用流动相稀释制成每 1ml 中各含 50μg 的溶液。

色谱条件　用十八烷基硅烷键合硅胶为填充剂；以 0.01mol/L 庚烷磺酸钠缓冲溶液（取磷酸二氢钾 6.8g，用 0.01mol/L 庚烷磺酸钠溶液溶解并稀释至 1000ml，再加三乙胺 5ml，混匀，用磷酸调节 pH 值至 2.5）-甲醇（68：32）为流动相；检测波长为 277nm；进样体积为 10μl。

系统适用性要求　系统适用性溶液色谱图中，各相邻峰之间的分离度均应符合要求。

测定法　精密量取供试品溶液与杂质对照品溶液，分别注入液相色谱仪，记录色谱图。

限度　按外标法以峰面积计算，含氯霉素二醇物不得过 1.0%，含对硝基苯甲醛不得过 0.5%。

④ 残留溶剂。照残留溶剂测定法（通则 0861 第二法）测定。

供试品贮备液　取本品约 0.5g，精密称定，置 10ml 量瓶中，加二甲基亚砜溶解并稀释至刻度，摇匀。

供试品溶液　精密量取供试品贮备液 2ml 置顶空瓶中，再精密加二甲基亚砜 1ml，摇匀，密封。

对照品贮备液　取氯苯约 36mg、乙醇约 500mg，精密称定，置 100ml 量瓶中，加二甲基亚砜稀释至刻度，摇匀。

对照品溶液　精密量取对照品贮备液 1ml 置顶空瓶中，精密加供试品贮备液 2ml，摇匀，密封。

系统适用性溶液　精密量取对照品贮备液 1ml 置顶空瓶中，再精密加二甲基亚砜 2ml，摇匀，密封。

色谱条件　以 6%氰丙基苯基－94%二甲基聚硅氧烷（或极性相近）为固定液的毛细管柱为色谱柱，起始温度为 40℃，维持 10 分钟，再以每分钟 10℃的速率升至 200℃，维持 4 分钟；进样口温度为 250℃；检测器温度为 300℃；顶空瓶平衡温度为 85℃，平衡时间为 45 分钟。

系统适用性要求　系统适用性溶液色谱图中，洗脱顺序依次为：乙醇、氯苯，各色谱峰之间的分离度应符合要求；对照品溶液色谱图中，计算数次连续进样结果，相对标准偏差不得过 5.0%。

测定法　取供试品溶液与对照品溶液分别顶空进样，记录色谱图。

限度　按标准加入法以峰面积计算，乙醇与氯苯的残留量均应符合规定。

⑤ 干燥失重。取本品，在 105℃干燥至恒重，减失重量不得过 0.5%（通则 0831）。

⑥ 炽灼残渣。不得过 0.1%（通则 0841）。

（4）含量测定

照高效液相色谱法（通则 0512）测定。

供试品溶液　取本品适量，精密称定，加甲醇适量（每 10mg 氯霉素加甲醇 1ml）使溶解，用流动相定量稀释制成每 1ml 中约含 0.1mg 的溶液，摇匀。

对照品溶液　取氯霉素对照品适量，精密称定，加甲醇适量（每 10mg 氯霉素加甲醇 1ml）使溶解，用流动相定量稀释制成每 1ml 中约含 0.1mg 的溶液，摇匀。

系统适用性溶液、色谱条件与系统适用性要求　见有关物质项下。

测定法　精密量取供试品溶液与对照品溶液，分别注入液相色谱仪，记录色谱图。按外标法以峰面积计算。按干燥品计算，含氯霉素（$C_{11}H_{12}Cl_2N_2O_5$）应为 98.0%～102.0%。

（七）综合利用与“三废”处理

用对硝基苯乙酮法以乙苯为原料生产氯霉素，虽然具有原料便宜易得、各步反应收率较高且操作较简便等优点，但合成步骤长，所需原料多，在生产过程中产生较多的副产物和“三废”，需对它们分别进行综合利用和“三废”治理。下面作一些简要介绍。

1. 邻硝基乙苯的利用

邻硝基乙苯是以乙苯为原料制备氯霉素的第一步反应副产物，其生成量与该步目标产物对硝基乙苯几乎相等。因此，邻硝基乙苯作为副产物产量很大，需对其进行综合有效利用。

作为起始原料，邻硝基乙苯可用于制备除草剂杀草安，具体反应路线如下：

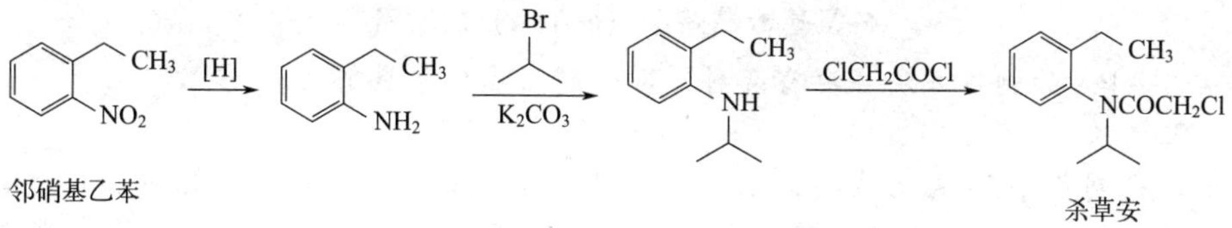

邻硝基乙苯 →[H]→ … →(Br / K_2CO_3)→ … →($ClCH_2COCl$)→ 杀草安

此外，国外还报道了将邻硝基乙苯转变为对硝基乙苯的方法，从而用于氯霉素的生产过程中。

2. L-(＋)-对硝基苯基-2-氨基-1,3-丙二醇（L-氨基物）的利用

“混旋氨基物”经拆分后，D-氨基物用于氯霉素的制备，而L-氨基物成为副产物，产出量也很大，同样需要进行有效利用。可将此副产物氧化制成对硝基苯甲酸；还可将其经酰化、氧化、水解处理，再进行消旋化得“缩合物”，从而进行回收套用，用于氯霉素的生产过程中。

3. 废水的处理和氯苯的回收

氯霉素的生产会产生各种大量的工业废水，其中含有多种中间体及各种杂质，成分复杂，直接排放会对环境造成严重污染。试验发现，这些废水可经生物氧化法处理后，结合物理化学法，采用新型吸附材料进行处理，使处理后的废水达到排放标准。

此外，部分反应溶剂可回收套用，如溴化工序及后续制备对硝基-*α*-氨基苯乙酮盐酸盐中使用的氯苯经回收处理后纯度可达98％以上。

三、阿莫西林的生产技术

（一）简介

1. 阿莫西林的基本性质

阿莫西林又名羟氨苄青霉素，其化学名为（2*S*,5*R*,6*R*)-3,3-二甲基-6-[(*R*)-(－)-2-氨基-2-(4-羟基苯基）乙酰氨基]-7-氧代-4-硫杂-1-氮杂双环［3.2.0］庚烷-2-甲酸三水合物，分子式为$C_{16}H_{19}N_3O_5S \cdot 3H_2O$，分子量为419.46，结构式如图5-20所示，分子中有4个手性碳原子、1个羟基、1个氨基和1个6-氨基青霉烷酸（6-APA），6-APA结构式如图5-21所示。

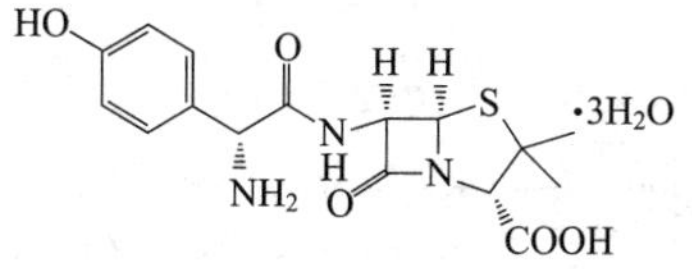

图5-20　阿莫西林结构式

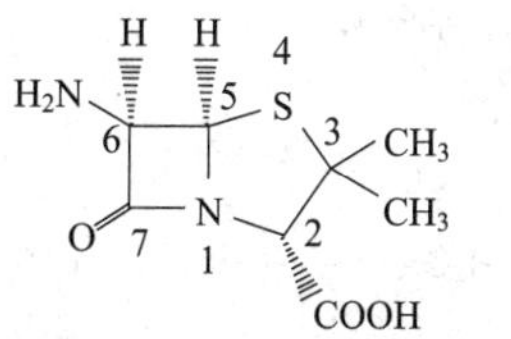

图5-21　6-氨基青霉烷酸（6-APA）结构式

阿莫西林为白色或类白色结晶性粉末；味微苦。在水与甲醇中微溶，在乙醇中几乎不溶。结构中既有酸性基团羧基和酚羟基，又有碱性基团氨基，故显酸碱两性，水溶液在pH＝6时比较稳定。因分子含*β*-内酰胺环使得结构不稳定，遇强酸、强碱、加热或重金属的条件都会导致环的破裂而丧失活性。

2. 阿莫西林的作用机制和临床应用

阿莫西林是*β*-内酰胺类抗生素，为应用广泛的耐酸广谱青霉素类药物，抗菌谱广、杀菌力强、作用迅速，是目前应用较为广泛的口服半合成青霉素之一。其作用机制为通过抑制细胞壁的合成而起到抑菌作用，可使细菌迅速成为球状体而溶解、破裂。临床上主要用于泌尿系统、呼吸系统、伤寒、副伤寒和败血症等的感染。其制剂有胶囊、片剂、颗粒剂、分散片等，现常与克拉维酸合用制成分散片。

知识拓展

6-氨基青霉烷酸（6-APA）的制备

目前 6-APA 的制备方法主要有两种，即酶解法和化学裂解法。

（1）酶解法

酶解法是制备 6-APA 的主要方法。其过程是将大肠杆菌进行深层通气搅拌、二级培养，所得菌体中含有青霉素酰胺酶。在适当的条件下，青霉素酰胺酶能裂解青霉素 G 分子中的侧链而获得 6-APA 和苯乙酸。再将水解液加明矾和乙醇除去蛋白质，用醋酸丁酯分离出苯乙酸，然后用盐酸调节 pH 为 3.7～4.0，即析出 6-APA。反应式为：

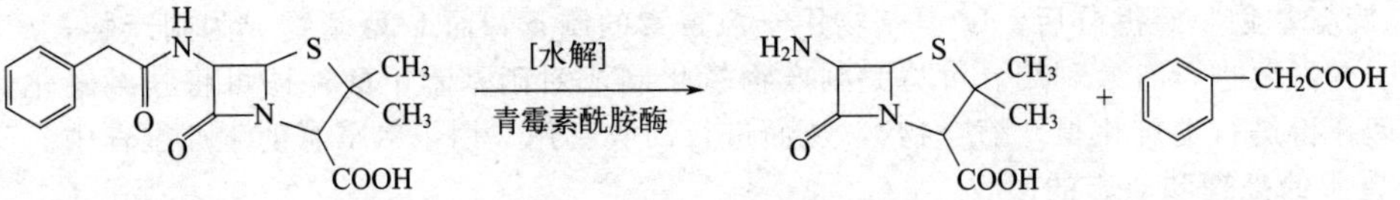

青霉素G —[水解] 青霉素酰胺酶→ 6-APA + 苯乙酸（$C_6H_5CH_2COOH$）

按青霉素计算，6-APA 产率一般为 85%～90%。

（2）化学裂解法

化学裂解法制备 6-APA 的收率可达 72%（以青霉素 G 钾盐计），反应分四步进行，分别为缩合、氯化、醚化和水解。其工艺路线是先将青霉素的羧基转变为磷酸酐保护起来，再使侧链上的仲酰胺活化为双氯代亚胺，随后与醇反应形成极易水解的双亚胺醚，最后在极温和的条件下，选择性地水解断链成 6-APA。青霉素母核中的 β-内酰胺为叔胺，在上述反应中可不受攻击，仍保持完整。其合成路线为：

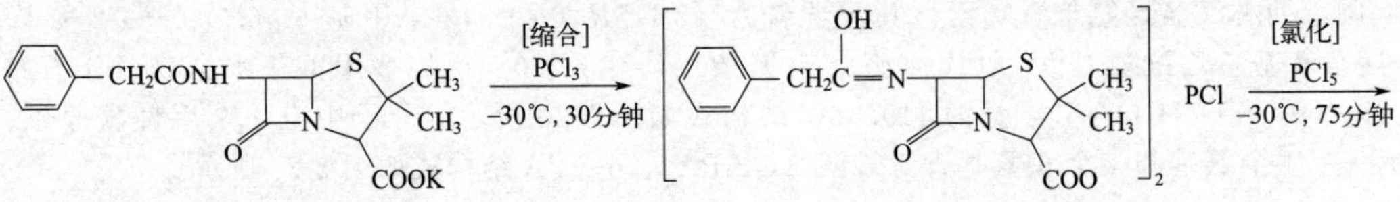

青霉素G钾盐 —[缩合] PCl_3，-30℃，30分钟→ 双青霉素氯化亚磷酸酐 —[氯化] PCl_5，-30℃，75分钟→ 双氯代亚胺 —[醚化] 正丁醇，-45℃，70分钟→ 双亚胺醚 —[水解、中和] 水，氨水→ 6-APA

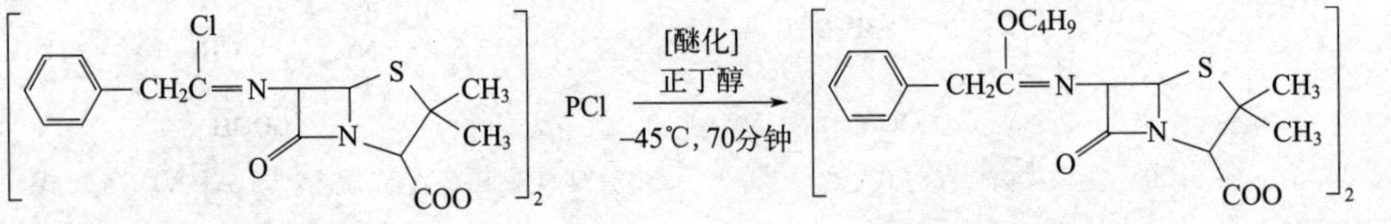

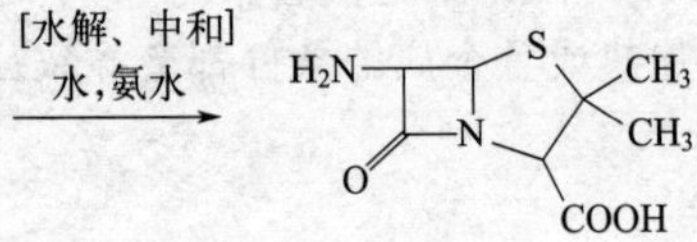

（二）合成路线及其选择

阿莫西林的合成方法主要有两种：一种为化学合成法；另一种为以酶为催化剂的酶促合成法。

1. 化学合成法

传统的合成方法是以 6-APA 为原料经化学合成而得到，是在 6-APA 的 6 位上引入侧链。在二氯甲烷溶剂中，羟基邓盐与特戊酰氯在催化剂的作用下生成混合酸酐，6-APA 则与三乙胺反应，制成胺盐溶液，然后用 6-APA 胺盐溶液与混合酸酐反应，缩合、水解、结晶、干燥得阿莫西林。其合成路线如下：

羟基邓盐　特戊酰氯　混合酸酐

6-APA　三乙胺 $(CH_3CH_2)_3N$　胺盐

① HCl, H_2O　② NaOH

阿莫西林 $\cdot 3H_2O$

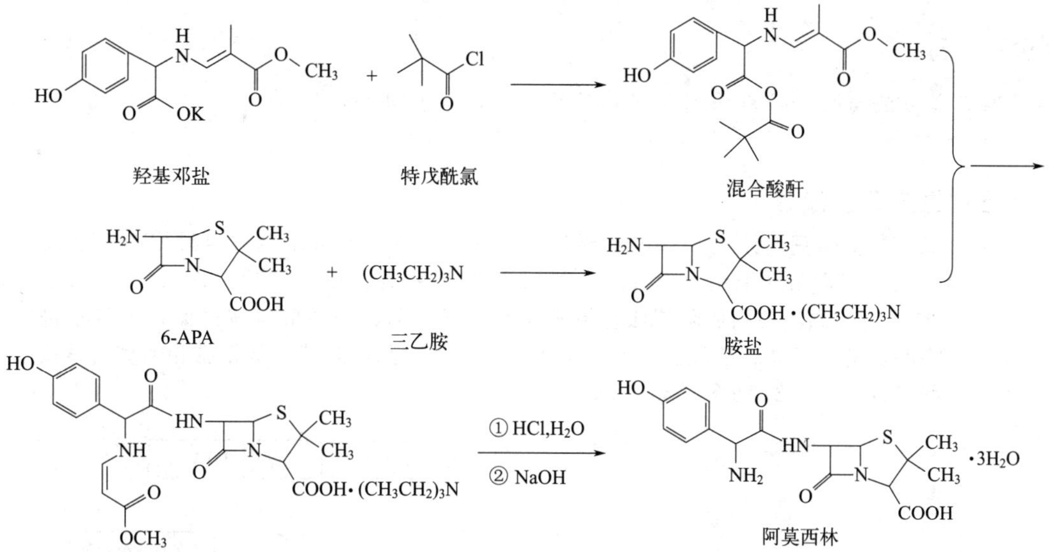

化学合成法的特点是工艺路线成熟、生产周期长、收率低、成本高；合成中用到大量特戊酰氯、吡啶、三乙胺和二氯甲烷等毒性较大的物质，不仅对操作工人毒害大，对环境也造成较大污染。因此急需寻找对环境污染小的方法。

思政小课堂

绿水青山就是金山银山——绿色化学生产

绿色化学生产是用化学原理和工程技术来减少或消除造成环境污染的有害原辅材料、催化剂、溶剂、副产物；设计并采用更有效、更安全、对环境无害的生产工艺和技术。其主要研究内容为原料的绿色化、化学反应的绿色化、催化剂或溶剂的绿色化、研究新合成方法和新工艺路线。践行绿色化学的发展观，创造绿色生产工艺，减少污染，保护生态环境，实现化学工业的可持续发展。

2. 酶促合成法

酶促合成法是以 6-APA 为原料，与侧链对羟基苯甘氨酸甲酯（HPGM）混合后，加青霉素酰化酶催化，得到阿莫西林，其合成路线如下：

6-APA　对羟基苯甘氨酸甲酯　—青霉素酰化酶→　阿莫西林 $\cdot 3H_2O$

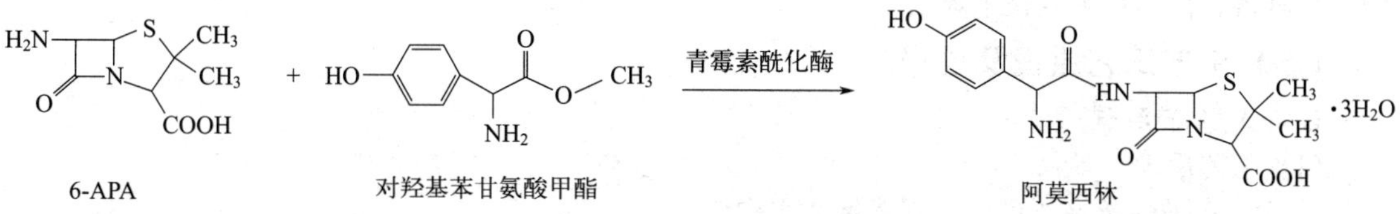

与化学合成法相比，酶促合成法制备阿莫西林在产品质量、环保、安全、成本等方面都取得了很大的进步与突破。酶促合成法只需一步反应即可得到阿莫西林，缩短了反应步骤，所含杂质少、产品纯度更高，产品的嗅觉和味觉均优于化学法。在环保方面，由于其生产采用水相一步合成法，主要原材料是酸、碱和酶制剂，不使用其他化工原料和溶剂，减少了有机物对环境的破坏和污染，对环境几乎没有污染。在安全方面，酶法阿莫西林为水相生产，pH值近中性，无毒无味，对人员健康无害，且不存在易燃易爆等安全隐患，安全投资小。在成本方面，酶促合成法制备阿莫西林为常温生产（化学法生产的温度为60℃），生产成本远低于化学法，但缺点是所使用的青霉素酰化酶价格较昂贵。

课堂互动

酶促合成法与化学合成法制备阿莫西林相比，具有哪些优缺点？

（三）生产工艺流程

酶促合成法制备阿莫西林生产过程主要为：将水、侧链（对羟基苯甘氨酸甲酯）和6-APA加入反应罐，在青霉素酰化酶的作用下，反应生成阿莫西林。反应过程中，以氨水/盐酸控制pH。反应完毕，将分离出的固体阿莫西林粗品及反应液混匀、加盐酸溶解过滤，加氨水进行等电点结晶。将湿晶进行过滤、洗涤、干燥、检验、包装得成品。阿莫西林粗品和阿莫西林成品的生产工艺流程分别如图5-22和图5-23所示。

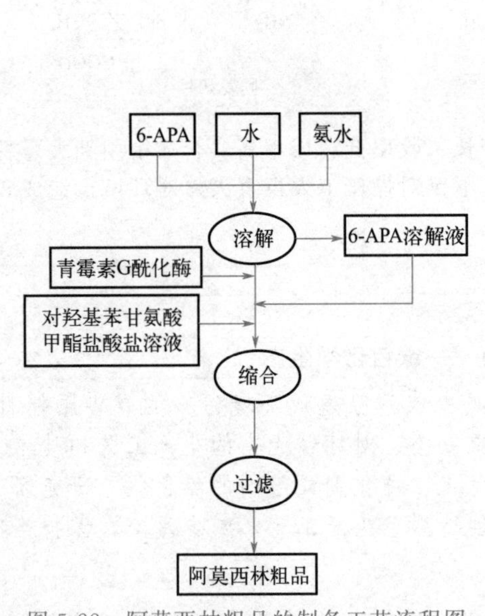

图5-22 阿莫西林粗品的制备工艺流程图

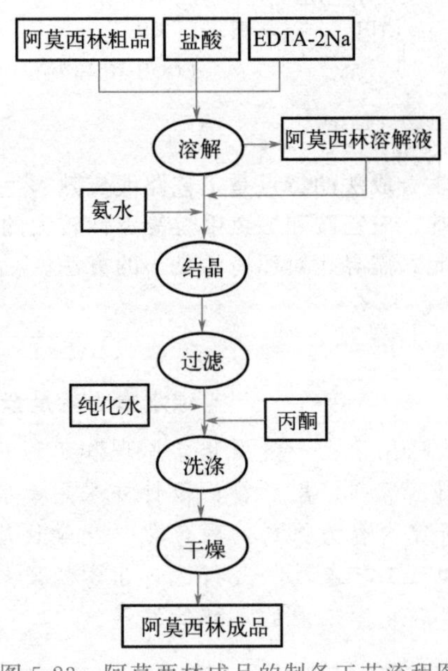

图5-23 阿莫西林成品的制备工艺流程图

（四）主要生产设备

酶促合成法生产阿莫西林的主要设备有溶解罐、缩合罐、酸贮罐、碱贮罐、抽滤器、结晶罐、冷凝器、离心机和双锥干燥机等。

（五）生产工艺原理及过程

1. 6-APA的溶解

（1）工艺原理

6-APA在碱性条件下可以全部溶解在水中。

（2）工艺过程

在不锈钢溶解罐中加入工艺用饮用水 2200L，加入 300kg 6-APA。开启搅拌，于 12～22℃下，加入 3mol/L 氨水至 pH 为 7～8 并保持，至 6-APA 全部溶解至澄清，停止搅拌，关闭所有阀门，将 6-APA 溶解液交缩合工序，最后加 200～300L 工艺用饮用水冲洗溶解罐，并将洗罐水交缩合工序。

（3）工艺流程图

6-APA 的溶解工艺流程见图 5-24。

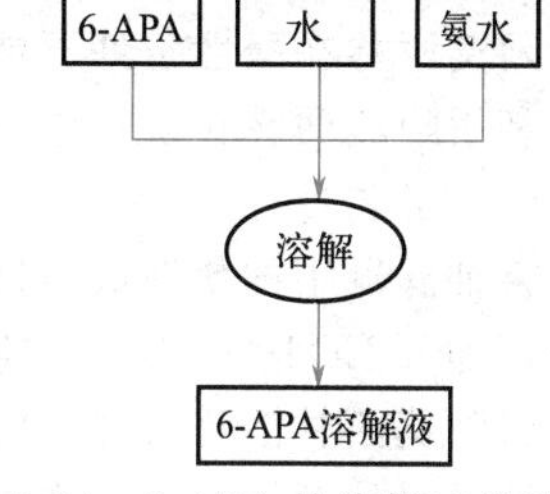

图 5-24　6-APA 的溶解工艺流程图

（4）反应条件及控制

① 温度。6-APA 溶解过程中温度应控制在 12～22℃之间。

② pH。加入 3mol/L 氨水调节 pH 为 7～8 之间有利于 6-APA 的溶解。

（5）操作注意事项

物料投料量在±10%波动范围内不视为偏差。

2. 阿莫西林粗品的制备（缩合）

（1）工艺原理

在青霉素 G 酰化酶的作用下，6-APA 和对羟基苯甘氨酸甲酯盐酸盐在酸性条件下，在水中合成阿莫西林。

6-APA + 对羟基苯甘氨酸甲酯 $\xrightarrow{\text{青霉素酰化酶}}$ 阿莫西林 $\cdot 3H_2O$

（2）工艺过程

将用无盐水清洗的青霉素 G 酰化酶、6-APA 和对羟基苯甘氨酸甲酯盐酸盐的溶解液（1000L 约含对羟基苯甘氨酸甲酯盐酸盐 450kg）打入缩合罐，加入 3mol/L 氨水，控制反应液 pH 为 5.8～6.5，于 15～25℃下反应 2～8 小时，并随时取样用 HPLC 检测 6-APA 的残留量，当 6-APA 残留量≤5mg/ml 即为反应结束。然后将阿莫西林缩合液放入抽滤器中，水洗，过滤得阿莫西林粗品。

（3）工艺流程图

阿莫西林粗品的制备工艺流程见图 5-25。

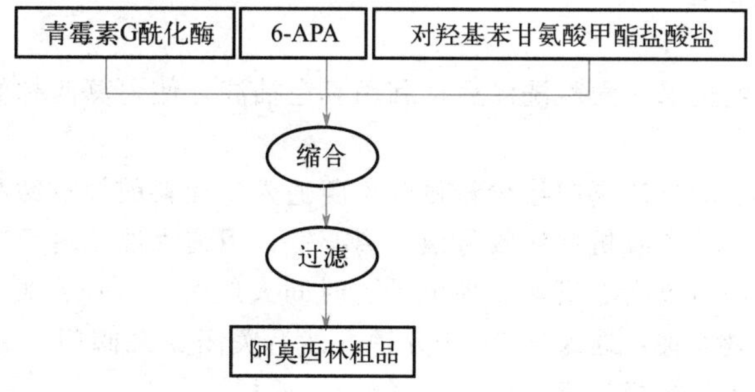

图 5-25　阿莫西林粗品的制备工艺流程图

（4）反应条件及控制

① 温度。6-APA 和对羟基苯甘氨酸甲酯盐酸盐缩合反应的温度应控制在 15～25℃。

② pH。通过 3mol/L 氨水控制反应的 pH 为 5.8～6.5，有利于阿莫西林的合成。

③ 反应终点控制。缩合反应终点应取样控制 6-APA 残留量≤5mg/ml。

（5）操作注意事项

① 缩合反应和待料过程中应注意青霉素G酰化酶的保存。青霉素G酰化酶在生产过程中可重复使用，为了保证阿莫西林的质量和收率，每批反应时间超过8小时时更换新酶。

② 阿莫西林的合成液为白色或类白色混悬液。

3. 阿莫西林晶体的制备

（1）工艺原理

阿莫西林在酸性条件下能够完全溶解在水相中，在等电点时，阿莫西林在水中的溶解度最小，利用阿莫西林在水相中等电点结晶的方法从水中析出晶体。

（2）工艺过程

将抽滤器中的料液放入搪瓷溶解罐中，于16～22℃下加盐酸（1∶1）调节pH为0.8～1.5。调毕，加入EDTA-2Na 3～4kg，保持pH为0.8～1.5，搅拌反应5～10分钟至阿莫西林完全溶解。将阿莫西林溶解液和水洗溶解罐的水洗液一并交结晶岗位。

结晶时打开搅拌，缓慢加入6mol/L氨水调反应液pH为5.0～6.2。同时给结晶液降温至1～3℃。然后停止搅拌，保温养晶1～1.5小时。将结晶交过滤洗涤岗位，最后加200L纯化水冲洗结晶罐，将水洗液一并交过滤洗涤岗位。

（3）工艺流程图

阿莫西林晶体的制备工艺流程见图5-26。

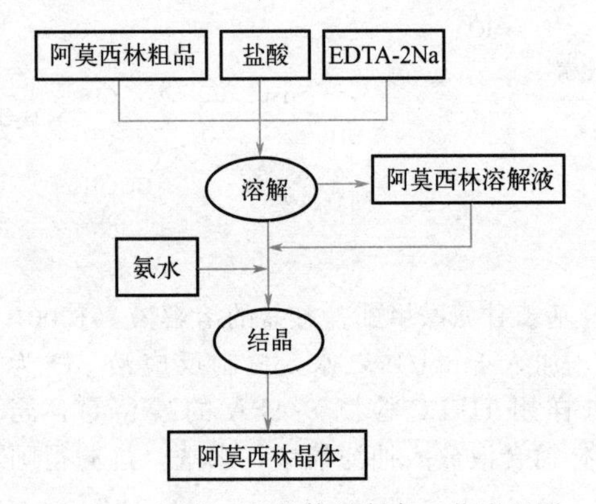

图5-26 阿莫西林晶体的制备工艺流程图

（4）反应条件及控制

① 温度。阿莫西林粗品在酸性条件下溶解的温度应控制在16～22℃。

② pH。水相中的pH应为0.8～1.5，有利于阿莫西林粗品的溶解。

③ 养晶温度。利用等电点原理，在等电点时，阿莫西林在水中的溶解度最小，阿司匹林在养晶过程中的温度应控制在1～3℃。

④ 养晶时间。为了得到阿莫西林结晶性粉末，保温养晶时间需控制在1～1.5小时。

（5）操作注意事项

阿莫西林溶解液应为澄清液体，按要求检查洁净区温湿度、压差以及冷盐水压力、温度及流量是否符合生产要求。

4. 阿莫西林成品的制备

（1）工艺原理

阿莫西林经过滤，纯化水、丙酮洗涤后，利用真空抽滤，使阿莫西林的水分合格。

（2）工艺过程

打开通往离心机轴心的氮气阀门让少量氮气不断通入，加料前核对结晶罐和体积，将料液分别均匀加入离心机中。启动离心机并接收母液，离心完，用纯水洗滤饼两次，然后再用丙酮连续洗涤两次。洗涤结束后，调节离心机速度为甩干、时间大约20～30分钟。甩干结束后减速到卸料速度，同时完全打开氮气阀，通氮气3～6分钟，然后关闭氮气阀门，卸料，取样检验阿莫西林湿粉外观、水分，并将湿粉交干燥岗位。

将阿莫西林湿粉加入双锥干燥机中，开启双锥转动按钮，打开双锥真空阀，不通热水的情况下，转动0.5～1小时，然后通热水，继续转动，在热水温度保持50～65℃下真空干燥，取样检验直到水分控制在12%～14%后出料，得到阿莫西林干品。

（3）工艺流程图

阿莫西林成品的制备工艺流程见图5-27。

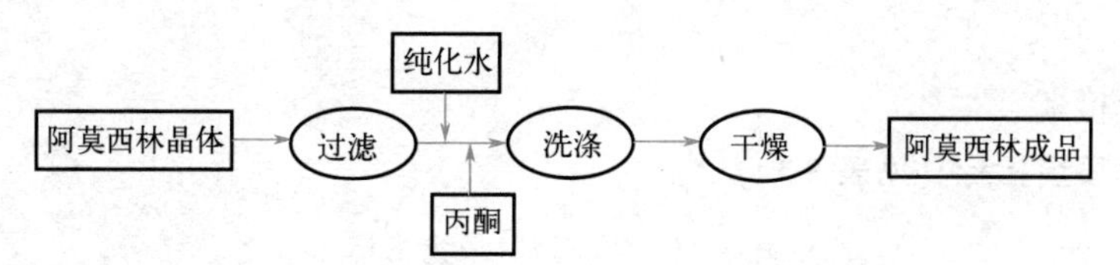

图 5-27　阿莫西林成品的制备工艺流程图

(4) 反应条件及控制

① 甩干时间。甩干时间太快或太慢不利于控制阿莫西林外观和水分，应通过调节离心机速度使甩干过程控制在 20～30 分钟。

② 干燥时间。通过取样检测阿莫西林含水量是否在 12%～14%来控制干燥时间。

(5) 操作注意事项

① 阿莫西林经过滤，纯化水、丙酮洗涤后，有利于提纯和干燥。

② 干燥过程中若热水温度达不到要求，应立即检查热水罐温度是否偏低。

知识拓展

半合成青霉素的制备方法

用 6-APA 与侧链缩合制备半合成青霉素的方法是 6-APA 分子中的氨基与不同前体酸（侧链）发生酰化反应。其常用的缩合方法有 3 种，即化学法（酰氯法和酸酐法）、酶催化法和酰基交换法。目前工业生产上还是以化学法为主。

(1) 化学法

① 酰氯法。此法是首先将相应的前体酸转变为酰氯，然后与 6-APA 进行缩合。反应式如下：

$$RCOCl\ (酰氯) + 6\text{-}APA \xrightarrow[\text{pH } 6.5\sim7.0,\ 25\sim27^{\circ}C]{[缩合]} 半合成青霉素 + HCl$$

② 酸酐法。此法是首先将各种前体酸变成酸酐或混合酸酐，再与 6-APA 进行缩合。反应和成盐条件与酰氯法相似，其反应式如下：

$$RCO\text{-}O\text{-}COR'\ (酸酐) + 6\text{-}APA \longrightarrow 半合成青霉素 + RCOOH$$

(2) 酶催化法

酶催化法是利用青霉素酰胺酶裂解青霉素成 6-APA 的可逆反应（参考 6-APA 的制备）。提纯较复杂，收率也较低。

(3) 酰基交换法

酰基交换法主要是将青霉素酯化为易拆除的酯，以保护羧基，经氯化、醚化生成双亚胺醚衍生物，加入各种前体酸的酰氯进行交换，最后水解除去保护性酯基，即得相应的新青霉素，与化学裂解法制备 6-APA 类似。

（六）质量检验

1. 阿莫西林质量指标（见表 5-14）

表 5-14 阿莫西林质量指标

项目		标准
性状	外观	本品为白色或类白色结晶性粉末
	溶解度	本品在水中微溶，在乙醇中几乎不溶
	比旋度	+290°至+315°
鉴别	薄层色谱	供试品溶液所显主斑点的位置和颜色应与对照品溶液主斑点的位置和颜色相同
	高效液相色谱	供试品溶液主峰的保留时间应与对照品溶液主峰的保留时间一致
	红外光谱	本品的红外光吸收图谱应与对照的图谱一致
检查	酸度	pH 值应为 3.5～5.5
	溶液的澄清度	应澄清，如显浑浊，不得过 2 号浊度标准液
	有关物质	单个杂质不得过 1.0%，杂质总量不得过 3.0%
	阿莫西林聚合物	不得过 0.15%
	残留溶剂（二氯甲烷、丙酮）	二氯甲烷的残留量不得过 0.12%，丙酮的残留量不得过 0.5%
	水分	含水分应为 12.0%～15.0%
	炽灼残渣	不得过 1.0%
含量测定		按无水物计算，含阿莫西林（按 $C_{16}H_{19}N_3O_5S$ 计）不得少于 95.0%

2. 阿莫西林的质量检验

（1）性状

① 本品为白色或类白色结晶性粉末。本品在水中微溶，在乙醇中几乎不溶。

② 比旋度。取本品，精密称定，加水溶解并定量稀释制成每 1ml 中约含 2mg 的溶液，依法测定（通则 0621），比旋度为+290°至+315°。

（2）鉴别

① 照薄层色谱法（通则 0502）试验。

供试品溶液　取本品约 0.125g，加 4.6%碳酸氢钠溶液溶解并稀释制成每 1ml 中约含 10mg 的溶液。

对照品溶液　取阿莫西林对照品约 0.125g，加 4.6%碳酸氢钠溶液溶解并稀释制成每 1ml 中约含 10mg 的溶液。

系统适用性溶液　取阿莫西林对照品和头孢唑林对照品各适量，加 4.6%碳酸氢钠溶液溶解并稀释制成每 1ml 中分别约含 10mg 和 5mg 的溶液。

色谱条件　采用硅胶 GF_{254} 薄层板，以乙酸乙酯-丙酮-冰醋酸-水（5∶2∶2∶1）为展开剂。

测定法　吸取上述三种溶液各 2μl，分别点于同一薄层板上，展开，晾干，置紫外光灯（254nm）下检视。

系统适用性要求　系统适用性溶液应显两个清晰分离的斑点。

结果判定　供试品溶液所显主斑点的位置和颜色应与对照品溶液主斑点的位置和颜色相同。

② 在含量测定项下记录的色谱图中，供试品溶液主峰的保留时间应与对照品溶液主峰的保留时间一致。

③ 本品的红外光吸收图谱应与对照的图谱（光谱集 441 图）一致。

以上①②两项可选做一项。

（3）检查

① 酸度。取本品，加水制成每 1ml 中含 2mg 的溶液，依法测定（通则 0631），pH 值应为 3.5～5.5。

② 溶液的澄清度。取本品 5 份，各 1.0g，分别加 0.5mol/L 盐酸溶液 10ml，溶解后立即观察。另取本品 5 份，各 1.0g，分别加 2mol/L 氨溶液 10ml 溶解后立即观察，溶液均应澄清。如显浑浊，与 2 号浊度标准液（通则 0902 第一法）比较，均不得更浓。

③ 有关物质。照高效液相色谱法（通则 0512）测定。临用新制。

供试品溶液　取本品适量，精密称定，加流动相 A 溶解并定量稀释制成每 1ml 中约含阿莫西林（按 $C_{16}H_{19}N_3O_5S$ 计）2.0mg 的溶液。

对照品溶液　取阿莫西林对照品适量，精密称定，加流动相 A 溶解并定量稀释制成每 1ml 中约含阿莫西林（按 $C_{16}H_{19}N_3O_5S$ 计）20μg 的溶液。

系统适用性溶液　取阿莫西林系统适用性对照品适量，加流动相 A 溶解并稀释制成每 1ml 中约含 2.0mg 的溶液。

色谱条件　用十八烷基硅烷键合硅胶为填充剂；以 0.05mol/L 磷酸盐缓冲液（取 0.05mol/L 磷酸二氢钾溶液，用 2mol/L 氢氧化钾溶液调节 pH 值至 5.0）-乙腈（99∶1）为流动相 A，以 0.05mol/L 磷酸盐缓冲液（pH5.0）-乙腈（80∶20）为流动相 B；先以流动相 A-流动相 B（92∶8）等度洗脱，待阿莫西林峰洗脱完毕后立即按下表线性梯度洗脱；检测波长为 254nm；进样体积 20μl。

时间/分钟	流动相 A/%	流动相 B/%
0	92	8
25	0	100
40	0	100
41	92	8
55	92	8

系统适用性要求　系统适用性溶液色谱图应与标准图谱一致。

测定法　精密量取供试品溶液与对照品溶液，分别注入液相色谱仪，记录色谱图。

限度　供试品溶液色谱图中如有杂质峰，按主成分外标法以峰面积计算，单个杂质不得过 1.0%，杂质总量不得过 3.0%，小于对照品溶液主峰面积 0.05 倍的峰忽略不计。

④ 阿莫西林聚合物。照分子排阻色谱法（通则 0514）测定。临用新制。

供试品溶液　取本品约 0.2g，精密称定，置 10ml 量瓶中，加 2%无水碳酸钠溶液 4ml 使溶解，用水稀释至刻度，摇匀。

对照溶液　取青霉素对照品适量，精密称定，加水溶解并定量稀释制成每 1ml 中约含 0.2mg 的溶液。

系统适用性溶液（1）　取蓝色葡聚糖 2000 适量，加水溶解并稀释制成每 1ml 中约含 0.2mg 的溶液。

系统适用性溶液（2）　称取阿莫西林约 0.2g，置 10ml 量瓶中，加 2%无水碳酸钠溶液 4ml 使溶解后，用 0.3mg/ml 的蓝色葡聚糖 2000 溶液稀释至刻度，摇匀。

色谱条件　用葡聚糖凝胶G-10（40～120μm）为填充剂；玻璃柱内径1.0～1.4cm，柱长30～40cm；以pH8.0的0.05mol/L磷酸盐缓冲液［0.05mol/L磷酸氢二钠溶液-0.05mol/L磷酸二氢钠溶液（95∶5）］为流动相A，以水为流动相B；流速为每分钟1.5ml；检测波长为254nm；进样体积100～200μl。

系统适用性要求　系统适用性溶液（1）分别在以流动相A与流动相B为流动相记录的色谱图中，按蓝色葡聚糖2000峰计算，理论板数均不低于500，拖尾因子均应小于2.0，蓝色葡聚糖2000的保留时间比值应在0.93～1.07之间。系统适用性溶液（2）在以流动相A为流动相记录的色谱图中，高聚体的峰高与单体和高聚体之间的谷高比应大于2.0。对照溶液色谱图中主峰与供试品溶液色谱图中聚合物峰，与相应色谱系统中蓝色葡聚糖2000峰的保留时间的比值均应在0.93～1.07之间。以流动相B为流动相，精密量取对照溶液连续进样5次，峰面积的相对标准偏差应不大于5.0%。

测定法　以流动相A为流动相，精密量取供试品溶液，注入液相色谱仪，记录色谱图；以流动相B为流动相，精密量取对照溶液，注入液相色谱仪，记录色谱图。

限度　按外标法以青霉素峰面积计算，并乘以校正因子0.1，阿莫西林聚合物的量不得过0.15%。

⑤ 残留溶剂。照残留溶剂测定法（通则0861第二法）测定。

供试品溶液　取本品0.25g，精密称定，置顶空瓶中，精密加*N*,*N*-二甲基乙酰胺5ml溶解，密封。

对照品溶液　取丙酮和二氯甲烷适量，精密称定，加*N*,*N*-二甲基乙酰胺定量稀释制成每1ml中约含丙酮40μg和二氯甲烷30μg的溶液，精密量取5ml，置顶空瓶中，密封。

色谱条件　以6%氰丙基苯基－94%二甲基聚硅氧烷（或极性相近）为固定液的毛细管柱为色谱柱；初始温度为40℃，维持4分钟，再以每分钟30℃的速率升温至200℃，维持6分钟；进样口温度为300℃，检测器温度为250℃；顶空瓶平衡温度为80℃，平衡时间为30分钟。

系统适用性要求　对照品溶液色谱图中，丙酮和二氯甲烷的分离度应符合要求。

测定法　取供试品溶液与对照品溶液分别顶空进样，记录色谱图。

限度　按外标法以峰面积计算，二氯甲烷的残留量不得过0.12%，丙酮的残留量应符合规定，不得过0.5%。

⑥ 水分。取本品，照水分测定法（通则0832第一法1）测定，含水分应为12.0%～15.0%。

⑦ 炽灼残渣。取本品1.0g，依法检查（通则0841），遗留残渣不得过1.0%。

(4) 含量测定

照高效液相色谱法（通则0512）测定。

供试品溶液　取本品适量（约相当于阿莫西林，按$C_{16}H_{19}N_3O_5S$计25mg），精密称定，置50ml量瓶中，加流动相溶解并稀释至刻度，摇匀。

对照品溶液　取阿莫西林对照品适量，精密称定，加流动相溶解并定量稀释制成每1ml中约含阿莫西林（按$C_{16}H_{19}N_3O_5S$计）0.5mg的溶液。

系统适用性溶液　取阿莫西林系统适用性对照品约25mg，置50ml量瓶中，加流动相溶解并稀释至刻度，摇匀。

色谱条件　用十八烷基硅烷键合硅胶为填充剂；以0.05mol/L磷酸二氢钾溶液（用2mol/L氢氧化钾溶液调节pH值至5.0)-乙腈（97.5∶2.5）为流动相；检测波长为254nm；进样体积20μl。

系统适用性要求　系统适用性溶液色谱图应与标准图谱一致。

测定法　精密量取供试品溶液与对照品溶液，分别注入液相色谱仪，记录色谱图。按外标法以峰面积计算。

第三节 清场

清场

课堂互动

药品生产各工序在什么时候需要清场？清场的目的是什么？

各生产工序在当日生产结束后，更换品种、规格或换批号以及停产检修结束后必须由生产人员清场。清场的目的是防止药品混淆和差错事故的发生，各生产工序在生产结束，转换品种、规格或换批号前，应彻底清场及检查作业场所。

一、清场要求

清场是对每批产品的每一个生产阶段完成以后的清理和小结工作，是药品生产和质量管理的一项重要内容，是由生产人员按规定的程序和方法对生产过程中所涉及的文件、设施、设备、仪器、物料等进行清理并进行严格彻底清洗和消毒，确保设备和工作场所没有遗留与本次生产有关的物料、产品和文件，以便下一阶段的生产。清场的目的是防止生产过程中的药品混淆、差错事故的发生，防止药品之间的交叉污染，保持清洁，保证产品质量。下次生产开始前，应当对前次清场情况进行确认。

1. 清场的基本操作程序

(1) 清场前的准备

① 清场人员入场。生产结束后，清场人员进入生产区拟清场岗位。

② 清场前检查确认。检查并确认该岗位生产工作确已完成或结束。

③ 清场工器具准备。将清场用清洁溶剂、水、洁具、清洁剂、消毒剂准备好备用。

④ 清场的程序。清场人员对各工序操作间的清场程序按先物后地、先内后外、先上后下的顺序进行。

(2) 清场操作

① 清理文件。生产结束后将前次生产的相关生产技术文件存放于指定地点。将前次生产的相关生产记录填写好，收集齐全存放于指定地点或纳入批生产记录保存于指定地点。

② 清理物料。将岗位生产剩余原料、半成品（料头、料尾）等物料认真填写物料标示卡，注明品名、批号、数量、质量指标和状况，填写人、复核人签名，送中间站或物料暂存室存放保管。

③ 清理垃圾、废弃物。生产产生的废弃物、垃圾及污染不可回收的物料，应计量后严密包装，送废弃物暂存室由废弃物专用通道传递出生产区或车间。生产中产生的印有批号的剩余标签、说明书或印有说明书内容的包装物及残损标签、说明书或印有说明书内容的包装物，按照标签、说明书管理规定计数封存，清出生产区或车间，存放于指定区域按规定处理。

④ 清理设备。清洁设备操作台面、设备外壁及其附属装置，将可拆卸下来的各部件拆卸下来进行清洗。

⑤ 清理管道。将可拆卸下来的各部件拆卸下来进行清洗，不可拆卸的各部件分别用清洗剂、纯化水或注射用水清洗和灭菌。

⑥ 清理容器。分别用清洗剂、纯化水或注射用水清洗容器、器具的内表面和外壁。

⑦ 清理生产区环境。工作结束后，按相应洁净级别进行清洁和消毒，清洁范围包括顶棚、照明、门窗、墙面、地面和地漏等。

⑧ 清洁用具的清洗和消毒。用清洗剂、纯化水或注射用水清洁用具（拖布、丝光毛巾、水桶、掸子等）并进行必要的消毒。

(3) 清场结束

① 填写清场记录。清场人认真填写清场记录，记录内容包括品名、批号、岗位、清场日期、清场项目、检查情况、清场人签字、复核人签字等，表5-15为原料药一般生产区岗位清场记录。包装清场记录一式两份，分别纳入本批和下一批批包装记录之内，如表5-16所示，其余工序清场记录纳入批生产记录。

表 5-15 原料药一般生产区岗位清场记录

<table>
<tr><td>品名</td><td></td><td>批号</td><td></td><td>岗位</td><td></td></tr>
<tr><td rowspan="6">基本要求</td><td colspan="5">①地面清洁、无尘、无积水</td></tr>
<tr><td colspan="5">②工器具、盛具清洁整齐摆放在指定位置</td></tr>
<tr><td colspan="5">③物料存放在指定位置</td></tr>
<tr><td colspan="5">④设备外表面无油污、无残迹、无异物；设备内表面每三批进行一次清洗</td></tr>
<tr><td colspan="5">⑤将与下批生产无关的文件清理出生产现场</td></tr>
<tr><td colspan="5">⑥生产垃圾及生产废物收集到指定的位置</td></tr>
<tr><td rowspan="7">清场项目</td><td colspan="3">项目</td><td>合格(√)</td><td>不合格(×)</td></tr>
<tr><td colspan="3">地面清洁干净，设备外表面擦拭干净</td><td></td><td></td></tr>
<tr><td colspan="3">物料存放在指定位置</td><td></td><td></td></tr>
<tr><td colspan="3">与下批生产无关的文件清理出生产现场</td><td></td><td></td></tr>
<tr><td colspan="3">容器具清洁无异物，摆放整齐</td><td></td><td></td></tr>
<tr><td colspan="3">无废弃物、无前批遗留物</td><td></td><td></td></tr>
<tr><td colspan="3">更换状态标志</td><td></td><td></td></tr>
<tr><td>清场人</td><td colspan="3"></td><td>复核人</td><td></td></tr>
<tr><td colspan="6">清场时间　　年　　月　　日　　　有效时间至　　年　　月　　日</td></tr>
<tr><td>备注</td><td colspan="5"></td></tr>
</table>

生产管理员：　　　　　　　　　　　　　　　　　　　　　　　　QA检查：

表 5-16 原料药包装岗位清场记录

<table>
<tr><td colspan="2">品名</td><td></td><td>批号</td><td></td><td>岗位</td><td></td></tr>
<tr><td rowspan="7">内包装工序</td><td rowspan="7">清场项目</td><td colspan="3">项目</td><td>合格(√)</td><td>不合格(×)</td></tr>
<tr><td colspan="3">多余包装材料退回仓库或存放在指定位置</td><td></td><td></td></tr>
<tr><td colspan="3">地面、门窗、墙壁、送(回)风口清洁干净</td><td></td><td></td></tr>
<tr><td colspan="3">工器具、洁具擦拭清洗干净并放在指定位置</td><td></td><td></td></tr>
<tr><td colspan="3">与下批生产无关的任何文件记录清理出生产现场</td><td></td><td></td></tr>
<tr><td colspan="3">更换状态标志</td><td></td><td></td></tr>
<tr><td colspan="3">生产废弃物存放在指定位置</td><td></td><td></td></tr>
<tr><td colspan="2">清场人</td><td colspan="3"></td><td>复核人</td><td></td></tr>
<tr><td colspan="7">清场时间　　年　　月　　日　　　有效时间至　　年　　月　　日</td></tr>
<tr><td rowspan="4">外包装工序</td><td rowspan="4">清场项目</td><td colspan="3">项目</td><td>合格(√)</td><td>不合格(×)</td></tr>
<tr><td colspan="3">多余包装材料退回仓库或存放在指定位置</td><td></td><td></td></tr>
<tr><td colspan="3">多余标签或损毁标签及时按规定处理</td><td></td><td></td></tr>
<tr><td colspan="3">地面、门窗、墙壁清洁干净</td><td></td><td></td></tr>
</table>

续表

品名		批号		岗位	
外包装工序	清场项目	项目		合格(√)	不合格(×)
		工器具、洁具擦拭清洗干净并放在指定位置			
		无任何上批次生产遗留物			
		物料放在指定位置			
		与下批生产无关的任何文件记录清理出生产现场			
		更换状态标志			
		生产废弃物存放在指定位置			
清场人				复核人	
清场时间	年 月 日	有效时间至 年 月 日			
备注					

生产管理员： QA 检查：

② 清场检查及清场合格证的发放。清场结束后由质量保证部 QA 人员按清场要求检查，并在清场记录上注明检查结果，合格后发放“清场合格证”，见图 5-1 所示。此证作为下次生产（下一个班次、下一批产品、另一个品种或同一品种不同规格产品）的生产凭证。未获得“清场合格证”的不得进行下次生产。

③ 清场人员退出。清场检查结束后填写清洁状态标志，取下“未清洁”的清洁状态标志，挂上“已清洁”的清洁状态标志。清场人员将“清场合格证”悬挂在本区域指定位置，按照人员进出本生产区的更衣程序退出已清场的生产区域。

2. 清场要求

生产结束后，清场应达到如下要求才算合格。

① 无生产残留物，包括原辅料、中间产品、包装材料、成品、剩余的材料、散装品、印刷的标志物等。

② 无生产指令、生产记录等书面文字材料。

③ 无生产状态标志，清洁状态标志挂牌正确。

④ 地面无积尘、无结垢，门窗、室内照明灯、风管、墙面、开关箱外壳无积尘，室内不得存放与生产无关的物品。

⑤ 使用的工具、容器，清洁无异物，无前次产品的残留物。

⑥ 设备内外无前次生产遗留的药品，无油垢。

⑦ 非专用设备、管道、容器、工具应按规定进行清洗消毒或灭菌。

⑧ 凡直接接触药品的机器、设备及管道、工具、容器应每天清洗。

⑨ 不再使用的原辅料、包装材料、标签、说明书等要及时返回库里。对印有批号的标签、包装材料不得涂改使用，应由专人负责及时销毁，并做好记录。

⑩ 清场结束后，填好清洁状态标志，取下“未清洁”的清洁状态标志，挂上“已清洁”的清洁状态标志。

二、清场效果评价

1. 目检确认

看设备、容器、工具，应洁净、无污迹、无前次产品遗留物；操作间内无杂物，墙面、顶棚、门窗、水池、地面及照明灯具、通风口等设施表面洁净、无污迹、无前次产品遗留物；生产记录文件夹内无任何纸张、记录文件。

2. 用手擦拭

清场检查人员戴白色手套触摸直接接触药品的设备部件、盛装容器、计量器具的表面及操作间内墙面、顶棚、门窗、地面及照明灯具、通风口等设施的表面，白色手套应洁净、无污迹。

3. 采样检验

对洁净区应取样检查各操作间、设备表面的尘埃粒子、沉降菌是否符合药品生产要求。

案例分析

甲氨蝶呤事件

2007年我国某制药厂生产的甲氨蝶呤给多位患者造成了严重的神经系统和行动功能损害。上海市食品药品监督管理局已依法吊销该厂所持有的《药品生产许可证》，没收违法所得，并给予《中华人民共和国药品管理法》规定的最高处罚。相关责任人被刑事拘留并被追究刑事责任。那么造成此药害事件的原因是什么呢？

该企业在生产过程中更换品种时，设备清洁不到位，操作人员将硫酸长春新碱尾液混入注射用甲氨蝶呤及盐酸阿糖胞苷等批号药品中，导致多个批次的药品被硫酸长春新碱污染，造成重大的药品生产质量责任事故。

自测习题

一、单选题

1. 生产设备应当有明显的（　　），标明设备编号和内容物（如名称、规格、批号）；没有内容物的应当标明（　　）。

A. 状态标识，状态　　B. 标签，流向
C. 状态标识，清洁状态　　D. 标识，流向

2. 衡器、量具、仪表、用于记录和控制的设备以及仪器应当有明显的标识，标明其（　　）。

A. 使用时间　　B. 校准有效期　　C. 状态　　D. 适用范围

3. 合格物料的色标是（　　）。

A. 红色　　B. 黄色　　C. 蓝色　　D. 绿色

4. 药品生产的岗位操作记录由（　　）填写。

A. 监控人员　　B. 车间技术人员　　C. 岗位操作人员　　D. 班长

5. 不得在同一生产操作间同时进行不同品种和规格药品的生产操作，除非没有发生（　　）和（　　）的可能。

A. 损坏，污染　　B. 混淆，损坏　　C. 混批，遗漏　　D. 混淆，交叉污染

6. 在生产前做好清场工作，应（　　），防止混淆。

A. 核对本次生产产品的包装材料数量　　B. 检查使用的设备是否完好
C. 确认现场没有上次生产的遗留物　　D. 核对本次生产产品的数量

7. 按照GMP的规定，物料不包括（　　）。

A. 原料　　B. 半成品　　C. 辅料　　D. 包装材料

8. 由对氨基苯酚乙酰化合成对乙酰氨基酚的过程中，下列叙述不正确的是（　　）。

A. 该反应为可逆反应　　B. 需加入少量抗氧剂（如亚硫酸氢钠）
C. 副反应是由高温引起的　　D. 该反应为平行反应

9. 由对氨基苯酚乙酰化合成对乙酰氨基酚的过程中，主要的副产物是（　　）。

A. 苯胺　　B. 4,4′-二氨基二苯醚
C. 亚胺醌　　D. 4,4′-二羟基偶氮苯

10. 水杨酸和乙酸酐在浓硫酸催化下反应，生成的产物为（　　）。

A. 水杨酸乙酯　　B. 乙酰水杨酸　　C. 阿司匹林　　D. 水杨酸酐

11. 在精制对乙酰氨基酚时，为保证产品的质量要加入何种物质？（　　）

A. 焦亚硫酸钠　　B. 碳酸氢钠　　C. 硫酸氢钠　　D. 硼酸钠

12. 下列为阿莫西林制备中用到的原料是（　　）。

A. 头孢氨苄　　B. 对羟基苯甘氨酸甲酯

C. 7-ACA　　D. 乙酸酐

13. 原料药生产中使用难以清洁的设备或部件时，应当（　　）。

A. 避免使用　　B. 减少使用　　C. 专用　　D. 定期更换

14. 每次生产结束后应当进行（　　），确保设备和工作场所没有遗留与本次生产有关的物料、产品和文件。

A. 整理　　B. 清场　　C. 清洁　　D. 消毒

15. 清场记录不包括（　　）。

A. 清场日期　　B. 清场检查项

C. 清场负责人签字　　D. 清场后转产的品种、规格、批号

16. 洁净厂房日常清洁、消毒时，每班生产结束后先完成（　　）操作，然后按清洁程序进行环境清洁操作。

A. 设备检修　　B. 工序清场　　C. 记录整理　　D. 物料清场

二、判断题

1. 为了提高工作效率，岗位操作人员可以在一系列操作结束后再完成对应岗位操作记录。（　　）

2. 混合操作可包括将同一原料药的多批零头产品混合成为一个批次。（　　）

3. 可以在同一生产操作间同时进行相同品种不同规格药品的生产操作。（　　）

4. 每批药品的每一生产阶段完成后必须由清洁人员清场，并填写清场记录。（　　）

5. 进入生产区的任何人员应该穿着与其操作相应的保护性服装，不准穿洁净服（鞋）进入厕所或离开加工场所。（　　）

6. 衡器、量具、仪表、用于记录和控制的设备以及仪器应有明显的标识，标明其校准有效期。（　　）

7. 所谓的在线清洗（CIP）和在线灭菌消毒（SIP）就是单纯地在设备上安装喷淋球或者蒸汽进口。（　　）

8. 若设备用于同一中间体或原料药的连续生产，或连续批号的阶段性生产，可以不进行清洁。（　　）

9. 青霉素类生产厂房的设置应考虑防止与其他产品的交叉污染。（　　）

10. 药品生产中的废弃物可与物料进口合用一个气闸或传递窗。（　　）

11. 对青霉素和头孢菌素生产有特殊要求，因为这些物质会在很低含量下引起过敏性休克。避免此类产品污染其他物料的唯一方法是使用专用的生产设施。（　　）

三、填空题

1. 对乙酰氨基酚的结构式是（　　），其制备过程中的关键中间体是（　　）。

2. 对硝基苯酚钠经过（　　）、铁屑-盐酸还原和（　　）反应而制得对乙酰氨基酚。

3. 氯霉素通用的工艺路线有（　　）、（　　）和（　　）。

4. 氯霉素分子中有（　　）个手性中心，（　　）具有活性。

5. 绝大多数半合成青霉素都是以（　　）为基本原料。

6. 工业上多采用（　　）的方法制备 6-APA。

7. 阿莫西林的制备方法有（　　）和（　　）。

四、问答题

1. 简述对乙酰氨基酚的合成路线。

2. 简述以苯酚为原料合成对乙酰氨基酚的工艺原理。

3. 简述以对硝基苯酚钠为原料合成对乙酰氨基酚的工艺原理。

4. 简述以对硝基苯酚为原料制备对乙酰氨基酚的工艺原理。

5. 简述对硝基苯酚还原为对氨基苯酚的方法。

6. 写出以对硝基乙苯生产氯霉素的工艺路线，并比较与其他几条路线的优缺点。

7. 由对硝基-α-氨基苯乙酮盐酸盐制备对硝基-α-乙酰氨基苯乙酮时，为什么必须先投乙酸酐再投醋酸钠？

实训项目

实训项目 19　釜式反应器的清洁操作

一、实训目的

1. 掌握釜式反应器清洁的方法和一般清洁流程。

2. 了解釜式反应器清洁效果验证取样方法和判断标准。

3. 了解釜式反应器的清洁操作。

二、实训原理

设备的清洁可保证设备不对药品生产造成污染，保证设备不对生产环境产生不良影响，保障安全生产，稳定产品质量，是预防污染、减少交叉污染的重要举措，也有利于设备的使用和保养，是一项常规工作。

三、主要器材

饮用水、软管、橡胶手套、棉签、清洗剂、抹布、丝光布、拖布、水桶、掸子等。

四、操作过程

1. 釜式反应器外壁的清洁

清理反应釜前应保证反应釜内胆温度低于 85℃，外胆温度低于 120℃。每批生产结束后，用抹布将釜式反应器设备外壁擦拭干净，直至目测无料痕、污迹。严禁用水冲洗设备外部，以避免损坏保温层。

2. 釜式反应器内壁的清洁

釜式反应器内壁的清洁方法有化学清洁法和机械清洁法。化学清洁法是根据设备内污垢成分选用合适的清洗剂，此法能彻底清洗，快速清除污垢；但可能会对设备产生腐蚀；此法适用于软、薄的污垢。机械清洗法是用高压水通过喷头以冲刷除去污垢；清洗周期长、费工费时，但不会造成设备腐蚀现象，可以有效地清洗硬垢；适用于硬、厚的污垢。下面以化学清洗法为例。

① 悬挂设备清洁标签“正在清洁”。

② 卸下反应釜人孔盖，打开罐底阀及各个放料管阀门，用大量饮用水冲洗罐壁和搅拌桨，直至目检罐壁和搅拌桨无可见残留物；关闭饮用水阀门，污水排入污水池，关闭罐底阀，将反应釜人孔盖安装牢固。

③ 连接好设备间的管道（清洗干净），根据设备内污垢成分选用合适的清洗剂，向反应釜内加入清洗剂如碱液、乙醇等，开启搅拌，升温至反应釜出现回流（冷凝器冷却水关闭），回流不

低于 20 分钟，温度保持不低于 60℃。

④ 将反应釜降温至室温，打开底阀，通过软管将溶剂装桶。

⑤ 通知 QA 进行目检。

⑥ 将反应釜密封，抽料口用塑料套管套上；替换状态标识，挂上“待用”标识牌。

3. 清场

清理垃圾废弃物，用清洗剂、纯化水或注射用水清洁用具（拖布、丝光毛巾、水桶、掸子等）并进行必要的消毒。

4. 釜式反应器清洁效果验证

为防止交叉污染，保证产品质量，对釜式反应器清洁效果的稳定性及可靠性进行验证。设备清洁验证的取样方法有最终淋洗水取样和擦拭取样法。釜式反应器设备清洁验证合格判断标准（限度）如下。

① 清洗后设备：目检应无可见残留物，鼻闻应无明显残留气味。

② 棉签擦拭设备洁净度应无污物、无污迹、无颜色改变。

③ 最终淋洗水澄明度应≤3 个小白点。

④ 最终淋洗水 pH 值应为 5.0～7.0。

⑤ 最终淋洗水取样微生物检查≤10cfu/ml。

⑥ 棉签擦拭检查法细菌总数≤100 个/100cm^2，霉菌总数≤4 个/100cm^2，大肠杆菌未检出。

五、注意事项

1. 用于清洗设备的水应与用于生产过程的工艺用水要求相似，水和清洗用溶剂不得含有致病菌、有毒金属离子，并且应无异味。
2. 按工艺要求生产一批后，应对反应釜内壁用纯化水进行清洗。如较长时间停产，超过 48 小时后，开班前设备应重新进行二次清洗。
3. 设备清洁前后应有相应的状态标识。
4. 如果生产设备更换品种，设备的清洁规程必须重新制定，并且需要做清洁验证。

六、探索与思考

1. 化学清洗法与机械清洗法各有何优缺点？
2. 最终淋洗水取样和擦拭取样各有何优缺点？
3. 清洁效果如何验证？

实训项目 20 阿司匹林的工业化生产（仿真）

一、实训目的

1. 掌握阿司匹林制备的原理和操作方法。
2. 熟悉阿司匹林的工业化生产。
3. 学会控制阿司匹林生产中的工艺参数，如温度、反应终点、搅拌、压力和 pH 值等。

二、实训原理

以苯酚为原料，先与氢氧化钠发生成盐反应得到苯酚钠，再与 CO_2 发生羧化反应，然后再酸化得到水杨酸。水杨酸在浓硫酸的催化作用下与乙酸酐发生酰化反应，得到乙酰水杨酸即阿司匹林，反应式如下：

$$\text{苯酚(OH)} \xrightarrow{NaOH} \text{苯酚钠(ONa)} \xrightarrow{CO_2} \text{水杨酸钠(COONa, OH)} \xrightarrow{H^+} \text{水杨酸(COOH, OH)}$$

$$\text{水杨酸(COOH, OH)} + CH_3\overset{O}{\overset{\|}{C}}-O-\overset{O}{\overset{\|}{C}}CH_3 \xrightarrow{H_2SO_4} \text{阿司匹林(COOH, } O\overset{O}{\overset{\|}{C}}CH_3\text{)} + CH_3COOH$$

水杨酸　　乙酸酐　　阿司匹林　　乙酸

三、主要试剂用量及规格

名称	分子量	熔点	用量	规格	沸点	溶解度
苯酚	94.11	43℃	3300kg	工业级	181.9℃	微溶于冷水，可混溶于乙醇、醚、氯仿、甘油
氢氧化钠	40.00	318.4℃	2120kg	工业级	1388℃	易溶于水、乙醇、甘油，不溶于丙酮、乙醚
乙酸酐	102.09	−73℃	2170kg	工业级	140℃	溶于乙醇、乙醚、苯
浓硫酸	98.07	10.37℃	1708.5kg	工业级	290℃	溶于水、乙醇
活性炭			400kg	工业级		
连二亚硫酸钠	174.108	300℃	40kg	工业级	1390℃	极易溶于水，不溶于乙醇
硅藻土	60	1400～1650℃	400kg	工业级		
磷酸	97.995	42℃	40kg	工业级	261℃	可与水以任意比例互溶

四、操作过程

阿司匹林的工业化生产—成盐反应

1. 苯酚钠的制备（成盐）

将苯酚约1500kg投入成盐反应釜中，然后加入32%液碱氢氧化钠2120kg，于50℃反应1小时，得苯酚钠溶液，出料。

2. 水杨酸钠的制备（羧化）

（1）苯酚熔融

向苯酚熔融罐投入苯酚1800kg，通蒸汽使苯酚熔融罐升温至45℃左右，关闭蒸汽阀门，保温观察液位不再升高即苯酚完全熔融。

阿司匹林的工业化生产—苯酚熔融

（2）一羧反应

将成盐产物苯酚钠水溶液全部打入羧化釜中，用蒸汽夹套加热，进行常压脱水直至内温为140℃时改为减压脱水，当内温达170℃以上时加入溶剂苯酚共沸脱水至180℃，回收水和苯酚。开启冷凝水给羧化釜降温至140℃左右，慢慢通入净化无水的CO_2进行羧化反应，控制羧化釜温度在180℃左右，待水杨酸钠的收率达到70%左右关闭CO_2控制阀，一羧结束。

（3）二羧反应

将苯酚熔融罐中剩余的约400kg苯酚打入羧化罐并减压回收全部苯酚，再通入二氧化碳在180℃进行第二次羧化，得水杨酸钠，加纯水溶解制成棕黑色水杨酸钠水溶液。

（4）脱色

将水杨酸钠水溶液全部打入脱色罐；加水使水杨酸钠的质量分数约为20%，缓慢加入稀硫酸（浓硫酸：水=1：4），使溶液的pH=5.0左右，打开脱色罐热水阀，给脱色罐升温至65℃左右，加活性炭400kg、连二亚硫酸钠40kg保温脱色直至取样检测透光度不低于90%，加入400kg硅藻土，搅拌30分钟，继续脱色至透光度不再发生变化。过滤至酸化结晶罐，得金黄色澄清液体。

3. 水杨酸的制备（酸化）

（1）酸化结晶

向酸化结晶罐中加入稀硫酸约8000kg，调节溶液的pH约2.4，降温至50℃左右，保温发生酸化反应，待析出白色水杨酸晶体，再继续降温至10℃，保温结晶直至水杨酸晶体不再生成或生成缓慢，酸化结晶结束。

（2）离心干燥

将水杨酸结晶液离心过滤，用纯水洗涤、甩干。湿晶体在45℃真空干燥2小时后，取样测水分≤0.40%时，将锥内物料降至30℃以下，卸去真空，收料得水杨酸。

4. 阿司匹林的制备（酰化）

（1）酰化反应

向酰化罐中投入乙酸酐、水杨酸，缓慢加入浓硫酸，用蒸汽夹套加热（控制内温不超过85℃），待物料全部溶解后，保温发生酰化反应30分钟。将酰化罐中物料经过滤器转至结晶罐内，过滤结束，用蒸汽夹套加热结晶罐升温至82～85℃保温反应。在结晶罐取样，当测得游离水杨酸含量≤0.03%，酰化反应达到终点。缓慢降温，析出晶体，将结晶罐中料液转移至离心机。

（2）离心分离

将结晶罐内结晶好的物料转入离心机内，离心、甩干；用醋酸洗涤、甩干；再用0.2%磷酸洗涤、纯化水洗涤、甩干；重复用纯化水洗涤、甩干直至物料无异味、无酸味，得阿司匹林湿品。

（3）产品干燥

将制得的阿司匹林湿品在45℃下用双锥干燥机真空干燥，直到取样检测干燥失重≤0.5%，将双锥干燥机降温至30℃以下，锥内真空卸至常压，收料得阿司匹林成品。

5. 母液回收

（1）醋酸回收

一次母液经膜式蒸发器蒸酸，回收醋酸。

（2）残渣回收

将残液全部打入结晶罐中，降温结晶，将结晶液全部转入离心机，离心，将离心液打入中和反应罐，向中和反应罐中加入氢氧化钠，发生中和反应，直到pH=7时反应结束，最后将中和液转入母液回收罐。

五、注意事项

1. 羧化反应前，保证羧化罐完全无水。
2. 脱色中加稀酸调节脱色罐的pH值为5.0左右，水杨酸钠脱色后，透光度不应低于90%。
3. 酰化罐投料，乙酸酐和水杨酸的质量控制在1∶1左右。
4. 阿司匹林产品干燥后需要控制干燥失重≤0.5%。

六、探索与思考

1. 以苯酚为原料进行阿司匹林工业化生产的工序有哪些？
2. 水杨酸钠脱色过程中需要注意哪些问题？
3. 本反应中可能发生哪些副反应？产生哪些副产物？

实训项目21　盐酸曲唑酮的生产

一、实训目的

1. 掌握盐酸曲唑酮的制备原理和操作方法。

2. 熟悉盐酸曲唑酮的工业化生产。

3. 学会控制盐酸曲唑酮生产中的工艺参数如温度、反应时间、pH 值等。

二、实训原理

盐酸曲唑酮化学名为 2-[3-[4-(3-氯苯基)-1-哌嗪基]丙基]-1,2,4-三唑并 [4,3-α] 吡啶-3($2H$)-酮盐酸。临床主要用于治疗抑郁症和伴随抑郁症状的焦虑症以及药物依赖者戒断后的情绪障碍。其分子式为 $C_{19}H_{22}ClN_5O \cdot HCl$，分子量为 408.33，结构式如下：

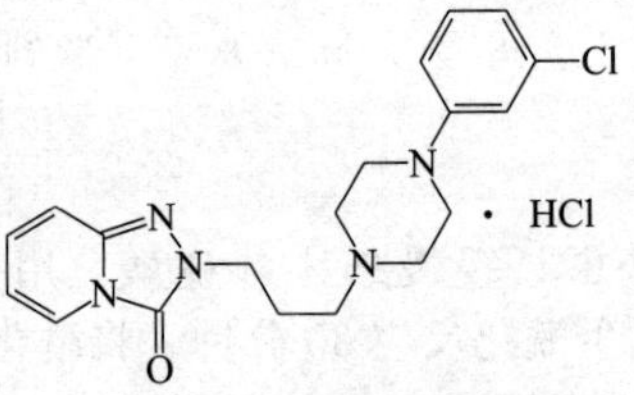

盐酸曲唑酮

其生产原理为以二乙醇胺、盐酸为原料，先与间氯苯胺发生环合反应得到环合产物 1-(3-氯苯基) 哌嗪盐酸盐，然后再与 1-溴-3-氯丙烷发生烷基化反应得 1-(3-氯苯基)-4-(3-氯丙基) 哌嗪单盐酸盐，再与 1,2,4-三唑并 [4,3α] 吡啶-3($2H$) 酮和氢氧化钠发生缩合反应得到盐酸曲唑酮粗品，再经活性炭脱色、结晶、离心干燥得盐酸曲唑酮精品。其反应过程如下：

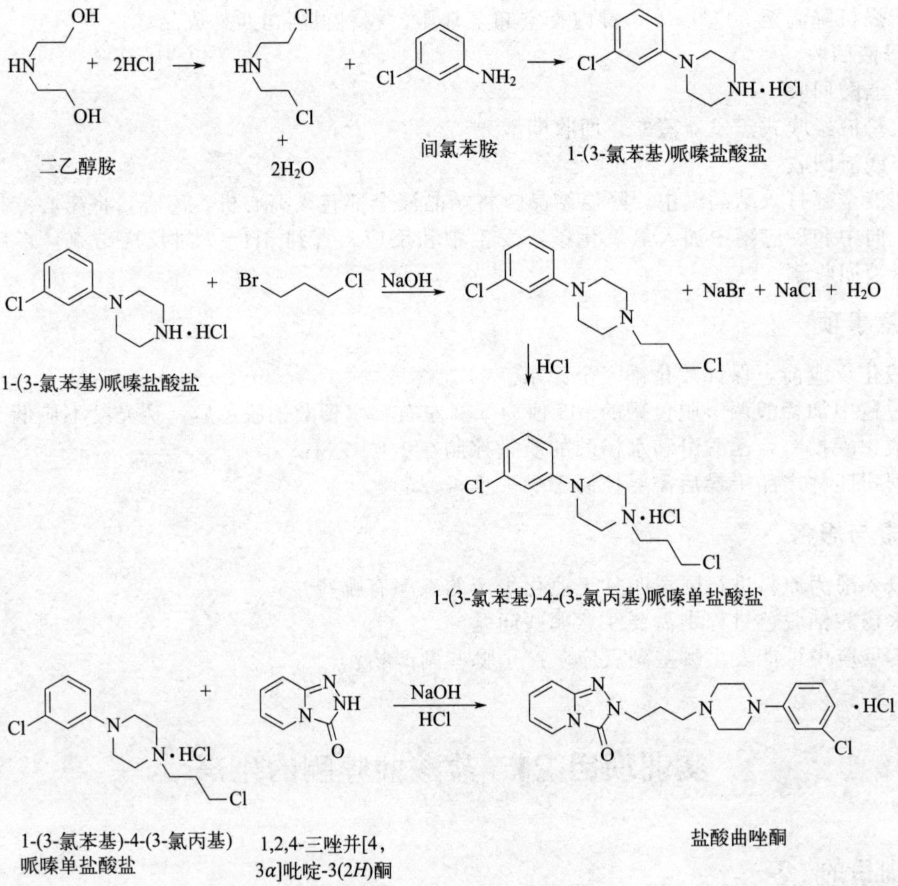

二乙醇胺 + 2HCl → （二氯化物）+ $2H_2O$；+ 间氯苯胺 → 1-(3-氯苯基)哌嗪盐酸盐

1-(3-氯苯基)哌嗪盐酸盐 + Br∕∕∕Cl $\xrightarrow{NaOH}$ （产物）+ NaBr + NaCl + H_2O；$\xrightarrow{HCl}$ 1-(3-氯苯基)-4-(3-氯丙基)哌嗪单盐酸盐

1-(3-氯苯基)-4-(3-氯丙基)哌嗪单盐酸盐 + 1,2,4-三唑并[4,3α]吡啶-3($2H$)酮 $\xrightarrow[HCl]{NaOH}$ 盐酸曲唑酮

三、主要试剂用量及规格

名称	分子量	熔点	用量	规格	沸点	溶解度
二乙醇胺	105.136	28℃	105kg	工业级	268.8℃	易溶于水、乙醇，不溶于乙醚、苯
盐酸	36.46	−27.32℃	220kg	工业级	48℃	与水混溶
二甲苯	106.16	−34℃	250kg	工业级	137～140℃	可与乙醇、乙醚、丙酮和苯混溶，不溶于水
间氯苯胺	127.57	−11～−9℃	112kg	工业级	95～96℃	不溶于水，溶于多种有机溶剂
无水乙醇	46.07	−114℃	1340kg	工业级	78℃	与水以任意比例互溶，可混溶于醚、氯仿、甘油等多种有机溶剂
丙酮	58.08	−94.9℃	270kg	工业级	56.5℃	与水混溶，可混溶于乙醇、乙醚、氯仿、油类、烃类等多种有机溶剂
1-溴-3-氯丙烷	157.44	−59℃	264kg	工业级	144～145℃	不溶于水，微溶于甘油、乙醚、乙醇、氯仿
氢氧化钠	40.00	318.4℃	146.6kg	工业级	1388℃	易溶于水、乙醇、甘油，不溶于丙酮、乙醚
1,2,4-三唑并[4,3α]吡啶-3(2*H*)酮	135.13	231℃	60kg	医药中间体		
活性炭			10kg	工业级		

四、操作过程

1. 1-(3-氯苯基) 哌嗪盐酸盐的制备 (环合)

配料比为二乙醇胺：36%盐酸：二甲苯：间氯苯胺：无水乙醇＝21：44：50：22.4：40 (质量比)。按配料比在反应釜中加入二乙醇胺和36%盐酸，搅拌升温至115～130℃反应10小时，常压蒸馏除水5小时，加入配量的二甲苯回流分水至体系中没有水产生，再蒸馏回收二甲苯套用。将所得残留物冷却至50℃以下，缓缓滴加配量的间氯苯胺，滴毕升温至150℃，保温反应5小时。冷却至80℃以下，加入3/4无水乙醇，继续冷却到5℃以下，保温搅拌2小时，离心过滤，用剩余1/4无水乙醇洗涤，烘干得类白色环合产物晶体，即为1-(3-氯苯基) 哌嗪盐酸盐。其制备工艺流程见图5-28。

2. 1-(3-氯苯基)-4-(3-氯丙基) 哌嗪单盐酸盐的制备 (烷基化)

配料比为丙酮：1-溴-3-氯丙烷：水：环合产物：30%氢氧化钠＝11：26.4：7.6：24：37.2 (质量比)。在反应釜中加入配量的丙酮、1-溴-3-氯丙烷、水和环合产物，搅拌下于25℃滴加372kg 30%氢氧化钠水溶液，滴毕保温反应24小时。静置分取丙酮层，下层水相用60kg丙酮提取，合并有机相，蒸馏回收丙酮，残留物用100kg丙酮溶解，用36%盐酸调节至pH为3，冷却至5℃，离心过滤，55℃干燥12小时，得白色固体，为烷基化产物1-(3-氯苯基)-4-(3-氯丙基) 哌嗪单盐酸盐。经HPLC测得 (面积归一化法) 含量>99.0%。其制备工艺流程见图5-29。

3. 盐酸曲唑酮粗品的制备 (缩合)

配料比为无水乙醇：1,2,4-三唑并[4,3α]吡啶-3 (2*H*) 酮：烷基化产物：氢氧化钠＝48：6：12.4：3.5 (质量比)。在反应釜中加入配料量的无水乙醇、1,2,4-三唑并 [4,3α] 吡啶-3 (2*H*)

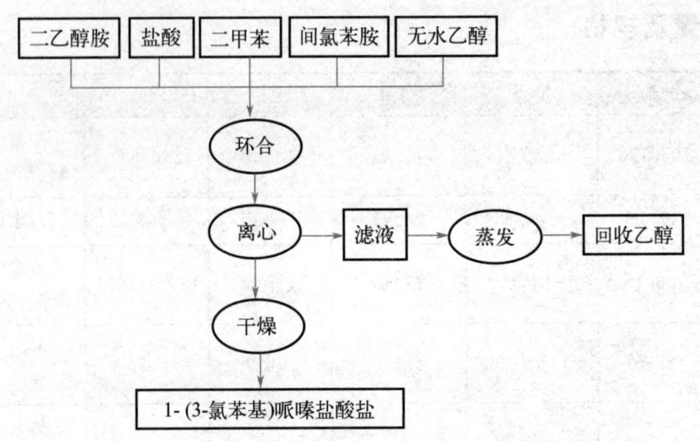

图 5-28　1-(3-氯苯基) 哌嗪盐酸盐的制备工艺流程图

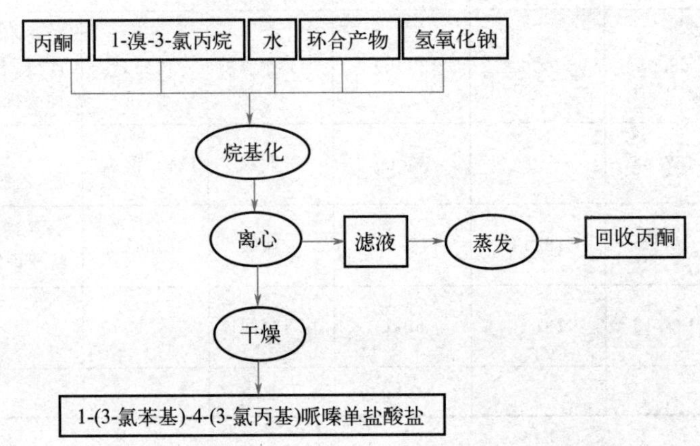

图 5-29　1-(3-氯苯基)-4-(3-氯丙基) 哌嗪单盐酸盐的制备工艺流程图

酮和烷基化产物，搅拌下加入配量的固体氢氧化钠，升温回流反应 22 小时。于 60℃左右滴加 60kg 35%氯化氢无水乙醇溶液，调节至 pH 为 3，冷却至 30～40℃有晶体析出，继续冷却至 5℃，过滤，滤饼用 30kg 无水乙醇洗涤，得类白色盐酸曲唑酮粗品，经 HPLC 测得（面积归一化法）含量>98.0%。见图 5-30。

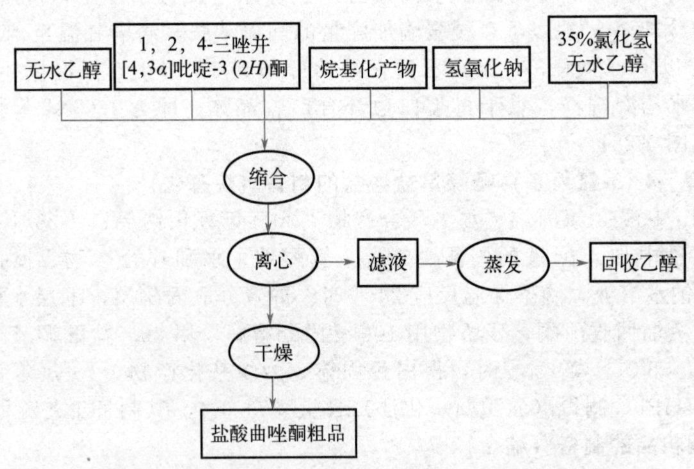

图 5-30　盐酸曲唑酮粗品的制备工艺流程图

4. 盐酸曲唑酮精品的制备（精制）

配料比为无水乙醇：粗品：活性炭=58：14.5：1，在反应釜中加入配料量的无水乙醇和粗品，活性炭升温回流30分钟。经板框压滤机和微孔滤膜过滤器压入洁净区的结晶釜中，0～10℃结晶2小时，离心甩滤，无水乙醇洗涤，以双锥回转真空干燥机干燥，得白色晶体，为曲唑酮精品，熔点为222.5～224.5℃，经HPLC测得（外标法）含量>99.0%。见图5-31。

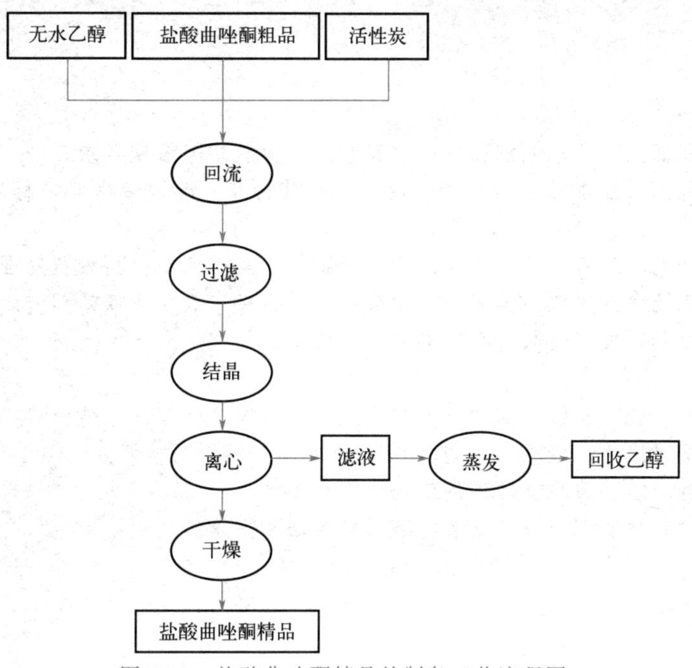

图5-31　盐酸曲唑酮精品的制备工艺流程图

五、注意事项

1. 反应釜常压蒸馏除水过程中，分水器放料阀开度不要太大，否则分水器中没有水存留。二甲苯回流分水过程中，随着釜内温度、含量的变化，馏分量会有所变化，操作时需要调节放料阀开度，防止在蒸馏水时将二甲苯带出。

2. 环合反应中，反应釜要在搅拌下缓慢滴加间氯苯胺，目的是防止釜温升高、反应爆沸。

3. 烷基化反应中，为了防止釜温升高，反应釜要求在搅拌下于25℃缓慢滴加氢氧化钠溶液。

六、探索与思考

1. 以二乙醇胺为原料生产盐酸曲唑酮的工序有哪些？

2. 环合反应操作中停冷却水该如何处理？

3. 缩合反应中反应釜停蒸汽后该如何处理？

4. 精制工段如果出现压滤过程管路堵塞该如何处理？

第六章 “三废”治理技术

❖ 知识目标

1. 了解国家和部门对化学制药行业的“三废”排放的法律法规要求。

2. 掌握化学制药企业水质污染来源、污染物及其特点，理解废水排放标准，判断废水处理方法是否合理。

3. 掌握化学制药企业有机废气污染来源、污染物及其特点，判断废气处理方法是否合理。

4. 掌握化学制药企业废渣污染来源、污染物及其特点，判断废渣处理方法是否合理。

5. 掌握化学制药行业“三废”减排的方法、措施。

❖ 能力目标

1. 会查阅化学制药“三废”处理方面的文献，会搜集、整理、总结资料。

2. 能根据国标对废水、废气、废渣的 pH、COD 等指标进行检测。

3. 能合理设计废水、废气、废渣的处理过程和工艺。

4. 能合理设计化学制药行业“三废”减排的方法和措施。

第一节 “三废”处理技术

课堂互动

化学制药中的“三废”是指什么？

制药过程中产生的废水、废气、废渣为制药工业的“三废”。据统计，全国制药行业排放废气10亿立方米/年（含10万吨/年有害物质）、废渣10万吨/年，而废水为50万立方米/天。我国是化学合成和发酵原料药生产大国，品种多，生产量大，排放量也大，对环境的影响最突出。无论化学原料药生产，还是发酵原料药，投入的原辅料种类多，物料转化率低，因此，单一废弃物的回收经济率不高，难以实现废弃物资源化，一般只能作为废弃物处理。

一、概述

人类生存的空间及其中可以直接或间接影响人类生活和发展的各种自然因素称为环境。随着科学技术的飞速发展，现代工业发展速度加快，工业废气、废水和废渣越来越多，处理不当就会污染环境。从20世纪40年代起，一些国家因工业废物的任意排放和化学品泄漏所造成的环境污染，发生了多起重大的社会公害事件，如“伦敦烟雾事件”“洛杉矶光化学烟雾事件”“水俣病事件”“博帕尔惨案”等，严重危害人体健康，造成了成千上万人的死亡。如今全球气候变暖、臭氧层破坏和酸雨这三大环境问题，正在危及人类的生存和发展，因此“三废”的治理和利用，将对人类的生存和发展产生巨大影响。

如何保护和改善生活环境和生态环境，合理地开发和利用自然环境和自然资源，制定有效的经济政策和相应的环境保护政策，是关系到人体健康和社会经济可持续发展的重大问题。我国历来重视保护生态平衡工作，消除污染、保护环境已成为我国的一项基本国策。特别是改革开放以来，我国先后完善和颁布《中华人民共和国环境保护法》《中华人民共和国大气污染防治法》《中华人民共和国水污染防治法》《中华人民共和国土壤污染防治法》《中华人民共和国海洋环境保护法》《中华人民共和国固体废物污染环境防治法》《中华人民共和国环境噪声污染防治法》以及与各种法规相配套的行政、经济法规和环境保护标准，基本形成了一套完整的环境保护法律体系，为保护和改善我国生态环境发挥了重要作用。针对日益突出的制药工业对环境的污染问题：中华人民共和国生态环境部于 2008 年颁布《化学合成类制药工业水污染物排放标准》（GB 21904—2008)，2012 年公告《制药工业污染防治技术政策》（公告 2012 年第 18 号)，2018 年公布《污染源源强核算技术指南　制药工业》（HJ 992—2018)，2019 年颁布《制药工业大气污染物排放标准》(GB 37823—2019)。这些文件的颁布，有利于我国制药行业的产业结构调整，通过淘汰落后产能和保护生态环境，促使行业有效地可持续健康发展。

二、废水处理技术

废水数量大、种类多，是制药企业污染物无害化处理的重点和难点。实施《制药工业水污染物排放标准》（包括 GB 21903—2008 发酵类制药工业水污染物排放标准、GB 21904—2008 化学合成类制药工业水污染物排放标准、GB 21905—2008 提取类制药工业水污染物排放标准、GB 21906—2008 中药类制药工业水污染物排放标准、GB 21907—2008 生物工程类制药工业水污染物排放标准、GB 21908—2008 混装制剂类制药工业水污染物排放标准）后，研究制药废水的处理及回用具有重要的意义。制药工业废水通常具有组成复杂、冲击负荷大、浓度高、色度深、毒性大、含盐多等特征，单一的处理方法难以实现达标排放，研发的重点应是多种处理手段的有机结合。

1. 基本概念

体现水质污染状况的参数有多种，其中生化需氧量、化学需氧量、pH、悬浮物、有害物质含量等几项参数最为重要。

① 生化需氧量（biochemical oxygen demand，BOD)，指在一定条件下微生物分解废水中有机物时所需的氧量，单位为 mg/L。为了使 BOD 检测有可比性，一般采用 5 天时间、在 20℃下用水样培养微生物并测定水样中溶解氧的消耗情况，称为五日生化需氧量（BOD_5)，无标记时的 BOD 默认为 BOD_5。数值越大，说明水体受到的有机物污染越严重。一般情况下，洁净的河水 BOD 为 2mg/L 左右，高于 10mg/L 时，水就会发臭。我国污水综合排放标准规定，在工厂排出口，废水的 BOD 二级标准最高容许浓度为 60mg/L，地面水的 BOD 不得超过 4mg/L。

② 化学需氧量（chemical oxygen demand，COD)，是在一定的条件下，采用一定的强氧化剂处理水样时，所消耗的氧化剂量。它是表示水中还原性物质多少的一个指标。水中的还原性物质有各种有机物、亚硝酸盐、硫化物、亚铁盐等，但主要的是有机物。因此，化学需氧量(COD）又往往作为衡量水中有机物质含量多少的指标。化学需氧量越大，说明水体受到的有机物污染越严重。化学需氧量（COD）的测定，随着测定水样中还原性物质以及测定方法的不同，其测定值也有不同。目前应用最普遍的是酸性高锰酸钾（$KMnO_4$）氧化法与重铬酸钾($K_2Cr_2O_7$）氧化法。高锰酸钾氧化法，氧化率较低，但比较简便，在测定水样中有机物含量的相对比较值时，可以采用。重铬酸钾氧化法，氧化率高，再现性好，适用于测定水样中有机物的总量。中国规定工厂排出口废水的 COD 一级标准最高允许浓度为 100mg/L。

③ BOD/COD，反映废水的可生化参数，比值高，表示该种污水易于被生物降解，反之则不易。厌氧和缺氧条件下是利用厌氧菌消化废水中的有机物，而达到净化。一般认为比值大于 0.3

的污水，才适用于生物处理。

④ pH，是反映废水酸碱性强弱的重要指标，其对维护废水处理设备的正常运行、防止废水处理及输送设备的腐蚀、保护水生生物和水体自净化功能都有十分重要的意义。通常经过处理后的废水应呈中性或接近中性。

⑤ 悬浮物（suspended solids，SS)，是悬浮在水中的固体物质，是反映水中固体物质含量的一个常用指标，可用过滤法测定，单位为 mg/L。

混合液悬浮固体（mixed liquor suspended solids，MLSS）也称混合液污泥浓度，指曝气池中废水和活性污泥的混合液体的悬浮固体浓度（mg/L)。它是计量曝气池活性污泥数量多少的指标，活性污泥中 MLSS 为 2000～5000mg/L。

混合液挥发性悬浮固体（mixed liquor volatile suspended solids，MLVSS）指混合液悬浮固体中有机物的数量（mg/L)。一般生活污水的 MLVSS/MLSS 比值常为 0.7～0.8，工业废水则因水质不同而异。

⑥ 总氮（total nitrogen，TN)，是水中各种形态无机和有机氮的总量，包括 NO_3^-、NO_2^-、NH_4^+ 等无机氮和蛋白质、氨基酸、有机胺等有机氮，其值以每升水中含氮的质量数（毫克）计，常用于表示水体受营养物质污染的程度。

⑦ 总有机碳（total organic carbon，TOC)，即废水中溶解性和悬浮性有机物中的全部碳。

⑧ 污泥沉降比（sludge volume，SV)，指曝气池混合液在 100ml 量筒中静置沉淀 30 分钟后，沉淀污泥与混合液的体积比（%)。SV 测定比较简单并能说明一定问题，因此它成为评定活性污泥的重要指标之一。由于正常的活性污泥沉降 30 分钟后，一般可以接近它的最大密度，故污泥沉降比可以反映曝气池正常运行时的污泥量，可用于控制剩余污泥的排放，还能及时反映出污泥膨胀等异常情况，便于查明原因，及早采取措施。

⑨ 污泥指数（sludge volume index，SVI)，全称为污泥容积指数，是指曝气池出口处混合液经 30 分钟静沉后，1g 干活性污泥所占的容积（ml)。SVI 值能较好地反映出活性污泥的松散程度（活性）和凝聚、沉淀性能，SVI 值过低，说明泥粒细小紧密、无机物多，缺乏活性和吸附能力；SVI 值高，说明污泥难以沉淀分离并使回流污泥的浓度降低，甚至出现“污泥膨胀”，导致污泥流失等后果。

⑩ 污泥龄，是曝气池中的活性污泥总量与每日排放的剩余污泥量的比值（单位：日)。在运行稳定时，剩余污泥量是新增长的污泥量，因此污泥龄也即是新增长的污泥在曝气池中的平均停留时间，或污泥增长一倍所需的平均时间。

⑪ 排水量，指在生产过程中直接用于工艺生产的水的排水量。不包括间接冷却水、厂区锅炉、电站排水。

⑫ 单位产品基准排水量，指用于核定水污染排放浓度而规定的生产单位产品的废水排放量上限值。

2. 排放指标

制药废水污染物种类繁多，浓度很高，分子量一般很大，生化处理时间长，对环境污染严重。在国家环境保护总局 1998 年颁布实施的《中华人民共和国国家污水综合排放标准》中，按其对人体健康的影响程度，分为两类。

(1) 第一类污染物

第一类污染物指能在环境或生物体内蓄积，对人体健康产生长远不良影响的污染物。《中华人民共和国国家污水综合排放标准》中规定的此类污染物有 13 种，见表 6-1 所示。含有这一类污染物的废水，不分行业和排放方式，也不分受纳水体的功能差别，一律在车间或车间的处理设施排出口取样，其最高允许排放浓度必须符合规定。

(2) 第二类污染物

第二类污染物指其长远影响小于第一类的污染物。在《中华人民共和国国家污水综合排放标准》中规定的有 pH、化学需氧量、生化需氧量、色度、悬浮物、石油类、挥发性酚类、氰化物、硫化物、氟化物、硝基苯类、苯胺类等共20项。含有第二类污染物的废水在排污单位排出口取样，根据受纳水体的不同，执行不同的排放标准。部分第二类污染物的最高允许排放浓度列于表6-2中。

表6-1　第一类污染物最高允许排放浓度　　单位：mg/L

序号	污染物	最高允许排放浓度	序号	污染物	最高允许排放浓度
1	总汞	0.05	8	总镍	1.0
2	烷基苯	不得检出	9	苯并(a)芘	0.00003
3	总镉	0.1	10	总铍	0.005
4	总铬	1.5	11	总银	0.5
5	六价铬	0.5	12	总α放射性	1Bq/L
6	总砷	0.5	13	总β放射性	10Bq/L
7	总铅	1.0			

表6-2　部分第二类污染物最高允许排放浓度　　单位：mg/L

污染物	一级标准		二级标准		三级标准
	新扩建	现有	新扩建	现有	
pH	6～9	6～9	6～9	6～9	6～9
悬浮物(SS)	70	100	200	250	400
生化需氧量(BOD_5)	30	60	60	80	300
化学需氧量(COD_{Cr})	100	150	150	200	500
石油类	10	15	10	20	30
挥发酚	0.5	1.0	0.5	1.0	2.0
氰化物	0.5	0.5	0.5	3.5	1.0
硫化物	1.0	1.0	1.0	2.0	2.0
氟化物	10	15	10	15	20
硝基苯类	2.0	3.0	3.0	5.0	5.0

国家按地面水域的使用功能要求和排放去向，对向地面水域和城市下水道排放的废水分别执行一、二、三级标准。对特殊保护水域及重点保护水域，如生活用水水源地、重点风景名胜和重点风景游览区水体、珍贵鱼类及一般经济渔业水域等执行一级标准；对一般保护水域，如一般工业用水区、景观用水区、农业用水区、港口和海洋开发作业区等执行二级标准；对排入城镇下水道并进入二级污水处理厂进行生物处理的污水执行三级标准；对排入未设置二级污水处理厂的城镇污水，必须根据下水道出水受纳水体的功能要求，分别执行一级或二级标准。

3. 处理过程

(1)“清污”分流

在排水系统划分上执行清污分流的原则。清污分流是指将清水（如间接冷却用水、雨水和生活用水等）、污水（包括药物生产过程中排出的各种废水）分别经过各自的管道或渠道输送、排放或贮留，以利于清水的套用和污水的处理。此外，特殊废水与一般废水分开，如含剧毒物质（重金属）的废水应与准备生化处理的废水分开；不能让含氰废水、硫化合物废水和呈酸性的废水混合等。排水系统的清污分流是非常重要的。制药工业中清水的数量通常超过废水的许多倍，采取清污分流，不仅可以节约大量的清水，而且可大幅度降低废水量，提高废水的浓度，从而大大减轻废水的输送负荷和治理负担。

（2）处理级数

按废水处理的程度，一般可作如下分级。

① 一级处理，又称初级处理，其任务是去除废水中部分或大部分悬浮物和漂浮物，以及调节废水的 pH 值等。处理流程常采用格栅-沉砂池、沉淀池以及废水物理处理法中各种处理单元。一般经一级处理后，悬浮固体的去除率达 70％～80％，BOD 去除率只有 20％～40％，废水中的胶体或溶解污染物去除作用不大，故其废水处理程度不高。一级处理具有投资少、成本低等特点，但在大多数场合，废水经一级处理后仍达不到国家规定的排放标准，需要进行二级处理，必要时还需进行三级处理。因此，一级处理常作为废水的预处理。

② 二级处理，又称生物处理，其任务是去除废水中呈胶体状态和溶解状态的有机物。常用方法是活性污泥法和生物滤池法等。经二级处理后，废水中 80％～90％有机物可被去除，出水的 BOD 和悬浮物都较低，通常能达到排放要求。

③ 三级处理，又称深度处理，其任务是进一步去除二级处理未能去除的污染物，其中包括生物质、未被降解的有机物、磷、氮和可溶性无机物。常用方法有化学凝聚、砂滤、活性炭吸附、臭氧氧化、离子交换、电渗析和反渗透等方法。经三级处理后，通常可达到工业用水、农业用水和饮用水的标准。但废水三级处理基建费和运行费用都很高，约为相同规模二级处理的 2～3 倍，一般用于严重缺水的地区或城市，回收利用经三级处理后的排出水。由于目前全世界的水资源十分短缺，因此，污废水的三级处理与深度处理已成为一种发展趋势，应用越来越广泛。

4. 废水处理方法

废水处理的实质就是利用各种技术手段，将废水中的污染物分离出来，或将其转化为无害物质，从而使废水得到净化。废水处理技术很多，按作用原理一般可分为物理法、化学法、物理化学法和生物法。

物理法是利用物理作用将废水中呈悬浮状态的污染物分离出来，在分离过程中不改变其化学性质，如沉降、气浮、过滤、离心、蒸发、浓缩等。物理法常用于废水的一级处理。

化学法是利用化学反应原理来分离、回收废水中各种形态的污染物，如中和、凝聚、氧化和还原等。化学法常用于有毒、有害废水的处理，使废水达到不影响生物处理的条件。

物理化学法是综合利用物理和化学作用除去废水中的污染物，如吸附法、离子交换法和膜分离法等。近年来，物理化学法处理废水已形成了一些固定的工艺单元，得到了广泛的应用。

生物法是利用微生物的代谢作用，使废水中呈溶解和胶体状态的有机污染物转化为稳定、无害的物质，如 H_2O 和 CO_2 等。生物法能够去除废水中的大部分有机污染物，是常用的二级处理法。

上述每种废水处理方法都是一种单元操作。由于制药废水的特殊性，仅用一种方法一般不能将废水中的所有污染物除去。在废水处理中，常常需要将几种处理方法组合在一起，形成一个处理流程。流程的组织一般遵循先易后难、先简后繁的规律，即首先使用物理法进行预处理，以除去大块垃圾、漂浮物和悬浮固体等，然后再使用化学法和生物法等处理方法。对于某种特定的制药废水，应根据废水的水质、水量、回收有用物质的可能性和经济性以及排放水体的具体要求等确定具体的废水处理流程。

5. 生物处理法

在自然界中，存在着大量依靠有机物生活的微生物。实践证明，利用微生物氧化分解废水中的有机物是十分有效的。根据生物处理过程中起主要作用的微生物对氧气需求的不同，废水的生物处理可分为好氧生物处理和厌氧生物处理两大类，其中好氧生物处理又可分为活性污泥法和生物膜法，前者是利用悬浮于水中的微生物群使有机物氧化分解，后者是利用附着于载体上的微生物群进行处理的方法。由于制药工业废水种类繁多、水质各异，因此，必须根据废水的水量、水质等情况，选择适宜的生物处理方法。

（1）基本原理

好氧生物处理（aerobic bio-treatment）是在有氧条件下，利用好氧微生物的作用将废水中的

有机物分解为 H_2O 和 CO_2，并释放出能量的代谢过程。有机物（$C_xH_yO_z$）在氧化过程中释放出的氢与氧结合生成水，如下所示：

$$C_xH_yO_z + O_2 \xrightarrow{\text{酶}} CO_2 + H_2O + \text{能量}$$

在好氧生物处理过程中，有机物的分解比较彻底，最终产物是含能量最低的 CO_2 和 H_2，故释放的能量较多，代谢速度较快，代谢产物也很稳定。从废水处理的角度考虑，这是一种非常好的代谢形式。

用好氧生物法处理有机废水，基本上没有臭气产生，所需的处理时间比较短，在适宜的条件下，BOD_5 可除去80%～90%，有时可达95%以上。因此，好氧生物法已在有机废水处理中得到了广泛应用，活性污泥法、生物滤池、生物转盘等都是常见的好氧生物处理法。好氧生物法的缺点是对于高浓度的有机废水，要供给好氧生物所需的氧气（空气）比较困难，需先用大量的水对废水进行稀释，且在处理过程中要不断地补充水中的溶解氧，从而使处理成本较高。

厌氧生物处理（anaerobic bio-treatment）是在厌氧条件下，形成了厌氧微生物所需要的营养条件和环境条件，通过厌氧菌和兼性厌氧菌的代谢作用，对有机物进行生化降解的过程。厌氧生物处理中的受氢体不是游离氧，而是有机物、含氧化合物和酸根，如 SO_4^{2-}、NO_3^-、NO_2^- 等。因此，最终的代谢产物不是简单的 H_2O 和 CO_2，而是一些低分子有机物、CH_4、H_2S 和 NH_4^+ 等。

厌氧生物处理是一个复杂的生物化学过程，主要依靠三大类细菌，即水解产酸细菌、产氢产乙酸细菌和产甲烷细菌的联合作用来完成。厌氧生物处理过程可粗略地分为三个连续的阶段，即水解酸化阶段、产氢产乙酸阶段和产甲烷阶段，如图 6-1 所示。

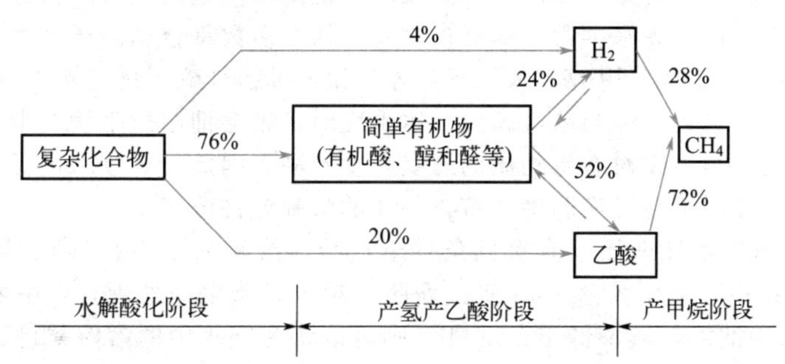

图 6-1　厌氧生物处理的三个阶段和 COD 转化率

第一阶段为水解酸化阶段。高分子有机物由于其大分子体积，不能直接通过厌氧菌的细胞壁，需要在细胞外酶的作用下，将废水中复杂的大分子有机物、不溶性有机物先水解为溶解性的小分子有机物，进入到细胞体内转化成更为简单的化合物并被分配到细胞外，这一阶段的主要产物为挥发性脂肪酸，同时还有部分的醇类、乳酸、二氧化碳等产物产生。

第二阶段为产氢产乙酸阶段。在产氢产乙酸细菌的作用下，第一阶段产生的或原来已经存在于废水中的各种简单有机物被分解转化成乙酸和 H_2，在分解有机酸时还有 CO_2 生成。

第三阶段为产甲烷阶段。在产甲烷菌的作用下，将乙酸、乙酸盐、CO_2 和 H_2 等转化为甲烷。这一阶段也是整个厌氧过程最为重要的阶段和整个厌氧反应过程的限速阶段。

厌氧生物处理过程中不需要供给氧气（空气），故动力消耗少，设备简单，并能回收一定数量的甲烷气体作为燃料，因而运行费用较低。目前，厌氧生物法主要用于中、高浓度有机废水的处理，也可用于低浓度有机废水的处理。该法的缺点是处理时间较长，处理过程中常有硫化氢或其他一些硫化物生成，硫化氢与铁质接触就会形成黑色的硫化铁，从而使处理后的废水既黑又臭，需要做进一步处理。

（2）水质要求

废水的生物处理是以废水中的污染物作为营养源，利用微生物的代谢作用使废水得到净化。

当废水中存在有毒物质，或环境条件发生变化，超过微生物的承受限度时，将会对微生物产生抑制或有毒作用。因此，进行生物处理时，给微生物的生长繁殖提供一个适宜的环境条件是十分重要的。生物处理对废水的水质要求主要有以下几个方面。

① 温度。温度是影响微生物生长繁殖的一个重要的外界因素。当温度过高时，微生物会发生死亡；而温度过低时，微生物的代谢作用将变得非常缓慢，活力受到限制。一般好氧生物处理的水温宜控制在20～40℃，而厌氧生物处理的水温与各种产甲烷菌的适宜温度条件有关。一般认为，产甲烷菌适宜的温度范围为5～60℃，在35℃和53℃上下可以分别获得较高的处理效率；温度为40～45℃时，处理效率较低。根据产甲烷菌适宜温度条件不同，厌氧生物处理的适宜水温可分别控制在10～30℃、35～38℃和50～55℃。

② pH值。微生物的生长繁殖都有一定的pH值条件。pH值不能突然变化很大，否则将使微生物的活力受到抑制，甚至造成微生物的死亡。好氧生物处理，废水的pH值宜控制在6～9的范围内；厌氧生物处理，废水的pH值宜控制在6.5～7.5的范围内。

微生物在生活过程中常常由于某些代谢产物的积累而使周围环境的pH值发生改变。因此，在生物处理过程中常加入一些廉价的物质（如石灰等）以调节废水的pH值。

③ 营养物质。微生物的生长繁殖需要多种营养物质，如碳源、氮源、无机盐及少量的维生素等。生活废水中具有微生物生长所需的全部营养，而某些工业废水中可能缺乏某些营养。当废水中缺少某些营养成分时，可按所需比例投加所缺营养成分或加入生活污水进行均化，以满足微生物生长所需的各种营养物质。

④ 有毒物质。废水中凡对微生物的生长繁殖有抑制作用或杀害作用的化学物质均为有毒物质。有毒物质对微生物生长的毒害作用，主要表现在使细菌细胞的正常结构遭到破坏以及使菌体内的酶变质，并失去活性。废水中常见的有毒物质包括大多数重金属离子（铅、镉、铬、锌、铜等）、某些有机物（酚、甲醛、甲醇、苯、氯苯等）和无机物（硫化物、氰化物等）。有些有毒物质虽然能被某些微生物分解，但当浓度超过一定限度时，则会抑制微生物的生长、繁殖，甚至杀死微生物。不同种类的微生物对有毒物质的忍受程度不同，因此，对废水进行生物处理时，应具体情况具体分析，必要时可通过实验确定有毒物质的最高允许浓度。

⑤ 溶解氧。好氧生物处理需在有氧的条件下进行，溶解氧不足将导致处理效果明显下降，因此，一般需从外界补充氧气（空气）。实践表明，对于好氧生物处理，水中的溶解氧宜保持在2～4mg/L，如出水中的溶解氧不低于1mg/L，则可以认为废水中的溶解氧已经足够。而厌氧微生物对氧气很敏感，当有氧气存在时，它们就无法生长。因此，在厌氧生物处理中，处理设备要严格密封，隔绝空气。

⑥ 有机物浓度。在好氧生物处理中，废水中的有机物浓度不能太高，否则会增加生物反应所需的氧量，易造成缺氧，影响生物处理效果。而厌氧生物处理是在无氧条件下进行的，因此，可处理较高浓度的有机废水。此外，废水中的有机物浓度不能过低，否则会造成营养不良，影响微生物的生长繁殖，降低生物处理效果。

6. 好氧生物处理法

好氧生物处理法是利用好氧微生物（包括兼性微生物）在有氧气存在的条件下进行生物代谢以降解有机物，使其稳定、无害化的处理方法。

（1）活性污泥法

活性污泥是由好氧微生物（包括细菌、微型动物和其他微生物）及其代谢和吸附的有机物和无机物组成的生物絮凝体，具有很强的吸附和分解有机物的能力。活性污泥的制备：可在含粪便的污水池中连续鼓入空气（曝气）以维持污水中的溶解氧，经过一段时间后，由于污水中微生物的生长和繁殖，逐渐形成褐色的污泥状絮凝体，这种生物絮凝体即为活性污泥，其中含有大量的微生物。活性污泥法处理工业废水，就是让这些生物絮凝体悬浮在废水中形成混合液，使废水中的有机物与絮凝体中的微生物充分接触。废水中呈悬浮状态和胶态的有机物被活性污泥吸附后，在微生物细胞外酶的作用下，分解为溶解性的小分子有机物。溶解性的有机物进一步渗透到微生物细胞体内，通过微生物的代谢作用而分解，从而使废水得到净化。

① 活性污泥的性能指标。活性污泥法处理废水的关键在于具有足够数量且性能优良的活性污泥。衡量活性污泥数量和性能好坏的指标主要有污泥浓度、污泥沉降比（SV）和污泥容积指数（SVI）等。

a. 污泥浓度。污泥浓度是指1L混合液中所含的悬浮固体（MLSS）或挥发性悬浮固体（MLVSS）的量，单位为g/L或mg/L。污泥浓度的大小可间接地反映混合液中所含微生物的数量。

b. 污泥沉降比。污泥沉降比是指一定量的曝气混合液静置30分钟后，沉淀污泥与原混合液的体积分数。污泥沉降比可反映正常曝气时的污泥量以及污泥的沉淀和凝聚性能。性能良好的活性污泥，其沉降比一般在15%～20%的范围内。

c. 污泥容积指数。又称污泥指数，是指一定量的曝气混合液静置30分钟后，1g干污泥所占有的沉淀污泥的体积，单位为mg/L。污泥指数的计算方法为：

$$SVI=\frac{SV\times 1000}{MLSS}$$

例如，曝气混合液的污泥沉降比SV为30%，污泥浓度MLSS为2.0g/L，则污泥指数为：

$$SVI=\frac{30\%\times 1000}{2.0}=150mg/L$$

污泥指数是反映活性污泥松散程度的指标。SVI值过低，说明污泥颗粒细小紧密，无机物较多，缺乏活性；反之，SVI值过高，说明污泥松散，难以沉淀分离，有膨胀的趋势或已处于膨胀状态。多数情况下，SVI值宜控制在50～100mg/L之间。

② 活性污泥法的基本工艺流程。活性污泥法处理工业废水的基本工艺流程如图6-2所示。

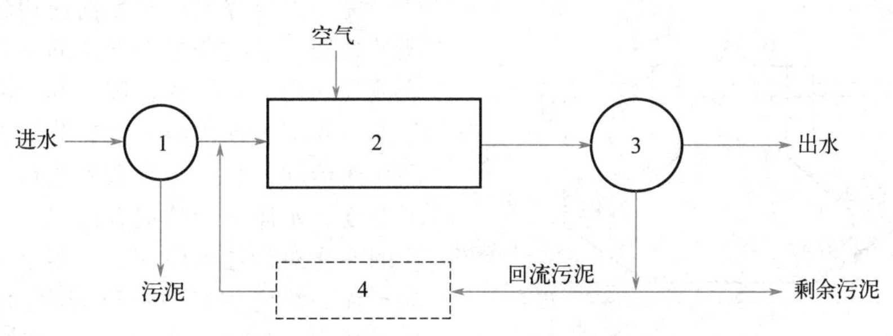

图6-2　活性污泥法的基本工艺流程

1—初次沉淀池；2—曝气池；3—二次沉淀池；4—再生池

废水首先进入初次沉淀池中进行预处理，以除去较大的悬浮物及胶体状颗粒等，然后进入曝气池。在曝气池内，通过充分曝气，一方面使活性污泥悬浮于废水中，以确保废水与活性污泥充分接触；另一方面使活性污泥的混合液始终保持在好氧条件下，保证微生物的正常生长和繁殖。废水中的有机物被活性污泥吸附后，其中的小分子有机物可直接渗入到微生物的细胞体内，而大分子有机物则先被微生物细胞外酶分解为小分子有机物，然后再渗入到细胞体内。在微生物细胞内酶作用下，进入细胞体内的有机物一部分被吸收形成微生物有机体，另一部分则被氧化分解，转化成CO_2、H_2、NH_3、SO_4^{2-}、PO_4^{3-}等简单无机物或酸根，并释放出能量。

处理后的废水和活性污泥由曝气池流入二次沉淀池进行固液分离，上清液即是被净化了的水，由二次沉降池的溢流堰排出。二次沉淀池底部的沉淀污泥，一部分回流到曝气池入口，与进入曝气池的废水混合，以保持曝气池内具有足够数量的活性污泥；另一部分则作为剩余污泥排入污泥处理系统。

③ 常用曝气方式。按曝气方式不同，活性污泥法可分为普通曝气法、逐步曝气法、完全混合曝气法、纯氧曝气法和深井曝气法等多种方法。其中普通曝气法是最基本的曝气方法，其他方法都是在普通曝气法的基础上逐步发展起来的。我国应用较多的是完全混合曝气法。

普通曝气法的工艺流程如图 6-2 所示。废水和回流污泥从曝气池的一端流入，净化后的废水由另一端流出。曝气池进口处的有机物浓度较高，生物反应速率较快，需氧量较大。随着废水沿池长流动，有机物浓度逐渐降低，需氧量逐渐下降。因为空气的供给常常沿池长平均分配，所以供应的氧气不能被充分利用。普通曝气法 BOD_5 的去除率可达 90%以上，出水水质较好，适用于处理要求高且水质较为稳定的废水。

逐步曝气法为改进普通曝气法供氧不能被充分利用的缺点，将废水改由几个进口入池（见图 6-3），使有机物沿池长的分配比较均匀，池内需氧量也比较均匀，从而避免了普通曝气法池前段供氧不足，池后段供氧过剩的缺点。逐步曝气法适用于大型曝气池及高浓度有机废水的处理。

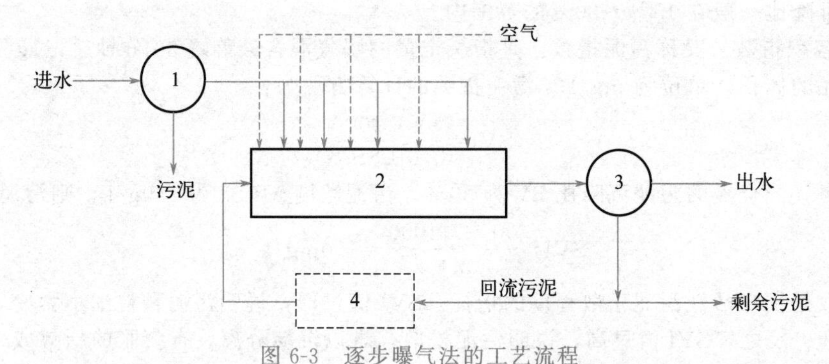

图 6-3　逐步曝气法的工艺流程

1—初次沉淀池；2—曝气池；3—二次沉淀池；4—再生池

完全混合曝气法是目前应用较多的活性污泥处理法，它与普通曝气法的主要区别在于混合液在池内循环流动，废水和回流污泥进入曝气池后立即与池内混合液充分混合，进行吸附和代谢活动。由于废水和回流污泥与池内大量低浓度、水质均匀的混合液混合，因而进水水质的变化对活性污泥的影响很小，适用于水质波动大、浓度较高的有机废水的处理。图 6-4 所示的圆形曝气沉淀池为常用的完全混合式曝气池。

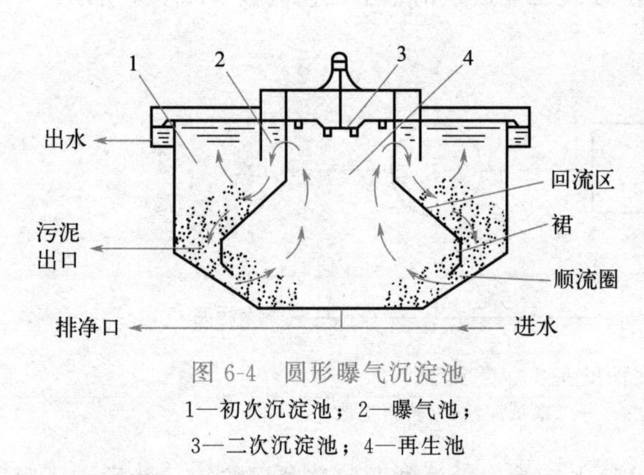

图 6-4　圆形曝气沉淀池

1—初次沉淀池；2—曝气池；
3—二次沉淀池；4—再生池

纯氧曝气法与普通曝气法相比，纯氧曝气的特点是水中的溶解氧增加，可达 6～10mg/L，氧的利用率由空气曝气法的 4%～10%提高到 85%～95%。高浓度的溶解氧可使污泥保持较高的活性和浓度，从而提高废水处理的效率。当曝气时间相同时，纯氧曝气法比空气曝气法的 BOD 及 COD 去除率分别提高 3%和 5%，而且降低了成本。纯氧曝气法的土建要求较高，而且必须有稳定价廉的氧气。此外，废水中不能含有酯类，否则有发生爆炸的危险。

深井曝气法以地下深井作为曝气池，井内水深可达 50～150m，纵向被分隔为下降区和上升区两部分，废水在沿下降区和上升区的反复循环中得到净化，如图 6-5 所示。由于曝气池的深度大、静水压力高，从而大幅度提高了水中的溶解氧浓度和氧传递推动力，氧的利用率可达 50%～90%。深井曝气法具有占地面积少、耐冲击负荷性能好、处理效率高、剩余污泥少等优点，适合高浓度有机废水的处理。此外，因曝气筒在地下，故在寒冷地区也可稳定运行。

④ 剩余污泥的处理。好氧法处理废水会产生大量的剩余污泥。这些污泥中含有大量的微生物、未分解的有机物甚至重金属等毒物。剩余污泥量大、味臭、成分复杂，如不妥善处理，也会造成环境污染。剩余污泥的含水率很高，体积很大，这对污泥的运输、处理和利用均带来一定的

困难。因此，一般先要对污泥进行脱水处理，然后再对其进行综合利用和无害化处理。

污泥脱水的方法主要有：

a. 沉淀浓缩法：利用重力的作用自然浓缩，脱水程度有限。

b. 自然晾晒法：将污泥在场地上铺成薄层日晒风干。此法占地大、卫生条件差，易污染地下水，同时易受气候影响，效率较低。

c. 机械脱水法：如真空吸滤法、压滤法和离心法。此法占地少、效率高，但运行费用也高。

脱水后的污泥可采取以下几种方法进行最终处理：

a. 焚烧：这是目前处理有机污泥最有效的方法，可在各式焚烧炉中进行，但此法的投资较大，能耗较高。

b. 作建筑材料的掺和物：污泥经无害化处理后可作为建筑材料的掺和物，此法主要用于含无机物的污泥。

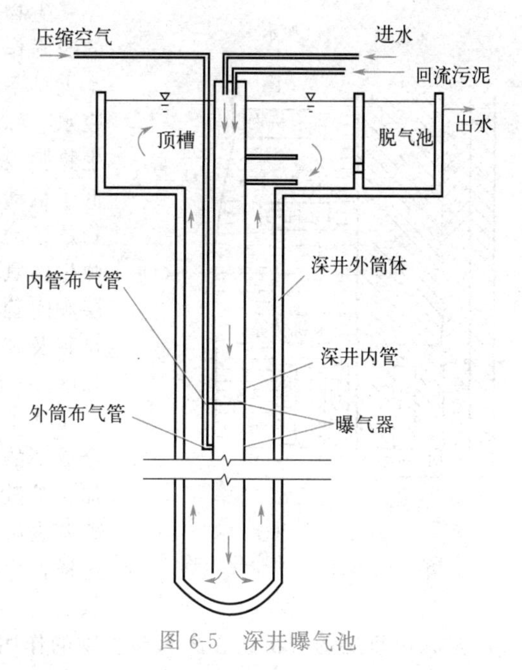

图 6-5 深井曝气池

c. 作肥料：污泥中含有丰富的氮、磷、钾等营养成分，经堆肥发酵或厌氧处理后是良好的有机肥料。但含有重金属和其他有害物质的污泥，一般不能用作肥料。

d. 繁殖蚯蚓：蚯蚓可以改善污泥的通气状况，从而使有机物的氧化分解速度大大加快，并能去掉臭味，杀死大量的有害微生物。

（2）生物膜法

生物膜法依靠固定于载体表面上的微生物膜来降解有机物，由于微生物细胞几乎能在水环境中的任何适宜的载体表面牢固地附着、生长和繁殖，由细胞内向外伸展的胞外多聚物使微生物细胞形成纤维状的缠结结构，因此生物膜通常具有孔状结构，并具有很强的吸附性能。

生物膜附着在载体表面，是高度亲水的物质。在污水不断流动的条件下，其外侧总是存在着一层附着水层。生物膜又是微生物高度密集的物质。在膜的表面和一定深度的内部生长繁殖着大量的微生物及微型动物，并形成由有机污染物→细菌→原生动物（后生动物）组成的食物链。污水在流过载体表面时，污水中的有机污染物被生物膜中的微生物吸附，并向生物膜内部扩散，在膜中发生生物氧化等作用，从而完成对有机物的降解。生物膜表层生长的是好氧和兼氧微生物，而在生物膜的内层微生物则往往处于厌氧状态，当生物膜逐渐增厚，厌氧层的厚度超过好氧层时，会导致生物膜的脱落，而新的生物膜又会在载体表面重新生成，通过生物膜的周期更新，以维持生物膜反应器的正常运行。

生物膜法通过将微生物细胞固定于反应器内的载体上，实现了微生物停留时间和水力停留时间的分离，载体填料的存在，对水流起到强制紊动的作用，同时可促进水中污染物质与微生物细胞的充分接触，从实质上强化了传质过程。生物膜法克服了活性污泥法中易出现的污泥膨胀和污泥上浮等问题，在许多情况下不仅能代替活性污泥法用于城市污水的二级生物处理，而且还具有运行稳定、抗冲击负荷强、更为经济节能、具有一定的硝化反硝化功能、可实现封闭运转防止臭味等优点。

生物膜由废水中的肢体、细小悬浮物、溶质物质和大量的微生物所组成，这些微生物包括大量的细菌、真菌、藻类和微型动物。微生物群体所形成的一层黏膜状物质即生物膜，附着于载体表面，厚度一般为 1～3mm。随着净化过程的进行，生物膜将经历一个由初生、生长、成熟到老化剥落的过程。

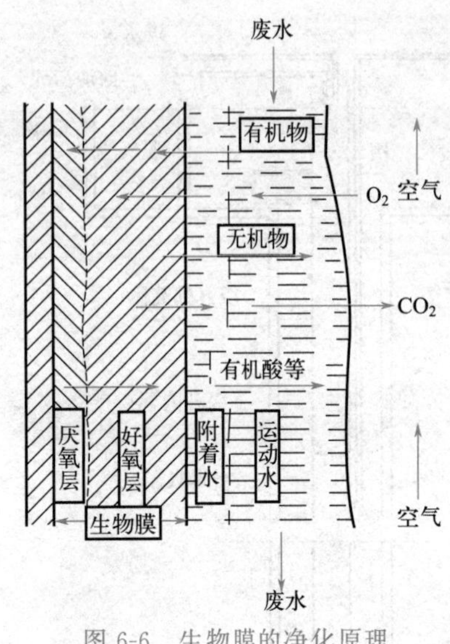

图 6-6 生物膜的净化原理

生物膜净化有机废水的原理如图 6-6 所示。由于生物膜的吸附作用，其表面常吸附着一层很薄的水层，此水层基本上是不流动的，称为“附着水”。其外层为可自由流动的废水，称为“运动水”。由于附着水层中的有机物不断地被生物膜吸附，并被氧化分解，故附着水层中的有机物浓度低于运动水层中的有机物浓度，从而发生传质过程，有机物从运动水层不停地向附着水层传递，被生物膜吸附后由微生物氧化分解。与此同时，空气中的氧依次通过运动水层和附着水层进入生物膜；微生物分解有机物产生的二氧化碳及其他无机物、有机酸等代谢产物则沿相反方向释出，如图 6-6 所示。

微生物除氧化分解有机物外，还利用有机物作为营养合成新的细胞质，形成新的生物膜。随着生物膜厚度的增加，扩散到膜内部的氧很快就被膜表层中的微生物所消耗，离开表层稍远（约 2mm）的生物膜由于缺氧而形成厌氧层。这样，生物膜就形成了两层，即外层的好氧层和内层的厌氧层。

进入厌氧层的有机物在厌氧微生物的作用下分解为有机酸和硫化氢等产物，这些产物将通过膜表面的好氧层而排入废水中。当厌氧层厚度不大时，好氧层能够保持净化功能。随着厌氧层厚度的增大，代谢产物将逐渐增多，生物膜将逐渐老化而自然剥落。此外，水力冲刷或气泡振动等原因也会导致小块生物膜剥落。生物膜剥离后，介质表面得到更新，又会逐渐形成新的生物膜。

根据处理方式与装置的不同，生物膜法可分为生物滤池法、生物转盘法和生物流化床法等。

① 生物滤池法

a. 工艺流程。生物滤池处理有机废水的工艺流程如图 6-7 所示。废水首先在初次沉淀池中除去悬浮物、油脂等杂质，这些杂质可能会堵塞滤料层。经预处理后的废水进入生物滤池进行净化。净化后的废水在二次沉淀池中除去生物滤池中剥落下来的生物膜，以保证出水的水质。

b. 生物滤池的负荷。负荷是衡量生物滤池工作效率高低的重要参数，生物滤池的负荷有水力负荷和有机物负荷两种。水力负荷是指单位体积滤料或单位滤池面积每天处理的废水量，单位为 $m^3/(m^3 \cdot d)$ 或 $m^3/(m^2 \cdot d)$，后者又称为滤率。有机物负荷是指单位体积滤料每天可除去废水中的有机物的量（DODs），单位为 $kg/(m^3 \cdot d)$。

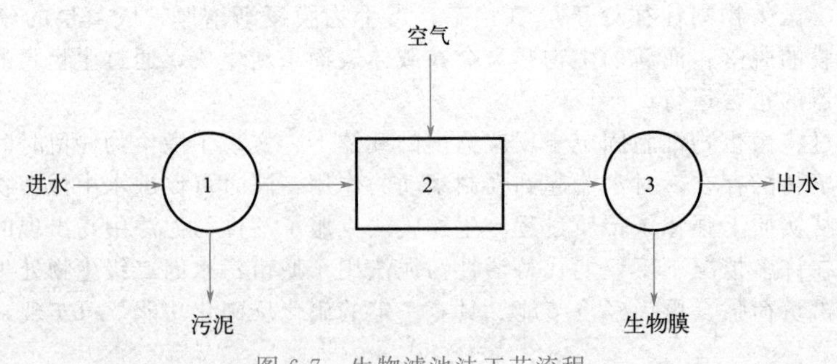

图 6-7 生物滤池法工艺流程
1—初次沉淀池；2—生物滤池；3—二次沉淀池

根据承受废水负荷的大小，生物滤池可分为普通生物滤池（低负荷生物滤池）和高负荷生物滤池。两种生物滤池的工作指标如表 6-3 所示。

表 6-3 生物滤池的工作指标

生物滤池类型	水力负荷/[m^3/(m^2·d)]	有机物负荷/[kg/(m^3·d)]	BOD_5 去除率/%
普通生物滤池	1～3	100～250	80～95
高负荷生物滤池	10～30	800～1200	75～90

注：1. 本表主要适用于生活污水的处理（滤料用碎石），生产废水的负荷应经试验确定。

2. 高负荷生物滤池进水的 BOD_5 应小于 200mg/L。

c. 普通生物滤池。普通生物滤池主要由滤床、分布器和排水系统三部分组成。滤床的横截面可以是圆形、方形或矩形，常用碎石、卵石、炉渣或焦炭铺成，高度为 1.5～2m。滤池上部的分布器可将废水均匀分布于滤床表面，以充分发挥每一部分滤料的作用，提高滤池的工作效率。池底的排水系统不仅用于排出处理后的废水，而且起支撑滤床和保证滤池通风的作用。图 6-8 是常用的具有旋转分布器的圆形普通生物滤池。

普通生物滤池的水力负荷和有机物负荷均较低，废水与生物膜的接触时间较长，废水的净化较为彻底。普通生物滤池的出水水质较好，曾经被广泛应用于生活污水和工业废水的处理。但普通生物滤池的工作效率较低，且容易滋生蚊蝇，卫生条件较差。

d. 塔式生物滤池。它是一种在普通生物滤池的基础上发展起来的新型高负荷生物滤池，其结构如图 6-9 所示。塔式生物滤池的高度可达 8～24m，直径一般为 1～3.5m。这种形如塔式的滤池，抽风能力较强，通风效果较好。由于滤池较高，废水与空气及生物膜的接触非常充分，水力负荷和有机物负荷均大大高于普通生物滤池。同时塔式生物滤池的占地面积较小，基建费用较少，操作管理比较方便，因此，塔式生物滤池在废水处理中得到了广泛应用。

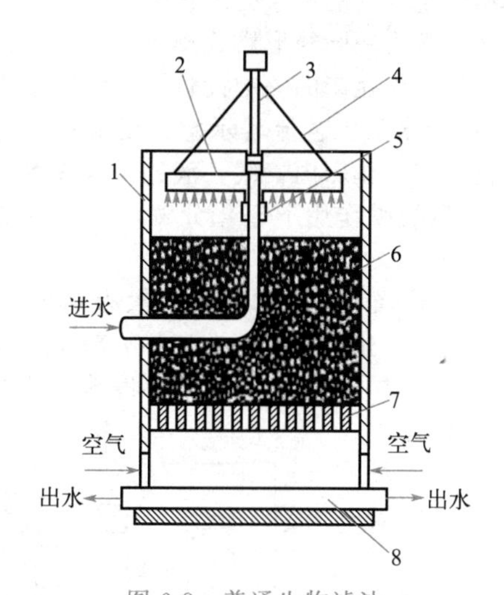

图 6-8 普通生物滤池

1—池体；2—旋转分布器；3—旋转柱；4—钢丝绳；5—水银液封；6—滤床；7—滤床支撑；8—集水管

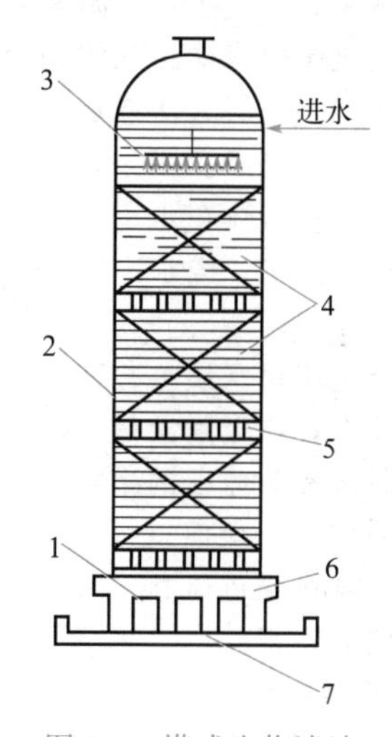

图 6-9 塔式生物滤池

1—进风口；2—塔身；3—分布器；4—滤料；5—滤料支撑；6—底座；7—集水器

塔式生物滤池一般都采用自然通风，自然通风供氧不足的情况下可考虑采用机械通风。采用机械通风时，在滤池上部和下部装设吸气或鼓风的风机，要注意空气在滤池平面上必须均匀分配，以免影响处理效果。此外，还要防止冬天寒冷季节因池温降低而影响处理效果。塔式生物滤池运行时需用泵将废水提升至塔顶的入口处，因此操作费用较高。

② 生物转盘法。生物转盘是一种从传统生物滤池演变而来的新型生物膜法废水处理设备，其工作原理和生物滤池基本相同，但结构形式却完全不同。

生物转盘是由装配在水平横轴上的一系列间隔很近的等直径转动圆盘组成，结构如图 6-10

所示。工作时，圆盘近一半的面积浸没在废水中。当废水在槽中缓慢流动时，圆盘也缓慢转动，盘上很快长了一层生物膜。浸入水中的圆盘，其生物膜吸附水中的有机物，转出水面时，生物膜又从空气中吸收氧气，从而将有机物分解破坏。这样，圆盘每转动一圈，即进行一次吸附-吸氧-氧化分解过程，圆盘不断转动，如此反复，废水得到净化处理。

同一般的生物滤池相比，生物转盘法具有较高的运行效率和较强的抗冲击负荷能力，既可处理 BOD_5 大于 10000mg/L 的高浓度有机废水，又可处理 BOD_5 小于 10mg/L 的低浓度有机废水。但生物转盘法也存在一些缺点，如适应性较差，生物转盘一旦建成后，很难通过调整其性能来适应进水水质的变化或改变出水的水质。此外，仅依靠转盘转动所产生的传氧速率是有限的，如处理高浓度有机废水时，单纯用转盘转动来提供全部需氧量较为困难。

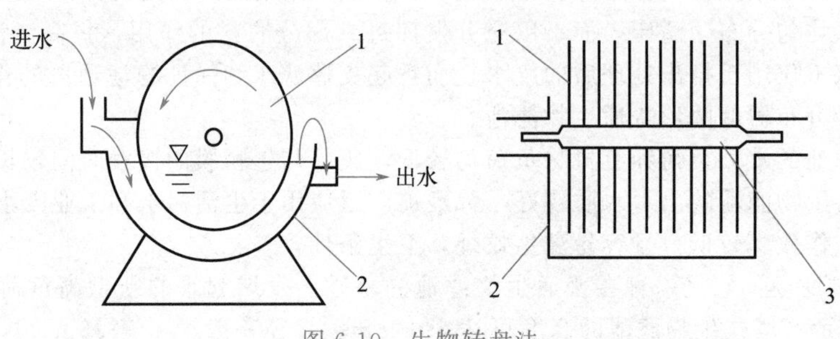

图 6-10 生物转盘法

1—盘片；2—氧化槽；3—转轴

③ 生物流化床法。生物流化床是将固体流态化技术用于废水的生物处理，使处于流化状态下的载体颗粒表面上生长、附着生物膜，是一种新型的生物膜法废水处理技术。

生物流化床由床体、载体和分布器等组成。床体通常为一圆筒形塔式反应器，其内装填一定高度的无烟煤、焦炭、活性炭或石英砂等。分布器是生物流化床的关键设备，其作用是使废水在床层截面上均匀分布。图 6-11 是三相生物流化床处理废水的工艺流程示意。废水和空气从底部进入床体，生物载体在水流和空气的作用下发生流化。在流化床内，气、液、固（载体）三相剧烈搅动，充分接触，废水中的有机物在载体表面上的生物膜作用下氧化分解，从而使废水得到净化。

生物流化床对水质、负荷、床温等变化的适应能力较强。载体的粒径一般为 0.5～1.5mm，比表面积较大，能吸附大量的微生物。由于载体颗粒处于流化状态，废水从其下部、左侧、右侧流过，不断地和载体上的生物膜接触，使传质过程得到强化，同时由于载体不停地流动，可有效地防止生物膜的堵塞现象。近年来，由于生物流化床具有处理效果好、有机物负荷高、占地少和投资省等优点，已越来越受到人们的重视。

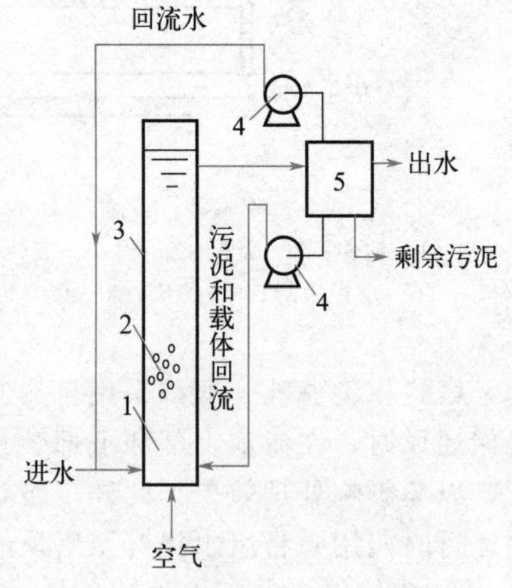

图 6-11 三相生物流化床工艺流程

1—分布器；2—载体；3—床体；4—循环泵；5—二次沉淀池

7. 厌氧生物处理法

废水的厌氧生物处理是环境工程和能源工程中的一项重要技术。人们有目的地利用厌氧生物处理已有近百年的历史，农村广泛使用的沼气池，就是利用厌氧生物处理原理进行工作的。与好氧生物处理相比，厌氧生物处理具有能耗低(不需充氧)、有机物负荷高、氮和磷的需求量小、剩余污泥产量少且易于处理等优点，不仅运行费用较低，而且可以获得大量的生物能——沼气。多年来，结合高浓度有机废水的特点和处理经验，人们开发了多种厌氧生物处理工艺和设备。

(1) 传统厌氧消化法

传统厌氧消化法适用于处理有机物及悬浮物浓度较高的

废水，其工艺流程如图 6-12 所示。废水或污泥定期或连续加入消化池，经消化的污泥和废水分别从消化池的底部和上部排出，所产的沼气也从顶部排出。

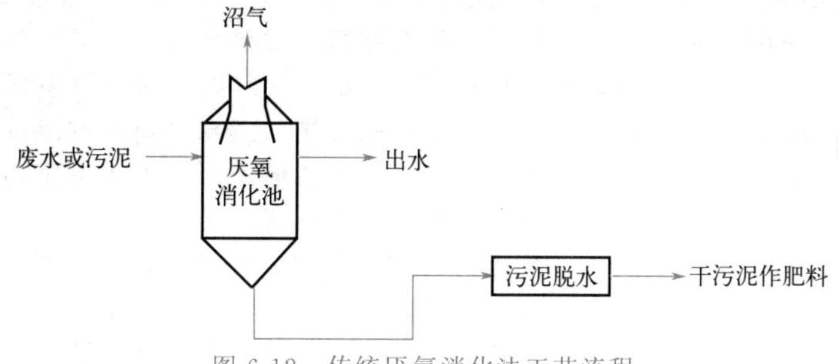

图 6-12　传统厌氧消化法工艺流程

传统厌氧消化法的特点是在一个池内实现厌氧发酵反应以及液体与污泥的分离过程。为了使进料与厌氧污泥充分接触，池内可设置搅拌装置，一般情况下每隔 2～4 小时搅拌一次。此法的缺点是缺乏保留或补充厌氧活性污泥的特殊装置，故池内难以保持大量的微生物，且容积负荷低，反应时间长，消化池的容积大，处理效果不佳。

(2) 厌氧接触法

厌氧接触法是在传统厌氧消化池的基础上开发的一种厌氧处理工艺。与传统厌氧消化法的区别在于增加了污泥回流。其工艺流程如图 6-13 所示。

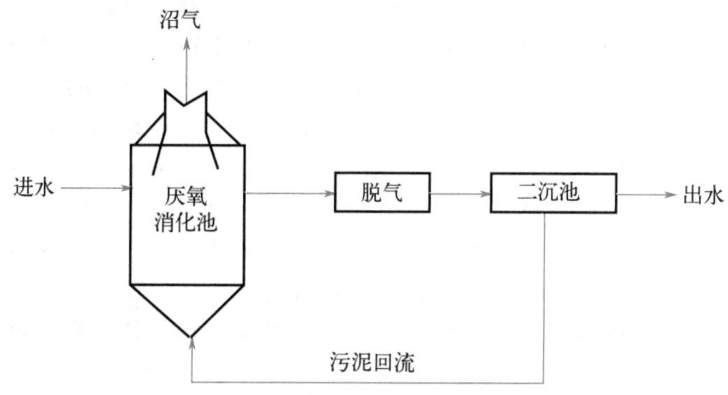

图 6-13　厌氧接触法工艺流程

在厌氧接触工艺中，消化池内是完全混合的。由消化池排出的混合液通过真空脱气，使附着于污泥上的小气泡分离出来，有利于泥水分离。脱气后的混合液在沉淀池中进行固液分离，废水由沉淀池上部排出，沉降下来的厌氧污泥回流至消化池，这样既可保证污泥不会流失，又可提高消化池内的污泥浓度，增加厌氧生物量，从而提高了设备的有机物负荷和处理效率。

厌氧接触法可直接处理含较多悬浮物的废水，而且运行比较稳定，并有一定的抗冲击负荷的能力。此工艺的缺点是污泥在池内呈分散、细小的絮状，沉淀性能较差，因而难以在沉淀池中进行固液分离，所以出水中常含有一定数量的污泥。此外，此工艺不能处理低浓度的有机废水。

(3) 上流式厌氧污泥床

上流式厌氧污泥床是 20 世纪 70 年代初开发的一种高效生物处理装置，是一种悬浮生长型的生物反应器，主要由反应区、沉淀区和气室三部分组成。

如图 6-14 所示，反应器的下部为浓度较高的污泥层，称为污泥床。由于气体（沼气）的搅动，污泥床上部形成一个浓度较低的悬浮污泥层，通常将污泥床和悬浮污泥层统称为反应区。在反应区的上部设有气、液、固三相分离器。待处理的废水从污泥床底部进入，与污泥床中的

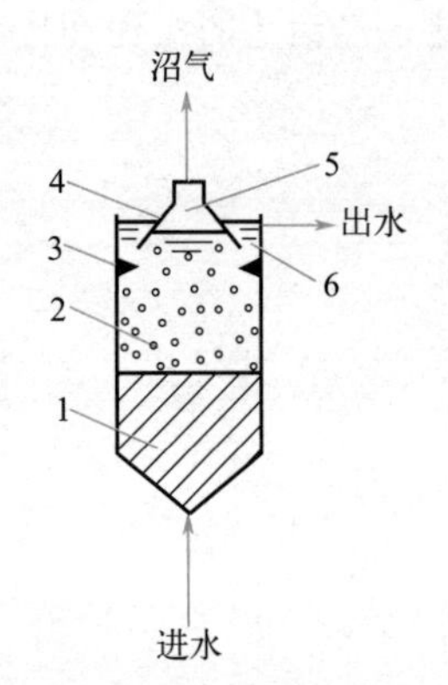

图 6-14 上流式厌氧污泥床
1—污泥床；2—悬浮层；3—挡气环；
4—集气罩；5—气室；6—沉淀区

污泥混合接触，其中的有机物被厌氧微生物分解产生沼气，微小的沼气气泡在上升过程中不断合并形成较大的气泡。由于气泡上升产生的剧烈扰动，在污泥床的上部形成了悬浮污泥层。气、液、固（污泥颗粒）的混合液上升至三相分离器内，沼气气泡碰到分离器下部的挡气环时，折向气室而被有效地分离排出。污泥和水则经孔道进入三相分离器的沉淀区，在重力作用下，水和污泥分离，上清液由沉淀区上部排出，沉淀区下部的污泥沿着挡气环的斜壁回流至悬浮层中。

上流式厌氧污泥床的体积较小，且不需要污泥回流，可直接处理含悬浮物较多的废水，不会发生堵塞现象。但装置的结构比较复杂，特别是气-液-固三相分离器对系统的正常运行和处理效果影响很大，设计与安装要求较高。此外，装置对水质和负荷的突然变化比较敏感，要求废水的水质和负荷均比较稳定。

8. 各类制药废水的处理

（1）含悬浮物或脂体的废水

废水中所含的悬浮物一般可通过沉淀、过滤或气浮等方法除去。气浮法的原理是利用高度分散的微小气泡作为载体去黏附废水中的悬浮物，使其密度小于水而上浮到水面，从而实现固液分离。例如，对于密度小于水的悬浮物或疏水性悬浮物的分离，沉淀法的分离效果往往较差，此时可向水中通入空气，使悬浮物黏附于气泡表面并浮到水面，从而实现固液分离。也可采用蒸汽直接加热、加入无机盐等，使悬浮物聚集沉淀或上浮分离。对于极小的悬浮物或胶体，则可用混凝法或吸附法处理。例如，4-甲酰氨基安替比林是合成解热镇痛药安乃近的中间体，在生产过程中要产生一定量的废母液，其中含有许多必须除去的树脂状物，这种树脂状物不能用静置的方法分离。若在此废母液中加入浓硫酸铵废水，并用蒸汽加热，使其相对密度增大到 1.1，即有大量的树脂沉淀和上浮物，从而将树脂状物从母液中分离出来。

除去悬浮物和胶体的废水若仅含无毒的无机盐类，一般稀释后即可直接排入下水道。若达不到国家规定的排放标准，则需采用其他方法做进一步处理。

从废水中除去悬浮物或胶体可大大降低二级处理的负荷，且费用一般较低，是一种常规的废水预处理方法。

（2）酸碱性废水

化学制药过程中常排出各种含酸或碱的废水，其中以酸性废水居多。酸、碱性废水直接排放不仅会造成排水管道的腐蚀和堵塞，而且会污染环境和水体。对于浓度较高的酸性或碱性废水应尽量考虑回收和综合利用，如用废硫酸制硫酸亚铁、用废氨水制硫酸铵等。回收后的剩余废水或浓度较低、不易回收的酸性或碱性废水必须中和至中性。中和时应尽量使用现有的废酸或废碱，若酸、碱废水互相中和后仍达不到处理要求，可补加药剂（酸性或碱性物质）进行中和。若中和后的废水水质符合国家规定的排放标准，可直接排入下水道，否则需做进一步处理。

（3）含无机物废水

制药废水中所含的无机物通常为卤化物、氰化物、硫酸盐以及重金属离子等，常用的处理方法有稀释法、浓缩结晶法和各种化学处理法。对于不含毒物又不易回收利用的无机盐废水可用稀释法处理。较高浓度的无机盐废水应首先考虑回收和综合利用，例如，含锰废水经一系列化学处理后可制成硫酸锰或高纯碳酸锰，较高浓度的硫酸钠废水经浓缩结晶法处理后可回收硫酸钠，等等。

对于含有氰化物、氟化物等剧毒物质的废水一般可通过各种化学法进行处理。例如，用高压水解法处理高浓度含氰废水，去除率可达 99.99%以上。

$$NaCN+2H_2O \xrightarrow[170\sim180℃,\ 1.47MPa]{1\%\sim1.5\%NaOH} HCOONa+NH_3$$

含氟废水也可用化学法进行处理。例如用中和法处理醋酸氟轻松生产中的含氟废水，去除率可达99.99%以上。

$$2NH_4F+Ca(OH)_2 \xrightarrow{pH=13} CaF_2+2H_2O+2NH_3\uparrow$$

重金属在人体内可以累积，且毒性不易消除，所以含重金属离子的废水排放要求是比较严格的。废水中常见的重金属离子包括汞、镉、铬、铅、镍等离子，此类废水的处理方法主要为化学沉淀法，即向废水中加入某些化学物质作为沉淀剂，使废水中的重金属离子转化为难溶于水的物质而发生沉淀，从而从废水中分离出来。在各类化学沉淀法中，尤以中和法、硫化法的应用最为广泛。中和法是向废水中加入生石灰、消石灰、氢氧化钠或碳酸钠等中和剂，使重金属离子转化为相应的氢氧化物沉淀而除去。硫化法是向废水中加入硫化钠或通入硫化氢等硫化剂，使重金属离子转化为相应的硫化物沉淀而除去。在允许排放的pH值范围内，硫化法的处理效果较好，尤其是处理含汞或铬的废水，一般都采用此法。

（4）含有机物废水

在化学制药厂排放的各类废水中，含有机物废水的处理是最复杂、最重要的课题。此类废水中所含的有机物一般为原辅材料、产物和副产物等，在进行无害化处理前，应尽可能考虑回收和综合利用。常用的回收和综合利用方法有蒸馏、萃取和化学处理等。回收后符合排放标准的废水，可直接排入下水道。对于成分复杂、难以回收利用或者经回收后仍不符合排放标准的有机废水，则需采用适当方法进行无害化处理。

有机废水的无害化处理方法很多，可根据废水的水质情况加以选用。对于易被氧化分解的有机废水，一般可用生物处理法进行无害化处理。对于低浓度、不易被氧化分解的有机废水，采用生物处理法往往达不到规定的排放标准，这些废水可用沉淀、萃取、吸附等物理、化学或物理化学方法进行处理。对于浓度高、热值高又难以用其他方法处理的有机废水，可用焚烧法进行处理。

9. 化学制药废水处理实例

（1）催化氧化-生化法处理工艺

某化学合成原料药企业生产过程中产生的废水成分复杂，COD浓度较高，处理难度较大。废水中主要含有甲醇、丙酮、二氯甲烷、氯仿、吡啶及芳环、杂环等复杂成分，且含有硝基、氨基芳香族化合物等物质，毒性较大，对活性污泥有抑制作用，可生化性很差。因此废水进入SBR曝气池之前，必须进行预处理。

① 废水水质情况（见表6-4）。

表6-4 废水水质情况

项目	COD /(mg/L)	Na^+ /(mg/L)	K^+ /(mg/L)	pH值	SS /(mg/L)	色度/倍	$NH_3—N$ /(mg/L)
含量	3000～6000	1000～2000	800～1500	3.0～5.0	1500～2000	800～1500	100～200

② 废水处理工艺流程。采用催化氧化-生化法处理废水，整个工艺流程如图6-15所示。合成废水经空气催化氧化后分解芳环、杂环等，提高其可生化性，降低毒性，然后与其他车间的废水混合后经气浮、格栅栏进入调节池，污水总量为250～400m^3/d。然后再经厌氧发酵、SBR生化系统进行处理。

③ 系统运行及参数

a. 空气催化氧化。经过运行，最佳工艺参数为：曝气量为15m^3空气/（m^3废水·min），反应温度为80～83℃，催化剂$MnSO_4$的加入量为20kg/m^3，废水反应时间为8～10h，活性污泥产量为55～75kg/(m^3·d)，母液COD去除率为80%，可生化性由0.03升高至0.18左右。

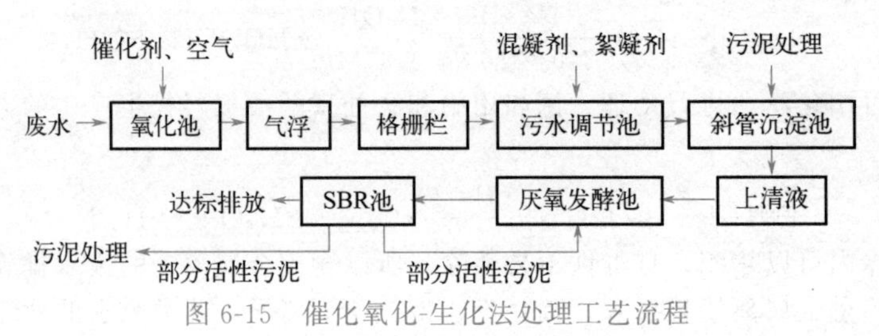

图 6-15 催化氧化-生化法处理工艺流程

b. 气浮。气浮时间为 2h，主要去除催化氧化过程中的固体悬浮物，SS 可由 4000mg/L 降至 100mg/L 以下。

c. 加药。经氧化池流出的废水经气浮、格栅栏后进入污水调节池，在其中加入混凝剂硫酸亚铁（$FeSO_4 \cdot 7H_2O$）及高分子絮凝剂聚丙烯酰胺（PAM）使之形成 FeS 沉淀、$Fe(OH)_3$ 胶体沉聚及其他絮凝物（化学泥）从而去除，出水可以直接进行生物处理而不受 S^{2-} 的影响，沉淀的 FeS、$Fe(OH)_3$ 可以送去制砖或进行填埋处理；亦可以向废水中加酸，将废水中的 S^{2-} 形成 H_2S 吹脱到空气中去，用 NaOH 溶液吸收后形成 Na_2S 再回收用于制药生产。

d. 生化处理系统的驯化

ⅰ. 先用同步驯化法使 SBR 池中的活性污泥对污水有较好的处理能力，再将部分活性污泥通入厌氧发酵池中，延长对厌氧菌的驯化。

ⅱ. 原有 SBR 池中活性污泥对中试及其他车间废水有较强的降解能力。污水 COD 值为 2000～2500mg/L，可生化性约为 0.2，活性污泥生长运行正常，处理后 COD 可达到 200mg/L 以下，$S^{2-} \leqslant 1$mg/L。为了保持 SBR 池的正常运行，对活性污泥采用同步驯化，处理运行结果如表 6-5 所示。

表 6-5 催化氧化-生化法废水处理系统运行结果

运行时段	进水 COD 含量/(mg/L)	SBR 池运行(COD 含量)/(mg/L)	显微镜检查结果
Ⅰ	药物合成废水 50m³ 3000～4000	1 周 SV 由 33%降至 20%，进水后 SBR 池曝气 20min，COD=600～700，曝气 10h 后排水，COD=200～260	等枝虫大量死亡；有少量豆形虫；菌胶团形态分散
	中试等废水 200m³ 3000～4000	2 周 SV=19%～24%(相对稳定)，进水后 SBR 池曝气 20min，COD=500～600，曝气 10h 后排水，COD=190～220	等枝虫数量增加，较活跃；豆形虫数量增多
Ⅱ	药物合成废水 100m³ 3000～4000	1 周 SV 由 24%降至 17%，进水后 SBR 池曝气 20min，COD=600～650，曝气 10h 后排水，COD=220～260	等枝虫闭口，不活跃；豆形虫数量减少；菌胶团老化成分增多
	中试等废水 150m³ 3000～4000	2 周 SV=17%～20%(相对稳定)，进水后 SBR 池曝气 20min，COD=500～550，曝气 10h 后排水，COD=190～200	等枝虫开口，活性增强；豆形虫数量增多
Ⅲ	药物合成废水 150m³ 3000～4000	1 周 SV 由 24%降至 17%，进水后 SBR 池曝气 20min，COD=600～650，曝气 10h 后排水，COD=220～260	等枝虫闭口，不活跃；豆形虫数量减少；菌胶团老化成分增多
	中试等废水 100m³ 3000～4000	2 周 SV=17%～21%(相对稳定)，进水后 SBR 池曝气 20min，COD=500～550，曝气 10h 后排水，COD=180～190	等枝虫开口，活性增强；豆形虫数量增多
Ⅳ	药物合成废水 200m³ 3000～4000	1 周 SV 由 24%降至 17%，进水后 SBR 池曝气 20min，COD=600～650，曝气 10h 后排水，COD=220～260	等枝虫闭口，不活跃；豆形虫数量减少，菌胶团老化成分增多

续表

运行时段	进水COD含量/(mg/L)	SBR池运行(COD含量)/(mg/L)	显微镜检查结果
Ⅳ	中试等废水 50m^3 3000～4000	2周SV=17%～21%(相对稳定),进水后SBR池曝气20min,COD=500～550,曝气10h后排水,COD=170～180	等枝虫开口,活性增加;豆形虫数量增多
Ⅴ	药物合成废水200m^3 3000～4000	SV由19%不断增至32%,开始向厌氧发酵池排入生物,使SV维持30%左右	菌胶团形态完整
Ⅵ	药物合成废水250m^3 3000～4000	SV由19%不断增至35%,开始向厌氧发酵池排入生物,使SV维持30%左右	菌胶团形态完整

ⅲ. 厌氧发酵池主要是通过厌氧菌分解或部分分解大颗粒有机成分，提高污水可生化性。经过3年多的驯化，厌氧菌膜对苯胺、酯类等化合物有较强的分解作用。为了提高厌氧发酵池对药物合成车间污水的降解能力，不断导入部分SBR池的活性污泥，经一段时间运行后，白色厌氧菌膜由多变少，再重新生成新的厌氧菌膜毛刷，废水可生化性由0.1提高至0.25以上，基本符合SBR池运行条件。

(2) 气浮-水解-好氧法处理工艺

① 废水的性质及特点。徐州市某制药厂是一家以多种化学原料药合成为主的中型制药企业。生产废水（生产过程产生的废水和冲洗水）约100m^3/d且排放不稳定，废水中含有苯、甲苯、氯苯等难降解有机物；COD_{Cr}为8000～15000mg/L，平均12000mg/L；BOD_5为2530～24800mg/L，平均3840mg/L；生产废水的BOD_5与COD_{Cr}的比值>0.3，可生化性较差，但可生化处理。生活废水约500m^3/d。

② 废水处理工艺流程。采用气浮-水解-好氧组合工艺，工艺流程见图6-16。

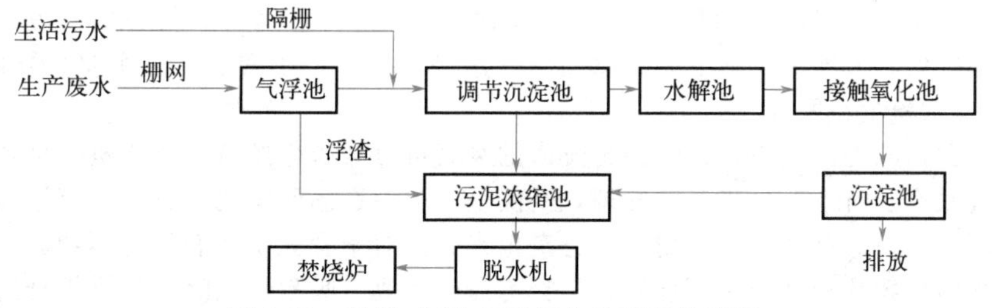

图6-16 气浮-水解-好氧组合处理工艺流程

a. 气浮处理。生产废水间歇性排放且水量少，故对高浓度的生产废水单独进行气浮处理。各车间排放的废水经栅网滤去较大的悬浮物后进入气浮池。气浮池采用部分回流加压溶气工艺，溶气水回流比为30%～35%，溶气压力为0.3～0.4MPa，溶气水取自气浮池出水。气浮池前设一集水池，加药调整废水的pH值为7.2～8.0后，加入硫酸铁作为凝聚剂，使废水中以胶体状态存在的污染物絮凝成较大的絮状体，吸附截留气泡，加速颗粒上浮。加入药剂后污水中存在的三价铁离子能激活废水中降解微生物某些酶的活性。利用气浮法可去除废水中部分有机物和COD_{Cr}，降低后续处理过程的有机负荷，利于后续的生化处理。

b. 水解（酸化）处理。气浮处理后的废水与全厂的生活污水在调节沉淀池中混合，进行水量、水质的均化。向制药废水加入生活污水，可形成共基质条件，改善对难降解有机物的处理效果。均化后的废水进入水解（酸化）池，水解池是由原曝气池的一部分改造而成，内部尺寸（长×宽×高）为11.6m×5m×4m，有效容积为220m^3，废水停留时间为6h。水解阶段，大分子有机物被降解为小分子物质，难以生物降解的物质转化为易生物降解的物质，使得废水在后续好氧处理单元中能在较少的停留时间下得到处理。此阶段的微生物主要是水解细菌和产酸菌。水解池由底部进水，在进水口安装布水装置，使废水在池内能平稳均匀地上升。池子的中段安置生物填料以增加比表面积，为微生物的生长提供了有利条件，增加了污泥的浓度，提高了水解池的处理效率。

c. 好氧处理。好氧处理段采用接触氧化法，该法具有耐冲击负荷、无污泥膨胀、不需进行污泥回流以及维护管理方便等优点。水解酸化后的废水直接进入接触氧化池进行好氧处理。接触氧化池的内部尺寸（长×宽×高）为 11.6m×8m×4m，有效容积为 $350m^3$，废水停留时间为 9h。接触氧化池内置弹性填料，填充率为 75%。好氧处理后的废水自流进入沉淀池，在沉淀池中停留 4h 后，上清液外排。

d. 浮渣及污泥处理。调节池、沉淀池排放的污泥以及气浮池产生的浮渣浓缩后由板块压滤机脱水，干泥运往焚烧炉焚烧。浓缩池上清液与机械脱水滤液回流到调节池再进行处理。

③ 处理效果。经多次对出水水质进行检测，废水处理效果见表 6-6。

表 6-6 废水处理效果

项目	水量/(m^3/d)	COD_{Cr}/(mg/L)	BOD_5/(mg/L)	pH 值
气浮设备进水	100	12000	3840	7.8
气浮设备出水	—	5520	1856	7.8
水解池进水	600	1035	631.4	7.8
水解池出水	—	365.2	142.8	7.3
二沉池出水	—	87.4	26.3	7.6

三、废气处理技术

化学制药排出的废气主要具有种类繁多、组成复杂、数量大和危害严重等特点，其污染源主要包括四部分：蒸馏、蒸发浓缩工段产生的有机不凝气，合成反应、分离提取过程产生的有机溶剂废气；使用盐酸、氨水调节 pH 值产生的酸碱废气；粉碎、干燥排放的粉尘；污水处理厂产生的恶臭气体。排放的大气污染物主要有氯化氢、溶剂（丁酯、丁醇、二氯甲烷、异丙醇、丙酮、乙腈、乙醇等）、粉尘、氨气。

按照其所含污染物的性质，化学制药排出的废气可分为含尘废气、含无机污染物废气和含有机污染物废气三类。对于含尘废气的处理，其实是一个气、固两相混合物的分离过程，可利用粉尘质量较大的特点，通过外力的作用将其分离出来；而对于含无机或有机污染物废气的处理，则要按照其所含污染物的物理和化学性质，选择冷凝、吸收、吸附、燃烧、催化等合适的方法进行无害化处理。

目前，对于化学制药所产生的废气管理，主要的依据是《中华人民共和国环境保护法》、《中华人民共和国大气污染防治法》、《煤炭工业污染物排放标准》（GB 20426—2006）、《恶臭污染物排放标准》（GB 14554—1993）等一系列相关法律法规。

1. 含尘废气的处理

化学制药厂所排出的含尘废气主要源自粉碎、碾磨、筛分等机械过程所产生的粉尘以及锅炉燃烧灰尘等，其主要处理方法有：机械除尘、洗涤除尘和过滤除尘三种。

（1）机械除尘

机械除尘是利用机械力（如重力、惯性力、离心力等）将悬浮的粉尘颗粒从气流中分离出来。这种设备结构简单、运转费用低，适用于含尘浓度高及悬浮颗粒较大（5～10μm 以上）的气体，但对于细小的粒子分离效果不好。为提高分离效果，可采用多级联用的形式，或在使用其他除尘器之前，将机械除尘作为一级除尘使用。

（2）洗涤除尘

洗涤除尘又称湿式净化，是利用洗涤液（一般为水）与含尘气体充分接触，将尘粒洗涤下来而使气体净化的过程，可有效地将直径 0.1～100μm 的液态或固态粒子从气流中除去，同时也可脱除部分气态污染物。洗涤除尘法具有除尘效率高、除尘器结构简单、造价低、占地面积小和操作维修方便等优点，适宜处理高温、高湿、易燃、易爆的含尘气体。但该方法需要消耗一定量的洗涤液（如水），需对洗涤后的含尘废液、污泥进行处理；净化含有腐蚀性的气态污染物时，设备易腐蚀，故洗涤除尘器比一般干式除尘器的操作费用高，能耗大；但是，该方法在寒冷地区不适用。

（3）过滤除尘

过滤除尘是将棉、毛或人造纤维等材料加工成织物作为滤料，制成滤袋对含尘气体进行过滤的过程。当含尘气流通过滤料孔隙时粉尘被阻留下来，清洁气流穿过滤袋之后排出。沉积在滤袋上的粉尘通过机械振动，从滤料表面脱落至灰斗中。在使用一段时间后，滤布的孔隙会被尘粒堵塞，导致气流阻力增加，故需要使用专门清扫滤布的机械对其进行定期或连续清扫。过滤除尘适用于处理含尘浓度低、尘粒较小（0.1～20μm）的废水，但不适用于温度高、湿度大或腐蚀性强的废气。

由于各种除尘设备各有优缺点，对于那些粒径分布幅度较宽的含尘废气，常将两种或多种不同性质的除尘器组合使用，以提高除尘效果。

2. 含无机污染物废气的处理

对于化学制药而言，废气中常见的无机污染物包括氯化氢、硫化氢、二氧化硫、氮氧化物、氯气、氨气等。对于含无机污染物废气的处理，主要方法有吸收法、吸附法、催化法和燃烧法等，其中以吸收法最为常用。

气体吸收是利用气体混合物中各个组分在吸收液中的溶解度不同，或者与吸收剂中的组分发生选择性化学反应，将污染物从气流中分离出来的过程。吸收处理通常是在吸收装置中进行，其目的是使气体与吸收液进行充分接触，实现气液两相之间的传质。用于气体净化的吸收装置主要有填料塔、板式塔和喷淋塔。

3. 含有机污染物废气的处理

根据废气中所含有机污染物的特点、性质和回收的可能性，可采用不同的净化和回收方法。目前，处理含有机污染物废气的方法主要有冷凝法、吸收法、吸附法、燃烧法和生物法。

（1）冷凝法

通过冷却，可使废气中所含的有机污染物凝结成液体，从而达到分离处理的效果。冷凝法的特点是设备简单、操作方便，适用于处理有机污染物含量较高的废气。当要求的净化程度很高，或处理的有机废气浓度较低时，由于需要将废气冷却到很低的温度，因此经济性较差。

（2）吸收法

与处理含无机污染物废气类似，吸收法在处理含有机污染物废气时，也是通过选用合适的吸收剂，并通过一定的吸收流程，达到净化废气的目的。但是，利用吸收法处理含有机污染物的废气不如处理含无机污染物的废气应用广泛，其主要原因是选择适宜的吸收剂比较困难。

吸收法可用于处理有机污染物含量较低或沸点较低的废气，并可将其回收。如用水或乙二醛水溶液吸收废气中的胺类化合物、用硫酸吸收废气中的吡啶类化合物、用水吸收废气中的醇类和酚类化合物、用亚硫酸氢钠溶液吸收废气中的醛类化合物、用柴油或机油吸收废气中的某些有机溶剂等。但当废气中所含有机污染物浓度过低时，吸收效率会显著下降，因此本方法不适宜处理有机污染物含量过低的废气。

（3）吸附法

吸附法是将废气与大表面多孔吸附剂接触，使废气中的污染成分吸附到吸附剂的固体表面，从而达到净化废气的目的。吸附是一个动态平衡的过程，当气相中某组分被吸附剂吸附的同时，部分已被吸附的该组分又可以脱离固体表面回到气相中，形成脱附。当吸附速率与脱附速率相等时，该吸附剂的吸附达到饱和，失去继续吸附的能力。因此，当吸附过程接近或达到吸附平衡时，应采用适当的方法将被吸附的组分从吸附剂中解吸下来，以恢复吸附剂的吸附能力，该过程称为吸附剂的再生。

与吸收法类似，选择适宜的高效吸附剂是吸附法处理含有机污染物废气的关键，常用的吸附剂包括活性炭、活性氧化铝、硅胶、分子筛和褐煤等。吸附法的净化效率较高，特别是当废气中有机污染物的浓度较低时本方法仍有很强的净化能力。因此，吸附法特别适用于处理对排放要求较高或有机污染物浓度较低的废气，但一般不适用于处理高浓度、大气量的废气，否则需频繁对吸附剂进行再生处理，不但影响吸附剂的使用寿命，也增加了处理成本。

(4) 燃烧法

燃烧法是在有氧的条件下将废气加热到一定的温度，使其中的可燃污染物发生燃烧或高温分解为无害物质，从而达到废气的净化目的。当废气中易燃污染物的浓度较高或热值较高时，可将废气直接通入焚烧炉中燃烧，燃烧产生的热量可予以回收。燃烧过程中，一般控制温度为800～900℃，为了降低燃烧温度，也可采用催化燃烧法，使废气的可燃组分或可高温分解的组分在较低的温度下转化为CO_2和H_2O。

燃烧法是一种常用的处理含有机污染物废气的方法，工艺比较简单、操作比较方便，并可回收一定的热量。但其缺点是不能回收有用的物质，且易造成二次污染。

(5) 生物法

生物法处理含有机污染物废气的原理是利用微生物的代谢作用，使废气所含的有机污染物转化为低毒或无毒的物质。与其他方法相比，本方法设备比较简单，且处理效率较高，运行成本较低。但生物法只能处理含有机污染物较少的废气，且不能回收有用物质。

4. 化学制药厂废气处理实例

某制药总厂是一个以化学合成为主、兼有生物合成的原料药厂。由于产品种类多，工艺复杂，耗用原料种类多、数量大，所以生产1kg产品往往需要消耗几十千克乃至几吨的原料。据分析，在原料中，作为组成产品化学结构的原料仅占产品全部原料消耗的15%～30%，其余原料和副产品如果不加以综合利用，就会以“三废”的形式流失。这不仅浪费了资源和能源，也污染了环境。该厂年排废水6.52万吨，排放各种化学“三废”1.68万吨，以化学耗氧量计，从废水中排放的污染物量就相当于25万居民生活所产生的污染量。十多年来，某制药总厂通过“三废”综合利用、产品技术改造和环保科研，在生产逐年增长的情况下，排污逐年下降，工业总产值增长24.27%，年排污水下降42.98%，减少了污染，改善了环境。

化学制药“三废”是在一定的化学反应中产生的，因此可以再给它创造一些条件，促使它再经过另外一些化学反应变成有用的物质。实行回收利用、加工改制是废料资源化或资源再利用的一种形式。对一个企业或一个产品来说，资源的综合利用程度也是客观反映其生产技术和管理水平的重要标志。通过回收利用、加工改制、循环利用等方式加以利用的产品，仅据不完全统计就有11种、600余吨之多，价值347万元。全厂从综合利用的利润中提留90多万元用作“三废”的再治理费用。

① 反复实验。在氯磺酸的尾气治理中，每年要回收几千吨盐酸，如何利用这些回收的盐酸经历了多次实验过程：第1次用以制氯化铵，因氨水供应不上而停产；第2次以再沸法得到氯化氢气，用以合成氯磺酸，结果因设备腐蚀严重没能投产；第3次用以制无水氯化钙，因包装木箱存在问题，也没能投产；最后，在相关工厂和建筑研究院的协助下，用回收的盐酸加菱苦土制得“合成卤水”——氯化镁液，代替“天热卤水”作为调和剂，制成镁质水泥构件，最终找到了合适的回收利用途径。另外，将氯霉素生产中的含铝废水，浓缩得三氯化铝，再纯化制得药用氢氧化铝，既清除了污染物，又增加了产品品种。

② 以废治废。在维生素E的生产中需用大量的盐酸气，如采用盐酸滴加氯磺酸法，工艺上不合理，废酸液又多，经常因盐酸气的发生和下一岗位间的配合不当，造成盐酸气过剩，产生大气污染；后改为直接用氨苯磺胺分离副产品盐酸气，不但解决了污染危害，每年还可节约氯磺酸25t。除此之外，还有用苛性钠溶液吸收糠氯酸尾气得到次氯酸钠，次氯酸钠可作为氧化剂用于生产；从氢化可的松废液中提炼出精碘等。

四、废渣处理技术

制药工业的废渣是在制药过程中产生的固体、半固体或浆状废物。废渣的来源很多，如活性炭脱色精制工序所产生的废活性炭，铁粉还原工序所产生的铁泥，锰粉氧化工序产生的锰泥，废水处理产生的污泥，反应后处理结束后所产生的残渣、废盐、失活催化剂等。通常废渣的数量比废水、废气少，污染程度相对较小，但其组成复杂，且大多数含有高浓度的有机污染物，甚至是剧毒、易燃、易爆的物质。因此，对于废渣仍然需要进行适当的处理，以免造成环境污染和安全事故。

防治废渣污染应遵循“减量化、资源化和无害化”的“三化”原则。首先要采取措施，最大限度从“源头”减少废渣的产生和排放；其次，对于必须排出的废渣，要尽量能够综合利用，从废渣中回收有价值的资源和能量；最后，对无法综合利用或经综合利用后的废渣进行无害化处理。目前，对于废渣的处理方法主要有化学法、焚烧法、热解法和填土处理法等。

1. 化学法

化学法是利用废渣中所含污染物的化学性质，通过化学反应将其转化为稳定、安全的物质，是一种常用的无害化处理技术。例如，铬渣中常含有对环境有严重危害的可溶性六价铬，可利用还原剂将其还原为无毒的三价铬。再如，含有氰化物的废渣有剧毒，不能随意排放，可将氢氧化钠溶液加入含有氰化物的废渣中，再用氧化剂使其转化为无毒的氰酸钠，或再加热回流数小时后用次氯酸钠分解，使氰基转化为 CO_2 和 N_2，从而避免其对环境的危害。

2. 焚烧法

焚烧法是使被处理的废渣与过量的空气在焚烧炉中进行氧化燃烧反应，从而使废渣中所含污染物在高温下氧化分解，是一种高温处理和深度氧化的综合工艺。对无回收利用价值的可燃性废渣，通过焚烧可以使固体废物氧化分解，能迅速大幅度地减容（一般体积可减少 80%～90%），可彻底消除有害细菌和病毒，破坏毒性有机物，回收能量及副产品，同时残渣稳定安全。由于焚烧法适用于废物性状难以把握、废物产量随时间变化幅度较大的情况，加之某些带菌性或含毒性有机固体废物只能焚烧处理，故应用十分广泛。

焚烧法历史悠久，所积累的经验丰富，技术可靠。焚烧设备主要有流化床焚烧炉、转窑式焚烧炉、多膛式焚烧炉、固定床型焚烧炉等。

采用流化床焚烧炉时，废物颗粒和气体间的传质、传热速度快，温度易于控制，特别在流化床炉的上半部分可进行干燥过程，因此焚烧发烟物或有机污泥时，往往采用多段流化床焚烧炉。

熔融型焚烧处理是将废物在 1400～1650℃的高温下焚烧，可以把废物的可燃部分燃烧与不可燃部分熔融在同一过程中进行，然后经冷却、凝固变成最安全的适于填埋的固体烧结物。在最终填埋处置时，因为不含有机物及恶臭成分，并有很高的密度，故不会有粉尘飞扬，且填埋后也不会有有害物浸出。

3. 热解法

热解法是在无氧或缺氧的高温条件下，使废渣中的大分子有机物裂解为可燃的小分子燃料气体、油和固态碳等。与焚烧法不同，废渣中大分子有机物的热解过程是吸热的，而焚烧过程是放热的，且热量可以回收利用。此外，热解所生成的物质主要为可回收利用的可燃小分子化合物，如气态的氢、甲烷，液态的甲醇、丙酮、乙酸、乙醛等有机物以及焦油和溶剂油等，固态的焦炭或炭黑，而焚烧的产物主要是二氧化碳和水，无利用价值。

4. 填土处理法

废渣的填土处理法，也可称作固体废物的陆地处置法，根据废物的种类及其处置的地层位置，如地上、地表、地下和深地层，可将陆地处置分为土地耕作、工程库或储留池储存、土地填埋以及深井灌注等。

① 土地耕作处置。土地耕作处置是使用表层土壤处置固体废渣的一种方法。它把废物当作肥料或土壤改良剂直接施到土地上或混入土壤表层，利用土壤中的微生物种群，将有机物和无机

物分解成为较高生命形式所需的物质形式而不断在土壤中进行着物质循环。土地耕作是对有机物消化处理、对无机物永久“储存”的综合性处置方式。它具有工艺简单、费用适宜、设备维修容易，对环境影响较小，能够改善土壤结构和提高肥效等优点。土地耕作法主要用来处置可生物降解的石油或有机化工和制药业所产生的可降解废物。

为了保证在土地耕作处置过程中，一方面获得最大的生物降解率，另一方面限制废物引起二次污染，在实施土地耕作时，一般要求土地的pH值在7～9，含水量为6%～20%。由于废物的降解速度随温度降低而降低，当地温降到0℃时，降解作用基本停止，因此土地耕作处置地温必须保持在0℃以上。土地耕作处置废物的量要视其中有机物、油、盐类和金属含量而定，废物的铺撒分布要均匀，耕作深度以15～20cm比较适宜。另外，土地耕作处置场地选择要避开断层、塌陷区，避免同通航水道直接相通，距地下水位至少1.5m，距饮用水源至少150m，耕作土壤为细粒土壤，表面坡度应小于5%，耕作区域内或30m以内的井、穴和其他与底面直接相通的通道应予以堵塞。

② 深井灌注处置。深井灌注处置是将液状废物注入与饮用水和矿脉层隔开的地下可渗透性岩层中。深井灌注方法主要用来处置那些实践证明难于破坏、难于转化，不能采用其他方法处理、处置，或者采用其他方法处置费用昂贵的废物。它可以处置一般废物和有害废物，可以是液体、气体或固体。

在实施灌注时，将这些气体或固体都溶解在液体里，形成溶液、乳浊液或液固混相体，然后加压注入井内，灌注速率一般为300～4000L/min。对某些工业废物来说，深井灌注处置可能是对环境影响最小的切实可行的方法。但深井灌注处置必须注意井区的选择和深井的建造，以免对地下水造成污染。

③ 土地填埋处置。固体废物的土地填埋处置是一种最主要的固体废物最终处置方法。土地填埋是由传统的倾倒、堆放和填地处置发展起来的。按照处置对象和技术要求上的差异，土地填埋处置分为卫生土地填埋和安全土地填埋两类。前者适于处置城市垃圾，后者适于处置工业固体废物，特别是有害废物，也被称作安全化学土地填埋。

安全土地填埋是处置工业固体废物，特别是有害废物的一种较好的方法，是卫生土地填埋方法的改进型方法，它对场地的建造技术及管理要求更为严格：填埋场必须设置人造或天然衬里，保护地下水免受污染，要配备浸出液收集、处理及检测系统。安全土地填埋处置场地不能处置易燃性废物、反应性废物、挥发性废物、液体废物、半固体和污泥，以免混合后发生爆炸、产生或释出有毒有害的气体或烟雾。

有机物废渣分解时放出甲烷、氨气及硫化氢气体，应该先焚烧变成少量的残渣再用土地填埋处置，有些污染性废渣发热量太低无法焚烧时，也应先进行脱水，待其体积、数量大大减少后再进行填埋处理。

除以上几种方法，废渣的处理方法还有生物法、湿式氧化法等多种方法。生物法是利用微生物的代谢作用将废渣中的有机污染物转化为简单、稳定的化合物，从而达到无害化的目的。湿式氧化法是在高压和150～300℃的条件下，利用空气中的氧对废渣中的有机物进行氧化，以达到无害化，整个过程在有水的条件下进行。

5. 化学制药厂废渣处理实例

(1) 从头孢噻肟钠生产废渣中回收2-巯基苯并噻唑

头孢噻肟钠是国内多家制药厂生产的新型头孢类抗生素药物之一，属于第三代头孢菌素。该药在生产过程中的酯化与缩合工段产生大量废渣，由于废渣中含有多种刺激性、腐蚀性、毒性成分，不仅污染环境，而且对人体健康造成严重损害。河北省某制药厂的头孢噻肟钠生产废渣中富含丰富的2-巯基苯并噻唑和三苯基氧膦，若能提取加以利用，不仅充分地利用了资源，而且解决了制药厂废渣处理难的问题。

2-巯基苯并噻唑是一种橡胶通用型硫化促进剂，具有硫化促进作用快、硫化平坦性低以及混炼时无早期硫化等特点，广泛用于橡胶加工业。用2-巯基苯并噻唑还可制取农药杀菌剂、切削油、石油防腐剂、润滑油的添加剂，合成噻唑类硫化促进剂、二硫化二苯并噻唑（简称 DM）。三苯基氧膦是一种中性配位体，在不同情况下与稀土离子形成不同配比的配合物——可以用作药物中间体、催化剂、萃取剂等。20 世纪 80 年代以来，对促进剂 2-巯基苯并噻唑工业改进方面的研究主要集中在粗品 2-巯基苯并噻唑中副产物的回收利用，归纳起来有溶剂结晶法、蒸馏萃取法、固液萃取法、液液萃取法，这 4 种方法均采用 CS_2 作溶剂，萃取母液和结晶母液可返回合成反应使用，但是有一定的危险性。本方法采用二次酸碱中和法提取 2-巯基苯并噻唑，以丙酮为溶剂对 2-巯基苯并噻唑进行提纯，三苯基氧膦直接用质量分数 95% 的乙醇浸取，丙酮和乙醇容易回收，可循环使用，整个操作过程工艺流程简单，几乎无“三废”产生，符合绿色化学的要求。

① 废渣的组成。废渣的组成见表 6-7。

表 6-7 废渣的组成

成分	质量分数/%	成分	质量分数/%
2-巯基苯并噻唑	20.0	酯化产物	9.5
三苯基氧膦	10.0	二氯甲烷	8.1
硫甲基苯并噻唑	22.5	其他	29.9

② 原理与工艺流程。2-巯基苯并噻唑不溶于水，而其钠盐溶于水，利用 2-巯基苯并噻唑的钠盐与废渣中其他组分在水中溶解度的不同，刘惠玲等用碳酸钠中和废渣，60℃下硫酸酸化、无水乙醇精制的方法从制药废料中提取 2-巯基苯并噻唑。从废料中提取 2-巯基苯并噻唑的化学反应为：

(苯并噻唑环，N、S)—SH + NaOH ⟶ (苯并噻唑环，N、S)—SNa + H_2O

2 (苯并噻唑环，N、S)—SNa + H_2SO_4 ⟶ 2 (苯并噻唑环，N、S)—SH + Na_2SO_4

石起增等从头孢噻肟钠生产废渣中回收 2-巯基苯并噻唑和三苯基氧膦的研究中采用二次氢氧化钠中和，60℃硫酸酸化、丙酮浸取的方法从制药废料中提取 2-巯基苯并噻唑纯品；采用向滤渣中加入 95%（质量分数，下同）乙醇浸取、活性炭脱色、加入适量蒸馏水加热分层、趁热分液、旋转蒸发浓缩结晶的方法得到三苯基氧膦片状晶体。其工艺流程如图 6-17 所示。

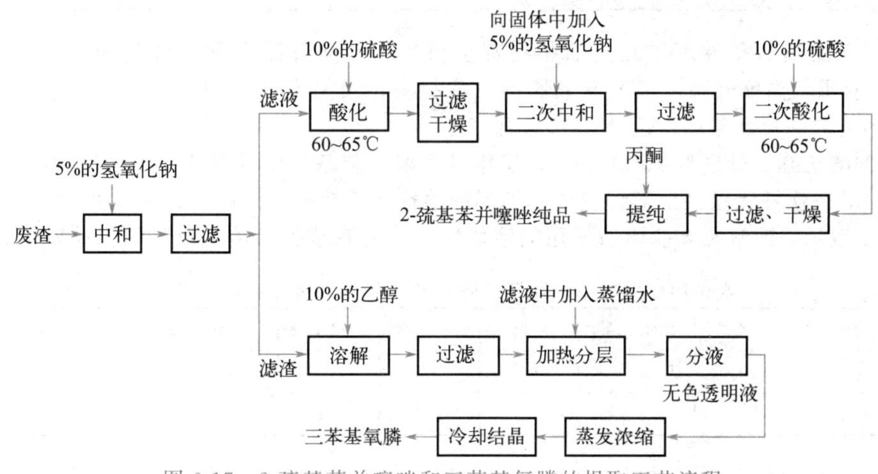

图 6-17 2-巯基苯并噻唑和三苯基氧膦的提取工艺流程

(2) 处理方法与步骤

① 2-巯基苯并噻唑的提取。头孢噻肟钠废渣用粉碎机粉碎后，称取 50g 于 400ml 烧杯中，室

温下加入5%（质量分数，下同）的氢氧化钠溶液调pH值为10，反应2小时后静置，减压抽滤。控制反应温度为60℃，向滤液中加入10%（体积分数，下同）的硫酸至pH值为2～3，此时有大量的沉淀析出，静置，过滤，得一次2-巯基苯并噻唑粗品。

加入5%的氢氧化钠溶液于干燥后的一次2-巯基苯并噻唑粗品中，调pH值为10，反应后静置，减压抽滤，控制反应温度为60℃，向滤液中加入10%的硫酸溶液至pH值为5～6，此时有大量的沉淀析出，静置，过滤得二次2-巯基苯并噻唑粗品。向二次粗品中加入丙酮约100ml，静置，过滤，向滤液中加入适量的蒸馏水至2-巯基苯并噻唑完全结晶析出，减压抽滤、干燥得到10g 2-巯基苯并噻唑纯品，产品收率为20.0%。丙酮回收循环使用。

② 三苯基氧膦的提取。加入50ml质量分数为95%的乙醇于滤渣中，搅拌2小时后静置，过滤，滤液加入活性炭煮沸5分钟，趁热过滤、脱色，加入适量的蒸馏水，加热至一定温度，溶液分为上、下两层，上层为无色透明溶液，下层为红色油状物。趁热分液除去下层红色油状物，上层清液转入旋转蒸发仪，旋转蒸发浓缩后倒入烧杯中自然冷却结晶，减压抽滤，干燥，得5g白色片状晶体，产品收率为10.0%。乙醇可回收循环使用。

(3) 处理结果

① 温度的选择。按上述（2）①中方法操作，碱中和2-巯基苯并噻唑粗品时的反应温度对2-巯基苯并噻唑产率的影响见表6-8。

表6-8　碱中和粗品时的反应温度对2-巯基苯并噻唑产率的影响

温度/℃	室温	40	60	80	100
2-巯基苯并噻唑产率/%	20.0	19.8	19.2	18.2	17.3

从表6-8中可以看出，反应温度为室温时2-巯基苯并噻唑产率最高；反应温度升高，2-巯基苯并噻唑产率反而降低。因此，无论从操作难易还是从经济利益的角度考虑，都应该选择室温条件下用碱液中和2-巯基苯并噻唑。

按上述（2）②中方法操作，加入蒸馏水加热使红色油状物析出时，改变温度，考察温度对三苯基氧膦收率的影响，结果见表6-9。

表6-9　温度对三苯基氧膦产率的影响

温度/℃	室温	40	50	60	80	100
三苯基氧膦产率/%	7.3	9.5	10.0	10.1	10.1	10.3

只要是在加热的条件下，红色油状物都会析出，温度升高有利于红色油状物的析出。从表6-9可以看出，温度升高，三苯基氧膦的收率提高，当温度升至50℃时，收率基本稳定。因此，从节约能源的角度考虑，选择50℃为宜。

② 溶剂的选择。分别取10份2-巯基苯并噻唑和三苯基氧膦纯品于10支试管中，每次都取0.1g，用5ml一次性无菌注射器慢慢添加不同的溶剂使其溶解，溶解2-巯基苯并噻唑所用的溶剂加入量用A表示，溶解三苯基氧膦所用的溶剂加入量用B表示，溶剂及其加入量见表6-10。

表6-10　提取2-巯基苯并噻唑和三苯基氧膦时溶剂的选择

溶剂	丙酮	95%乙醇	无水乙醇	甲醇	乙酸乙酯	二氯甲烷	氯仿	乙酰	苯	水
A/ml	0.8	4.4	3.7	3.5	2.6	8.7	8.9	9.1	9.2	不溶
B/ml	0.7	0.3	0.3	0.3	1.7	0.2	0.2	10.0	0.2	不溶

从表6-10中可以看出，对提取2-巯基苯并噻唑，丙酮的加入量最少，从节约能源的角度出发，选择丙酮作2-巯基苯并噻唑的提纯溶剂效果最好；对提取三苯基氧膦，苯、氯仿、二氯甲烷的加入量最少，甲醇、无水乙醇、95%乙醇的量次之。由于苯、氯仿、二氯甲烷、甲醇都有很大的毒性，而无水乙醇很难回收循环使用，因此，从环境友好、节约能源的角度考虑，选择95%

乙醇作三苯基氧膦的提取溶剂比较合适。丙酮和95%乙醇可以回收循环使用。

③ 溶剂加入量的选择。按照前述方法，改变溶剂加入量，其他条件不变，考察溶剂加入量对2-巯基苯并噻唑和三苯基氧膦产率的影响，结果见表6-11。

表6-11 溶剂加入量对2-巯基苯并噻唑和三苯基氧膦产率的影响

丙酮加入量/ml	50	70	80	100	120	140
2-巯基苯并噻唑产率/%	12.1	14.5	16.3	20.0	19.3	17.9
95%乙醇加入量/ml	10	30	50	70	80	100
三苯基氧膦产率/%	2.3	5.6	10.0	10.1	10.0	10.3

从表6-11可以看出，当95%乙醇的加入量增至50ml后，三苯基氧膦的收率基本稳定。因此，选择95%乙醇的加入量为50ml。当丙酮的加入量为100ml时，2-巯基苯并噻唑收率最高，丙酮加入量再增加，2-巯基苯并噻唑收率反而降低。因此，选择丙酮的加入量为100ml。产地不同，产品中富含有用物质的量也不同，溶剂的加入量应根据情况相应调整，尽可能使2-巯基苯并噻唑和三苯基氧膦完全溶解。

④ 产品鉴定。用熔点测定仪测得2-巯基苯并噻唑的熔点为177～181℃，三苯基氧膦的熔点为150～151℃，与文献值相符合；由气质联用仪中的标准图谱，不仅可以直接测出所提取的就是2-巯基苯并噻唑和三苯基氧膦，而且可测得2-巯基苯并噻唑和三苯基氧膦的纯度都高达99%。

（4）经济效益分析

三苯基氧膦的市场价格为5.5万元/吨，2-巯基苯并噻唑的市场价格为1万元/吨，氢氧化钠的市场价格为1400元/吨，硫酸的市场价格为600元/吨。丙酮和95%乙醇可以回收循环使用。从每吨废渣中提取2-巯基苯并噻唑和三苯基氧膦大约需要0.2t氢氧化钠和硫酸，每吨废渣可获利大约7100元。在年产20t头孢噻肟钠的情况下，产生此类废渣约240t，因此，若能将废渣充分利用，则每年可获利高达170万元。

（5）结论

采用质量分数为5%的氢氧化钠溶液二次中和、体积分数为10%的硫酸在60～65℃下酸化析出、丙酮提纯的方法回收制药废渣中的2-巯基苯并噻唑，其产率为20.0%，通过气质联用仪测得其纯度为99%。用质量分数为95%的乙醇浸取、加热分层、趁热分液、旋转蒸发浓缩的方法提取三苯基氧膦，其产率为10%，通过气质联用仪测得其纯度为99%。该方法技术可行、工艺流程简单、条件易于控制，不仅充分利用了资源，而且解决了制药厂废物处理难的问题。整个操作过程几乎无“三废”产生，满足绿色化学的要求，有望实现工业化。

第二节 “三废”减排的方法和措施

思政小课堂

碳达峰、碳中和是什么意思？为什么要碳达峰、碳中和？

碳达峰是指二氧化碳达到峰值，我国承诺2030年前，二氧化碳的排放不再增长，达到峰值之后逐步降低。碳中和是指企业、团体或个人测算在一定时间内直接或间接产生的温室气体排放总量，然后通过植树造林、节能减排等形式，抵消自身产生的二氧化碳排放量，实现二氧化碳“零排放”。

气候变化是人类面临的全球性问题，随着各国二氧化碳的排放，温室气体猛增，对生命系统形成威胁。在这一背景下，世界各国以全球协约的方式减排温室气体，我国由此提出碳达峰和碳中和目标。

其次要保证能源安全。我国作为“世界工厂”，产业链日渐完善，国产制造加工能力与日俱增，同时碳排放量加速攀升。但我国油气资源相对匮乏，发展低碳经济，重塑能源体系具有重要安全意义。

一、“三废”的减排方法

20世纪80年代以来，人类耗费巨资进行末端治理（末端污染控制模式是在污染产生的终端进行处理，可细分为大气污染控制化学、水污染控制化学和土壤与固体废物污染控制化学）来保护环境、控制污染，虽然在大气、水以及固体有害废物处理方面均取得了一定成绩，但是人类赖以生存的环境，并没有得到根本的改善，仍有许多环境问题令人触目惊心，包括更大范围的环境污染以及全球气候变暖和臭氧层破坏，重金属、农药等污染物在环境介质间迁移等。人们逐步地认识到，更多地把环境保护的重点放在污染物的末端控制和治理上是不够的，必须从预防污染着手进行污染物的全程控制和预防。

在化工生产过程中，利用化学原理可以从三方面保证生产的清洁：能源利用的清洁、生产过程清洁、产品清洁。

① 能源利用的清洁。环境污染产生的原因之一是能源利用引起的，燃料经过化学处理成为清洁燃料，可以提高能源利用效率；经过对燃烧过程的研究，提出最佳燃烧方案，可以减少污染性气体的产生。例如燃烧过程中氮氧化物产生的控制。利用热力学原理可知高温下氮气与氧反应生成氮氧化物，在生产过程中可以通过控制温度尽量减少氮氧化物的产生。

② 生产过程清洁。利用化学原理，判断反应的可行性，可以做到不用或少用有毒有害的原料，采用无废、少废的生产工艺以及减少生产过程中的各种危险因素和有毒有害的中间产品，实现生产过程的清洁。

③ 清洁产品。任何产品都不能危害环境，产品性能来源于其化学结构，一种产品投产前，其使用功能和使用寿命，以及产品失去使用功能后能否易于回收、再生和复用或尽快在环境中消解，均需进行化学反应可行性的分析。

制药工业的污染控制必须从以末端治理为主，转移到以污染预防为重点的战略上来，应重点加强对生产中的能源清洁和生产过程清洁进行研究，减少“三废”的产生和排放。

二、“三废”减排的具体措施

1. 采用少污染或无污染的生产工艺

（1）选择合适的原辅材料以减少“三废”

选择合适的原辅材料，采用清洁生产工艺，从源头上消除或减少“三废”的产生，这是防治“三废”污染最常用，也是最基本的办法。主要内容有以下三点：首先可以考虑用无毒、低毒的原辅料代替有毒或高毒的原辅料，降低三废的毒性；其次是加强“三废”的综合利用，即选择合适的原辅料，使生成的副产物或所谓“废物”变成有更高使用价值的化工产品；再次是更改原辅料以减少“三废”的种类和数量，减轻处理系统的负担。

例如，治疗帕金森病药物拉扎贝胺（Lazabemide，**1**）的制备原工艺是从2-甲基-4-乙基吡啶（**2**）出发经8步反应合成，总产率仅8%，整个过程中还产生大量的副产物和“三废”。后来改用2,5-二氯吡啶（**3**）为起始原料的路线，利用了Pd为催化剂的催化氨羰基化工艺，只需一步反应就完成1的制备，这条路线的原子利用率可达100%，从根本上消除和减少了“三废”的生成。

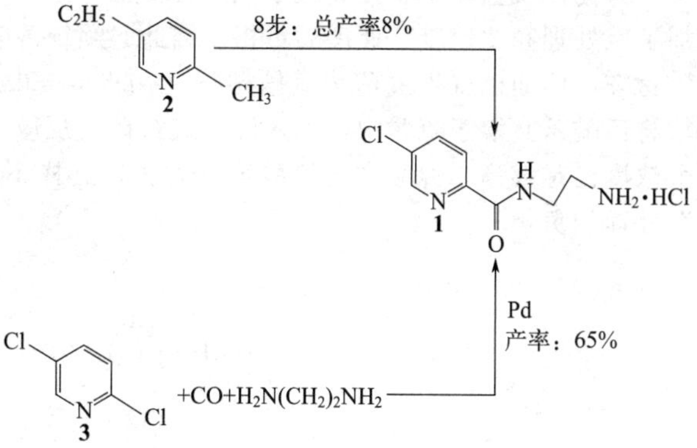

非甾体抗炎药物布洛芬（Ibuprofen，**4**）的合成，传统的利用 Darzens 缩合的生产工艺需要 6 步化学计量反应，原子的有效利用率（原子经济性）低于 40%。BHC 公司用无水氟化氢为催化剂和溶剂，将 6 步化学计量的反应用三个催化步骤代替，使原子的有效利用率接近 80%，如果将回收的副产物乙酸计算在内，则原子的有效利用率高达 99%，实际上新工艺基本消除了废物的产生。

Merck&Co. Inc. 公司的阿瑞匹坦（Aprepitant，**5**）含有 2 个杂环和 3 个手性中心，第一代合成方法需要化学计量的、昂贵的、复杂的手性酸作为试剂，去确立阿瑞匹坦的绝对立体构型。新方法消除了第一代合成方法中所有的操作危害，包括氰化钠、气态氨等，而且只需要原来 20% 的原料和水，每生产 1kg 阿瑞匹坦，大约减少了 340L 废水。

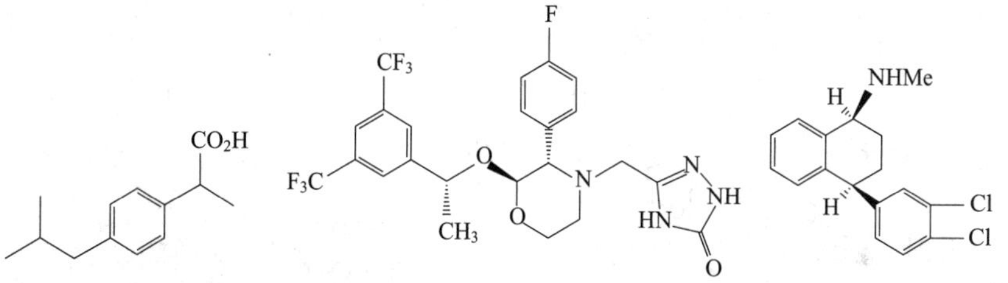

再如异丙醇铝制备工艺中，用三氯化铝代替氯化高汞作催化剂；在多巴胺的氢化工序中应用锌粉，在青霉胺生产中应用羟胺代替汞或氰化高汞，从根本上解决了汞污染问题。另外在许多药物的合成工艺中，为了消除苯的毒害，有的用环己烷代替苯作溶剂，也有的以醇代苯、以水代苯或采用相转移催化工艺。安乃近生产过程中以亚硫酸铵代替亚硫酸钠进行还原，然后以液氨代替碳酸钠进行中和，使钠盐废水变成有用的铵盐肥料。

（2）改进操作方法

有时候改进操作方法也可以减少“三废”的生成量。例如安乃近生产工艺中有一步酸水解反应，排出的废气中有甲酸、甲醇和水蒸气，如果加硫酸进行水解，不让反应生成的甲酸和甲醇蒸发，而在 98～100℃ 回流 10～30 分钟，使它们在反应釜中进行酯化反应生成甲酸甲酯，然后回收利用。这样既不影响水解的正常进行，又可回收甲酸甲酯，减少了“三废”的量。

舍曲林（Sertraline，**6**）是广为使用的一种治疗忧郁症的处方药，Pfizer 公司合成舍曲林的新工艺，将原有的三步操作变为一步，大大减少了污染，提高了工人的安全性。整个过程的产率和选择性都显著提高，一甲胺、四氢萘酮和苯基乙醇酸的用量分别下降了 60%、45% 和 20%。此外新工艺中使用溶解性更好的乙醇作溶剂，减少了原工艺中 4 种溶剂——二氯甲烷、四氢呋喃、甲苯、正己烷的使用量，而且还省去了蒸馏、再生等工序。

（3）调整不合理的配料比

在原料药生产工艺中，为促使反应完全、提高收率或兼作溶剂等原因，生产上某种原料常过量使用，这样往往就增加了后处理和“三废”处理的负担。因此必须统筹兼顾，注意调整不合理的配料比，减少“三废”污染。例如抗寄生虫药物氯硝柳胺（Niclosamide，**9**）的原料乙酰苯胺（**7**）硝化反应原工艺要求将乙酰苯胺溶于硫酸中，加入混酸进行硝化反应。后来经过分析发现在乙酰苯胺硫酸液中的硫酸浓度已足够高，混酸中的硫酸可以省去，这样不但节约了大量的硫酸，而且大大减轻了“三废”处理的负担。

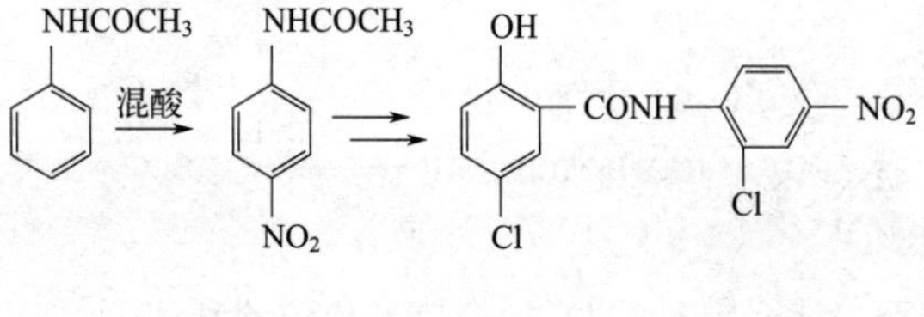

7 **8** **9**

（4）采用新工艺、新技术

采用新工艺、新技术不但显著提高生产技术水平，而且有时十分有利于“三废”的防治和环境的保护。

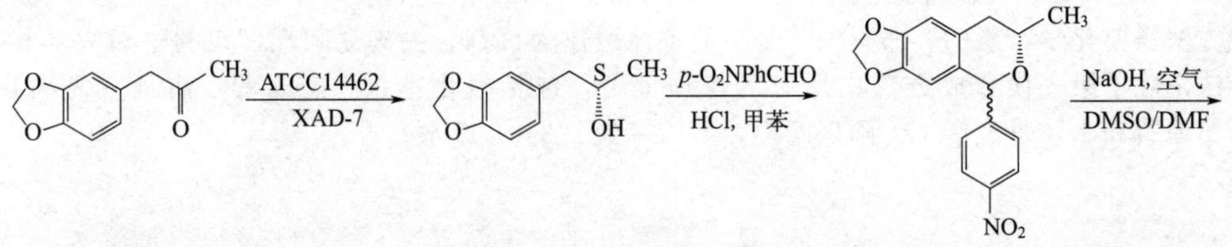

10 **11** **12**

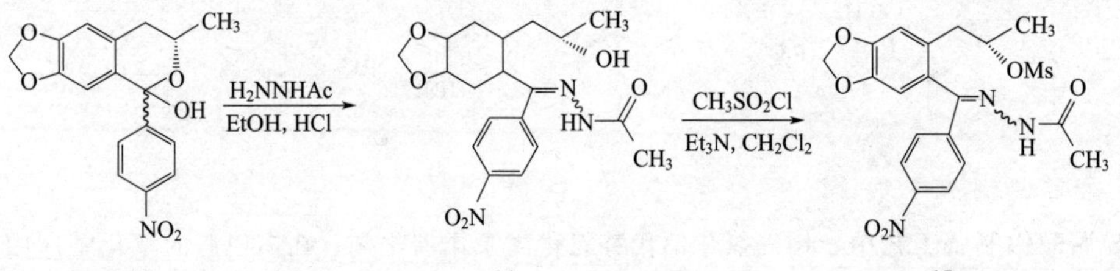

13 **14** **15**

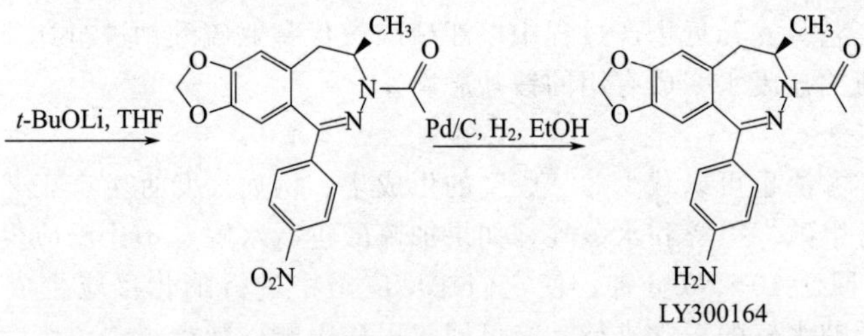

16 **17**

例如 Lilly 研究实验室研发的抗癫痫药物 LY300164（**17**），合成路线中将羰基还原成手性醇的反应工艺，采用生物催化还原反应新技术，使用接合糖酵母（*Zygosacchamyces rouxii*）ATCC14462 催化不对称还原反应。把酮（**10**）加入到一个含有高分子树脂、缓冲液和葡萄糖的水分散浆体中，其中大部分酮被吸附在树脂上。当酮扩散进入溶液（分散介质）时，它被酶还原，而生成的醇又被树脂吸附，并通过过滤回收。所有有机反应组分都在排出的废水中被除去；

另外原工艺要使用三氧化铬氧化一个中间体**12**中的碳原子，而新工艺使氧化过程能利用空气、氢氧化钠和二甲基亚砜，可以完全消除铬污染物的产生。改进后的工艺总收率由原来的16%提高到51%，降低了生产成本。同时每生产100kg LY300164，避免了34000L溶剂的使用和防止了300kg铬污染物的产生，减少了对环境的污染。本项目因此获得了1999年美国“总统绿色化学挑战奖”。

2. 循环使用和合理套用

药物合成反应不可能十分完全，产物的分离过程也很难彻底，因此反应液中常含有一定量的未反应完的原辅材料。在某些药物合成中，反应母液常可以直接循环使用和套用或经过适当处理后加以利用。这样既可以减少“三废”，又能降低原辅材料的消耗。例如氯霉素合成中的乙酯化反应，原工艺在反应后母液经蒸发浓缩回收醋酸钠，残渣废弃，后来进行母液套用，将母液按含量计算代替醋酸钠直接应用于下一批反应，省去蒸发结晶、过滤等工序，而且由于母液中还含有一些反应产物，套用后不仅减少了废水的数量，还提高了收率。在原料药合成工艺中，除了母液可以套用外，溶剂、催化剂、活性炭等经过适当处理都可以考虑回收套用。

3. 回收套用和综合利用

循环使用和套用能够减少“三废”，但是不能完全消除“三废”。随着科学技术的发展，革新工艺减少“三废”的措施也在不断发展，但改革工艺往往要花费较长的时间，而且也不可能把“三废”完全消除，因此必须同时积极开展“三废”的回收套用和综合利用工作。回收利用采用的方法包括蒸馏、结晶、萃取、吸收和吸附等单元操作。

有些“三废”直接回收有困难，则可以适当地先进行化学反应处理，如氧化、还原、中和等，然后再加以回收利用。例如喷托维林生产过程中排出的环氰废水过去未进行回收利用直接排放，后来用同车间制备二溴丁烷的废酸中和到pH5～6，加活性炭脱色过滤，滤液浓缩至溴化钠浓度达50%以上，然后用其代替氢溴酸以制备二溴丁烷。又如以苯酚为原料生产酚酞的过程中，产生高浓度含酚废水，采用碱中和薄膜蒸发，并实行闭路循环，既解决了苯酚流失问题，又消除了含酚废水对环境的污染。

回收利用和综合利用尽量在原企业、原车间进行，这样既可以降低原料消耗，又可以节省运输费用。对于本部门无法利用的，则可以从其他方面寻找出路，如抗寄生虫药六氯对二甲苯的生产过程中排出一种油状废液，成分比较复杂，主要是二甲苯的多种氯化衍生物。将它用溶剂稀释，加乳化剂乳化后，再用水稀释到500倍，即可成为一种有效的防治水稻稻瘟病的农药——“056”。

在综合利用时应考虑利用其他企业或行业的“废物”作为药物生产原料，这样不仅可以降低生产成本，而且也解决了其他企业的“三废”问题。如某原料药厂合成8-羟基喹啉所用的原料邻硝基苯酚，原来需要专门合成，但是由于某香料厂排出的废水中就含有大量的邻硝基苯酚，这样用200号溶剂油进行萃取回收便可以用于生产8-羟基喹啉，这种情况在化学制药工业中经常见到。

一、单选题

1. 人类生存的空间及其中可以直接或间接影响人类生活和发展的各种自然因素称为（　　）。

A. 环境　　B. 废水　　C. 废气　　D. 废渣

2. 化学制药中的“三废”是指（　　）。

A. 废气、废渣、废物　　B. 废物、废水、废渣

C. 废气、废水、废物　　D. 废气、废水、废渣

3. 化学需氧量（COD）是指（　　）。

A. 废水中的有机物用化学试剂氧化所测得的量

B. 微生物分解废水中有机物时所需的氧量

C. 规定一个时间周期，测得微生物分解废水中有机物时所需的氧量

D. 规定一个时间周期，测得废水中的有机物用化学试剂氧化所测得的量

4. 制药废水污染物种类繁多，以下属于第一类污染物的是（　　）。

A. 挥发酚　　B. pH　　C. 氰化物　　D. 总汞

5. 制药废水污染物种类繁多，以下属于第二类污染物的是（　　）。

A. 烷基苯　　B. COD　　C. 六价铬　　D. 苯并（a）芘

6. 国家按地面水域的使用功能要求和排放去向，对向地面水域和城市下水道排放的废水分别执行一、二、三级标准。下列关于废水排放标准说法错误的是（　　）。

A. 对特殊保护水域及重点保护水域执行一级标准

B. 对一般保护水域执行二级标准

C. 生活用水水源地、重点风景名胜和重点风景游览区水体等执行二级标准

D. 对排入城镇下水道并进入二级污水处理厂进行生物处理的污水执行三级标准

7. 按废水处理的程度，一般可作三级分级，以下属于一级分级的是（　　）。

A. 去除废水中呈胶体状态和溶解状态的有机物

B. 去除废水中部分或大部分悬浮物和漂浮物，以及调节废水的 pH 值等

C. 进一步去除二级处理未能去除的污染物，其中包括生物质、未被降解的有机物、磷、氮和可溶性无机物

D. 常用方法有化学凝聚、砂滤、活性炭收附、臭氧氧化、离子交换、电渗析和反渗透等方法

8. （　　）是影响微生物生长繁殖的一个重要的外界因素。

A. 温度　　B. pH 值　　C. 营养物质　　D. 溶解氧

9. 按曝气方式不同，活性污泥法可分为普通曝气法、逐步曝气法、完全混合曝气法等多种方法。其中（　　）是最基本的曝气方法，其他方法都是在此法的基础上逐步发展起来的。

A. 深井曝气法　　B. 逐步曝气法　　C. 完全混合曝气法　　D. 普通曝气法

10. 以下不属于污泥脱水的方法有（　　）。

A. 沉淀浓缩法　　B. 自然晾晒法　　C. 焚烧　　D. 机械脱水法

11. 根据处理方式与装置的不同，（　　）不属于生物膜法。

A. 自然晾晒法　　B. 生物滤池法　　C. 生物流化床法　　D. 生物转盘法

12. （　　）是厌氧生物处理工艺和设备。

A. 生物滤池法　　B. 上流式厌氧污泥床　　C. 机械脱水法　　D. 生物转盘法

13. 按照其所含污染物的性质，（　　）不属于化学制药排出的废气种类。

A. 含尘废气　　B. 含无机污染物废气　　C. 含有机污染物废气　　D. 酸碱废气

14. （　　）不是防治废渣污染应遵循的“三化”原则。

A. 自动化　　B. 减量化　　C. 资源化　　D. 无害化

二、简答题

1. 废水处理方法按作用原理一般可分为哪四种方法？简述这四种方法。

2. 请简述废水生物处理中好氧生物处理法和厌氧生物处理法的区别和联系。

3. 简述生物转盘的构造及运行特点。

4. 简述化学制药过程中排出酸碱废水的处理办法。

5. 简述化学制药过程中排出含有机物废水的处理办法。

6. 化学制药过程中含有机污染物废气的处理办法有哪些？优缺点有哪些？

7. 化学制药过程中产生废渣的处理办法有哪些？

8. 简述“三废”减排的具体措施有哪些。

实训项目

实训项目 22　电极法测定水质 pH 值

一、实训目的

1. 掌握 pH 计测定原理、两点校正法。
2. 会用电极法测定地表水、地下水、生活污水和工业废水的 pH 值。

二、实训原理

pH 值由测量电池的电动势而得。该电池通常由参比电极和氢离子指示电极组成。溶液每变化 1 个 pH 单位，在同一温度下电位差的改变是常数，据此在仪器上直接以 pH 的读数表示。

三、主要试剂用量及规格

名称	分子量	熔点	用量	规格	沸点	溶解度
邻苯二甲酸氢钾	204.22	295～300℃	10.12g	分析纯	378.3℃	可溶于水，微溶于乙醇
无水磷酸氢二钠	141.96	243～245℃	3.53g	分析纯	—	易溶于水，不溶于醇
磷酸二氢钾	136.09	257.6℃	3.39g	分析纯	—	水溶性 22.6g/100ml 水，不溶于乙醇
四硼酸钠	201.22	741℃	3.80g	分析纯	1575℃	溶于水

四、操作过程

1. 配制标准缓冲溶液

实验用水：新制备的去除二氧化碳的蒸馏水。将水注入烧杯中，煮沸 10 分钟，加盖放置冷却。临用现制。

将邻苯二甲酸氢钾、无水磷酸氢二钠、磷酸二氢钾于 110～120℃下干燥 2 小时，置于干燥器中保存。四硼酸钠与饱和溴化钠（或氯化钠加蔗糖）溶液（室温）共同放置于干燥器中 48 小时，使四硼酸钠晶体保持稳定。

标准缓冲溶液Ⅰ：$c(C_8H_5KO_4)$ =0.05mol/L，pH=4.00（25℃）。

称取 10.12g 邻苯二甲酸氢钾，溶于实验用水中，转移至 1L 容量瓶中，并定容至标线。

标准缓冲溶液Ⅱ：$c(Na_2HPO_4)$ =0.025mol/L，$c(KH_2PO_4)$ =0.025mol/L，pH=6.86（25℃）。

分别称取 3.53g 无水磷酸氢二钠和 3.39g 磷酸二氢钾，溶于新制备的去除二氧化碳的蒸馏水中，转移至 1L 容量瓶中并定容至标线。

标准缓冲溶液Ⅲ：$c(Na_2B_4O_7)$ =0.01mol/L，pH=9.18（25℃）。

称取 3.80g 四硼酸钠，溶于实验用水中，转移至 1L 容量瓶中并定容至标线，在聚乙烯瓶中密封保存。

也可购买市售合格标准缓冲溶液，按照说明书使用。

2. 样品的 pH 值测定

（1）校准溶液

使用 pH 广泛试纸粗测样品的 pH 值，根据样品的 pH 值大小选择两种合适的校准用标准缓冲溶液。两种标准缓冲溶液 pH 值相差约 3 个 pH 单位。样品 pH 值尽量在两种标准缓冲溶液 pH 值范围之间，若超出范围，样品 pH 值至少与其中一个标准缓冲溶液 pH 值之差不超过 2 个 pH 单位。

（2）温度补偿

手动温度补偿的仪器，将标准缓冲溶液的温度调节至与样品的实际温度相一致，用温度计测量并记录温度。校准时，将酸度计的温度补偿旋钮调至该温度上。带有自动温度补偿功能的仪器，无须将标准缓冲溶液与样品保持同一温度，按照仪器说明书进行操作。

（3）校准方法

采用两点校准法，按照仪器说明书选择校准模式，先用中性（或弱酸、弱碱）标准缓冲溶液，再用酸性或碱性标准缓冲溶液校准。

① 将电极浸入第一个标准缓冲溶液，缓慢水平搅拌，避免产生气泡，待读数稳定后，调节仪器示值与标准缓冲溶液的 pH 值一致。

② 用蒸馏水冲洗电极并用滤纸边缘吸去电极表面水分，将电极浸入第二个标准缓冲溶液中，缓慢水平搅拌，避免产生气泡，待读数稳定后，调节仪器示值与标准缓冲溶液的 pH 值一致。

③ 重复①操作，待读数稳定后，仪器的示值与标准缓冲溶液的 pH 值之差应<0.05个 pH 单位，否则重复步骤①和②，直至合格。

（4）样品测定

用蒸馏水冲洗电极并用滤纸边缘吸去电极表面水分，现场测定时根据使用的仪器取适量样品或直接测定；实验室测定时将样品沿杯壁倒入烧杯中，立即将电极浸入样品中，缓慢水平搅拌，避免产生气泡。待读数稳定后记下 pH 值。具有自动读数功能的仪器可直接读取数据。每个样品测定后用蒸馏水冲洗电极。

五、注意事项

实验过程中产生的废物应分类收集，妥善保管，依法委托有资质的单位进行处理。

六、探索与思考

1. 请简述 pH 计测定原理。
2. 请简述两点校准法的操作步骤。
3. 酸度计使用前需要进行活化吗？具体怎么操作呢？
4. 使用过的标准缓冲溶液是否允许再倒回原瓶中？为什么？

实训项目 23　废水的 COD 测定

一、实训目的

1. 理解废水 COD 的含义及测定的原理。
2. 会废水 COD 测定的水样采集、玻璃仪器准备、测定及计算。

二、实训原理

在强酸性溶液中，一定量的重铬酸钾氧化水中还原性物质，过量的重铬酸钾以试亚铁灵作为指示剂。用硫酸亚铁铵溶液回滴，根据用量算出水样中还原性物质消耗氧的量。

酸性重铬酸钾氧化性很强，可氧化大部分有机物，加入硫酸银作催化剂时，直链脂肪族化合物可完全被氧化，而芳香族有机物却不易被氧化，吡啶不被氧化，挥发性直链脂肪族化合物、苯等有机物存在于蒸气相，不能与氧化剂液体接触，氧化不明显。氯离子含量高于 2000mg/L 的样品应先做定量稀释，使含量降低至 2000mg/L 以下，在进行测定。

用 0.25mol/L 浓度的重铬酸钾溶液可测定大于 50mg/L 的 COD 值，用 0.025mol/L 浓度的重铬酸钾溶液可测定 5～50mg/L 的 COD 值，但准确性较差。

反应过程：

$$Cr_2O_7^{2-}+14H^++6e = 2Cr^{3+}+7H_2O$$

$$Cr_2O_7^{2-}+14H^++6Fe^{2+} = 6Fe^{3+}+2Cr^{3+}+7H_2O$$

三、仪器、主要试剂用量及规格

名称	分子量	熔点	用量	规格	沸点	溶解度
硫酸	98.08	10.37℃	2520ml	分析纯	337℃	与水任意比例互溶
重铬酸钾	294.19	398℃	12.258g	分析纯	500℃	可溶于水
邻菲罗啉	180.205	117℃	1.485g	分析纯	365℃	溶于水、醇、丙酮
硫酸亚铁	151.91	671℃	0.695g	分析纯	330℃	溶于水、甘油
硫酸亚铁铵	392.14	100～110℃	39.5g	分析纯	330℃	溶于水，几乎不溶于乙醇
硫酸银	311.799	652℃	25g	分析纯	1085℃	易溶于浓硫酸，微溶于水
硫酸汞	296.65	850℃	0.4g	分析纯	330℃	可溶于水、醇

1. 回流装置：带 250ml 锥形瓶的全玻璃回流装置（如取样量在 30ml 以上，采用 500ml 锥形瓶的全玻璃回流装置）。

2. 加热装置：电热板或变阻电炉。

3. 50ml 酸式滴定管。

4. 重铬酸钾标准溶液（$K_2Cr_2O_7=0.2500mol/L$）：称取预先在 120℃烘干 2 小时的基准或优级纯重铬酸钾 12.258g 溶于水中，移入 1000ml 容量瓶，稀释至标线，摇匀。

5. 试亚铁灵指示液：称取 1.485g 邻菲罗啉（$C_{12}H_8N_2 \cdot H_2O$）、0.695g 硫酸亚铁（$FeSO_4 \cdot 7H_2O$）溶于水中，稀释至 100ml，储于棕色瓶内。

6. 硫酸亚铁铵标准溶液［$(NH_4)_2Fe(SO_4)_2 \cdot 6H_2O$，约 0.1mol/L］。称取 39.5g 硫酸亚铁铵溶于水中，边搅拌边缓慢加入 20ml 浓硫酸，冷却后移入 1000ml 容量瓶中，加水稀释至标线，摇匀。临用前，用重铬酸钾标准溶液标定。

标定的方法：标准吸取 10.00ml 重铬酸钾标准溶液于 500ml 锥形瓶中，加水稀释至 110ml 左右，缓慢加入 30ml 浓硫酸，混匀。冷却后，加入 3 滴试亚铁灵指示液（约 0.15ml），用硫酸亚铁铵溶液滴定，溶液的颜色由黄色经蓝绿色至红褐色即为终点。

$$c[(NH_4)_2Fe(SO_4)_2]=(0.2500\times 10.00)/v$$

式中，$c[(NH_4)_2Fe(SO_4)_2]$为硫酸亚铁铵标准溶液的浓度，mol/L；v 为硫酸亚铁铵标准滴定溶液的用量，ml。

7. 硫酸-硫酸银溶液：于 2500ml 浓硫酸溶液中加入 25g 硫酸银。放置 1～2 天，不时摇动使其溶解（如无 2500ml 容器，可在 500ml 浓硫酸中加入 5g 硫酸银）。

8. 硫酸汞：结晶或粉末。

四、操作过程

1. 取 20.00ml 混合均匀的水样（或适量水样稀释至 20.00ml）置 250ml 磨口的回流锥形瓶

中，准确加入10.00ml重铬酸钾标准溶液及数粒小玻璃珠或沸石，连接磨口回流冷凝管，从冷凝管上慢慢加入30ml硫酸银溶液。轻轻摇动锥形瓶使溶液混匀，加热回流2小时（自开始沸腾时计时）。

2. 对于检测化学需氧量的废水样，可先取上述操作所需体积1/10的废水样和试剂，于15mm×150mm硬质玻璃试管中，摇匀，加热后观察是否变成绿色。如溶液显绿色，再适当减少废水取样量，直至溶液不变绿色为止。从而确定废水样分析时应取用的体积。稀释时，所取废水样量不得少于5ml，如果化学需氧量很高，则废水应多次稀释。

3. 废水中氯离子含量超过30mg/L时，应先把0.4g硫酸汞加入回流锥形瓶中，再加20.00ml废水（或适量废水稀释至20.00ml），摇匀。以下操作同实验步骤。

4. 冷却后，用90ml水冲洗冷凝管壁，取下锥形瓶。溶液总体积不得少于140ml，否则因酸度太大，滴定终点不明显。

5. 溶液再度冷却后，加3滴试亚铁灵指示液，用硫酸亚铁铵标准溶液滴定，溶液的颜色由黄色经蓝绿色至红褐色即为终点，记录硫酸亚铁铵标准溶液的用量。

6. 测定水样的同时，以20.00ml重蒸馏水，按同样操作步骤做空白实验。

7. 记录滴定空白时硫酸亚铁铵标准溶液的用量。

五、数据处理

$$COD_{Cr}\text{浓度（以}O_2\text{计）(mg/L)} = (v_0 - v_1) \times c \times 8 \times 1000 / v$$

式中，c为硫酸亚铁铵标准溶液的浓度，mol/L；v_0为滴定空白时硫酸亚铁铵标准溶液的用量，ml；v_1为滴定时硫酸亚铁铵标准溶液的用量，ml；v为水样的体积，ml；8为氧（$\frac{1}{2}O$）摩尔质量，g/mol。

六、注意事项

1. 使用0.4g硫酸汞络合氯离子的最高量可达40mg，如取用20.00ml水样，即最高可络合2000g/L氯离子浓度的水样。若氯离子浓度较低，也可少加硫酸汞，以保持硫酸汞：氯离子＝10：1（质量比）。若出现少量氯化汞沉淀，并不影响测定。

2. 水样取用体积可在10.00～50.00ml范围之间，但试剂用量及浓度需按表6-12进行相应调整，可得到满意的结果。

表6-12　水样取用量和试剂用量表

水样体积/ml	0.2500mol/L $K_2Cr_2O_7$溶液/ml	H_2SO_4-Ag_2SO_4/ml	$HgSO_4$/g	$(NH_4)_2Fe(SO_4)_2$/(mol/L)	滴定前总体积/ml
10.0	5.0	15	0.2	0.050	70
20.0	10.0	30	0.4	0.100	140
30.0	15.0	45	0.6	0.150	210
40.0	20.0	60	0.8	0.200	280
50.0	25.0	75	1.0	0.250	350

3. 对于化学需氧量小于50mg/L的水样，应改用0.0250mol/L重铬酸钾标准溶液，回滴时用0.01mol/L硫酸亚铁铵标准溶液。

4. 水样加热回流后，溶液中重铬酸钾剩余量应为加入量的1/5～4/5。

5. 用邻苯二钾酸氢钾标准溶液检查试剂的质量和操作技术时，由于每克邻苯二钾酸氢钾的理论COD_{Cr}为1.176g，所以溶解0.4251g邻苯二钾酸氢钾（$HOOCC_6H_4COOK$）于重蒸馏水中，转入1000ml容量瓶，用重蒸馏水稀释至标线，使之成为500mg/L的COD_{Cr}标准溶液，用时新配。

6. COD_{Cr} 的测定结果应保留三位有效数字。

7. 每次实验时应对硫酸亚铁铵标准溶液进行标定，室温较高时尤其注意其浓度变化。

七、探索与思考

1. 简述废水 COD 测定的原理。
2. 废水中有机物污染的主要来源是哪些？有哪些危害？
3. 如何配制试亚铁灵指示液？
4. 对于化学需氧量的废水样如何稀释成待测样品？

第七章　化学制药前沿技术

❖ 知识目标

1. 熟悉绿色化学概念、绿色化学十二原则。
2. 掌握磷酸西格列汀的绿色制药技术和手性制药技术。
3. 熟悉奥司他韦药物的流动化学技术。
4. 了解流动化学在制药工艺中的应用。

❖ 能力目标

1. 会查阅文献、搜集、整理、总结资料。
2. 能选择、设计符合绿色化学要求的工艺路线。
3. 能够在危险化学反应中选用微通道反应，控制安全风险。

第一节　绿色制药技术

课堂互动

什么是绿色化学？什么是绿色制药？

提示：化学工业发展给人们的生活带来了巨大帮助，与人们的衣食住行等各个方面息息相关，但是随着化学工业的发展，给环境带来了巨大的污染，这些污染有些是短期的，有些则是长期的，需要很多年才能消除污染带来的危害。如何减少污染，绿色化学成为社会和学界重视的课题。绿色制药是绿色化学概念和方法在制药行业中的应用。

一、绿色制药

随着经济发展，人口增加，我国目前面临着严重的环境挑战，制药行业的特点是品种多、反应步骤多、原辅料用量大、“三废”排放量大，容易造成环境污染。因此，绿色制药的目的不仅是重视经济效益，更要关注深远的社会和环境效益。绿色制药的发展和应用离不开绿色化学和新技术、新设备的创新和发展。

1. 绿色化学的起源和意义

化学是一门基础学科，与人们的生活息息相关，为人类的衣食住行、生命健康创造了无数新的化学物质，提高了人们的生活质量，延长了人们的寿命。但是，随着化学工业的发展，人们逐渐认识到，化学工业（包括化学制药）虽然为我们的生活提供了很多帮助，但同时也带来了很严重的环境污染，加速了能源消耗，造成了对自然生态的冲击，以及环境和气候的变化等等。化学工业产生大量的“三废物质”——废水、废气、废渣。“三废物质”造成了很严重的环境污染，环境污染反过来又对人类的生活和生存造成了很大危害。随着化学污染的逐步加重和人类对化学污染所带来的危害认识加深，各国政府相继立法，以减少污染物的产生。为此，在人类享受化学成果带来福利的同时，如何消灭、减少化学工业带来的环境污染成为一个重要课题。一方面限制企业废水、废气、废渣的排放，特别是废物排放的浓度，提高排放标准，督促企业加大废物处理投入和处理技术水平，从终端减少污染的排放；另一方面积极鼓励零排放的化学工业，提出了一种治理化学污染的新思维、新方法、新战略——绿色化学。

绿色化学又称环境无害化学（environmentally benign chemistry）、环境友好化学（environmentally friendly chemistry）、清洁化学（clean chemistry），目的是减少或消除危险物质的使用和产生。绿色化学倡导人、原美国绿色化学研究所所长、耶鲁大学阿纳斯塔斯（P. T. Anastas）教授在1992年提出的“绿色化学”定义是：Chemical products and processes that reduce or eliminate the use and generation of hazardous substances，即“减少或消除危险物质的使用和产生的化学品和工艺过程”。从这个定义上看，绿色化学的基础是化学，而其应用和实施则更像是化工。

绿色化学最初发端于美国。1984年美国环保局（EPA）提出“废物最小化”，基本思想是通过减少废物产生和回收利用废物以达到废物最少、废物排放最小化的目的。这是绿色化学的最初理念。但废物最小化不能涵盖绿色化学整体概念，它只是一个化学工业术语，一种结果导向，没有注重绿色化学生产过程。

1989年美国环保局又提出了“污染预防”的概念，指出最大限度地减少废物的产生，包括减少使用有害物质和更有效地利用资源，并以此来保护自然资源初步形成绿色化学思想。

1990年美国国会颁布《污染预防法》，将污染的防治确立为国策，提出从源头上预防污染的产生，从源头预防环境污染。所谓污染预防是使得废物不再产生，因而不再有废物处理的问题。该法案中第一次出现“绿色化学”一词，定义为采用最小的资源和能源消耗，并产生最小排放的工艺过程。

1992年在巴西里约热内卢举行了举世瞩目的联合国环境与发展大会（UNCED），此次会议后来被称为“绿色国际会议”，在会议上，共同签署了《21世纪议程》，正式奠定了全球发展的最新战略——可持续发展的战略。

1992年，美国环保局又发布了“污染预防战略”，“绿色化学”成为美国环保局的口号，确立了绿色化学的重要地位，推动了绿色化学在美国的迅速兴起和发展。同时，美国环保局污染预防和毒物办公室启动“为防止污染变更合成路线”的研究基金计划，目的是资助化学品设计与合成中污染预防的研究项目。1993年研究主题扩展到绿色溶剂、安全化学品等，并改名为“绿色化学计划”，“绿色化学”构建了学术界、工业界、政府部门及非政府组织等自愿组合的多种合作，目的是促进应用化学来预防污染。

1995年3月，美国总统设立“总统绿色化学挑战计划”，以推动社会各界进行化学污染预防和工业生态学研究，鼓励、支持重大的创造性的科学技术突破，从根本上减少或杜绝化学污染源的产生，并于1996年公布“总统绿色化学挑战奖”，包括5个奖项：学术奖、小企业奖、绿色合成路径奖、绿色反应条件奖和绿色化学品设计奖。

1997年美国在国家实验室、大学和企业间共同成立“绿色化学院”，美国化学会成立了“绿色化学研究所”。德国于1997年通过“为环境而研究”计划，推动绿色化学的发展。日本通过制定“新阳光计划”，在环境技术的研究与开发领域确定环境无害制造技术、减少环境污染技术和固定二氧化碳与利用技术等绿色化学研究方向。

澳大利亚皇家化学研究所RACI于1999年设立了“绿色化学挑战奖”。此奖项旨在推动绿色化学在澳大利亚的发展，奖励为防止环境污染而研制的各种易推广的化学革新及改进，表彰为绿色化学教育的推广作出重大贡献的单位和个人。此外，日本也设立了“绿色和可持续发展化学奖”，英国设立了绿色化工水晶奖、英国绿色化学奖、英国化学工程师学会环境奖等。

我国在绿色化学方向的研究紧跟世界前沿。1995年，中国科学院化学部确定了“绿色化学与技术”的院士咨询课题。

1996 年，首次召开“工业生产中绿色化学与技术”研讨会，出版《绿色化学与技术研讨会学术报告汇编》。

1997 年，国家自然科学基金委员会与原中国石油化工集团公司联合立项资助“九五”重大基础研究项目“环境友好石油化工催化化学与化学反应工程”。中国科技大学绿色科技与开发中心在该校举行了专题讨论会，并出版了《当前绿色科技中的一些重大问题》论文集。

1998 年，在合肥举办了第一届国际绿色化学高级研讨会。《化学进展》杂志出版了《绿色化学与技术》专辑。

2006 年，正式成立了“中国化学学会绿色化学专业委员会”，用于促进绿色化学的研究与开发。

2015 年，在广西桂林召开了 2015 年绿色化学与技术国际会议（ICGC2015）。

2022 年中国化学会首届全国绿色化学学术会议在海南省海口市举办。

上述一系列会议和活动表明绿色化学在我国越来越受到政府和化学界的重视，推动了我国绿色化学的发展。

2. 绿色化学的基本概念和内涵

绿色化学也称为可持续化学，是指利用一系列理论、原理来降低或消除在化工、制药产品的设计、生产及应用中有害物质的使用和产生的科学，或指化学反应和过程以“原子经济性”为基本原则，在化学反应中充分利用原料，减少废物的排放或实现废物的“零排放”。绿色化学的核心是利用化学原理从源头消除污染，在充分利用资源的基础上，不产生污染；在生产过程中采用无毒、无害的溶剂、助剂和催化剂，生产有利于环境和人身健康的环境友好产品。绿色化学是结合了当代物理、生物、材料、信息学等学科的最新理论和技术，是具有明确的科学目标和明确的社会需求的新兴交叉学科，是利用各种先进技术和手段解决化学问题的学科。

绿色化学的终极目标是：原料绿色，可再生；化学过程中不产生污染，即将污染消除于其产生之前；产品为环境友好的物质。完全实现这一目标后就不需要治理污染，是一种从源头上治理污染的方法，是一种从根本上消除污染的方法。绿色化学致力于研究经济技术上可行的，对环境不产生污染的，对人类无害的化学过程的设计和应用。

绿色化学概念明确了它的现代内涵，是研究和寻找无毒害原材料，最大程度地节约能源，原子经济性反应途径，在各个环节都实现净化和无污染的反应过程。简单地讲，绿色化学的现代内涵体现在以下五个方面：①原料绿色化，以无毒、无害、可再生资源为原料；②化学反应绿色化，选择“原子经济性反应”；③催化剂绿色化，使用高效、无毒、无害、可回收的催化剂；④溶剂绿色化，使用无毒、无害、可回收的溶剂；⑤产品绿色化，可再生、可回收。

绿色化学所涉及的内容越来越广。绿色化学涉及有机合成、催化化学、生物化学、分析化学、化工机械、电子信息学等学科。绿色化学倡导用化学的技术和方法减少或防止那些对人类健康、生态环境有害的原料、催化剂、溶剂和试剂、产物、副产物等的使用与产生。绿色化学的定义和研究内容是在不断地发展和衍化的。刚出现时，绿色化学更多的是代表一种思想、一种愿望。但随着学科发展和科学家认识的加深，它本身在不断的发展变化中逐步趋于实际应用，研究内容和理论更加深入和广泛。

绿色化学与污染控制化学不同。污染控制化学研究的对象是对产生的污染物和已被污染的环境进行治理，使之恢复到被污染前的面目，减少或消除污染物的环境影响。绿色化学的理想是使污染消除在产生的源头，使整个合成过程和生产过程对环境友好，不再使用有毒、有害的物质，不再产生废物，不再处理废物，这是从根本上消除污染的对策。由于在开始就采用预防污染的科学手段，过程和终端均为零排放或零污染，因此，世界上很多国家已把“化学的绿色化”作为新世纪化学进展的主要方向之一。

3. 化学反应中的原子经济性

在传统的化学反应中，评价一个合成反应的效率一直以产率的高低为标准。而实际上一个产率为 100%的反应过程，在生成目标产物的同时也会产生大量的副产物，而这些副产物不能在产率中体现出来。为此，1991 年美国著名有机化学家巴里 M. 特罗斯特（B. M. Trost）首次提出了“原子经济性”的概念，认为高效的有机合成应是最大限度地利用原料分子中的每一个原子，使之结合到目标分子中，不产生副产物或废物。

特罗斯特认为合成效率已成为当今合成化学的关键问题。合成效率包括两个方面：一是选择性（化学选择性、区域选择性、立体选择性）；另一个就是原子经济性，即原料中究竟有多少原子进入产物。高效的合成反应不仅要有高的选择性，同时应有较好的原子经济性。例如，对于一般的有机合成反应，传统工艺是以 A 和 B 为原料合成目标产物 C，同时有 D 生成。其 D 是副产物，可能对环境有害，即使无害，从原子利用的角度来看也是浪费。理想的原子经济性反应是原料分子中的原子百分之百地进入产物，不产生副产物和废物，实现废物的零排放，减少污染。原子经济性可用原子利用率（atom utilization，AU）来衡量。

原子利用率＝目标产物的量/按化学计量式所得所有产物的量之和×100％

＝目标产物的量/各反应物的量之和×100％

用原子利用率可以衡量在一个化学反应中，生产一定量目标产物会生成多少废物。

例 1　由乙烯制备环氧乙烷，传统的合成方法是采用经典的氯乙醇法时，假定每一步反应的产率、选择性均为 100％，但这条路线的原子利用率只能达到 25％。

$$H_2C{=\!=}CH_2 + Cl_2 + H_2O \longrightarrow ClCH_2CH_2OH + HCl \qquad (7\text{-}1)$$

$$ClCH_2CH_2OH + Ca(OH)_2 + HCl \longrightarrow \text{环氧乙烷} + CaCl_2 + 2H_2O \qquad (7\text{-}2)$$

总反应为：	$H_2C{=\!=}CH_2$	$+Cl_2$	$+Ca(OH)_2$	$\longrightarrow$环氧乙烷	$+CaCl_2$	$+H_2O$
摩尔质量/(g/mol)	28	71	74	44	111	18
目标产物量/g				44		
废物量/g					111＋18＝129	

原子利用率＝44/(28＋71＋74)×100％＝44/(44＋111＋18)×100％＝25％

4. 绿色化学十二原则

绿色化学是利用化学的原理、技术和方法从源头上消除对人类健康、生态环境有害的原料、催化剂、溶剂、反应产物和副产物等的使用和产生，其基本思想在于不使用有毒、有害物质，不产生废物，是一门从源头上防止污染的绿色和可持续发展的化学。为了评价一个化工产品、一个单元操作或一个化工过程是否符合绿色化学目标，阿纳斯塔斯（P. T. Anastas）和华纳（J. C. Warner）首先于 1998 年提出了绿色化学十二原则。

（1）防止污染产生优于污染治理

防止污染产生优于污染治理是指防止废物产生优于废物生成后再进行处理。目前，化学工业的绝大多数工艺是在 20 世纪前期研究开发的，当时的生产成本主要包括原材料、能耗和劳动力费用，对环保处理的要求较低，对环境污染采取的是末端治理方法。末端治理指在工业污染物产生后实施物理、化学、生物方法治理，其着眼点是在企业层次上对生成的污染物的治理，减少污染物的排放，或做无害化处理。末端治理在一定程度上减缓了生产活动对环境的污染和生态破坏趋势，但是，随着工业的迅速发展，污染物排放量剧增，末端治理便表现出局限性。一方面用于污染物处理及排放的费用越来越高，另一方面很难保证不会有污染物影响到环境，这种传统的末端治理环保战略，已被证明不能保障经济的可持续发展。因此，从环保、经济和社会的需求来看，化学工业需要大力研究与开发从源头消除污染的绿色化学生产过程及工艺。

绿色化学与环境治理是不同的概念。环境治理强调对已被污染的环境进行治理，使之恢复到被污染前的状态，而绿色化学则是强调从源头上阻止污染物生成的新策略，即污染预防，亦即没有污染物的使用、生成和排放，也就没有环境被污染的问题。要从根本上治理环境污染，实现人类可持续发展，就必须发展绿色化学技术，进行清洁生产，使用环境友好的化学品，从源头上减少，甚至杜绝有害废物的产生。因此，防止污染优于污染治理。

实现人口与经济、社会、环境、资源的可持续发展是世界各国的基本国策。绿色化学是具有明确的社会需求和科学目标的交叉学科。从经济观点出发，它合理利用资源和能源，降低生产成本，符合积极可持续发展的要求；从环境观点出发，它从根本上解决生态环境日益恶化的问题，是生态可持续发展的关键。因此，只有通过绿色化学途径，从科学研究着手发展环境友好的化学、化工技术，才能解决环境污染与可持续发展的矛盾，促进人与自然环境的协调与和谐发展。

(2) 原子经济性

原子经济性是指合成方法中应具有“原子经济性”，即尽量让参加反应的原料分子中的原子都进入最终产物。

绿色化学的核心是实现原子经济性反应，选择性100%，原子经济性100%的反应过程将不会产生废物，但在目前的条件下，不可能将所有的化学反应的原子经济性提高到100%。因此，应不断寻找新的化学反应途径来提高合成反应过程的原子利用率，或对传统的化学反应进行改造，不断提高化学反应的选择性，达到提高原子利用率的目的。

(3) 无害化学合成

无害化学合成是指在合成中尽量不使用和不产生对人类健康和环境有毒、有害的物质。

在有机合成反应中，许多原料是有毒的，甚至是剧毒的，如光气、氰化物及硫酸二甲酯等。在传统的化学合成反应中，人们更多的是追求目标产物的产量及经济性，没有考虑如何避免有毒、有害物质的使用和产生。对于所使用和产生的有毒、有害物质只在工程上进行控制或附加一些防护措施。但是，这种方式隐藏着极大的危险，一旦防范失败或者在操作过程中有任何一点差错就会产生难以想象的灾难，对人员和环境造成巨大的伤害和损失。

因此，绿色化学要求在设计化学合成路线时，应遵循尽量不使用也不产生有毒、有害物质这一基本思想，并在这一基本思想的指导下选择原料、反应途径和相应的目标产物，尽量在化学工艺路线的各个环节上不出现有毒、有害物质。如果必须使用或使用过程中不可避免地出现有害物质，也应通过预防控制措施使之不与人和其他环境接触，并最终消除，使毒害风险降到最低。

在化工生产中，原材料的选用是非常关键的，它决定了反应类型、加工工艺、原材料的储存和运输、合成效率，以及反应过程对环境的影响。绿色化学首要的问题和工作是选择绿色的原料。在原料选定的基础上，筛选合成方法和合成路径，设计绿色合成工艺，消除或减少有毒、有害物质的产生。

(4) 设计安全化学品

设计安全化学品是指设计具有高使用功效和低环境毒性的化学品。

设计安全化学品的定义是指运用构效关系和分子改造的手段来获得最佳的所需功能的分子，同时使化学品的毒性最低。药品的要求同样是高效、低毒。因为化学品或药品往往很难达到完全无毒或达到最大的功效，所以两个目标的权衡是设计安全化学品的关键。以此为依据，在对新化合物进行结构设计时，对已存在的有毒化学品进行结构修饰、重新设计也是化学家的研究内容。

传统化学往往注重检测化学品能否具备设计期望的性质，而对其起毒性作用的分子则难以辨别。现在通过物质在人体、环境中产生毒性的机制分析，化学家能在保持分子正常功能不变的条件下，对化合物结构进行修饰，减少其毒性。对毒理机制不清楚的化合物，可通过化学结构中某些官能团与毒性的关系，利用计算机数据库和计算模型的辅助，设计时可以尽量避免有毒基团，其毒性就无从体现。化学家还可以通过改变分子物理化学性质如水溶性、极性，控制分子使其难以或不能被生物膜或组织吸收，消除其生物利用，毒性也随之降低。在“美国总统绿色化学挑战奖”中就设有“绿色化学品设计奖”。绿色化学的进步证明设计安全化学品是有效的，也是有益的。

(5) 采用安全的溶剂和助剂

采用安全的溶剂和助剂是指尽量不使用溶剂等辅助物质，必须使用时，应选用无毒、无害的。对于有毒有害溶剂的替代选择有以下通用指导性原则：低危害性；对人体健康无害；对环境友好。

超临界流体（supercritical fluid，SCF）、水、固定化溶剂、离子液体、无溶剂体系等方法是解决溶剂毒害问题的良好技术，在绿色化学工艺中有很好的应用。

(6) 尽可能提高能源的经济性

尽可能提高能源的经济性是指生产过程应该在温和的反应条件下进行，能耗最低。化学工业是工业部门中的第一耗能大户，约占总耗能的25%。提高能源的经济性的方法有，一方面通过工艺设计降低反应过程的能耗，另一方面采用新能源技术来促进化学反应的进行，降低能量消耗，同时提高能量效率。除了使用热能、电能和光能三种传统能量之外，还可以利用新的能量形式，如微波辐射技术、光能技术。

(7) 尽可能利用可再生资源来合成化学品

尽可能利用可再生资源来合成化学品是指尽量采用可再生的原料，特别是用生物质代替矿物燃料。

可再生资源是指在短期内可以再生，或是可以循环使用的自然资源，又称可更新资源。不可再生资源，也称不可更新资源或一次性资源，主要指自然界的各种矿物、岩石和化石燃料，例如泥炭、煤、石油、天然气、金属矿产和非金属矿产等。

(8) 尽量减少衍生物生成

尽量减少衍生物生成是指减少副产品。有时为了使一个特别的反应发生，通常需要对反应分子进行修饰，使其衍生为需要的结构。简化反应流程，这是绿色化学设计的基本要求。

(9) 尽量采用高选择性的催化剂

催化剂能促进反应的进行，能改变热力学上可能进行的反应速率，还能有选择性地改变多种热力学上可能进行的副反应，高选择性地生成目标产物。高效无害催化剂的设计和使用成为绿色化学研究的重要内容，选择性对催化剂和绿色程度的评价尤为重要。目前有关绿色化学的研究中有很多实例都是采用新型催化剂对原有化学反应过程进行绿色化改进，如均相催化剂的高效性、固相催化剂的易回收和反复使用等。

(10) 设计可降解的化学品

设计可降解的化学品是指化学品在使用完后应能降解成无毒、无害的物质，并且能进入自然循环。

与环境中的化学品相关的一个重要问题是所谓的“持久性化学品”或“持久性生物累积物”问题。任何一个物质的耐用性、持久性都是一个好的特点，但是有些情况下，持久性超过一定期限后，当这些化学品被抛弃或排放到环境中后，会在环境中以原来的形式长期存在或被各种植物或动物群吸收，并在它们的系统中累积。这一聚集对该生物物种有一定的危害，并且可能随着食物链进入人体。

(11) 发展预防污染的实时监控技术

发展预防污染的实时监控技术是指开发实时分析技术，以便监控有毒、有害物质的生成。

化学反应是动态的，反应条件的任何扰动都可能造成反应系统各物质量的变化，同时存在环境或安全隐患。实时监控反应进程，在线分析化学的进展有利于减少危险，避免伤害，减少有害物质的产生。

(12) 尽量使用安全的化学物质，防止化学事故的发生

尽量使用安全的化学物质，防止化学事故的发生是指选择合适的参加化学反应过程的物质及生产工艺，尽量减少发生意外事故的风险。

在化学和化学工业中预防事故的发生非常重要。绿色化学应考虑广泛的危险性，而不仅仅是污染和生态毒性。因此，在进行化学品和化学过程的设计时，应同时考虑其毒性、爆炸性和可燃性等，对生产工艺进行安全性评价，评价安全后才能进入大规模生产，并认识到可能存在的风险因素，进行有针对性的预防和控制。

随着化学工业的发展，针对工艺技术放大、应用和实施的潜在能力，韦塞特（N. Winerton）提出了绿色化学十二原则的附加原则：

① 鉴别副产品，尽可能定量描述。

② 报告转化率、选择性和产率。

③ 在生产过程中要进行完整的质量平衡计算。

④ 定量核算生产过程中催化剂和溶剂的损伤。

⑤ 充分研究基本的热化学，特别是放热定律，以保证安全。

⑥ 预测其他潜在的质量和能源的传输限制和规律。

⑦ 与化学或化工工程人员协作。

⑧ 要考虑全部生产过程对化学选择性的影响。

⑨ 帮助开发和支持使用可持续发展的能量。

⑩ 使用的全部产品及其他输入要尽量定量和最小化。

⑪ 要充分认识到操作者的安全和废物最小化之间可能存在矛盾的事实。

⑫ 对试验或工艺过程向环境汇总排放的废物要监控、呈报，并尽可能使之最小化。

这些附加原则既是绿色化学十二原则的补充，也可指导研究人员进一步深入研究或完善实验室的研究结果，以便能更好地评价化学过程中废物减少的情况及程度。

5. 绿色制药研究内容和任务

与传统制药不同，绿色制药更多地考虑社会的可持续发展、人与自然的协调。它是通过运用现代化的新手段和方法，设计原子经济性反应，研发能减少或消除有害物质使用与产生的环境友好化学品及其工艺过程。能够“从源头上根除污染”，而不是走“先污染，后治理”的老路。从绿色化学的原则和特点来看，绿色制药的研究内容主要包括以下七个方面：

① 设计更安全、更有效的药品；

② 寻找绿色原料和试剂（原料的绿色化）；

③ 选择合适的反应条件（溶剂、催化剂的绿色化），提高选择性；

④ 设计理想的合成路线（提高选择性和原子经济性）；

⑤ 寻找新的转化方法（高效化学反应新技术的运用）；

⑥ 在线分析技术的应用（减少副产物产生）；

⑦ 新装置、新技术开发（生产革新）。

（1）设计更安全的药品、化学品

目前，世界上化合物的数量已超过2000万个，药品近两千种，且每年仍以一定的数量增加。随着计算机和计算技术的飞速发展，对分子结构与性能关系的研究不断深入，分子设计和分子模拟研究已经引起了研究者们的广泛关注，“实验台＋通风橱＋计算机”三位一体的新化学实验室已经普及，安全有效的化学品设计将得到更快、更大的发展。

（2）寻找绿色原料和试剂

在制药工艺中，原材料的选择是至关重要的，它决定了目标分支应采用的反应类型、合成途径、加工工艺等诸多因素。起始原料一旦选定，许多后续方案即已确定，成为这个初始决定的必然结果。另外，起始原料的选择性还决定了其在运输、储存和使用过程中可能对人类健康和环境造成的危害性。由此可见，起始原料的选择是绿色化学应考虑的重要因素，寻找可替代的且环境友好的原料和利于实现绿色生产的原料是绿色化学的主要研究内容之一。原料的选择需要从原料的来源、原料的可再生性和原料对后期的影响几个方面综合考虑，确认是否合理、是否符合绿色制药的理念。

例1　绿色原料碳酸二甲酯的合成与使用

碳酸二甲酯是一种常温下无毒无色、略带香味、透明的可燃液体。其分子式为$C_3H_6O_3$，结构式为$CH_3OCHOOCH_3$，分子量为90.08，密度为1.073g/cm^3，常压沸点为90.2℃。碳酸二甲酯微溶于水，但能与水形成共沸物，可与醇、醚、酮等几乎所有的有机溶剂混溶；对金属无腐蚀性，可用铁桶盛装储存；微毒。其分子结构中含有羰基、甲基、甲氧基和羰基甲氧基，因此碳酸二甲酯的化学性质非常活泼，可与醇、酚、胺、肼、酯等发生化学反应，衍生出一系列重要的化工产品。其化学反应的副产物主要为甲醇和二氧化碳。与光气、硫酸二甲酯等反应产生的副产物盐酸、硫酸盐或氯化物相比，碳酸二甲酯的副产物危害性相对较小，1992年，其在欧洲通过了非毒性化学品的注册登记，被称为“绿色化学品”。

以碳酸二甲酯为原料，可以开发制备多种高附加值的精细化学品，在医药、农药、合成材料、燃料、润滑剂、食品增香剂、电子化学品等领域广泛应用。另外，其非反应性用途如溶剂、汽油添加剂等也正在或即将实用化。由此可见，以其作为绿色化工原料具有非常广阔的应用前景。

例 2　绿色氧化剂的利用

近年来，氧化反应的研究取得了显著性的发展。氧化反应既是最基本的化工技术之一，也是污染最严重的技术之一。化学制药过程中氧化反应也是一个重要的反应类型。目前使用的大多数氧化剂都含有毒物质，如卤素化合物及重金属锰、铬、汞等。这些物质被应用于原料的氧化反应中，导致大量金属残留物和有毒物质排放至环境。为了解决氧化过程给环境带来的恶劣影响，发展绿色氧化技术十分重要。

① 空气/氧气氧化。绿色氧化过程要求氧化剂在参与反应后不应有氧化剂分解的有害残留，因此氧气作为最廉价、清洁的氧源自然是最好的氧化剂。

② 臭氧。臭氧是地球大气层数十种气体中的一种痕量气体，总含量还不到地球大气分子数的百万分之一。它有很高的能量，极不稳定，在常温常压下自行分解为氧分子和单个氧原子，后者具有很强的活性。臭氧由于其氧化性强、选择性好、反应速率快、反应后无残留等优点，广泛应用于有机化工、制药工业等方面。例如，臭氧氧化烷烃反应，锰置换的多元多金属含氧簇合物可在温和的条件下活化臭氧，进行各类烷烃的氧化，典型的反应式见图 7-1。

③ 过氧化氢。过氧化氢又称双氧水，无色、无味、无毒的透明液体，是一种强氧化性物质。其参与氧化反应后产生的副产物为水，对环境无影响，因此被称为“最清洁”的化工产品，广泛应用于化工、医药、食品、电子、环保等领域。

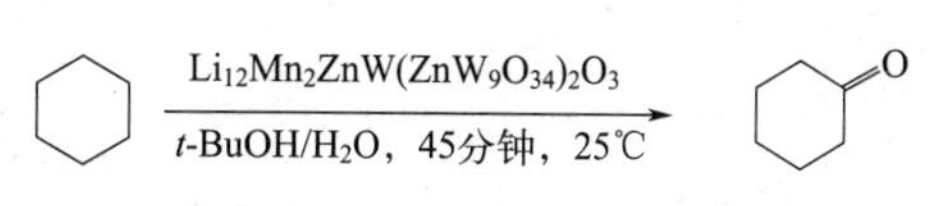

图 7-1　环己酮的制备工艺

④ 高铁酸盐。高铁酸盐是铁的正六价化合物，其有效成分是高铁酸根 FeO_4^{2-}，具有很强的氧化性。高铁酸盐用作选择性氧化剂，相对于常见的 MnO_2、$KMnO_4$、CrO_3、K_2CrO_4、K_2CrO_7 等氧化剂而言，由于其副产物铁锈不会对人和环境有任何不良影响，因此它是一种高选择性、高活性、无毒、无污染、无刺激性的绿色有机合成氧化剂。它可以选择性地氧化醇类、含氮化合物、含硫化合物甚至烃类等大部分有机物，且反应条件温和。因此，高铁酸盐在有机物的氧化合成方面具有十分重要的应用价值。

从环保的角度看，高铁酸盐的用途是引人注目的，随着对其性质的进一步认识和制备工艺的成熟，其在有机物氧化合成方面的应用范围将不断拓宽。高铁酸盐氧化中催化剂的制备和选取、反应试剂的选择、反应条件的控制等是该领域研究的重点。

⑤ 有机高价碘试剂。有机高价碘化合物因具有易制备、无毒、无污染及良好的化学反应活性而备受人们的广泛关注，在各种类型的有机高价碘试剂中，最早研究并合成应用的是有机高价碘盐，主要包括二芳基碘盐、炔芳基碘盐和烯基芳基碘盐，可用通式 $ArRI^+X^-$ 表示。在有机合成中高价碘盐用作亲电芳基化试剂，与各种亲核试剂反应。

⑥ 固载氧化剂。传统氧化剂更多的是溶于溶剂进行氧化反应，这就给氧化剂的回收和再生带来困难。将氧化剂负载于载体上，可将原来的铬（+6 价）、锰（+7 价）等难以控制的廉价试剂，改善为选择性好、可控的氧化剂。提高了反应后氧化剂的回收和分离的便利性，实现了氧化剂的再生，减少或消除了传统氧化反应给环境带来的危害性。例如，将 CrO_3 固载在一种氧化铝上，可以得到结构稳定的负载的配体铬氧化剂。该氧化剂可在温和的条件下对脂肪醇、芳醇等有机化合物进行氧化，选择性好，能实现多次重复使用，减少氧化剂消耗，而且产物分离简单，解决了氧化剂的分离和回收问题。这些工作也为解决铬污染提供了一条更好的思路和方法。再如，将高锰酸钾固定在碳纳米管上，所制得的氧化剂远比高锰酸钾温和，在使用该固载氧化剂参与氧化反应时，反应物上较容易引入羟基、羰基或羧酸等基团。

氧化剂之间的组合在反应过程中原位生成的氧化剂也是重要的绿色氧化剂。特别是氧化反应应用于废液处理过程时，臭氧与氧气或空气混合，可以使废液被处理得更有效、更有层次。而原位生成的过氧化氢也可以用到氧化过程，实现反应之间的组装及耦合，大大减少运输和储存过程中的过氧化氢分解。

(3) 选择合适的反应条件

化学制药反应过程的绿色化包括溶剂选择、反应条件选择、反应设备选择、后处理过程选择等。

反应溶剂选择以无毒、低毒、高效为原则。高效体现在溶剂使用量少、反应收率高等优点。比较理想的溶剂有水、超临界流体、离子液体等，超临界流体在化学反应中的应用见表 7-1。

表 7-1 超临界流体在化学反应中的应用

序号	应用	原理	实例
1	加快反应速率	扩散系数小，黏度小，加快传质过程	二苯甲酮与三乙胺 35℃时在超临界二氧化碳中的反应速率是常压下的 3.5 倍以上
2	克服界面阻力，增加溶解度	氧在常温常压下在水中的溶解度很小，在超临界状态下可加快溶解，有利于反应进行	污水处理中的超临界水氧化法
3	控制高分子	溶质在超临界流体中的溶解度随压力变化很大，改变压力可以控制所需分子量的高分子单体	高压下乙烯的合成
4	延长固体催化剂的寿命，保持催化剂的活性	超临界流体对许多重质有机化合物有较大的溶解度，因此一旦有焦化前期的重质有机化合物吸附在催化剂上，超临界流体能及时溶解，避免催化剂中毒	
5	特殊的化学反应		水热火焰、超临界水中的离子反应和自由基反应等

超临界二氧化碳具有合适的临界温度和临界压力、无毒无害、不燃烧、没有腐蚀性、对环境友好、原料易得、价格便宜、处理方便等众多优点，是使用最广泛的一种超临界流体。超临界二氧化碳主要应用于热敏性物质和高沸点组分的萃取分离、超细颗粒材料的制备及化学反应介质等方面。尤其是在中药挥发油的提取中应用广泛。超临界二氧化碳流体密度与液体接近，溶剂强度也接近液体，因而是很好的溶剂。同时，超临界流体又具有某些气体的优点，如低黏度、高气体溶解度和高扩散系数等，这对快速化学反应和有气体参与的反应十分有利。超临界二氧化碳作溶剂的另一优点是：二氧化碳不会再被氧化，因而是理想的氧化反应的溶剂。同时，还可利用超临界二氧化碳中二氧化碳浓度高这一特性，有效促进二氧化碳参与的反应。

高效催化剂是化学反应重要的应用。催化剂可以降低反应活化能，提高反应速率，提高反应的选择性。热力学和动力学研究表明，有多种手段可以提高反应速率，如加热、光化学、电化学和辐射、催化剂等。加热的方法往往缺乏足够的化学选择性，其他的光、电、辐射等方法用在工业装置上时往往需要额外的设备和能量，有一定的反应局限性。应用催化剂既能提高反应速率，又能提高反应的选择性，而且理论上催化剂是不消耗的、可重复利用的。因此，应用催化剂是提高反应速率和提高反应选择性非常有效的方法。催化剂的选择、改进及新兴高效催化剂的开发，一直是绿色化学的主要研究内容之一。

分析绿色化学所需的合成路线可知，催化可从各方面满足其需求。不管是传统的化学催化反应还是生物催化反应，使用催化剂后所需的能量更低，转化更为有效，副产物和其他废物的生成减少，通常还把催化剂设计成环境友好型的催化剂。因此，绿色、高效的催化剂能最大限度地合理利用原料、最小限度地影响环境，在环境保护、绿色化学中有十分重要的作用。

(4) 设计理想的合成路线

绿色制药的核心是实现反应过程的原子经济性，但在目前的科技水平条件下，不可能将所有化学反应的原子经济性提高到100%。因此，寻找新的反应原料、合成路线和催化材料是提高原子经济性的重要方法。

采用新的合成原料是提高反应原子经济性的重要途径之一。如甲基丙烯酸甲酯（MMA）的合成。工业上生产甲基丙烯酸甲酯（MMA）主要采用丙酮-氰醇法（ACH），该方法包括ACH合成、甲基丙烯酰胺（MAS）合成、酯化、MMA的回收和提纯、酸废水回收和处理等五个工序。反应过程中采用了剧毒的氰化氢和强腐蚀性的硫酸作为原料，对环境造成了很大危害，且两步反应获得产品的原子利用率也只有47%。

Shell公司新开发了用二价钯化合物、取代的有机磷配体、质子酸和一种胺添加剂组成的均相钯催化剂体系，采用甲基乙炔作为原料，在甲醇溶液中，60℃、6MPa、11.6分钟停留时间条件下可一步反应得到MMA，见图7-2。原料全部转化为产品，反应的原子经济性达到100%，且MMA的选择性高达99.9%，单程收率达98.8%。该工艺具有原料费用低、无硫酸副产物、MMA单程收率高、对环境友好等特点。图7-2给出了MMA的新、旧生产工艺过程的原子经济性对比情况。

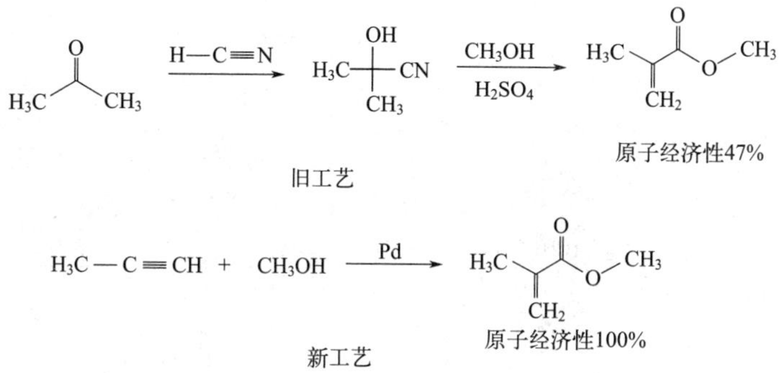

$H_3C-CO-CH_3 \xrightarrow{H-C\equiv N} H_3C-C(OH)(CH_3)-CN \xrightarrow[H_2SO_4]{CH_3OH} CH_2=C(CH_3)-COOCH_3$

原子经济性47%

旧工艺

$H_3C-C\equiv CH + CH_3OH \xrightarrow{Pd} CH_2=C(CH_3)-COOCH_3$

原子经济性100%

新工艺

图7-2 丙烯酸甲酯制备工艺

很多药品的合成路线较长，有的反应路线甚至达到几十步反应。尽管有的步骤反应的产率较高，但整个反应的原子经济性却不理想，总收率也不会很理想。若合理设计反应路线，改变反应途径，简化合成步骤，就能大大提高反应的原子经济性。如布洛芬的生产就是一个很好的例证。

布洛芬是一种非甾体抗炎药，常被用来缓解关节炎、痛经、发热等症状。传统的布洛芬合成是采用博姿（Boots）公司的布朗（Brown）合成法，需要经过6步反应才能得到产品，见图7-3所示。

上述路线中，每步反应中的原料只有一部分进入产物，而另一部分则变成废物，该合成路线的原子利用率只有40.03%。后来，赫斯特-塞拉尼斯（Hoechst-Celanese）与博姿（Boots）公司联合开发了生产布洛芬的BHC新方法［1-(4-异丁基苯基）乙醇羰化法］，该方法只需三步反应即可得到布洛芬，如图7-4所示。

该路线的原子经济性达到77.44%，与旧工艺相比，新发明的方法减少了37%的废物。而BHC也因此获得了1997年“美国总统绿色化学挑战奖”的绿色合成路径奖。

在设计新的绿色化学合成路线时，既要考虑到原料的来源方便、价格低廉，又要减少甚至消除废物的生成，其难度是很大的。

计算机是人脑的延伸，利用计算机来辅助设计，不仅可以减轻人脑的劳动，还可成为实验控制和模拟中强有力的助手和工具。当前已有一些上市的化学合成设计软件，能辅助设计合理的路线，通过它，人们可设计出更加绿色、可行、原子经济性好的合成路线。

(5) 寻找新的转化方法

新的转化方法可能是设计新的路线，也可能是设计新的催化剂，实现新的转化过程，从而发

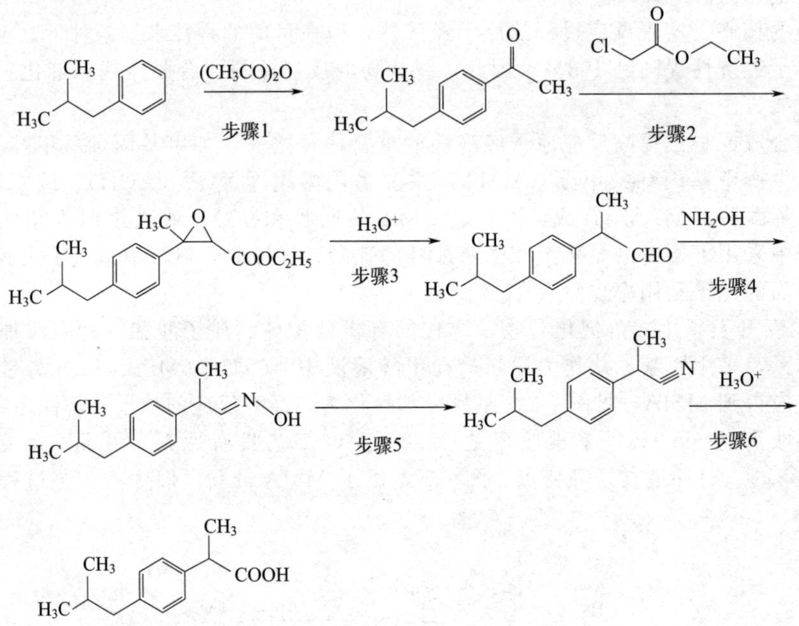

图 7-3　布洛芬制备旧工艺

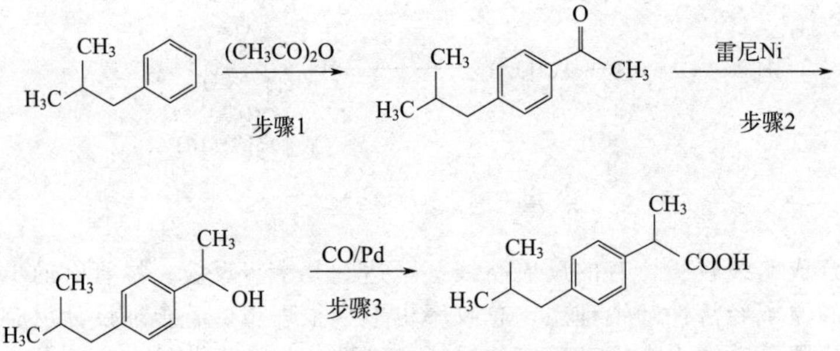

图 7-4　布洛芬制备新工艺

明新的合成方法，提高产品的转化效率和原子经济性。催化剂在当今化工生产中占有极其重要的地位，据统计，80%以上的化学品是通过催化反应制备的。因此开发新型催化剂也是提高反应经济性的一种手段。近年来在这方面取得了较大的研究进展，特别是过渡金属催化剂的开发利用。如新型催化剂钛硅-1（TS-1）分子筛的开发，使丙烯氧化生产环氧丙烷过程的原子经济性得到明显提高。TS-1 分子筛催化烯烃环氧化最具有代表性的反应是丙烯环氧化合成环氧丙烷（PO）。

环氧丙烷是一种重要的有机化工原料，其产量是仅次于聚丙烯和丙烯腈的第三大品种，主要用于制取聚氨酯所用的多元醇和丙二醇等。国内现有的生产技术是从国外引进的氯醇法。其合成路线见图 7-5。

该方法需要消耗大量的石灰和氯气，设备腐蚀和环境污染严重，且原子利用率仅为 31%。

尤金（Ugine）公司和埃尼化工（Enichem）公司开发了 TS-1 分子筛作为氧化剂的过氧化氢氧化丙烯新工艺。反应过程如下：

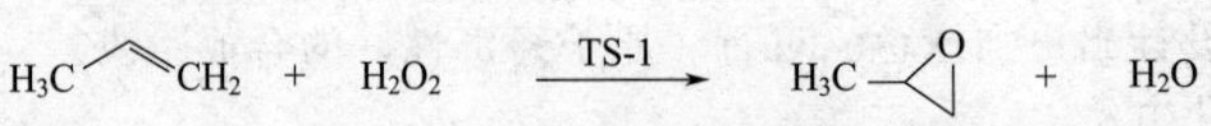

$$H_3C{-}CH{=}CH_2 + H_2O_2 \xrightarrow{\text{TS-1}} H_3C{-}\text{(环氧乙烷环)} + H_2O$$

新工艺使用 TS-1 分子筛作为催化剂，反应条件温和，可在 40～50℃、低于 0.1MPa 的条件

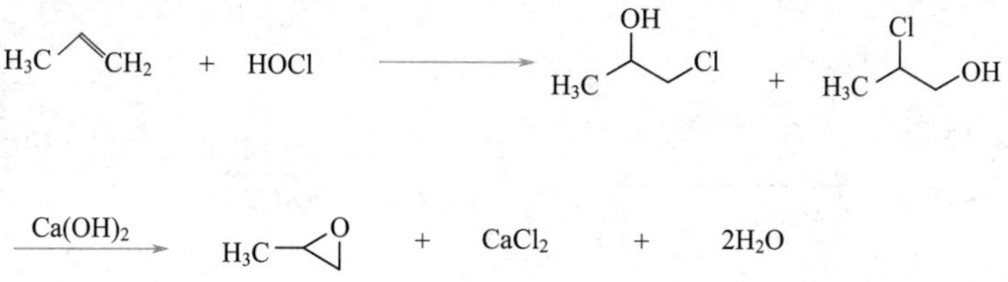

$$CH_3CH{=}CH_2 + HOCl \longrightarrow CH_3CH(OH)CH_2Cl + CH_3CHClCH_2OH \xrightarrow{Ca(OH)_2} CH_3\text{-环氧乙烷} + CaCl_2 + 2H_2O$$

图 7-5　氯醇法制备环氧丙烷

下进行反应，且氧源安全易得，而且副产物少，反应几乎以化学计量的关系进行，以 H_2O_2 计算转化率为 93%，环氧丙烷的选择性达到 97%以上。因此，该方法是低能耗、无污染的绿色化工过程，原子利用率为 76.32%。但唯一不足的是 H_2O_2 成本高，在经济上缺乏竞争力。

（6）在线分析技术的应用

当前分析设备、信息技术迅猛发展，在线分析仪器得到了快速发展，在实验室、生产过程中实现了良好应用。当前的主要在线分析设备包括在线红外分析仪、在线紫外光谱、在线高效液相色谱、在线粒度仪等设备，在控制反应进程、减少副产物产生、提高反应安全性方面起到重要作用。

（7）新装置、新技术开发

结合新材料、信息控制技术、生物技术的发展，当前化工、制药行业的新装置、新技术有了新的发展。连续反应、微通道反应、固态酶催化反应、光化学、微波化学器等设备、装置的发展，为不同类型的反应提供了新的思路和新的转化途径，解决了传统方法、传统设备无法解决的工艺过程。

通过设计合理的反应途径、采用新的合成原料、开发新的催化剂，使用新装置、新技术等绿色化学合成的方法与制药工艺有机结合起来，才能真正地实现原子经济性反应，生产对人类和环境无害的绿色产品，完成绿色制药的最终使命。

二、磷酸西格列汀的绿色制药技术

磷酸西格列汀（Sitagliptin）属于二肽基肽酶-4（DPP-4 酶）抑制剂，在 2 型糖尿病患者中可通过增加活性肠促胰岛激素的水平而改善血糖控制。西格列汀的葡萄糖依赖性作用机制与磺酰脲类药物的作用机制不同，即使在葡萄糖水平较低时，磺酰脲类药物也可增加胰岛素分泌，从而在 2 型糖尿病患者和正常受试者人体中导致低血糖。西格列汀是一种有效和高度选择性的 DPP-4 酶抑制剂，安全性和有效性更好，为广大 2 型糖尿病患者提供了一种有效的治疗方法。

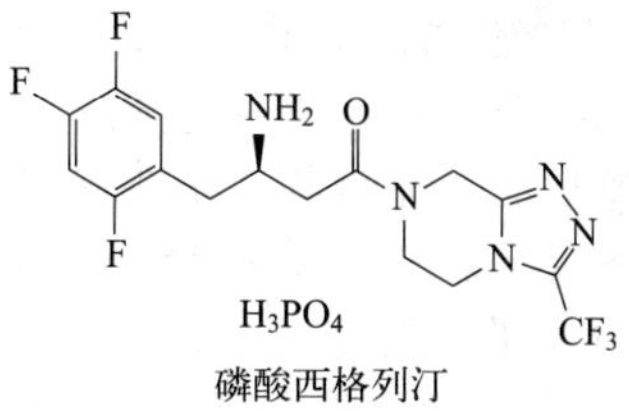

磷酸西格列汀

磷酸西格列汀的合成工艺较多，其合成工艺的研究有一个明显的发展过程。在早期临床阶段，默沙东的研究人员通过三氟苄溴和 SM1 反应得到中间体 M1，经 Boc 保护得到 M2，中间体 M2 经阿恩特-艾斯特尔特反应（Arndt-Eistert reaction）得到中间体 M3，与另一片段缩合，脱 Boc 保护，成盐得到磷酸西格列汀，见图 7-6。

在上述合成路线中，西格列汀结构的唯一手性中心是通过手性辅基 SM1 引入，手性辅基需要另行合成，并且在后续合成中，涉及保护基的使用，增加了操作步骤，步骤繁琐，从绿色化学和原子经济性考虑，默克公司的研究人员尝试了不对称的催化氢化引入手性，见图 7-7。

新路线采用三氟苯乙酸和丙二酸单酯钾盐缩合得到化合物 2，化合物 2 采用修饰的（S）-联

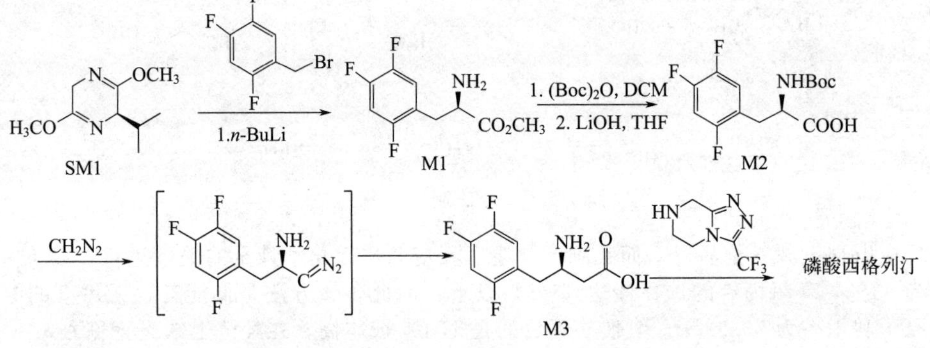

图 7-6　磷酸西格列汀制备工艺 1

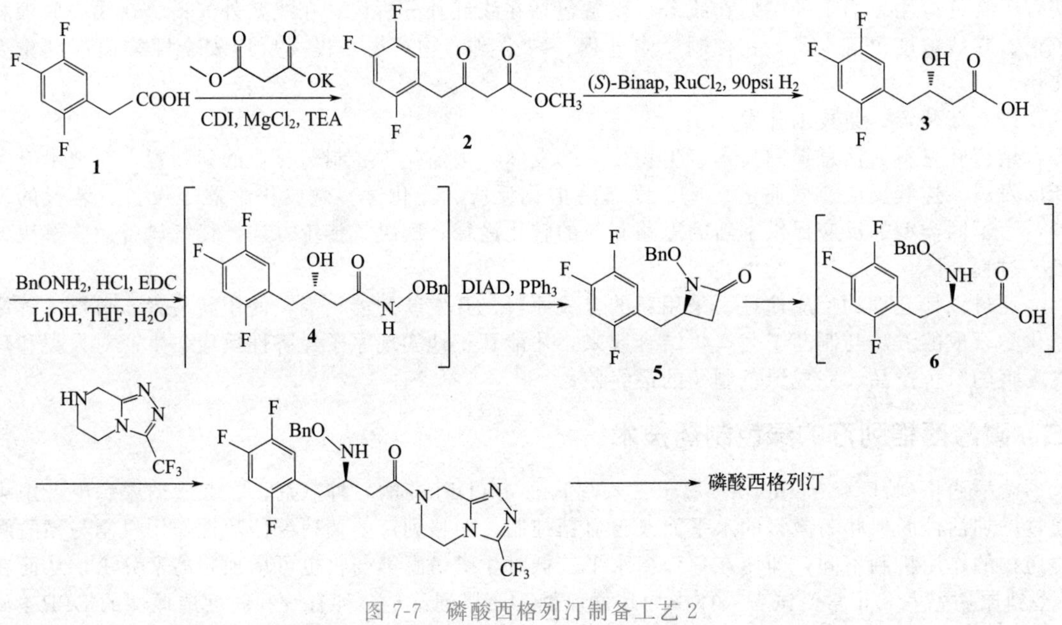

图 7-7　磷酸西格列汀制备工艺 2

1psi＝6894.757Pa

萘二苯磷催化剂进行手性催化得到化合物 3，收率优良，且手性 ee 值达到 94％。化合物 3 与苄基羟胺在缩合剂作用下得到化合物 4，化合物 4 通过光延反应（Mitsnobu reaction）闭环得到β-内酰胺化合物 5，实现手性翻转和氨基取代。化合物 5 水解得到化合物 6，化合物 6 经过偶联反应，氢化脱保护，成盐，得到磷酸西格列汀。反应效率得到很大提升，从化合物 1 开始，总收率 45％左右，虽然路线较长，但是每步的收率还是比较高的，默克公司用这条路线制备了早期安全性评价和临床试验样品。但是从绿色化学和手性合成的手段来说还有不少缺点：使用高分子量的试剂将羟基转化为氨基，路线比较繁琐；正宗反应（Masamune reaction）的反应条件需要很低的浓度，达到 30L/kg，限制了该工艺的生产能力；两步偶联反应使用了原子经济性低的试剂 N-乙基-N'-(3-二甲基氨丙基）碳二亚胺盐酸盐（EDC)；光延反应，产生大量副产物，原子利用度低。

综合考虑以上缺点，研究人员开发了新的合成路线。化合物 1 与化合物 2 缩合得到化合物 3，化合物 3 与三氮唑侧链反应得到二酮化合物 9，化合物 9 加入醋酸铵的甲醇溶液，生成化合物 10。化合物 10 在 Rh(COD)Cl_2 作用下发生不对称氢化反应。在这步反应过程中，不需要其他助剂即可达到很好的手性纯度，然后成盐得到磷酸西格列汀，见图 7-8。

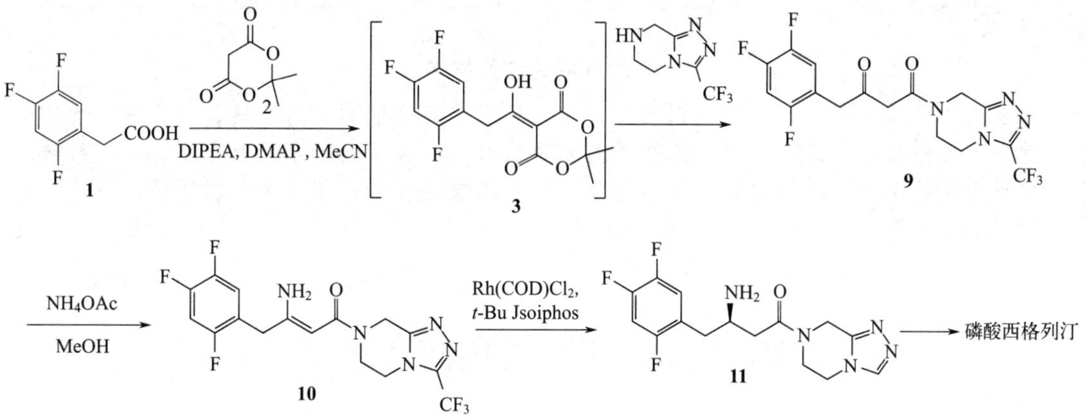

图 7-8　磷酸西格列汀制备工艺 3

在西格列汀的生产工艺中引入新型的不对称氢化技术，使得工业废物下降 80%，成本下降 70%。每千克西格列汀工业废物产生量为 44kg，工业废水则下降到 0。

因为上述工艺改进优势，默克公司的化学工艺团队荣获 2006 年度“美国总统绿色化学挑战奖”。

虽然上述路线能降低生产中产生的废弃物，相比以前的工艺，有很明显的优势，手性合成更简洁、效率更高，但该路线中使用了铑催化剂，铑催化剂价格昂贵，受市场影响较大。

考虑到生物催化效率更高、更加绿色环保的优点，默克公司和克迪科思（Codexis）公司合作，开发了新的酶催化手性合成工艺，见图 7-9。

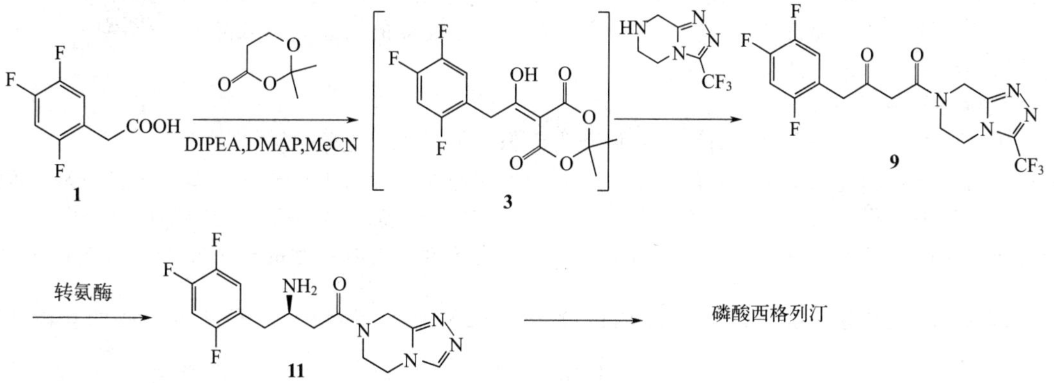

图 7-9　磷酸西格列汀制备工艺 4

新工艺在化合物 9 的基础上，直接采用新设计的转氨酶催化手性合成，生物催化活性提高了 2500 倍。反应专一性强，基本没有副产物生成，并且避免了原工艺高压加氢操作，以及重金属的使用。2010 年，默克公司和克迪科思（Codexis）公司获得“美国总统绿色化学挑战奖——绿色反应条件奖”。

从磷酸西格列汀的工艺研究进展和手性合成手段的变化，我们应该认识到，新技术、新方法、新工艺的提高和应用能够对原有工艺做到翻天覆地的变化，使得反应更绿色、更环保，产生的废物更少，这也是我们药学工作者需要不断努力的方向，科学研究没有止境，研究人员要保持一颗不断创新的心、不断否定自我、超越自我，研究出更加绿色的药学工艺。

思政小课堂

不断进取的创新精神

在进行科学研究，以及在我们的工作中，要有不断进取的学术态度、不盲目守旧的创新精神，西格列汀的工艺研究就是在不断创新的路上，应用新技术、新方法。要有打破现有思维框架的决心，广开思路，团结协作，集中各自的优势，解决现实的问题。

第二节　手性药物制备技术

课堂互动

手性是什么？手性药物又是什么？

手性是指一个物体不能与其镜像相重合。如我们的双手，左手与互成镜像的右手不重合。一个手性分子与其镜像不重合，分子的手性通常是由不对称碳引起，即一个碳上的四个基团各不相同。手性药物是含有手性结构的药物。

一、手性

手性

1811 年，法国物理学家阿瑞洛（Arago）在研究石英的光学性质时发现，天然的石英有两种晶体：一种使偏振光左旋，称为“左旋石英”；另一种使偏振光右旋，称为“右旋石英”。这两种分子互为实物与镜像的关系，但互相不能重合，后来定义这种性质为手性。

1. 手性与手性分子

手性，类似于人的左手和右手，它们互为镜像，但不能完全重合。当右手照镜子时，得到的镜像正是左手的样子。但我们不能把左手和右手重叠到一起，它们是无法重合的。自然界中有很多物质与左右手的关系相同，即实物与其镜像无法重合。在有机分子中，若一个分子与它的镜像不能完全重合，则认为该分子具有手性，具有手性的分子称为手性分子。

例如，乳酸的分子结构式为 $CH_3\overset{2}{C}HCOOH$（2 位碳上连 OH），2 位碳是手性碳，2 位手性中心的立体结构式为：

COOH, H, OH, H_3C

a

COOH, HO, H, H_3C

b

从上面的结构式可以看出，a 和 b 就像是在照镜子，也就是它们是实物与其镜像之间的关系，但要把它们重叠起来，会发现它们无法重合。从结构上来看，2 位碳连接的四个基团各不相同，从而使它有了这两种结构形式，像这样连有四个不同的原子或基团的碳原子称为手性碳原子（chiral carbon），常用 * 标记，也称为手性中心（chiral center）。只含有一个手性碳原子的分子，可以判断其结构具有手性。

2. 手性分子的识别方法

范特霍夫（Von′t Hoff）和勒贝尔（LeBel）分别提出了碳四面体学说，如果碳原子位于一个正四面体中心，那么与碳相连的四个原子或基团占据四面体的四个顶点，判断一个化合物是不是手性分子，就观察它是否有对称面或对称中心等对称因素。

分子具有手性时，可以认为是分子缺乏对称因素引起的，因为当分子可以被分成两个部分时，它们互相对称。只要含有对称面的分子，就可以与其镜像结构重合，即为非手性分子。判断手性分子有几种方法：①从它的概念来判断，一个分子与其镜像不能重合，即为手性分子。②看手性碳原子，分子结构中含有一个手性碳原子，就可以判断该分子为手性分子。含有两个或两个以上手性碳原子不确定是否是手性分子，可能存在对称面和对称中心，形成内消旋化合物。③由对称因素来判断分子是否为手性分子。分子的对称面见图 7-10，分子的对称中心见图 7-11。

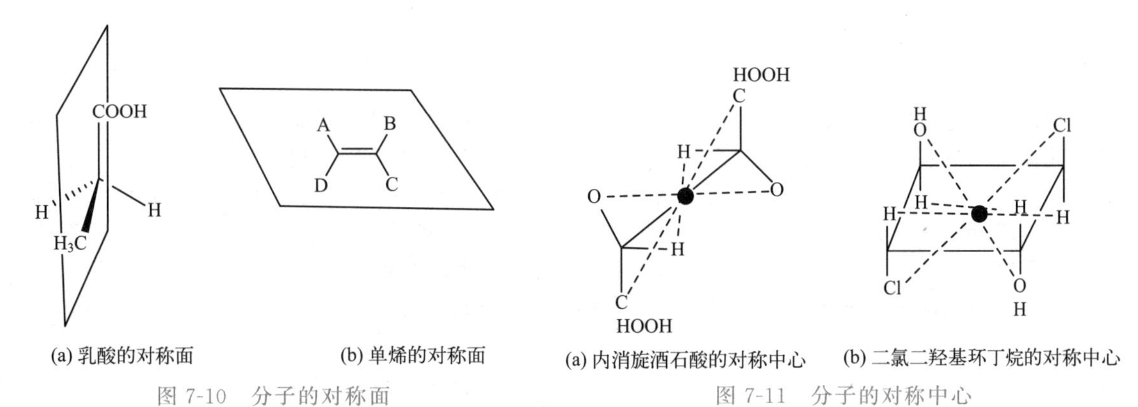

(a) 乳酸的对称面　　(b) 单烯的对称面

图 7-10　分子的对称面

(a) 内消旋酒石酸的对称中心　　(b) 二氯二羟基环丁烷的对称中心

图 7-11　分子的对称中心

此外，有些物质虽然没有手性碳原子，但因其分子中存在手性轴，从而具有手性和旋光性。产生旋光性的根本原因是分子结构中的不对称因素，分子构象不能与其镜像重合。

3. 手性与旋光性

分子的旋光性就是当光通过含有某物质的溶液时，使经过该物质的偏振光平面发生旋转的现象。手性分子具有旋光性，旋光性即为扭转偏振光的偏振角度，不同的扭转能力随分子的结构不同而存在差异。手性是产生旋光性的充分且必要条件。如果分子使偏振光右偏，记为+，称为右旋；如果分子使偏振光左偏，记为－，称为左旋。

二、盐酸度洛西汀的手性制备技术

盐酸度洛西汀是一种选择性的 5-羟色胺（5-HT）和去甲肾上腺素（NE）再摄取抑制药。临床前研究结果显示，度洛西汀是神经元 5-HT 与 NE 再摄取的强抑制剂，对多巴胺再摄取的抑制作用相对较弱。体外研究结果显示，度洛西汀与多巴胺受体、肾上腺素受体、胆碱受体、组胺受体、阿片受体、谷氨酸受体、GABA 受体无明显亲和力。其抗抑郁和中枢镇痛效果与增强中枢系统 5-HT 能和 NA 能有关。目前用于治疗抑郁症、广泛性焦虑障碍和慢性肌肉骨骼疼痛。

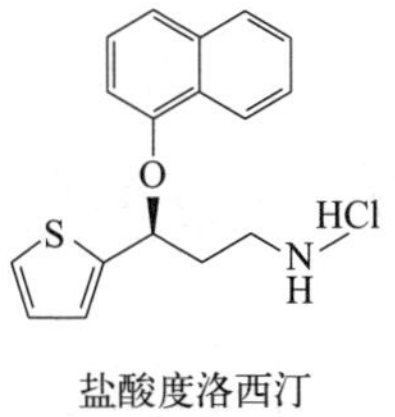

盐酸度洛西汀

在合成（S)-度洛西汀的众多方法中，通过使用拆分外消旋体的技术得到（S)-度洛西汀的方法是最成熟的，也是报道最多的、已工业化生产的方法。下面列出一条拆分途径的合成路线，见图 7-12。

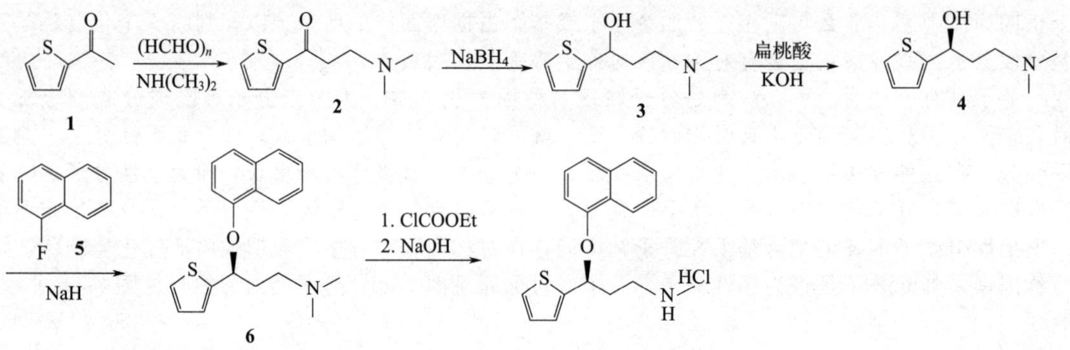

图 7-12　盐酸度洛西汀工艺路线 1

本路线以乙酰噻吩为起始原料，与多聚甲醛、二甲胺通过曼尼希反应，得到化合物 2，通过硼氢化钠还原羰基得到消旋体化合物 3，通过扁桃酸成盐拆分得到 *S* 体化合物 4，与氟萘（化合物 5）缩合得到化合物 6，然后，脱去一个氮甲基，得到 *S*-度洛西汀。拆分的方法还有使用酒石酸拆分，或者合成消旋度洛西汀后，再进行拆分的工艺。虽然拆分工艺收率不高，但是 *R* 体消旋化相对容易，通过消旋化后回收对映体，降低产品成本和废物的排放。

随着工艺的深入，很多学者研究了多种手性合成的方法，见图 7-13。

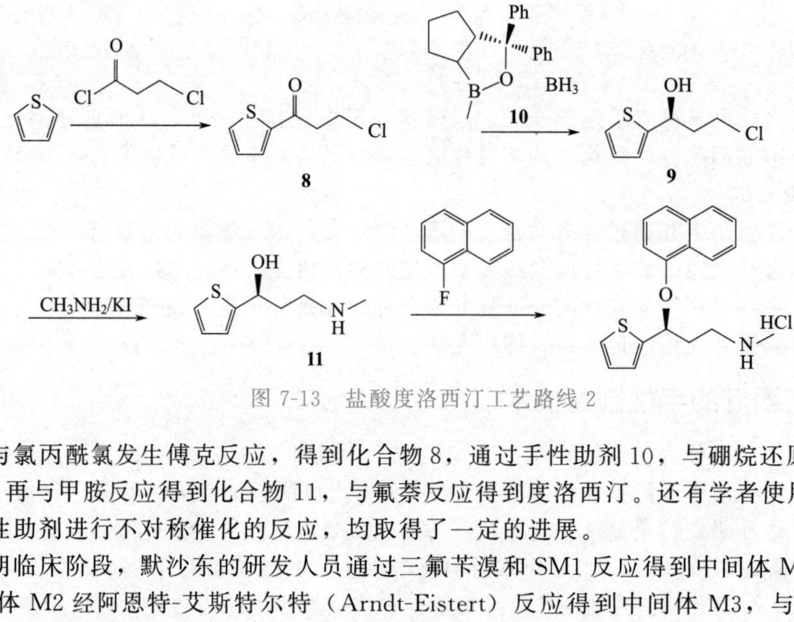

图 7-13　盐酸度洛西汀工艺路线 2

噻吩与氯丙酰氯发生傅克反应，得到化合物 8，通过手性助剂 10，与硼烷还原羰基得到 *S* 体化合物 9，再与甲胺反应得到化合物 11，与氟萘反应得到度洛西汀。还有学者使用铑催化剂、其他硼烷手性助剂进行不对称催化的反应，均取得了一定的进展。

在早期临床阶段，默沙东的研发人员通过三氟苄溴和 SM1 反应得到中间体 M1，经保护得到 M2，中间体 M2 经阿恩特-艾斯特尔特（Arndt-Eistert）反应得到中间体 M3，与另一片段缩合，脱保护，成盐得到磷酸西格列汀。

第三节　流动化学技术

流动化学（flow chemistry）是指在连续流动的系统中完成化学反应。流动过程中完成化学转化的生产方式并不是新鲜事物，早已广泛用于石油化工和合成氨、硫酸、盐酸、硝酸等大化工领域，如合成塔、裂解塔等塔式反应器均实现了连续生产和自动控制。真正让流体化学独具魅力的是小型化和智能化。流动化学技术促使流动化学反应器逐渐取代烧瓶式、间歇式反应器。

一、流动化学

经过十几年的发展，流动化学的发展突飞猛进，研究流动化学的专家学者越来越多。2010年，国际流动化学专家成立了流动化学学会，推出《流动化学杂志》（Journal of Flow chemistry)，促进了流体化学的发展。流动化学的实验室及生产设备逐步上市，促进了流动化学在当前精细化学品、药物生产方面的商业化多步合成。流动化学作为新型绿色安全制药技术，颠覆了传统药物的研发和生产，为药物的合成路线设计、生产工艺设计提供了更多的灵活性和选择性，可以从合成工艺源头守护安全、提高效率、减少污染。中小型流动化学反应器可轻易将合成放大到吨级反应，放大效应很小或没有。

传统的流动化学优势在于可实现连续反应，便于实现工业自动化，减少人员控制失误和控制生产风险。传统流动化学在传热、传质和反应过程方面与间歇反应差别不大，优势不明显。流动化学按照反应器的不同可分为连续塔式反应器、管式反应器和微通道反应器。新发展的微通道反应技术将流体化学赋予更多新的优点，促进了流动化学的飞速发展。

微通道化学技术在化学工艺研发中的应用将会得到更加快速的发展，微通道反应器在工艺研发中的优势也受到更加广泛的关注。由于微通道反应器的通道为微米或毫米级，传热和传质效率较传统流体化学和间歇式釜式反应器提高几十到上千倍，这为缩短反应时间和提高反应选择性提供了更多机会。但是当反应体系中存在或者会析出大颗粒固体时，微通道反应器的使用将受到限制。微通道反应系统的快速发展，使得更多的科研工作者投入到与其相关的研究中。化学工艺特别是工艺条件的优化上，微通道反应系统得到了更广泛的应用。

为加强对连续流反应在制药行业的法规支持，国际人用药品注册技术协调会于2021年推出《ICH-Q13：原料药和制剂连续制造指导原则》的征求意见稿进入第三征求意见阶段。该指南描述了连续制造（CM）的开发、实施、操作和生命周期管理的科学和监管要素。指南澄清了连续制造的概念、描述了科学方法，并提出了针对原料药和制剂连续制造的监管考量，为连续生产在药学研究中的管理和法规提出了明确的研究方法和策略。

二、微通道反应器

微通道反应器，也称为“微反应器”。反应物在很小的通道内连续流动，发生化学反应。微通道反应器的通道通常在30～500μm（或1000μm）之间，在微通道内实现分子间的快速扩散、反应。微通道反应器由于具有比表面积大的特点，从而具有良好的传质效率和传热效率。随着微通道反应器的设计和制造工艺更加完善，其传热和传质效率明显优于塔式和管式反应器的特点更加明显，使得微通道反应器在化工、制药工业方面的应用越来越广泛。

与传统合成方法相比，微通道反应具有以下优势：

① 优良的传质、传热效率，其换热效率和流体混合传质性能均比传统釜式反应器高出很多倍。

② 精准地控制反应时间，提高反应效率，及时终止反应，显著改善合成工艺的可放大性及反应过程的质量。

③ 可以连续反应，不用分离、纯化、运送及储存不稳定及有害的中间产物，最大限度地减少对环境和人员的伤害。

④ 每段通道只有少量的物料进行反应，能有效控制高温高压反应等危险反应过程的稳定性，保证安全生产。

⑤ 连续流反应，容易实现自动化控制，提升生产效率。

由于具有上述特点，微通道反应器在高放热、高压、易爆反应领域具有无可替代的优势。

当前国家规定包括硝化反应在内的18类危险反应，明确要求使用微通道反应器，以减少生产风险。

微通道反应器近十年发展非常迅速，国内外许多公司都设计了具有自己特色的微通道反应装置。反应装置的设备流程基本相同，通常有输送泵、混合器、微通道反应器、辅助加热/冷却装置、在线检测装置、后处理装置等。泊马度胺的反应流程见图7-14。

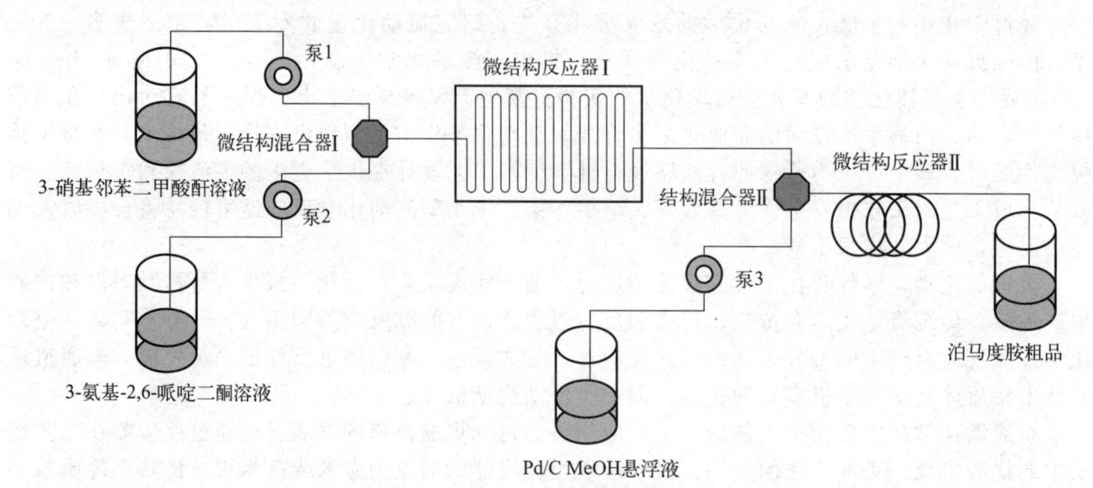

图7-14 泊马度胺连续流反应

当前微通道反应器发展比较成熟的公司有荷兰的凯美克斯（Chemtrix）公司、美国的康宁公司（Corning）、英国的赛瑞思（Syrris）公司和威普泰克（Vapourtec）公司、匈牙利的泰雷兹纳诺（ThalesNano）等。国内包括清华大学等多个科研机构和生产厂家均推出了自己设计生产的微通道反应器，以应对当前化工、制药行业对微通道反应器的需求，促进微通道反应器在化工、制药行业的发展，为绿色工艺、绿色制造作出了巨大贡献，满足了当前管理机构和企业对合成工艺绿色化、安全化的需求。

三、奥司他韦药物流动化学技术

流感是一种严重的呼吸系统病毒感染，由于每年的流行和可预测的大流行而导致显著的发病率和死亡率。磷酸奥司他韦是神经氨酸酶抑制剂（NAI）类化合物中的一种，用于治疗和预防流感。它对由甲型流感病毒和乙型流感病毒引起的流感有效。现有技术中描述了许多制备磷酸奥司他韦的方法和合成路线。然而，用于生产这些化合物的现有合成方法基本上是基于标准的搅拌分批反应器型方法（stirred batch reactor type process），其中使用大量有机溶剂。

此外，大多数已知方法要么采用叠氮化物化学，要么采用保护基团化学，这两者特别是在分批方法中都引入了固有的限制。叠氮化物化学因为其危险和高度放热的性质而引起许多安全问题，这在工业规模上变得更加明显。由于这些固有的危险，化学家在应用这些化学品的生产过程上受到限制。另一方面，保护基团通常会增加反应步骤，同时降低总产率，从而增加最终产物成本。

纳尔逊·曼德拉大学的萨甘迪拉和瓦茨申请的专利CN 113677658 A发明了一种生产奥司他韦的流动合成方法。该专利提供了由莽草酸生产奥司他韦及其药学上可接受的盐的流动合成途径，通过九步流动合成，由莽草酸生产磷酸奥司他韦，该方法与已知方法相比提供了更优的反应时间和产物产率。在由莽草酸生产磷酸奥司他韦的九步流动合成方法中涉及酯化、叠氮化、氮丙啶化、开环、酰化及还原等多种类型的反应，磷酸奥司他韦合成路线见图7-15。

除第2、8、9三步反应因成盐生成固体产物需要超声加速流动外，其余六步均可以用荷兰凯美克斯（Chemtrix）的Labtrix型微通道反应器实现连续操作。相对于传统的批次反应，反应时间、转化率、选择性都大幅度提高，而且传统的危险反应如叠氮化反应批次操作时不能高温处理，但使用荷兰凯美克斯（Chemtrix）的 Labtrix 型微通道反应器可以在高温 190℃安全操作。磷酸奥司他韦的流动合成案例充分体现了流动合成的可行性，安全、高效、高转化率等优点，给相似的工艺提供了充分的可行性验证，也为后续的生产放大提供了重要参考。

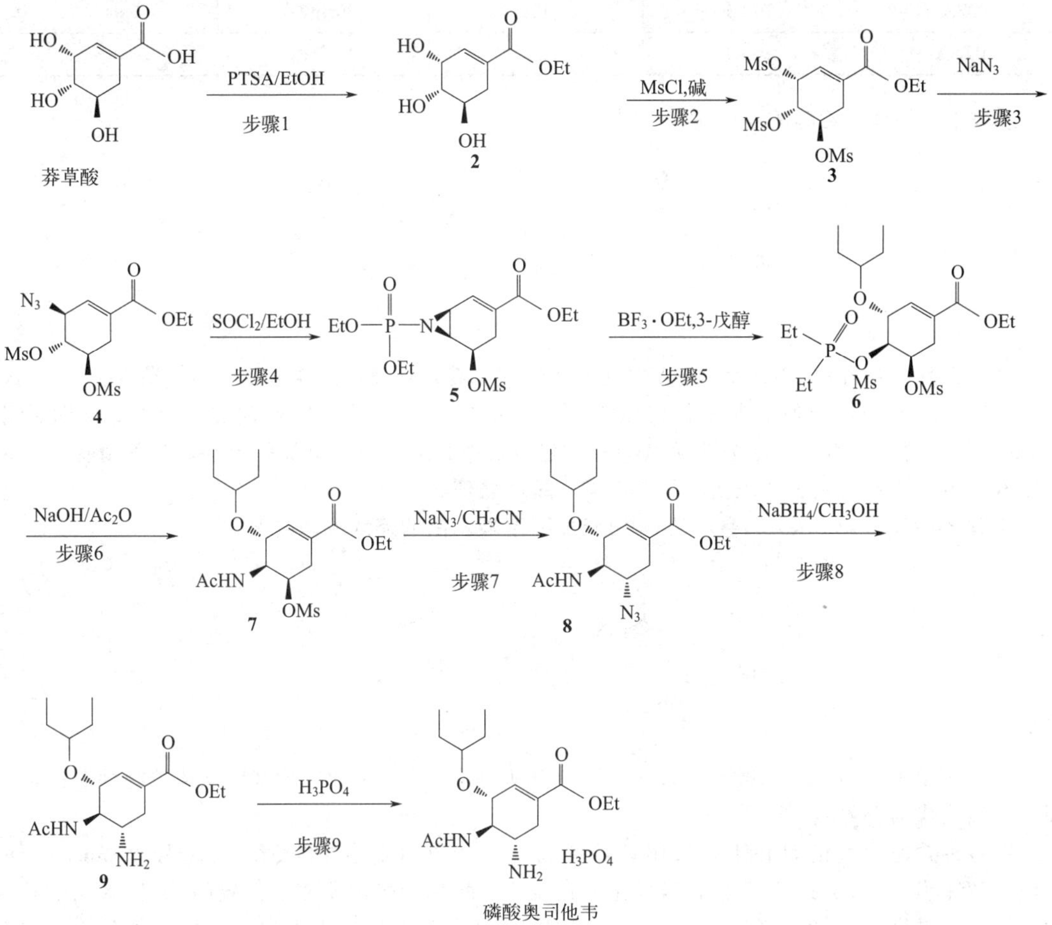

磷酸奥司他韦

图 7-15　磷酸奥司他韦合成路线

步骤 1：莽草酸的酯化

莽草酸

莽草酸成酯是(-)-磷酸奥司他韦的第一步反应。研究了各种酯化条件以优化微通道反应器和填充床柱流动系统中的酯化反应。

亚硫酰氯、草酰氯、亚硫酰氯/DMF、草酰氯/DMF、苯磺酸（BSA）和对甲苯磺酸（PTSA）是用于莽草酸酯化研究的各种催化剂。两个注射泵用于将试剂泵入装有 10^6Pa 背压调节器的热控制微型反应器系统中。莽草酸（0.1mol/L）和催化剂均溶解于乙醇中，并分别泵入流动系统。见表 7-2。

表 7-2　Chemtrix Labtrix 系统操作反应 1 的反应效果

酯化催化剂	反应当量比	反应温度	停留时间	转化率
$SOCl_2$	1∶1	140℃	8 分钟	93%
$(COCl)_2$	1∶2	160	8 分钟	99%
BSA	10∶1	190	20 分钟	94%
PTSA	10∶1	190	40 分钟	96%

步骤 2：莽草酸乙酯的连续流动甲磺酸化

MsCl,碱
步骤2

由于在反应过程中 MsCl 和 TEA 之间形成铵盐沉淀，在玻璃微通道反应器（荷兰 Chemtrix，型号：Labtrix）中，即使在非常低的浓度下，反应器都会出现堵塞的问题。但在超声处理下 0.8ml PTFE 盘管反应器不会发生堵塞问题。超声处理有助于铵盐沉淀的流动，从而避免了反应器堵塞。当反应扩大到工业规模时可能不需要超声处理。

步骤 3：(3*R*,4*S*,5*R*)-3,4,5-三-*O*-甲磺酰莽草酸乙酯的连续流动叠氮化

NaN_3
步骤3

通过使用不同的叠氮化试剂和条件，将烯丙基 C-3 位置的甲磺酸酯基团立体选择性和区域选择性亲核取代为叠氮基。

在各种叠氮化剂的存在下，采用玻璃微通道反应器（荷兰 Chemtrix，型号：Labtrix）的 SOR3227 芯片（19.5μl）反应器，以优化甲磺酰莽草酸酯的烯丙基 C-3 位置的 OMs 基团的叠氮化。筛选结果显示，1∶1 当量的 NaN_3、50℃和 12 秒停留时间，得到向所需的叠氮化物的完全转化。使用微型反应器显著提高了选择性，更大幅减少了反应时间。与所有公开的文献程序相反，使用微通道反应器不生产副产物。

步骤 4：(3*S*,4*R*,5*R*)-3-叠氮基-4,5-双（甲磺酰氧基）环己-1-烯羧酸乙酯的连续流动氮丙啶化

$SOCl_2$/EtOH
步骤4

在 Chemtrix Labtrix 微通道反应器中进行叠氮化物的连续流动氮丙啶化。采用玻璃微通道反应器（荷兰 Chemtrix，型号：Labtrix）的 SOR3227 芯片（19.5μl），以优化使用亚磷酸三烷基酯的叠氮莽草酸酯的氮丙啶化反应。分别使用两个注射泵，将叠氮莽草酸酯的无水乙腈溶液和亚磷酸三烷基酯的无水乙腈溶液从两个玻璃注射器泵入装有 10^6 Pa 背压调节器的热控制微型反应器系统中。在大约 190℃和 3 秒停留时间下，使用亚磷酸三乙酯和亚磷酸三甲酯，分别形成了 93%和

98%的氮丙啶。该微通道反应系统和方法允许高温叠氮化物化学反应，与反应釜的分批反应相比，反应更为迅速、更加安全。

步骤5：(3*R*,4*S*,5*R*)-4-(二乙氧基磷酰氨基)-5-甲磺酰氧基-3-(戊-3-基氧基)环己-1-烯羧酸乙酯的连续流动合成

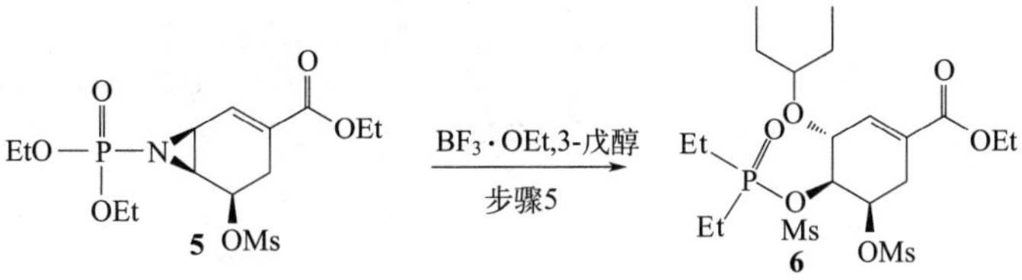

在连续流动系统中，氮丙啶（化合物5）在3-戊醇和路易斯催化剂三氟化硼乙醚络合物作用下，在烯丙基位置进行区域和立体选择性开环。

由氮丙啶向化合物6的转化率随停留时间和温度的增加而增加。温度升高导致转化率显著提高。在12秒停留时间下，在25℃和100℃分别实现化合物6产率66%和100%。发现优选的条件是约100℃和12秒停留时间，以得到向3-戊醚的完全转化。

步骤6：(3*R*,4*S*,5*R*)-4-乙酰氨基-5-甲磺酰氧基-3-(戊-3-基氧基)环己-1-烯羧酸乙酯的连续流动合成

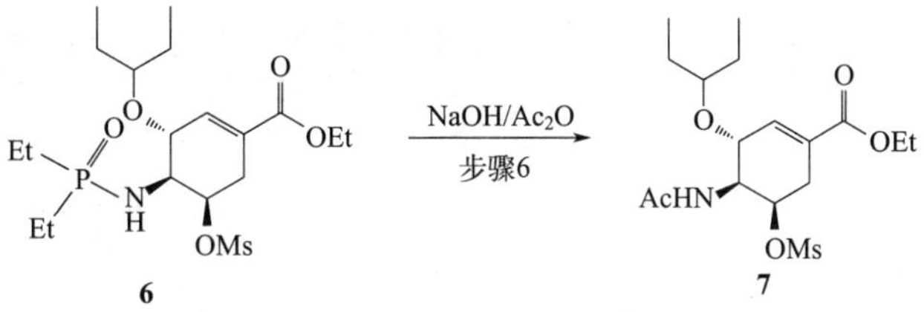

通过用硫酸裂解N—P键，然后在弱碱性条件下乙酰化，实现了化合物6的乙酰化。通过用硫酸的乙腈溶液裂解乙腈中的化合物6，在第一热控反应器中原位形成中间体。在第二热控反应器中用NaOH，然后用乙酸酐处理原位形成的中间体，以得到乙酰胺7。

步骤7：(3*R*,4*S*,5*S*)-5-叠氮基-4-乙酰氨基-3-(1-乙基丙氧基)环己-1-烯羧酸乙酯的连续流动合成

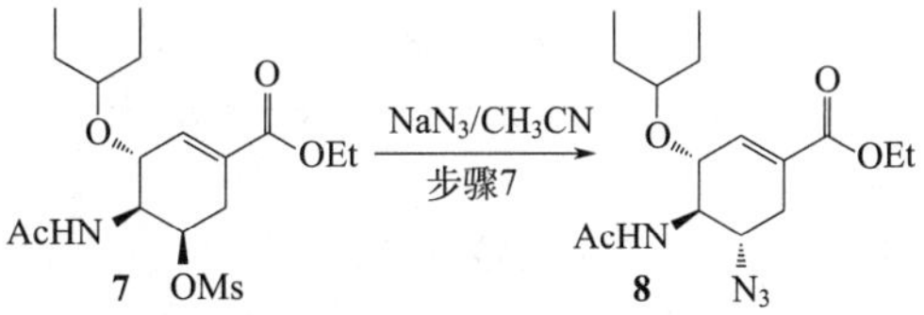

用叠氮钠与化合物7反应，得到叠氮化物8。使用荷兰凯美克斯（Chemtrix）Labtrix型玻璃反应器（19.5μl）启动连续流动系统，在45秒停留时间下，化合物8的转化率在80℃和190℃分别为55%和100%。发现优选的条件是约190℃、45秒停留时间，以得到叠氮化物8的完全转化。

步骤8：奥司他韦的连续流动合成

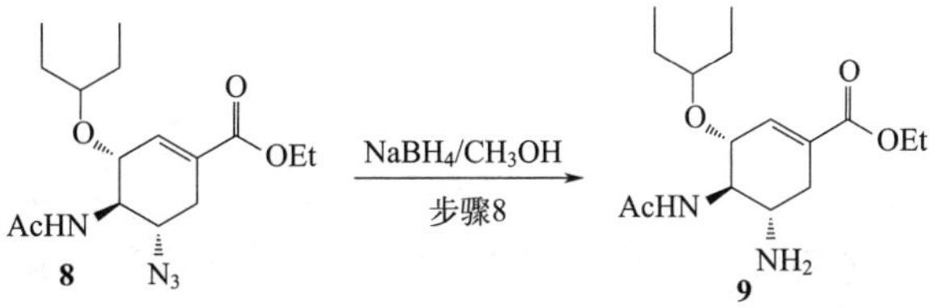

使用超声处理下的0.8ml聚四氟乙烯（PTFE）盘管反应器（0.8mm内径，1.6m管长），使用$NaBH_4$还原化合物的叠氮基，得到奥司他韦。将叠氮化物与乙醇中的$CoCl_2$和水中的$NaBH_4$的混合物（pH=8）泵送通过连续流动系统，得到奥司他韦。

步骤9：磷酸奥司他韦的连续流动合成

O　O　OEt　AcHN　NH_2　9　$\xrightarrow[\text{步骤9}]{H_3PO_4}$　O　O　OEt　AcHN　NH_2　H_3PO_4

磷酸奥司他韦

在连续流动系统中用磷酸与奥司他韦反应成盐，以得到磷酸奥司他韦。在连续流动系统中，将乙醇中的奥司他韦和乙醇中的磷酸泵送通过热控连续流动系统，以得到磷酸奥司他韦。优选的条件是约50℃和60秒停留时间，以得到磷酸奥司他韦（98%，HPLC）。

结论：在九步流动合成中由莽草酸生产磷酸奥司他韦的流动合成方法中涉及酯化、叠氮化、氮丙啶化、开环、酰化及还原等多种类型的反应，除第2、8、9三步反应因成盐生成固体产物需要超声加速移动外，其余六步均可以用凯美克斯（Chemtrix）的Labtrix型微通道反应器实现连续操作。另外，相对于传统的批次反应，新方法中反应时间、转化率、选择性都大幅度提高。而且，叠氮化反应、还原反应等高危险反应在微通道反应器中可安全进行。磷酸奥司他韦的流动合成案例充分体现了流动合成的可行性，安全、高效、高转化率等优点，给相似的工艺提供了充分的可行性验证，也为后续的生产放大提供了重要参考。

知识链接

美国总统绿色化学挑战奖

美国总统绿色化学挑战奖（Presidential Green Chemistry Challenge Award）是美国国家级奖励，奖给学校或工业界，已经或将要通过绿色化学显著提高人类健康和环境的先驱工作，得奖者可以是个人、团体和组织等。

该奖项于1995年设立，1996年首次颁奖。该奖项由美国环境保护署、美国科学院、国家科学基金和美国化学会主办，该奖项主要集中在三个方面：①绿色合成路径，包括使用绿色原料、使用新的试剂或催化剂等；②绿色反应条件，包括低毒溶剂取代有毒溶剂、无溶剂反应或固态反应等；③绿色化学品设计，包括低毒物取代现有产品、更安全的产品、可循环或可降解的产品等。

奖项分为5项：①绿色合成路径奖；②绿色反应条件奖；③绿色化学品设计奖；④小企业奖；⑤学术奖。每个奖给一个项目，后两个奖项可以是前三个方面的任一方面。

2015年，新增气候变化奖（Specific Environmental Benefit：Climate Change）。

自测习题

一、单选题

1. 绿色化学的目的是（　　）。

A. 从源头上消除污染　　B. 污染末端治理

C. 使用天然产物作为原料　　D. 限制化学的发展

2. 绿色化学原则有（　　）。

A. 六原则　　B. 八原则　　C. 十原则　　D. 十二原则

3. 以下哪个不适合流动化学？（　　）

A. 液液反应　　B. 气液反应

C. 液固反应，固体较多　　D. 液固反应，固体较少

4. 下列关于手性药物的说法，错误的是（　　）。

A. 对映体和非对映体物化性质一致　　B. 手性不同，毒性一致

C. 手性不同，药理活性可能相反　　D. 手性不同，药理活性可能不同

5. 关于手性合成方法，工业上一般不建议采取的方法是（　　）。

A. 可以手性原料进行合成　　B. 可以通过拆分方法得到手性药物

C. 可以通过不对称催化方法得到手性药物　　D. 通过手性柱色谱得到手性药物

6. 下列流动化学说法不正确的是（　　）。

A. 易于自动控制　　B. 安全性更好

C. 放大效应小　　D. 适合固体量大的反应

7. 原子经济性是指（　　）。

A. 原料分子中的原子尽可能多地进入产物分子中

B. 原材料价格便宜

C. 产品价格便宜

D. 反应产生的废物种类少

8. 美国总统绿色化学挑战奖包括几类？（　　）

A. 3 类　　B. 4 类

C. 5 类　　D. 6 类

二、简答题

1. 绿色化学十二原则是什么？

2. 微通道反应有哪些优势？

实训项目

实训项目 24　维生素 C 比旋度的测定

一、实训目的

药品比旋度的测定

1. 掌握比旋度计测定维生素 C 比旋度的原理、操作方法和结果计算。

2. 正确使用自动旋光仪。

二、实训原理

有机化合物，特别是很多的天然有机物都含有手性结构，能使偏振光动平面旋转一定的角度，使偏振光振动向左旋转的为左旋体，使偏振光振动向右旋转的为右旋体。

比旋度是旋光性物质重要的物理常数之一，经常用它来表示旋光化合物的旋光性。通过测定旋光度，可以检验旋光性物质的纯度并测定其含量。测定旋光度的仪器叫旋光仪，其基本结构及其测量原理如下图所示：

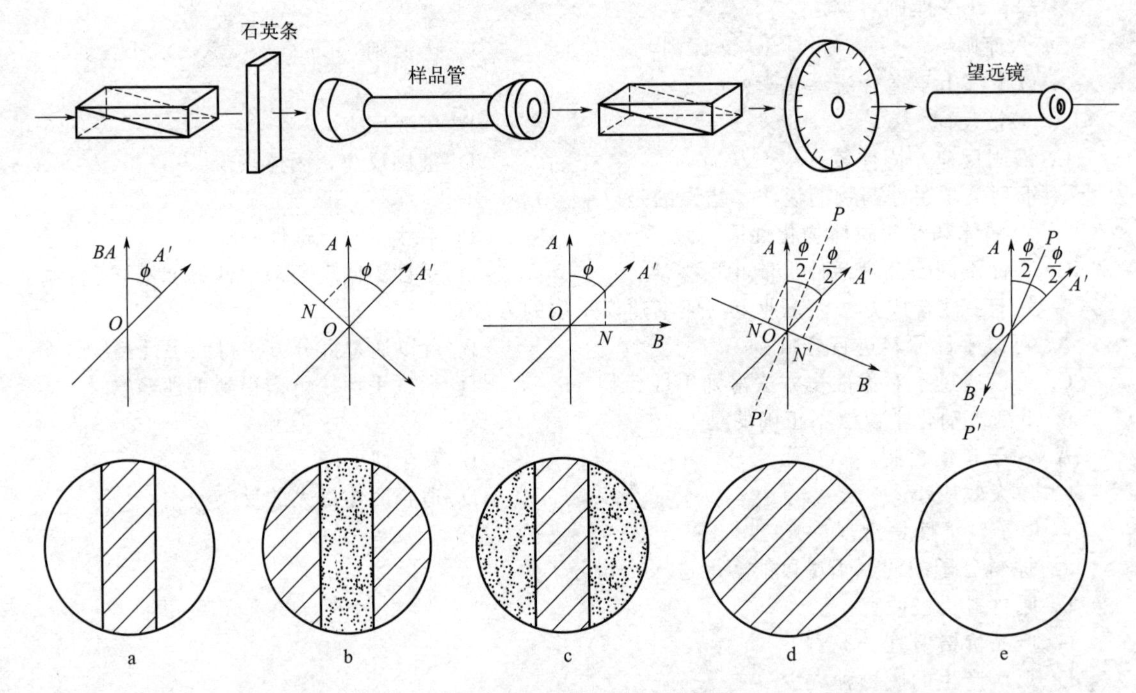

光线从光源经过起偏镜，再经过盛有旋光性物质的旋光管时，由于物质具有旋光性，使得产生的偏振光不能通过第二个棱镜，必须旋转检偏镜才能通过。检偏镜转动角度由标尺盘上移动的角度表示，此读数即为该物质在此浓度时的旋光度 α。旋光度 α 除了与样品本身的性质有关外，还与样品溶液的浓度、溶剂、光线穿过的旋光管的长度、温度及光线的波长有关。一般情况下，温度对旋光度测量值影响不大，通常不必使样品置于恒温器中。因此常用比旋度 $[\alpha]_{\lambda}^{t}$ 来表示各物质的旋光性。在一定的波长和温度下比旋度 $[\alpha]_{\lambda}^{t}$ 可以用下列关系式表示：

$$纯液体的比旋度=[\alpha]_{\lambda}^{t}=\alpha/(d \cdot l)$$

$$溶液的比旋度=[\alpha]_{\lambda}^{t}=100\alpha/(c \cdot l)$$

式中　$[\alpha]_{\lambda}^{t}$——旋光性物质在温度 t（℃）、光源波长为 λ 时的比旋度，光源的波长一般用钠光的D线，在20℃或25℃测定；如 $[\alpha]_{D}^{20}$（水）表示某旋光化合物以水为溶剂在20℃时在钠光的D线下所测的比旋度；

α——旋光度；

λ——光源的波长；

d——纯液体的密度，g/cm；

l——旋光管的长度，dm；

c——溶液的浓度（100ml溶液中所含样品的质量），g/100ml；

t——测量时的温度，℃。

三、主要仪器、试剂

仪器：自动旋光仪、天平、恒温槽、50ml容量瓶、50ml烧杯、50ml量筒、玻璃棒、滴管。

试剂：

试剂名称	规格	用量
维生素C	化学纯	5.0g
蒸馏水	自制	50ml

四、实验步骤

1. 溶液样品的配制

精密称取维生素 C 5.0g，置 50ml 容量瓶中，加水溶解，并稀释至刻度。

溶液配好后必须透明无固体颗粒，否则须经干滤纸过滤。当用纯液体直接测量其旋光度时，若旋光角度太大，则可用较短的样品管。

2. 样品的测定

(1) 检查样品室内应无异物。

(2) 将电源插头插入插座，开启电源开关，然后打开光源，经 15 分钟钠光灯稳定后测定。

(3) 取出测试管，用蒸馏水荡洗三次，然后装入蒸馏水至管颈上方，注意测试管内不得有气泡。按下测量键，观察旋光度读数是否为零，否则按下清零键清零。

(4) 倒出空白溶液，注入供试液少量，冲洗数次后装满溶液，按上述方法测出读数，按复测键测定 3 次，取 3 次平均值作为供试品的旋光度。

(5) 计算比旋度：

$$[\alpha]_{\lambda}^{t}=100\alpha/(c\cdot l)$$

(6) 实验结束后，洗净旋光管，装满蒸馏水。

五、注意事项

1. 每次测定前应以溶剂作空白校正，测定后，再校正 1 次，以确定在测定时零点无变动。如第 2 次校正时发现零点有变动，则应重新测定旋光度。

2. 配制溶液及测定时，均应调节温度至 (20±0.5)℃（或按各标准项下规定的温度）。

3. 测定结束后须将测定管洗净晾干，不许将盛有供试品的测试管长时间置于仪器样品室内。

六、探索与思考

1. 本实验的器具为什么要洗干净，否则会造成什么结果？

2. 维生素 C 为什么具有旋光性？维生素 C 具有几个手性中心？

附　录

附录一　常见设备的代号和图例

设备类别及代号	图例	设备类别及代号	图例
反应器（R）	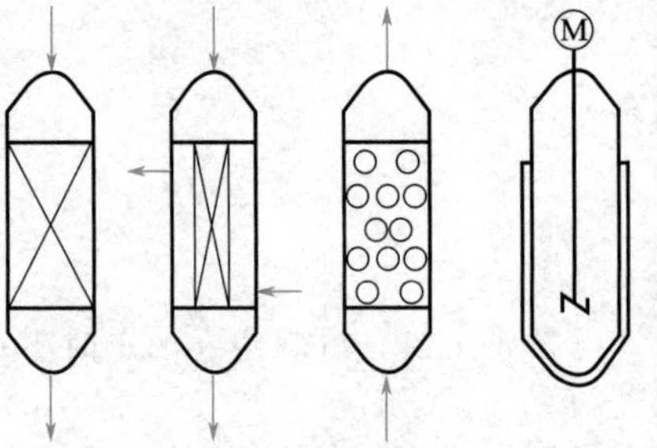 固定床反应器　列管式反应器　流化床反应器　反应釜(带搅拌、夹套)	换热器（E）	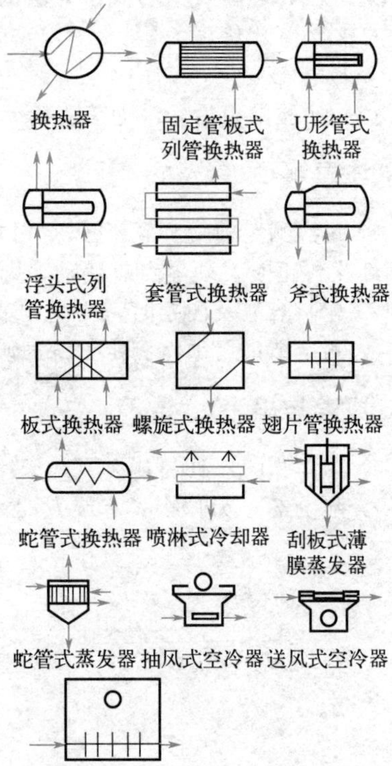 换热器　固定管板式列管换热器　U形管式换热器　浮头式列管换热器　套管式换热器　斧式换热器　板式换热器　螺旋式换热器　翅片管换热器　蛇管式换热器　喷淋式冷却器　刮板式薄膜蒸发器　蛇管式蒸发器　抽风式空冷器　送风式空冷器　带风扇的翅片管式换热器
塔（T）	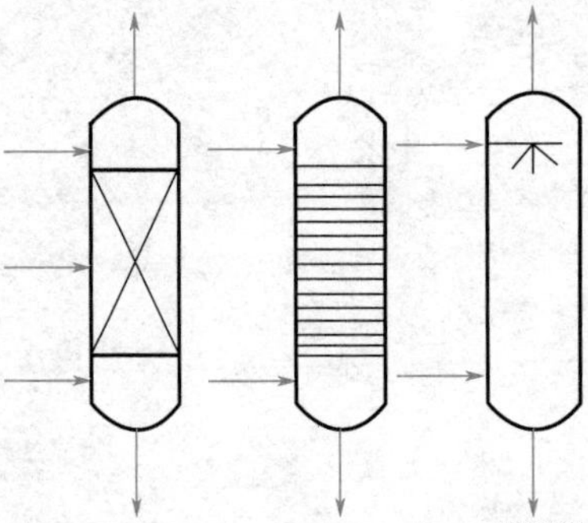 填料塔　板式塔　喷洒塔		
泵（P）	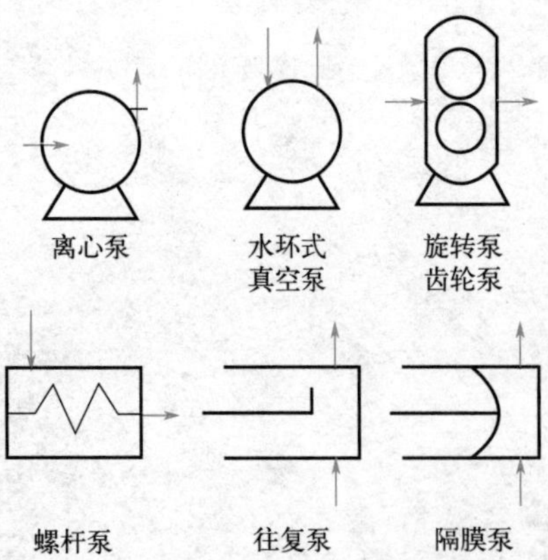 离心泵　水环式真空泵　旋转泵齿轮泵　螺杆泵　往复泵　隔膜泵	容器（V）	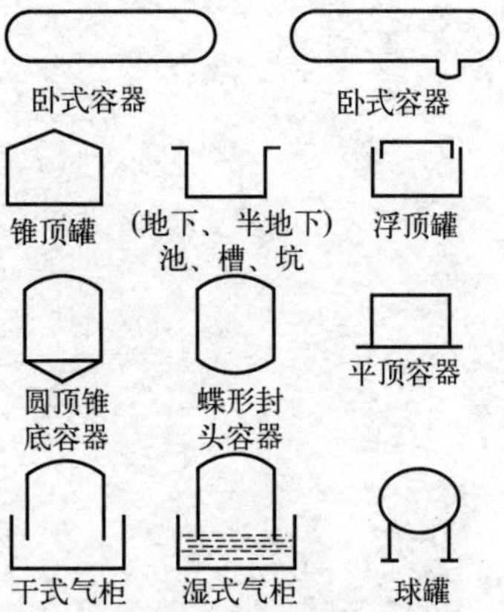 卧式容器　卧式容器　锥顶罐　(地下、半地下)池、槽、坑　浮顶罐　圆顶锥底容器　蝶形封头容器　平顶容器　干式气柜　湿式气柜　球罐

续表

设备类别及代号	图例	设备类别及代号	图例
泵(P)	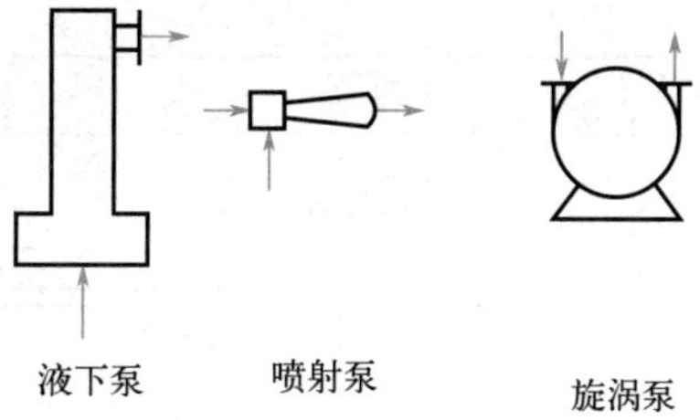液下泵 喷射泵 旋涡泵	工业炉(F)	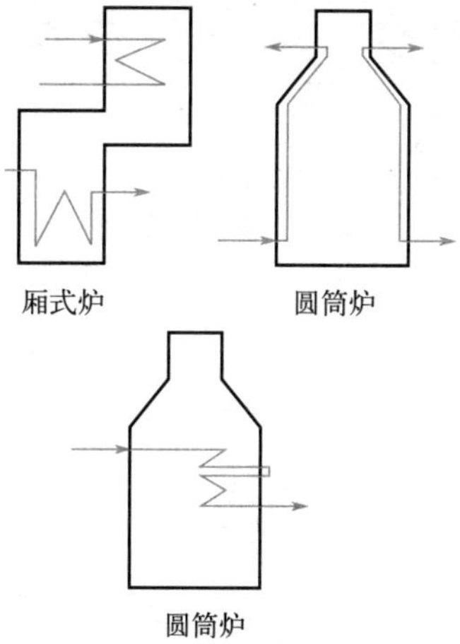厢式炉 圆筒炉 圆筒炉
压缩机(C)	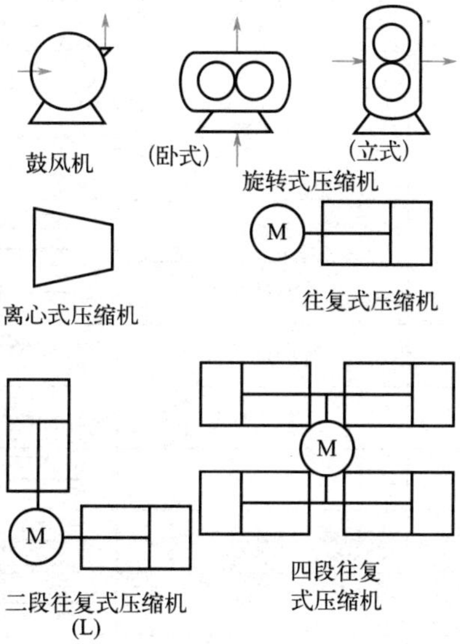鼓风机 (卧式) (立式) 旋转式压缩机 M 离心式压缩机 往复式压缩机 M M 二段往复式压缩机 (L) 四段往复 式压缩机	其他机械(M)	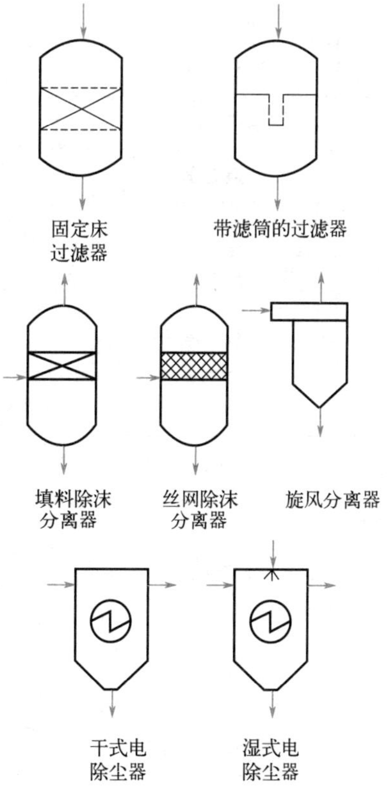固定床 过滤器 带滤筒的过滤器 填料除沫 分离器 丝网除沫 分离器 旋风分离器 干式电 除尘器 湿式电 除尘器
设备内件附件	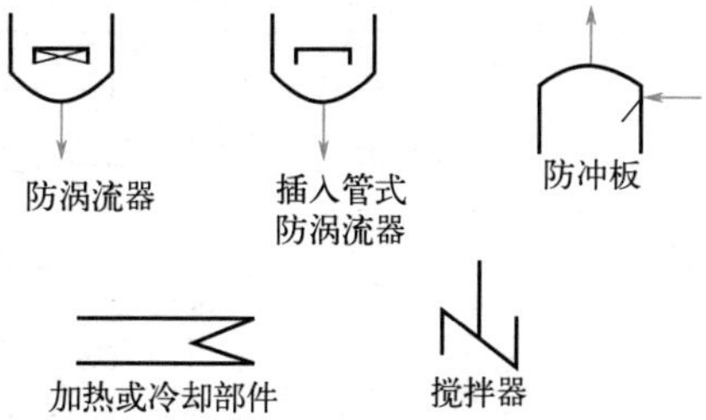防涡流器 插入管式 防涡流器 防冲板 加热或冷却部件 搅拌器		

附录二　常见管道、管件的图例

序号	名称	图例	序号	名称	图例
1	主要物料管道		26	管端平板封头	
2	辅助物料管道		27	活接头	
3	固体物料管线或不可见主要物料管道	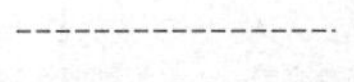	28	敞口排水口	
4	仪表管道		29	视镜	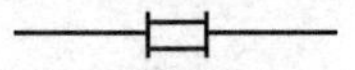
5	软管		30	消音器	
6	翅片管		31	膨胀节	
7	喷淋管	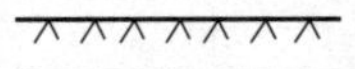	32	疏水器	
8	多孔管	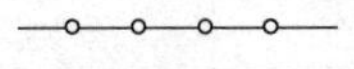	33	阻火器	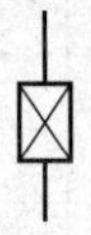
9	套管	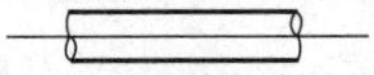			
10	热保温管道	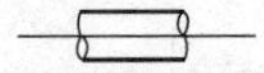			
11	冷保温管道	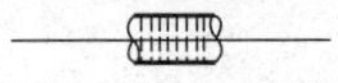	34	爆破片	
12	蒸汽伴热管		35	锥形过滤器	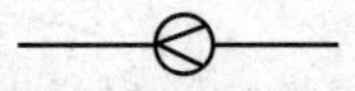
13	电伴热管	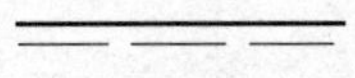	36	Y形过滤器	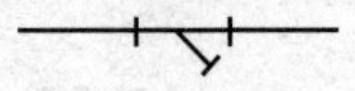
14	同心异径管	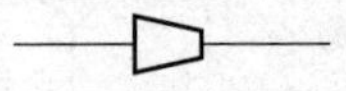	37	截止阀	
15	偏心异径管	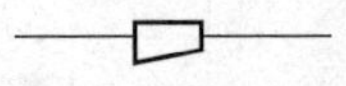	38	止回阀	
16	毕托管	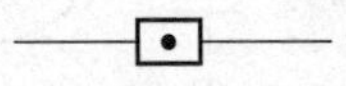	39	闸阀	
17	文氏管		40	球阀	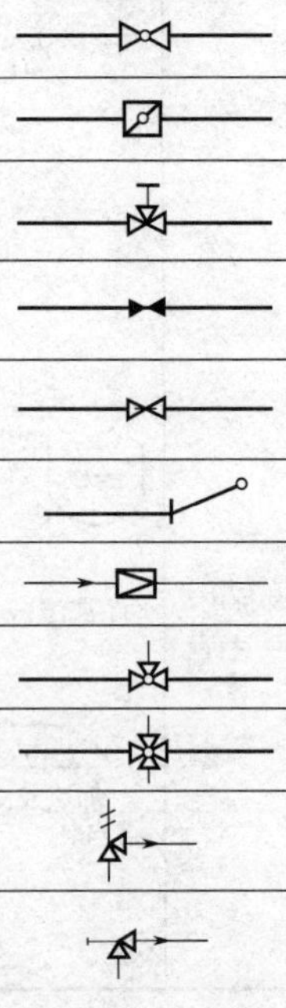
18	混合管	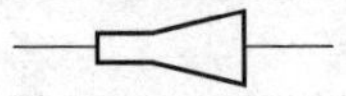	41	蝶阀	
19	放空管	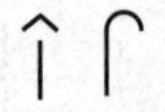	42	针型阀	
20	取样口	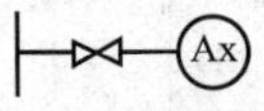 Ax	43	节流阀	
21	水表	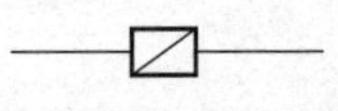	44	隔膜阀	
22	转子流量计		45	浮球阀	
			46	减压阀	
23	盲板		47	三通球阀	
			48	四通球阀	
24	盲通二用盲板	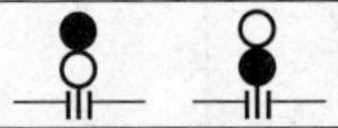	49	弹簧式安全阀	
25	管道法兰	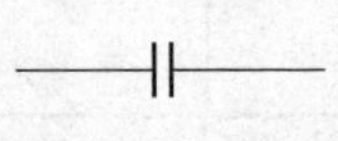	50	重锤式安全阀	

附录三　常见阀门的图例

序号	名称	图例	序号	名称	图例
1	闸阀		16	插板阀	
2	截止阀		17	弹簧式安全阀	
3	止回阀		18	重锤式安全阀	
4	直通旋塞		19	高压截止阀	
5	三通旋塞		20	高压节流阀	
6	四通旋塞		21	高压止回阀	
7	隔膜阀		22	阀门带法兰盖	
8	蝶阀		23	阀门带堵头	
9	角式截止阀		24	集中安装阀门	
10	角式节流阀		25	集中安装阀门	
11	球阀		26	底阀	
12	节流阀		27	平面阀	
13	减压阀		28	浮球阀	
14	放料阀		29	高压球阀	
15	柱塞阀		30	针型阀	

附录四　维生素 BT 生产工艺规程

维生素 BT 工艺规程

Master Production Instructions for Vitamin BT

（文件编号××××）

编制部门：　　　　　　　　　　　　执行日期：　　　　年　月　日

【目的】

1. 建立标准的操作模式，为安全、高效生产提供有力保障；建立一套完整的岗位训练系统，使岗位操作标准有效传递。

2. 对现存的各种制度和文件进行系统整合，使其更加贴近实际、具有可操作性。

3. 在工艺规程的建立、使用过程中，发现产品节能、安全、质量改进的突破点。

【范围】

适用于维生素 BT 工艺生产全过程。

【职责】

1. 生产车间职责

1.1　维生素 BT 技术人员负责起草、修订工艺规程。

1.2　维生素 BT 技术、管理人员负责工艺规程的具体落实执行。

2. 生产技术部职责

2.1　负责工艺规程的审核。

2.2　负责监督、检查工艺规程的执行情况。

3. 质量管理部职责

3.1　负责工艺规程的印制、保管、发放及旧版的收回和销毁。

3.2　负责监督、检查工艺规程的执行情况。

4. 生产负责人负责工艺规程的审核。

5. 质量负责人负责工艺规程的批准。

【程序】

1. 产品概述

1.1　名称、化学结构、理化性质、注册文号

1.1.1　产品名称

通用名：维生素 BT

英文名称：Vitamin BT

化学名称及相应英文名称：

3-羧基-2-羟基-*N*,*N*,*N*-三甲基-1-丙铵盐酸盐

3-carboxy-2-hydroxypropyl-*N*,*N*,*N*-trimethyl-1-propanaminium chloride

1.1.2　化学结构

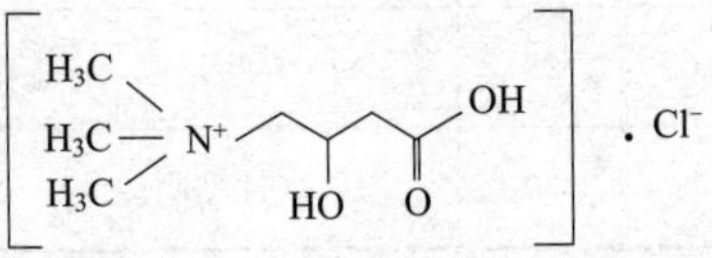

$$\left[(H_3C)_3N^+CH_2CH(OH)CH_2COOH\right]\cdot Cl^-$$

分子式：$C_7H_{15}NO_3 \cdot HCl$

分子量：197.5

1.1.3　理化性质

本品为白色或微黄色结晶性粉末，无臭、味酸。本品在水中易溶，在乙醇中微溶，在丙酮、乙醚或苯中不溶。

1.1.4　注册文号：国药准字 H13023×××。

1.1.5　贮藏：遮光，密封保存。

1.2　质量标准：国家药品标准 WS-10001-(HD-0075)-2002。

1.2.1　参见（质量标准文件编号）。

1.2.2　类别：维生素类药。

1.2.3　有效期：24 个月。

1.2.4　标准来源：国家药品标准 WS-10001-(HD-0075)-2002。

1.2.5　维生素 BT 产品识别码：×××。

2. 原辅料理化性质

2.1　起始物料即关键物料，是维生素 BT 分子结构中的组成部分。

原料名称	物料编号	分子式	分子量	理化性质
4-氯乙酰乙酸乙酯	×××	$C_6H_9ClO_3$	164.5	无色至淡黄色透明液体，有轻微刺激性气味。能溶于有机溶剂，水溶性 47g/L(20℃时)。沸点 103℃；熔点－8℃
30%三甲胺	×××	$(CH_3)_3N$	59.0	无色透明液体，有毒，沸点 2.87℃
工业盐酸	×××	HCl	36.5	无色液体有腐蚀性，为氯化氢的水溶液

2.2 其他物料

原料名称	物料编号	分子式	分子量	理化性质
硼氢化钾	×××	KBH_4	53.94	白色结晶性粉末。空气中稳定，无吸湿性。溶于水中，徐徐放出氢气
冰醋酸	×××	CH_3COOH	60.0	易挥发。是一种具有强烈刺激性气味的无色液体，沸点 117.9℃，凝固点 16.6℃
二氯甲烷	×××	CH_2Cl_2	85.0	无色液体，有醚样气味，易挥发，熔点－95℃，沸点 39.75℃
液体氢氧化钠	×××	NaOH	40.0	无色黏稠状液体，由于杂质含量的不同呈微黄透明。pH>14，易溶于水、乙醇、甘油，不溶于丙酮
乙醇	×××	C_2H_5OH	46.0	是一种无色、透明，具有特殊香味的液体(易挥发)，密度比水小，能跟水以任意比例互溶
饮用水	×××	H_2O	18.0	常温常压下为无色无味的透明液体，熔点 0℃，沸点 100℃

3. 中间体代码、包装材料及包装规格

3.1 中间体代码

品名	岗位流水号物料码
维生素 BT 粗品	×××
维生素 BT 成品	×××

3.2 包装材料

名称	物料编号	规格	备注
纸桶	×××	根据实际情况	—
防盗铅封	×××	根据实际情况	带有防伪标记
塑料防盗扣	×××	根据实际情况	带有防伪标记
塑料紧绳	×××	根据实际情况	—
药用低密度聚乙烯袋(简称塑料袋)	×××	根据实际情况	符合药用级别
标签	×××	根据实际情况	—

3.3 包装规格

装量：每桶净重 25.00kg。

包装方法：采用纸桶、纸板桶包装，内衬黑色保护膜，最内层为双层聚乙烯塑料袋，每层塑料袋用热封机封口或用塑料紧绳扎口。桶口与盖用铁皮圈扣紧，用防盗铅封和塑料防盗扣封口。

4. 化学反应过程及生产流程图

4.1 化学反应过程

4.1.1 还原反应：

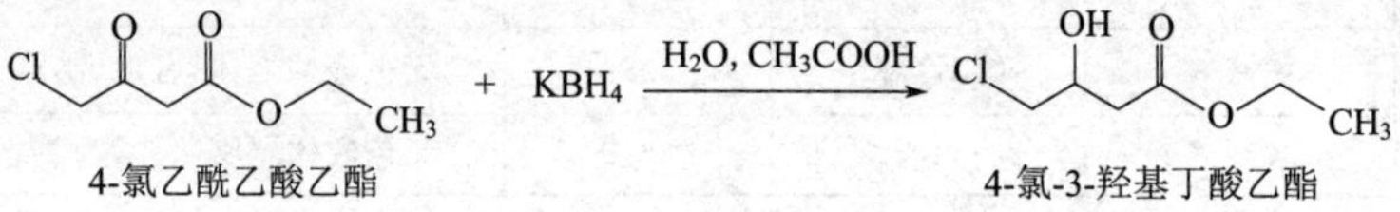

$$\underset{\text{4-氯乙酰乙酸乙酯}}{ClCH_2COCH_2COOCH_2CH_3} + KBH_4 \xrightarrow{H_2O,\ CH_3COOH} \underset{\text{4-氯-3-羟基丁酸乙酯}}{ClCH_2CH(OH)CH_2COOCH_2CH_3}$$

4.1.2 缩合反应：

$$\underset{\text{4-氯-3-羟基丁酸乙酯}}{ClCH_2CH(OH)CH_2COOCH_2CH_3} + N(CH_3)_3 \xrightarrow{NaOH,\ CH_2Cl_2} \xrightarrow{HCl} \underset{\text{维生素BT粗品}}{\left[(CH_3)_3\overset{+}{N}CH_2CH(OH)-CH_2COOH\right]\cdot Cl^-}$$

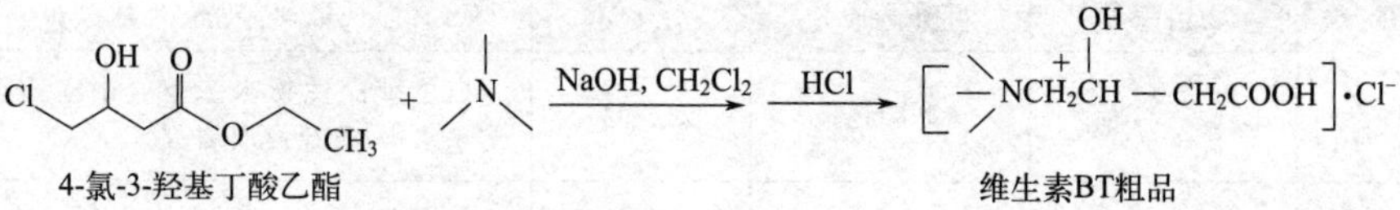

4.2 生产流程图

4.2.1 还原反应

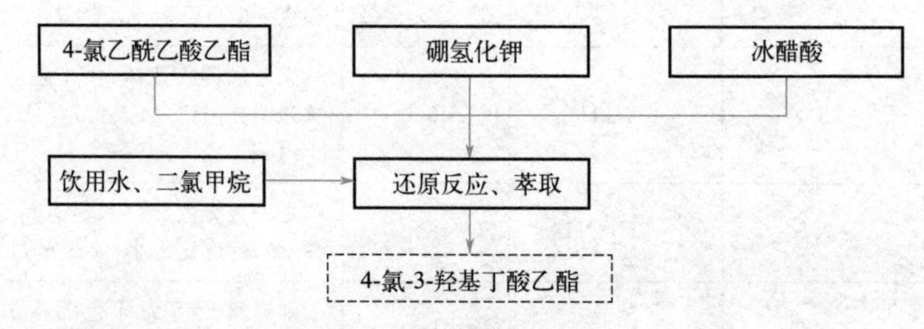

4.2.2 缩合反应

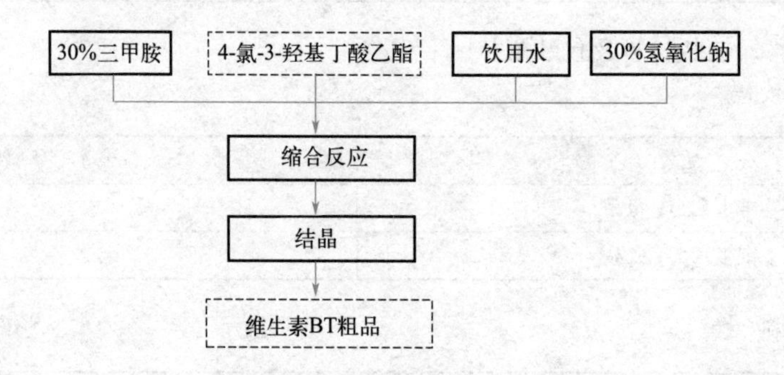

4.2.3 精制

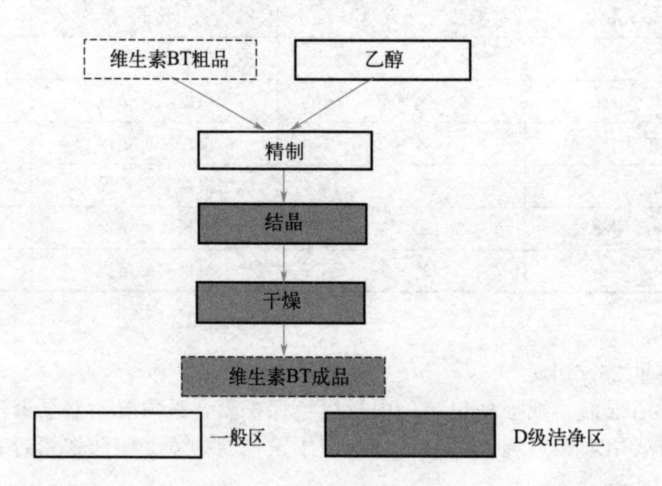

5. 工艺过程

5.1　还原

5.1.1　配比

物料编号	原料名称	投料配比	投料量	用途

5.1.2　工艺描述

（此处为详细的工艺描述内容，包括投入的物料名称、数量，加料顺序，反应温度，反应时间，具体操作要求，中间体预期得量或收率，中间体检验的主要项目，溶剂回收套用要求等内容。）

5.2　缩合

5.2.1　配比

物料编号	原料名称	投料配比	投料量	用途

5.2.2　工艺描述

（此处为详细的工艺描述内容，包括投入的物料名称、数量，加料顺序，反应温度，反应时间，具体操作要求，中间体预期得量或收率，中间体检验的主要项目，溶剂回收套用要求等内容。）

5.3　精制

5.3.1　配比

物料编号	原料名称	投料配比	用途

5.3.2　工艺描述

（此处为详细的工艺描述内容，包括投入的物料名称、数量，加料顺序，反应温度，反应时间，具体操作要求，中间体预期得量或收率，中间体检验的主要项目，溶剂回收套用要求等内容。）

5.4　包装

通知取样，化验，将维生素 BT 成品装入双层塑料袋内称重，每袋净重 25.00kg，封口后装入内衬黑色保护膜的纸桶中，包装入库。

6. 生产工艺及质量控制检查

6.1　维生素 BT 各工序质量控制点一览表

工序	质量控制点	质量控制项目
还原	原料	质量标准
	还原	溶解时间、反应温度、反应时间

续表

工序	质量控制点	质量控制项目
缩合	原料	质量标准
	缩合	缩合水解反应时间、缩合水解反应温度、调酸 pH 值、浓酸温度、浓缩真空度、结晶温度、保温时间
精制	原料	质量标准
	精制	溶解温度、溶解时间、结晶温度、保温时间
	干燥	温度、真空度、时间
包装	产品	数量、批号
	标签	内容、数量、使用记录

6.2　工序关键控制点明细表

工序	序号	控制参数	控制范围
还原	1		
	2		
缩合	3		
	4		
	5		
	6		
	7		
精制	8		
	9		
	10		
	11		
	12		

6.3　原材料、包材的质量标准和检验方法

6.3.1　4-氯乙酰乙酸乙酯

检验方法及质量标准参见（公司文件编号××）。

6.3.2　硼氢化钾

检验方法及质量标准参见（公司文件编号××）。

6.3.3　冰醋酸

检验方法及质量标准参见（公司文件编号××）。

6.3.4　二氯甲烷

检验方法及质量标准参见（公司文件编号××）。

6.3.5　30%三甲胺

检验方法及质量标准参见（公司文件编号××）。

6.3.6　液体氢氧化钠

检验方法及质量标准参见（公司文件编号××）。

6.3.7　工业合成盐酸

检验方法及质量标准参见（公司文件编号××）。

6.3.8　食用酒精

检验方法及质量标准参见（公司文件编号××）。

6.3.9　纸桶

检验方法及质量标准参见（公司文件编号××）。

6.3.10　塑料袋

检验方法及质量标准参见（公司文件编号××）。

6.3.11　维生素 BT 粗品

检验方法及质量标准参见（公司文件编号××）。

7. 中间体取样方法及质量标准

7.1　维生素 BT 粗品

7.1.1　取样方法：依据《半成品取样操作规程》（公司文件编号××）。

7.1.2　分子式：$C_7H_{15}NO_3 \cdot HCl$

7.1.3　分子量：197.5

7.1.4　结构式：

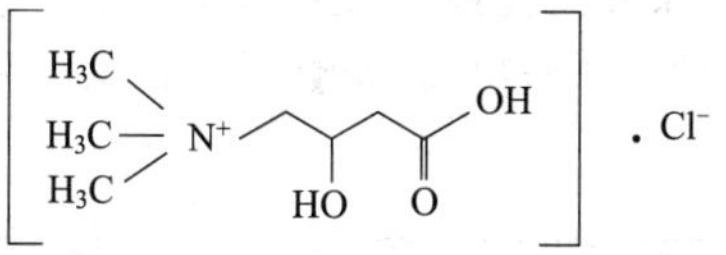

H_3C H_3C H_3C N^+ HO OH O $\cdot Cl^-$

7.1.5　标准依据：依据《维生素 BT 粗品质量标准及检验操作规程》（公司文件编号××）。

7.1.6　性状：白色或微黄色粉末。

7.1.7　内控指标：干燥失重≤2.0%，含量≥95.0%。

7.1.8　贮存条件：密闭，在通风干燥处保存。

7.1.9　存放周期：×天。

7.2　维生素 BT 湿品存放周期：×天。

8. 技术安全与防火

8.1　危害性原料

8.1.1　4-氯乙酰乙酸乙酯：有毒，对水体生物有害，对皮肤有刺激作用，吸入、摄入或经皮吸收可能对身体有害，其烟雾对眼睛、黏膜和上呼吸道有刺激作用。

8.1.2　二氯甲烷：侵入途径有吸入、食入、经皮吸收。对中枢神经系统有麻醉作用；短时大量吸入出现轻度眼及上呼吸道刺激症状（口服有胃肠道刺激症状）；经一段时间潜伏后出现头痛、头晕、乏力、眩晕、酒醉感、意识蒙胧、谵妄，甚至昏迷。视神经及视网膜病变，可有视物模糊、复视等，重者失明。代谢性酸中毒时出现二氧化碳结合力下降、呼吸加速等。

8.1.3　30%三甲胺：无色透明液体，其蒸气与空气可形成爆炸性混合物。遇明火、高热易引起燃烧爆炸。受热分解产生有毒的烟气。与氧化剂接触会猛烈反应。其蒸气比空气重，能在较低处扩散到相当远的地方，遇明火会引着回燃。燃烧（分解）产物：一氧化碳、二氧化碳、氧化氮。

8.1.4　盐酸：有刺激性的易挥发液体，长期接触较高浓度，可造成慢性支气管炎、胃肠道功能障碍以及牙齿酸蚀症，对皮肤有刺激及灼伤作用。

8.1.5　硼氢化钾：遇明火、高热或与氧化剂接触，有引起燃烧爆炸的危险。遇潮湿空气、水或酸能放出易燃的氢气而引起燃烧。本品对黏膜、上呼吸道、眼睛及皮肤有强烈刺激性；吸入后可因喉和支气管痉挛、炎症和水肿，化学性肺炎和肺水肿而致死。

8.1.6　30%氢氧化钠：强碱类，可由皮肤或消化道进入体内，经血循环而引起碱中毒。

8.1.7　冰醋酸：其蒸气对眼及呼吸道黏膜有刺激作用，接触皮肤可引起灼伤，遇火易燃，液态冰醋酸温度降至16.6℃以下时凝固，同时体积膨胀，把容器胀破，温度回升后又成液态淌流增加危险性。

8.1.8　乙醇：为一级易燃液体，易挥发，闪点9～12℃，自燃点412℃，乙醇蒸气与空气混合能形成爆炸混合物，爆炸极限3.5%～18%。大量吸入能引起呼吸中枢麻痹。

8.2　防护措施

8.2.1　各岗位操作人员，根据使用原料特点，穿戴防护用品。

8.2.2　出现人身中毒现象，必须迅速移至室外通风处，脱去污染衣服，用水冲洗接触处，必要时送医院处理。

8.3　防火及灭火措施

8.3.1　要认真执行岗位技术安全操作法，严格管理明火，避免摩擦撞击，消除电火花，导除静电，设备要密闭。

8.3.2　遇到火种要冷静，一般采取三种灭火方法：

8.3.2.1　冷却法：把燃烧温度降低到可燃物的燃点以下；

8.3.2.2　窒息法：减少空气中的氧含量，或者使氧和氧化剂与燃烧物质隔离；

8.3.2.3　隔离疏散法：隔离和疏散可燃物质。

8.3.3　工房内外必须备有泡沫灭火器或二氧化碳灭火器、沙子等灭火器材。

8.3.4　工房内电气设备必须有良好接地，检修动火时必须清理现场，并填写动火报告。

9. 综合利用与“三废”治理

岗位名称	废弃物	主要成分	排放量	处理方法
还原	水层	水	100kg/天	交环保集中处理
缩合	有机层	二氯甲烷	100kg/天	交环保集中处理
	反应母液	乙醇	100kg/天	交环保集中处理
精制	精制母液	乙醇	100kg/天	交环保集中处理

10. 操作工时与生产周期

10.1　各步反应操作工时

工序名称	操作过程	用时/小时	总用时/小时
还原	准备、投料	1.0	
	溶解、降温	1.0	
	还原	1.0	
	萃取	3.0	
缩合	准备	0.5	
	投料溶解	1.0	
	缩合	24.0	
	结晶	2.0	
	离心	2.0	
精制	准备	0.5	
	精制	1.0	
	结晶	5.0	
	干燥	3.0	
合计			

10.2　原辅料、中间体存放时限及条件

物料名称		存放时限	存放条件
原辅料	4-氯乙酰乙酸乙酯		密闭,保存于一般区环境
	硼氢化钾		密闭,保存于一般区环境
	冰醋酸		密闭,保存于一般区环境
	二氯甲烷		密闭,保存于一般区环境
中间体	维生素 BT 粗品		密闭,保存于一般区环境

10.3　生产时限

项目	生产时限
从投料到内包装结束	19 天
内包装结束到完成入库	7 天

11. 生产地点和设备生产能力及设备一览表

11.1　生产地点：××××生产线。

11.2　设备生产能力及设备一览表（可以写关键设备）

设备编号	工艺编号	名称	规格型式	材质
		还原反应罐		不锈钢
		饮用水高位槽		不锈钢
		硼氢化钾高位槽		不锈钢
		硼氢化钾溶解罐		搪玻璃
		冰醋酸高位槽		搪玻璃
		缩合反应罐		搪玻璃
		三甲胺高位槽		不锈钢
		饮用水高位槽		不锈钢
		30%氢氧化钠高位槽		不锈钢
		31%盐酸高位槽		pp
		离心机		双相钢
		离心机		双相钢
		精制溶解罐		不锈钢
		结晶罐		不锈钢
		离心机		不锈钢
		离心机		不锈钢
		双锥回转真空干燥机		不锈钢
		自动包装线		不锈钢

12. 维生素 BT 各生产岗位收率计算方法及预期得量

12.1　收率计算方法

$$\text{维生素 BT 粗品收率}=\frac{\text{维生素 BT 粗品干重}}{\text{4-氯乙酰乙酸乙酯重量}\times 1.20}\times 100\%$$

$$\text{维生素 BT 收率}=\frac{\text{维生素 BT 成品干重}}{\text{维生素 BT 粗品干重}}\times 100\%$$

12.2　预期得量及收率范围：

岗位名称	收率范围	预期得量
缩合岗位	79.00％～92.00％	95.0～110.0kg
精制岗位	80.00％～90.00％	76.00～99.00kg

12.3　物料平衡范围：

岗位名称	物料平衡范围
缩合岗位	
精制岗位	
包装岗位	99.00％～100.00％

【相关文件】

《维生素 BT 质量标准及检验操作规程》
《维生素 BT 粗品质量标准及检验操作规程》
《4-氯乙酰乙酸乙酯质量标准及检验操作规程》
《硼氢化钾质量标准及检验操作规程》
《二氯甲烷质量标准及检验操作规程》
《30％三甲胺质量标准及检验操作规程》
《液体氢氧化钠质量标准及检验操作规程》
《冰醋酸质量标准及检验操作规程》
《食用酒精质量标准及检验操作规程》
《工业合成盐酸质量标准及检验操作规程》
《纸桶质量标准及检验操作规程》
《药用塑料袋、膜、盖质量标准及检验操作规程》
《半成品取样操作规程》

【相关记录】无

【参考文献】无

【修订历史】

文件编号	文件执行日期	文件修订条款及内容
文件编号(01)	年　月　日	(修订的具体内容)
文件编号(02)	年　月　日	(修订的具体内容)

自测习题答案

第一章 绪论

一、单选题

1. D 2. A 3. C 4. D

二、简答题（略）

第二章 化学制药小试技术

一、单选题

1. A 2. B 3. A 4. B 5. B 6. A 7. A 8. D 9. A 10. C 11. D 12. D 13. C 14. B 15. B 16. A 17. C 18. D 19. D 20. D 21. C 22. A 23. A

二、判断题

1. × 2. √ 3. √ 4 √ 5. √ 6. × 7. ×

三、简答题（略）

第三章 化学制药中试放大技术

一、单选题

1. B 2. C 3. A 4. B 5. C 6. D 7. A 8. D 9. B 10. D 11. A 12. C 13. D 14. C 15. A

二、简答题（略）

第四章 化学制药设备的操作技术

一、单选题

1. B 2. B 3. B 4. C 5. B 6. C 7. D 8. A 9. B 10. C 11. A 12. B 13. C 14. D 15. D 16. B 17. B 18. C 19. C 20. B 21. C 22. B 23. B 24. B 25. C 26. A 27. A 28. C 29. B

二、简单题（略）

第五章 化学制药生产技术

一、单选题

1. C 2. B 3. D 4. C 5. D 6. C 7. B 8. D 9. C 10. B 11. A 12. B 13. C 14. B 15. D 16. B

二、判断题

1. × 2. √ 3. × 4. × 5. √ 6. √ 7. × 8. × 9. √ 10. × 11. √

三、填空题

1. $CH_3C(=O)NH-C_6H_4-OH$ 对氨基苯酚

2. 盐酸酸化 酰化

3. 对硝基苯乙酮法 苯乙烯法 肉桂醇法

4. 2 D-(－)-苏阿糖型异构体

5. 6-APA

6. 酶解法

7. 化学合成法　酶促合成法

四、问答题（略）

第六章　“三废”治理技术

一、单选题

1. A　2. D　3. A　4. D　5. B　6. C　7. B　8. A　9. D　10. C　11. A　12. B　13. D　14. A

二、简答题（略）

第七章　化学制药前沿技术

一、单选题

1. A　2. D　3. C　4. B　5. D　6. D　7. A　8. D

二、简答题（略）

参考文献

[1] 陶杰．化学制药技术．2 版．北京：化学工业出版社，2013.
[2] 刘郁，马彦琴．化学制药工艺技术．北京：化学工业出版社，2014.
[3] 陆敏，蒋翠岚．化学制药工艺与反应器．4 版．北京：化学工业出版社，2020.
[4] 钱清华，张萍．药物合成技术．2 版．北京：化学工业出版社，2015.
[5] 李丽娟．药物合成技术．3 版．北京：化学工业出版社，2020.
[6] 顾准．原料药生产技术应用．北京：化学工业出版社，2018.
[7] 金学平．化学制药工艺．北京：化学工业出版社，2006.
[8] 王志祥编．制药工程学．3 版．北京：化学工业出版社，2015.
[9] 张珩．制药工程工艺设计．3 版．北京：化学工业出版社，2018.
[10] 马丽锋．制药工艺设计基础．北京：化学工业出版社，2013.
[11] 厉明蓉．制药工艺设计基础．北京：化学工业出版社，2010.
[12] 孙国香，汪艺宁．化学制药工艺学．北京：化学工业出版社，2018.
[13] 王亚楼．化学制药工艺学．北京：化学工业出版社，2008.
[14] 元英进．制药工艺学．2 版．北京：化学工业出版社，2017.
[15] 王效山，夏伦祝．制药工业三废处理技术．2 版．北京：化学工业出版社，2017.
[16] 李欣，杨旭，王祥智，等．薄层色谱监测邻二氯苄水解反应．重庆师范学院学报，2002，19 (2)：93-94.
[17] 李清寒．绿色化学．北京：化学工业出版社，2017.
[18] 沈玉龙．绿色化学．3 版．北京：中国环境出版社，2016.
[19] Anastas P T，等．绿色化学：理论与应用．北京：科学出版社，2002.
[20] 李进军，吴峰．绿色化学导论．2 版．武汉：武汉大学出版社，2015.
[21] 张珩，杨艺虹．绿色制药技术．北京：化学工业出版社，2006.
[22] 林国强．手性合成．北京：科学出版社，2010.
[23] 林国强，王梅祥．手性合成与手性药物．北京：化学工业出版社，2008.
[24] 林国强．手性合成：基础研究与进展．北京：科学出版社，2020.
[25] Ferenc Darvas. Flow Chemistry-Fundamentals. 德国：de Gruyter，2021.
[26] 邢其毅．基础有机化学．北京：北京大学出版社，2017.
[27] ICH-Q13：原料药和制剂连续制造指导原则，2021.
[28] 陈宇涵，等．度洛西丁中间体的手性合成．中国医药工业杂志，2021，52 (11)：1476-1479.
[29] 杨爱平，陈灿．抗抑郁药度洛西汀的合成方法综述．广东化工，2012，39 (4)：39-40.
[30] 吕太勇，等．用于治疗 2-型糖尿病的含氟药物西格列汀的合成方法与研究进展．有机氟工业，2015，4：37-42.
[31] 屠佳成，等．连续微反应加氢技术在有机合成中的研究进展．化工学报，2019，70 (10)：3859-3868.
[32] 于晓钟，等．度洛西汀合成研究进展．当代化工，2022，51 (2)：446-450.
[33] Steinhuebel D，Sun Y，Matsumura K，et al. Direct asymmetric reductive amination. J. Am. Chem. Soc.，2009，131：11316-11317.
[34] Savile C K，Janey J M，Mundorff E C，et al. Biocatalytic asymmetirc synthesis of chiral amines from ketones applied to sitagliptin manufacture. Science，2010，329：305-309.
[35] 何伟，方正，等．微反应器在合成化学中的应用．应用化学，2013，30 (12)：1375-1385.
[36] 穆金霞，殷学锋．微通道反应器在合成反应中的应用．化学进展，2008，20 (1)：60-75.
[37] 凌芳，等．微通道反应器的发展研究．上海化工，2017，42 (4)：35-738.
[38] 张健，等．微通道反应器在有机合成中的应用研究．广东化工，2019，47 (12)：23-26.